"十四五"职业教育国家规划教材



# 传感器技术

（第三版）

主　编　沈燕卿
副主编　吴胜光　邱　宇
编　写　马玉利　庄建兵
主　审　俞志根　陈　实

中国电力出版社
CHINA ELECTRIC POWER PRESS

## 内 容 提 要

本书连续入选“十三五”“十四五”职业教育国家规划教材。

本书主要介绍在工业、生活、科研等领域中用于检测热工量、机械量、物性和成分量以及状态量等的典型传感器的工作原理、特性参数、选型、安装使用、调试等方面的知识，对传感器技术的基本概念、测量数据分析处理等也做了介绍。

本书突出了传感器应用方面的内容，反映了新技术、新材料、新工艺在自动检测领域的应用；以传感器用途为主线，注重工学结合，以实际工程应用为载体，建立本书的知识与技能体系，有较强的实用性和参考性；每章节均有相应习题和参考题，题型多样，帮助读者进一步理解和掌握传感器的基本概念、选型和典型应用等知识，提高理论联系实际的能力。

本书可作为高职高专电气类、自动化类、电子信息类、机电类及计算机类等专业的教材，也可作为相关工程技术人员的培训教材及自学参考书。

**为便于教师授课和学生自学，本书配套丰富的数字化教学资源，包括重难点视频讲解、在线测试题、教学课件等。为学习贯彻落实党的二十大精神，本书根据《党的二十大报告学习辅导百问》《二十大党章修正案学习问答》，在二维码链接的数字资源中设置了“二十大报告及党章修正案学习辅导”栏目，以方便师生学习。**

**图书在版编目（CIP）数据**

传感器技术/沈燕卿主编．—3版．—北京：中国电力出版社，2022.8（2024.6重印）
ISBN 978-7-5198-6508-5

Ⅰ.①传…　Ⅱ.①沈…　Ⅲ.①传感器—高等职业教育—教材　Ⅳ.①TP212

中国版本图书馆CIP数据核字（2022）第025558号

出版发行：中国电力出版社
地　　址：北京市东城区北京站西街19号（邮政编码100005）
网　　址：http://www.cepp.sgcc.com.cn
责任编辑：乔　莉（010-63412535）
责任校对：黄　蓓　常燕昆
装帧设计：王红柳
责任印制：吴　迪

印　　刷：中国电力出版社有限公司
版　　次：2013年8月第一版　2019年2月第二版　2022年8月第三版
印　　次：2024年6月北京第十二次印刷
开　　本：787毫米×1092毫米　16开本
印　　张：15.5
字　　数：381千字
定　　价：45.00元

# 前　言

本书是《传感器技术（第二版）》（沈燕卿主编，2019 年出版）一书的修订版，也是中国特色高水平高职学校和专业建设计划建设单位中高水平专业（群）、国家首批示范院校重点建设专业、《高等职业教育创新发展行动计划》骨干专业——电气自动化技术专业的核心教材，入选“十三五”职业教育国家规划教材。

为适应电气自动化技术、机电一体化等专业的检测技术、传感器技术课程教学需要，基于产教融合、校企合作的职教理念，通过开展广泛的行业企业调研，结合编者多年的教学和工程实践经验，第三版编写继续保持前两版的优点，即针对传感器种类繁多、原理复杂、特性各异的状况，通过精选内容、归类编排的方法增强传感器教学的系统性，在编写中力求突出共性基础，以传感器功用为主线，着眼于传感器的选型、调试、测量数据分析等解决智能制造业中信息采集与转换等实际问题的知识和技能。同时，在保持章节结构大体不变的前提下，对原书内容的某些不足和传感器相关的最新技术、工艺及应用，进行了较大篇幅的增补和修订。主要表现在：

（1）根据传感器相关新产品、新工艺和新技术，更新了薄膜式应变片、压电材料应用及发展趋势等，增加了智能传感器与虚拟仪器、其他力敏传感器等章节，完善课程知识结构。

（2）删除了电感电桥、压电式加速度传感器工作原理推导等繁复内容，简化分析过程。

（3）基于最新国标，修改传感器的代码及图形符号、传感器的测量不确定度与测量结果的定量表示等内容。

（4）结合传感器工程应用及发展趋势，增加工匠精神、科技创新等课程思政内容。

全书共分八章，采用模块化编排，分别介绍了传感器技术基础，常见物理量、化学量和生物量传感器，如温度、力、位移、浓度、磁场、光照、流量等的检测，着重介绍典型传感器的工作原理、特性及其在工程中的典型应用；最后以传感器在智能家居、智能机器人和智能汽车中的工程应用为例，引导学生思考、自学、讨论，使学生在掌握常用传感器的设计、制作、调试、维护等工程应用技能的同时，学习和掌握利用传感器技术解决工程实际问题的思路及方法。每个单元选材力求通俗、简明、实用、操作性强，每章均有思考练习题，以期读者经过这些练习对所学知识和技能进行巩固、加深理解。

本书主编为重庆工业职业技术学院沈燕卿（第 1、2、7 章和第 8 章部分内容及统稿），参与编写的有重庆建设工业（集团）有限责任公司吴胜光（第 4、6、8 章部分内容），联合汽车电子有限公司庄建兵（第 3、5 章部分内容），重庆工业职业技术学院邱宇（第 3、4 章部分内容）、马玉利（第 5、6 章部分内容）。

湖州职业技术学院的俞志根教授和联合汽车电子有限公司的陈实高级工程师担任本书的主审，对书稿进行了认真、负责、全面的审阅，提出了许多宝贵的建议和意见。在本书的编写过程中，还得到了重庆工业职业技术学院张晓琴教授、郭艳萍教授、郑益工程师和中国四联仪器仪表集团的刘祥明博士、刘裴工程师等的大力支持，也得到了编者所在院校领导的关心和支持，在此一并表示感谢。

传感器技术应用范围广且涉及学科众多，而编者学识有限，书中难免存在不足之处，希望广大读者对第三版教材多提宝贵建议和意见，敬请批评指正。

**编　者**

2022 年 11 月

# 第一版前言

本书是根据高职高专教学基本要求，参照电气类、机电类、电子类等专业的传感器技术课程教学大纲，结合编者多年的教学和工程实践经验编写而成，为中国电力教育协会组织编写的普通高等教育“十二五”规划教材（高职高专教育）。

作为人体感觉器官的延伸，传感器已广泛应用于工业、科研、生活等各个领域，是各种信息检测系统、自动报警系统和自动控制系统必不可少的信息采集的“感觉器官”，在工程领域和现代科学技术中占有极其重要的地位。随着传感技术的不断发展，传感器相关知识和技术成为相关技术人员的必备知识。

本书通过精选内容、归类编排的方法增强传感器教学的系统性，有利于读者对传感器的现状和发展有一个完整的概念。鉴于传感器种类繁多，涉及的学科广泛，不可能也没有必要对各种具体传感器逐一剖析，本书在编写中力求突出共性基础，以传感器用途为主线，着重介绍常用传感器的工作原理、测量转换电路及其典型应用，着眼于传感器的选型、调试、测量数据分析等解决实际问题的基本技能。

全书共分 6 章，分别介绍了传感技术基础，常见物理量的检测用传感器，如温度、力及压力、位移、气体浓度及湿度、磁场、光照等的检测，最后以传感器在火灾自动报警器和智能机器人中的实际工程应用为例，引导学生思考、自学、讨论，使学生在掌握常用传感器的设计、制作、调试、维护等工程应用技能的同时，学习掌握利用传感器技术解决工程实际问题的思路及方法。本书内容选材力求通俗、简明、实用、操作性强，每章均配有习题。

本书可作为高职高专院校电气类、机电类、电子类等专业的教材，也可供计算机、机械、汽车等专业的师生及相关工程技术人员参考，参考学时为 60～80 学时。

本书主编为重庆工业职业技术学院沈燕卿（第 1～5 章及统稿），马玉利、邱宇（第 6 章）参编。

湖州职业技术学院的俞志根教授担任本书的主审，对书稿进行了认真、负责、全面审阅，提出了许多宝贵的建议和意见。在本书的编写过程中，还得到了重庆工业职业技术学院易谷教授、毛臣健教授、张晓琴教授和中国四联仪器仪表集团的刘祥明高级工程师、刘裴工程师等的大力支持，也得到了编者所在院校领导的关心和支持，在此一并表示感谢。

传感器技术涉及的学科众多，而编者学识有限，书中难免存在不足之处，敬请读者予以批评指正。

编　者

2013 年 6 月

# 第二版前言

传感器作为人体感觉器官的延伸，已广泛应用于工业、科研、生活等各个领域，是各种信息检测系统、自动报警系统和自动控制系统必不可少的用于信息采集的“感觉器官”，是现代信息技术的三大支柱之一。

本书是根据高等职业院校专业教学标准，参照装备制造大类和电子信息大类的电气自动化技术、机电一体化技术、应用电子技术、物联网应用技术等专业的检测技术、传感器技术课程教学大纲，通过开展广泛的行业企业调研，结合编者多年的教学和工程实践经验编写而成，由重庆工业职业技术学院与重庆工业建设（集团）有限责任公司、联合汽车电子有限公司、中国四联仪器仪表集团等校企合作完成。

《传感器技术（第二版）》在第一版的基础上做了大量修订，补充和更新了接近开关、流量传感器、传感器的输出与接线、光敏传感器应用等内容，增加了谐振式力敏传感器、压磁式力敏传感器等新式力敏传感器，智能传感器与虚拟仪器等章节，并对一些错误和表述不够严谨之处进行了更正。本书通过精选内容、归类编排的方法增强传感器教学的系统性，在编写中力求突出共性基础，以传感器功用为主线，着眼于传感器的选型、调试、测量数据分析等解决智能制造业中信息采集与转换等实际问题的知识和技能。

全书共分 8 章，采用模块化编排，分别介绍了传感器技术基础，常见物理量、化学量和生物量传感器，如温度、力及压力、位移、气体浓度及湿度、磁场、光照、流量等的检测，着重介绍典型传感器的工作原理、特性及其在工程中的典型应用；还介绍了新式的智能传感器和虚拟仪表；最后以传感器在智能家居、智能机器人和智能汽车中的实际工程应用为例，引导学生思考、自学、讨论，使学生在掌握常用传感器的设计、制作、调试、维护等工程应用技能的同时，学习和掌握利用传感器技术解决工程实际问题的思路及方法。每个单元选材力求通俗、简明、实用、操作性强，每章均有思考练习题，以期读者经过这些练习对所学知识和技能进行巩固、加深理解。

本书提供了丰富的配套数字化教学资料，包括电子课件、微课、在线试题、实验指导书等。编者于微信公众号、云课堂智慧职教等互联网平台开展了“传感器技术”课程信息化教学，可以满足教师、学生、企业和社会学习者等不同对象、不同阶段、不同场合的学习需求。

本书既可作为装备制造大类高职高专电气自动化技术、机电一体化技术等专业检测技术、传感器技术等课程的教材，也可供电子信息大类应用电子技术、物联网应用技术等相关专业的师生及工程技术人员参考，参考学时为 60～80 学时。

本书主编为重庆工业职业技术学院沈燕卿（第 1、2、7 章部分及统稿），重庆建设工业（集团）有限责任公司吴胜光（第 4、6、7 章部分），联合汽车电子有限公司庄建兵（第 3、5 章部分），重庆工业职业技术学院邱宇（第 3、4 章部分）、马玉利（第 5、6 章部分）参编。

湖州职业技术学院的俞志根教授和联合汽车电子有限公司陈实高级工程师担任本书的主审，在对书稿进行了认真、负责、全面审阅的基础上，提出了许多宝贵的建议和意见。在本书的编写过程中，还得到了重庆工业职业技术学院易谷教授、张晓琴教授和中国四联仪器仪表集团的刘祥明高级工程师、刘裴高级工程师等的大力支持，也得到编者所在院校领导的关心和帮助，编者在此一并表示感谢。

传感器技术涉及的学科众多，而作者学识有限，书中难免存在不足之处，敬请读者予以批评指正。

**编　者**

2019 年 1 月

# 目　　录

## 微课目录

# 1　传感器技术基础

## 1.1　传感器技术概论

GB/T 7665—2005《传感器通用术语》中，传感器（Transducer/Sensor）的定义是：能感受规定的被测量并按照一定的规律转换成可用输出信号的器件或装置。

无论是在现代生活、生产活动中，还是在工业监控和科学研究等领域，都离不开检测与传感器这个重要环节。如果没有传感器对各种原始参数进行精确而可靠的自动检测，那么信号转换、信息处理、正确显示、控制器的最佳控制等都是无法进行和实现的。

### 1.1.1　传感器技术在现代科技中的地位及应用

传感器技术是现代科技的前沿技术，是现代信息技术的三大支柱之一。传感器技术水平的高低是衡量一个国家科技发展水平的重要标准之一。传感器产业也是国内外公认的具有发展前途的技术产业之一，它以技术含量高、经济效益好、渗透能力强、市场前景广等特点为世人瞩目。

随着现代科学技术的高速发展，人们生活水平的迅速提高，传感器技术越来越受到普遍的重视，它的应用已渗透到国民经济的各个领域。

1. 在环境监测方面的应用

随着经济的迅速发展，环境污染问题日益凸显，保护环境并实现可持续发展逐渐成为当今的热门话题。人们迫切希望拥有一种能对大气、水质等进行连续、快速、在线监测的仪器，环境质量传感器技术满足了人们的需求。目前，已有相当一部分生物传感器应用于环境监测中，如对海岛鸟类生活规律的观测、气象监测、森林火警、洪灾预警等。

2. 在家用电器方面的应用

20 世纪 80 年代以来，随着以微电子为中心的技术革命的兴起，家用电器正向自动化、智能化、节能、无环境污染的方向发展。自动化和智能化的核心是研制由微电脑和各种传感器组成的控制系统。例如，一台空调器采用微电脑控制配合传感器技术，可以通过压缩机的启动、停机、风扇摇头、风门调节、换气等，实现对温度、湿度和空气浊度的控制。随着人们对家用电器方便、舒适、安全、节能等性能要求的提高，传感器将得到越来越多的应用。

3. 在汽车工业中的应用

随着人们生活水平的提高，汽车已逐渐走进千家万户，汽车的安全、舒适、节能、环保和智能化是其发展趋势。普通汽车上装有 10～20 只传感器，而高级豪华车的传感器则多达几十只。传感器在汽车中充当其感官和触角，主要分布在发动机控制系统、底盘控制系统和车身控制系统，通过对车辆行驶距离、发动机转速、燃料剩余量等汽车工作状态信息的检测，形成了气囊系统、防盗系统、防滑控制系统、防抱死装置、电子变速装置等，为车辆的正常运行和人员安全提供了保障。

4. 在工业检测和自动控制系统的应用

在工业生产过程中，必须对温度、压力、流量、液位和气体成分等参数进行检测，以实现对工作状态的监控；诊断生产设备的各种情况，使生产系统处于最佳状态，从而保证产品质量，提高效益。目前，传感器与计算机、通信等技术的结合渗透，使工业监测自动化具有准确、效率高等诸多优点。如果没有传感器，现代工业生产自动化程度将会大大降低。

**视野拓展**

中国各级政府向来都高度重视制造业的发展，《中国制造 2025》的出台预示着中国制造将由制造大国向制造强国开始转变，其中智能制造扮演着重要角色，和国际上的美国工业互联网、德国工业 4.0 相呼应。而在智能制造体系中，传感器质量和性能的高低决定着智能制造的走向与水平，因此以传感器为代表的感知器件制造将是未来一段时间内重要的战略性新兴产业，是实现自动化、智能化的关键。

5. 在现代医学领域的应用

医学传感器作为拾取生命体征信息的五官，需要测取人体的温度、血压、呼吸信号、心脑电波等来辅助医生或系统判断人体状态，它的作用日益显著，并得到广泛应用。例如，在图像处理、临床化学检验、生命体征参数的监护监测和呼吸、神经、心血管疾病的诊断与治疗等方面，传感器的使用十分普遍。

6. 在智能建筑领域中的应用

智能建筑是未来建筑的一种必然趋势，涉及智能化、信息化、生态化等多方面的技术。例如，通过布置于房间内的温度、湿度、光照、空气成分等无线传感器，感知居室不同部位的微观状况，从而对门窗、家电等进行自动控制，提供给人们舒适的居住环境；通过布置于建筑物内的图像、声音、气体、温度、压力、辐射等传感器，发现异常事件及时报警，自动启动应急措施。

7. 在军事领域的应用

传感器技术在军用电子系统的运用促进了武器、作战指挥、控制、监视和通信方面的智能化发展。传感器技术在远方战场监视系统、防空系统、雷达系统、导弹系统等方面都有广泛的应用，是提高军队战斗力的重要技术。

科学技术的不断发展，蕴生了许多新的学科领域，因为无论宏观的宇宙还是微观的粒子世界，许多未知的现象和规律要获取大量人类感官无法获得的信息，没有相应的传感器就无法完成。

### 1.1.2 传感器的作用

传感器技术综合性很强，集成了机械、电子、电路、控制、光学、电磁学等知识，以研究传感器的材料，传感器的设计、制造和应用为主要内容。传感器的种类很多，如压力传感器、温度传感器、湿度传感器，以及近年来兴起的智能传感器、图像传感器等。

如图 1.1.1 所示，在人体系统中，人通过感官接收外界信号，利用大脑进行信息处理，通过四肢等执行具体的操作。在机械系统中，传感器就相当于人的感官，用于感受有关外界环境及自身状态的各种物理量（如力、位移、速度、位置等）及其变化，并将这些信号转换成电阻、电感、电容等电参量的变化，然后再通过相应的变换、放大、调制与解调、滤波、运算等电路将有用的信号提取出来，用于显示或控制。

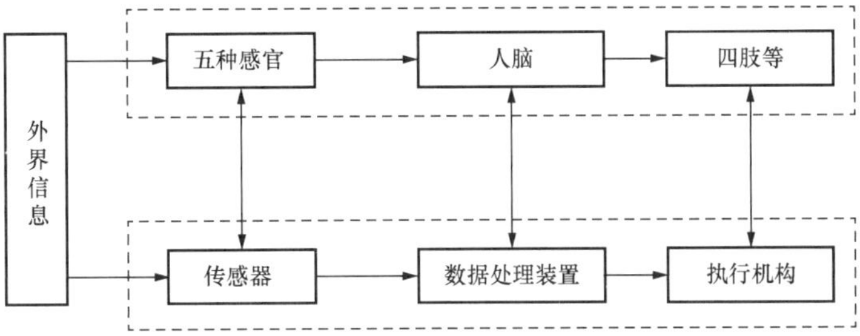


图 1.1.1　人体与传感装置信息处理对比

简而言之，传感器用于信息的采集与转换。

比如，生产过程中通常需要利用传感器采集产品数量、状态等信息；特定情况下，还需要采集受控系统的状态信息，并由此调节与控制系统的状态，以跟踪系统的目标值。基于传感器所采集的信息，操作人员或智能管理系统可有效管理生产过程，为企业生成的顺利开展提供保障。

又如，读出磁盘与光盘信息的磁头就是一种传感器，它能读出在媒体上的信息并转换成计算机、传真机等所需要的数据。

### 1.1.3　传感器与自动检测/控制系统

如图 1.1.2 所示，负责信号采集与转换的传感器与控制器、执行器和过程（对象）可构成自动检测/控制系统。

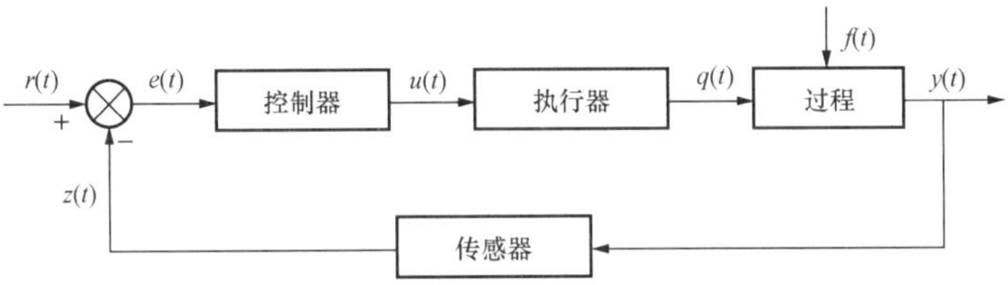


图 1.1.2　典型单闭环负反馈控制系统框图

图 1.1.2 中，$r(t)$ 为给定信号；$z(t)$ 为反馈信号，来自传感器的被控参数 $y(t)$ 的测量变送值；$e(t)$ 为绝对误差，$e(t)=r(t)-z(t)$；$u(t)$ 为控制信号；$q(t)$ 为控制参数；$y(t)$为被控参数。

“过程”即被控过程，又称系统或对象，是指从被控参数检测点至调节阀之间的管道或设备；“→”为信号作用方向或介质流量的流向；$f(t)$ 为外部扰动，即外部干扰，它会使控制值偏离给定值，作用于过程且使被控参数变化。根据扰动的来源，扰动可分为内部扰动和外部扰动。内部扰动是因为控制参数作用于对象而产生的。

以空调温度控制系统为例，其主要由温度控制器、装在回风管内的温度传感器、冷热电动调节二通阀门及驱动器等组成。装在回风管内的温度传感器检测获得环境温度$z(t)$，控制器将环境温度 $z(t)$ 与设定的温度 $r(t)$ 相比较，并根据比较的结果$e(t)$输出相应的控制信号 $u(t)$ 来控制电动阀的动作，从而使送风温度保持在所需要的范围内。

### 1.1.4 传感器技术的现状及发展趋势

1. 传感器技术现状

自20世纪80年代初，美、日、德、法、英等国家相继确立加速传感器技术发展的方针，视之为涉及科技进步、经济发展和国家安全的关键技术，纷纷列入长远发展规划和重点计划之中，并采取严格的保密规定对技术进行封锁和控制。尽管我国传感器制造行业取得长足进步，但与发达国家相比仍存在明显差距。这种差距体现在先进的计算、模拟和设计方法，先进的微机械加工技术与设备，先进的封装技术与设备，可靠性技术研究等方面。目前，美国、日本、德国占据全球传感器市场近七成份额，而我国仅占到11%左右。

从应用领域来看，工业、汽车电子、通信电子、消费电子四部分是传感器最大的市场。国内工业和汽车电子产品领域的传感器占比约42%，而发展较快的是汽车电子和通信电子应用市场。

已有的《中国制造2025》和《智能传感器产业三年行动指南（2017—2019年）》都对传感器产业的发展提出明确要求，亟需着力研发拥有自主知识产权的高端智能传感器，为实现智能制造打下坚实基础。

2. 传感器技术的发展趋势

随着CAD技术、MEMS技术、信息理论及数据分析算法等的不断发展，传感器系统正向着微型化、智能化、综合化和网络化的方向发展。在各种新兴科学技术呈辐射状广泛渗透的当今社会，作为现代科学“耳目”的传感器系统，必将进一步得到各领域的关注。

（1）微型化（Micro）。为了能够与信息时代信息量激增、要求采集和处理信息的能力日益增强的技术发展趋势保持一致，传感器性能指标（包括精确性、可靠性、灵敏性等）的要求越来越严格。系统越来越多的功能要求各个部件所占位置越小越好，传感器本身体积也是越小越好。而传统的大体积弱功能传感器往往很难满足上述要求，所以它们已逐步被各种不同类型的高性能微型传感器所取代。后者主要由硅等半导体材料构成，具有体积小、质量轻、反应快、灵敏度高以及成本低等优点。随着大规模和超大规模集成电路的发展，可将组成传感器的多个单元集成在一块芯片上，从而极大地缩小了传感器的体积，为传感器的微型化创造了条件。

微电子机械系统（MEMS）的研究工作始于20世纪60年代，其研究范畴涉及材料科学、机械控制、加工与封装工艺、电子技术等，是一个极具前景的新兴研究领域。MEMS的核心技术是研究微电子与微机械加工、封装技术的巧妙结合，期望能够由此而制造出体积小巧但功能强大的新型系统。经过几十年的发展，尤其最近十多年的研究与发展，MEMS技术已经显示出了巨大的生命力，此项技术的有效采用将信息系统的微型化、智能化、多功能化和可靠性水平提高到了一个新的高度。在当前技术水平下，利用微切削加工技术已经可以生产出具有不同层次的3D微型结构，从而可以生产出体积非常微小的微型传感器敏感元件。例如，毒气传感器、离子传感器、光电探测器等以硅为主要构成材料的传感/探测器都配备有这样的微型敏感元件。

（2）智能化（Smart）。智能传感器是指装有微处理器的，不但能够执行信息处理和信息存储，而且还能够进行逻辑思考和结论判断的传感器。例如，对非线性信号进行线性化处理，借助于软件滤波器滤波数字信号，通过对环境等的检测实施自诊断和自校正等。

智能传感器以微机为核心，其主要组成部分包括主传感器、辅助传感器及微型机的硬件设备等。例如，智能压力传感器的主传感器为压力传感器，用来探测压力参数；其辅助传感器通常为温度传感器和环境压力传感器，用来测量环境的温度和压力变化。硬件设备除了能够对传感器的弱输出信号进行放大、处理和存储外，还执行与计算机之间的通信联络。采用智能化技术后，可以方便地调节和校正由温度、压力的变化导致的测量误差。

借助于半导体集成化技术将传感器与信号预处理电路、输入输出接口、微处理器等制作在同一块芯片上，即成为大规模集成智能传感器。可以说智能传感器是传感器技术与大规模集成电路技术相结合的产物，它的实现取决于传感技术与半导体集成化工艺水平的提高与发展。智能传感器具有多功能、高性能、体积小、适宜大批量生产和使用方便等优点，是传感器重要的发展方向之一。

(3) 综合化 (Multifunction)。通常情况下一个传感器只能用来探测一种物理量，但在许多应用领域中，如前面提到的智能压力传感器，为了能够准确地反映客观事物和环境，往往需要同时测量多个的物理量。由若干种敏感元件组成的多功能传感器是一种体积小巧且兼备多种功能的新一代探测系统，它可以借助于敏感元件中不同的物理结构或化学物质及其各不相同的表征方式，用单独一个传感器系统来同时实现多种传感器的功能，同时还可对这些参数的测量结果进行综合处理和评价，反映出被测系统的整体状态。

随着传感器技术和微机技术的飞速发展，目前人们已经生产出将若干种敏感元件集成在同一种材料或单独一块芯片上的一体化多功能传感器。

多功能传感器无疑也是当前传感器技术发展的重要趋势，目前有许多学者正在积极开展该方向的研究工作。比如，将某些类型的传感器进行适当组合而使之成为新的传感器，如用来测量流体压力和互异压力的组合传感器。又如，为了能够以较高的灵敏度和较小的粒度同时探测多种信号，微型数字式三端口传感器同时采用了热敏元件、光敏元件和磁敏元件，不但能够输出模拟信号，而且还能够输出数字信号。

从目前的发展现状来看，仿生传感器是最热门的研究领域之一，并且在感触、刺激及视听辨别等方面已有最新研究成果。从实用的角度考虑，多功能传感器中应用较多的是各种类型的多功能触觉传感器，例如，中国科学院物理研究所最近研制了一种新型柔性高性能应变传感器——非晶合金皮肤，它通过离子束溅射方法将 ZrCuNiAl 等非晶合金薄膜直接“生长”在柔性塑料衬底上得到，保留了金属材料高电导率、电阻与应变间的高线性度、稳定性好等特点。又如，美国 MERRITT 公司研制开发的无触点皮肤敏感系统，其无触点超声波传感器、红外辐射引导传感器、薄膜式电容传感器以及温度、气体传感器等，在美国本土应用甚广。

(4) 网络化 (Networking)。传感器网络是当前国际上备受关注的、多学科高度交叉的新兴前沿研究热点领域。传感器网络综合了传感器技术、嵌入式计算技术、现代网络及无线通信技术、分布式信息处理技术等。其能够通过各类集成化的微型传感器协作，实时监测、感知和采集各种环境或监测对象的信息，通过嵌入式系统对信息进行处理，并通过随机自组织无线通信网络以多跳中继方式将所感知信息传送到用户终端，从而真正实现“无处不在的计算”理念。

传感器网络具有十分广阔的应用前景，在军事、工农业、城市管理、生物医疗、环境监测、抢险救灾、防恐反恐、危险区域远程控制等许多领域都有重要的科研价值和巨大实用价值，已经引起了世界许多国家军界、学术界和工业界的高度重视。

新物理/化学效应、新材料、新工艺等的发现和发展，也将进一步促进传感器的微型化、智能化、综合化和网络化的发展趋势，可实现降低传感器的能耗，提高传感器敏感性、选择性、响应速度、动态范围、准确度、稳定性以及在恶劣环境条件下工作的能力。

除此之外，随着社会经济、技术等的发展，传感器应用也在不断拓展，比如在物联网中的应用。近些年，地震灾害、海啸灾害、食品危机不断，开发出相应传感器检测这些现象的发生，及早预警，也是传感器技术今后的发展方向之一。

**视野拓展**

当前我国正处于全面建设社会主义现代化强国的开局起步期、世界百年未有之大变局的持续深化期、新一轮科技与产业革命的加速拓展期，我们应该紧跟传感器发展趋势，传承和发扬工匠精神。“知之者不如好之者，好之者不如乐之者”，工匠精神的第一要素是乐趣和热情；第二要素是坚持不懈；第三要素是坚强和忍耐。千百年来，我们的前辈就是这么做的，这才有了伟大的四大发明及灿烂的华夏文明。作为智能制造背景下的工程领域学习者和行业工作者，我们应聚焦传感行业，融合前沿学科知识，加强研发设计，不断提升传感器的品质，推动传感器的广泛应用。

## 1.2 传感器的基本概念及命名

### 1.2.1 传感器与变送器

传感器是一种以测量为目的，以一定精确度将被测量转换为与之有确定关系的、便于处理的另一种物理量的测量装置、器件或元件。因此，传感器直接与被测对象发生联系，采集并获取被测对象的信息。由于一般的被测对象是非电信号，如位移、速度、温度、压力、流量等，所以传感器还必须将上述信号转换成便于传输和处理的电信号，以满足信息的传输、处理、存储、显示、记录和控制等要求。传感器是实现自动检测和自动控制的首要环节，当输出为规定标准信号时，则称为变送器。

### 1.2.2 传感器的典型组成

传感器通常由敏感元件、传感元件和转换电路三部分组成，其组成框图如图 1.2.1 所示。

图 1.2.1　传感器组成框图

（1）敏感元件（sensing element），感受被测参数变化量（一般为非电量，如物理量、化学量、生物量等），并输出与被测量成确定关系的其他更易于转换的非电量的元件。

（2）传感元件（transduction element），也称转换元件，通常它不直接感受被测量，而是将敏感元件的输出量转换为电阻、电容、电感等电参量再输出。

（3）转换电路，将传感元件输出的电参量转换成电压、电流或频率量等易于处理的电信号。其中，电压信号适用于距离较短、干扰较少的场合，模拟电压输出信号的典型值为 1～5V；电流信号适用于需要远距离传送测量信号的场合，模拟电流输出信号的典型值为 4～20mA，两类信号之间可根据需要通过精密电阻（250Ω）进行转换。

### 1.2.3 传感器的分类

传感器目前最常见的分类方法有两种：按被测物理量或用途分类和按传感器的工作原理分类。

传感器按被测物理量或用途的不同可分为位移、速度、加速度、力、压力、扭矩、时间、温度传感器等。

传感器按工作原理的不同可以分为物理型、化学型及生物型三大类。其中，物理型传感器是利用被测量物质的某些物理性质发生明显变化的特性制成的，诸如压电效应，磁致伸缩现象，离化、极化、热电、光电、磁电等效应，被测信号量的微小变化都将转换成电信号。化学型传感器是以化学吸附、电化学反应等现象为因果关系，利用能将化学物质的成分、浓度等化学量转化成电量的敏感元件制成。生物型传感器是利用各种生物或生物物质的特性制成的，用以检测与识别生物体内化学成分。大多数传感器是以物理原理为基础运作的。化学传感器技术问题较多，如可靠性问题、规模生产的可能性、价格问题等，解决了这类难题，化学传感器的应用将会更为广泛。常见物理型传感器的工作原理和应用领域见表 1.2.1。

**表 1.2.1　常见物理型传感器的工作原理及应用领域**

| 转换形式 | 中间参量 | 工作原理 | 传感器名称 | 典型应用 |
|---|---|---|---|---|
| 电参数 | 电阻 | 移动电位器触点改变电阻 | 电位器传感器 | 位移 |
| | | 改变电阻丝或片的尺寸 | 电阻丝应变传感器、半导体应变传感器 | 微应变、力、负荷 |
| | | 利用电阻的温度效应（电阻的温度系数） | 热丝传感器 | 气流速度、液体流量 |
| | | | 电阻温度传感器 | 温度、辐射热 |
| | | | 热敏电阻传感器 | 温度 |
| | | 利用电阻的光敏效应 | 光敏电阻传感器 | 光强 |
| | | 利用电阻的湿度效应 | 湿敏电阻 | 湿度 |
| | 电容 | 改变电容的几何尺寸 | 电容传感器 | 力、压力、负荷、位移 |
| | | 改变电容的介电常数 | | 液位、厚度、含水量 |
| | 电感 | 改变磁路几何尺寸、导磁体位置 | 电感传感器 | 位移 |
| | | 涡流去磁效应 | 涡流传感器 | 位移、厚度、含水量 |
| | | 利用压磁效应 | 压磁传感器 | 力、压力 |
| | | 改变互感 | 差动变压器 | 位移 |
| | | | 自整角机 | 位移 |
| | | | 旋转变压器 | 位移 |
| | 频率 | 改变谐振回路中的固有参数 | 振弦式传感器 | 压力、力 |
| | | | 振筒式传感器 | 气压 |
| | | | 石英谐振传感器 | 力、温度等 |
| | 计数 | 利用莫尔条纹 | 光栅 | 大角位移、大直线位移 |
| | | 改变互感 | 感应同步器 | |
| | | 利用拾磁信号 | 磁栅 | |
| | 数字 | 利用数字编码 | 角度编码器 | 大角位移 |

续表

| 转换形式 | 中间参量 | 工作原理 | 传感器名称 | 典型应用 |
|---|---|---|---|---|
| 电能量 | 电动势 | 温差电动势 | 热电偶 | 温度热流 |
| | | 霍尔效应 | 霍乐传感器 | 磁通、电流 |
| | | 电磁感应 | 磁电传感器 | 速度、加速度 |
| | | 光电效应 | 光电池 | 光强 |
| | 电荷 | 辐射电离 | 电离室 | 离子计数、放射性强度 |
| | | 压电效应 | 压电传感器 | 动态力、加速度 |

此外，传感器也有其他的一些分类方法，如根据输出信号类型、制作材料和制造工艺等。

按输出信号类型的不同，传感器可分为：

（1）模拟型传感器，将被测量的非电量转换成模拟电信号。

（2）数字型传感器，将被测量的非电量转换成频率、代码等数字输出信号（包括直接和间接转换）。

（3）开关传感器，当一个被测量的信号达到某个特定的阈值时，传感器相应地输出一个设定的低电平或高电平信号。

在外界因素的影响下，所有材料都会作出相应的、具有特征性的反应。通常利用对外界影响最敏感的材料，即具有功能特性的材料来制作传感器的敏感元件。从所应用的材料出发可将传感器分成下列几类：比如按照所用材料可分为金属、聚合物、陶瓷、混合物传感器等；按材料的物理性质分为导体、绝缘体、半导体、磁性材料传感器等；按材料的晶体结构分为单晶、多晶、非晶材料传感器等。

按照制造工艺不同，传感器可分为集成传感器、薄膜传感器、厚膜传感器、陶瓷传感器等。其中，集成传感器是用标准的生产硅基半导体集成电路的工艺技术制造的，通常还将用于初步处理被测信号的部分电路也集成在同一芯片上。薄膜传感器则是通过沉积在介质衬底（基板）上的，相应敏感材料的薄膜制成的，使用混合工艺时同样可将部分电路制造在此基板上。厚膜传感器是利用相应材料的浆料，涂覆在陶瓷基片上制成的。其基片通常由 $Al_2O_3$ 制成的，然后进行热处理，使厚膜成形。陶瓷传感器采用标准的陶瓷工艺或其某种变种工艺（溶胶—凝胶等）生产，完成适当的预备性操作之后，将已成形的元件在高温中进行烧结。厚膜和陶瓷传感器这两种工艺之间有许多共同特性，在某些方面可以认为厚膜工艺是陶瓷工艺的一种变形。

### 1.2.4 传感器命名、代码及图形表示

根据 GB/T 7666—2005《传感器命名法及代码》，在有关传感器的统计表格、图书索引、检索以及计算机汉字处理等特殊场合，传感器产品的名称应由主题词加四级修饰语构成。

1. 传感器命名

主题词为传感器；第一级修饰语为被测量，包括修饰被测量的定语；第二级修饰语为转换原理，一般可后续以“式”字；第三级修饰语为特征描述，是指必须强调的传感器结构、性能、材料特征、敏感元件以及其他必要的性能特征，一般可后续以“型”或“式”字；第

四级修饰语为主要技术指标，比如量程、测量范围、准确度等。如“传感器，位移，应变（计）式，100mm”，“传感器，加速度，压电式，±20g”，“传感器，差压，谐振式，智能型，35kPa”等。

在技术文件、产品样本、学术论文、教材及书刊的陈述句子中，作为产品名称应采用与命名法相反的顺序，如“100mm 应变式位移传感器”“±20g 压电式加速度传感器”等。

2. 传感器代号

据国标规定，传感器代号用大写汉语拼音字母（或国际通用标志）和阿拉伯数字构成。传感器的完整代号应依次包括以下四部分：主称（传感器）、被测量、转换原理、序号。其中，序号用阿拉伯数字标记，可表征产品设计特征、性能参数、产品系列等。如某应变式位移传感器代号为 CWY-YB-10，某电容式加速度传感器代号为 CW-DR-2。

3. 传感器编码

GB/T 36378.1—2018《传感器分类与代码　第 1 部分：物理量传感器》给出了物理量传感器的分类方法、编码方法及具体的代码及说明，其代码采用组合码，由 3 段共 11 位数字代码组成。如表 1.2.2 所示，传感器编码第 1 段 1 位数字表示传感器类型（“1”表示物理量传感器）；第 2 段 6 位数字表示被测量，其第 2、3 位表示被测量类别，第 4、5 位表示具体的被测量，第 6、7 位是对某一被测量的详细划分；第三段 4 位数字表示转换原理，第 8、9 位表示转换原理的类别，第 10、11 位表示具体的转换原理，此第三段可以为空（取值为“0000”）。例如，10101010000 表示绝压传感器。

**表 1.2.2　电阻应变式扭矩传感器的代码说明**

| 1 | 01 | 06 | 01 | 01 | 02 |
|---|---|---|---|---|---|
| 第 1 位数字表示传感器类型 | 第 2 位到第 7 位表示被测量 | | | 第 8 位到第 11 位表示转换原理 | |
| 1 表示物理量传感器 | 第 2、3 位表示被测量类别，如 01 表示力学量 | 第 4、5 位表示具体的被测量，如 05 表示力矩 | 第 6、7 位是对某一被测量的详细划分，如 01 表示扭矩 | 第 8、9 位表示转换原理的类别，如 01 表示电阻式 | 第 10、11 位表示具体的转换原理，如 02 表示应变式 |

4. 传感器图形表示

GB/T 14479—1993《传感器图用图形符号》规定了传感器的图形符号和表示规则，适用于传感器电气测量、控制系统图设计及有关技术文件。如图 1.2.2 所示，传感器一般符号由符号要素正三角形和正方形构成。其中，三角形轮廓符号表示敏感元件，内填表示被测量的限定符号，如图 1.2.2（a）所示的电容式加速度传感器；正方形轮廓符号表示转换元件，内填表示转换原理的限定符号。在无须强调具体的转换原理时，传感器图形符号也可以简化形式，在正方形符号中用斜线分隔符表示内在能量转换功能，如图 1.2.2（b）所示的压力传感器。

经主管部门认可，特殊传感器的图形符号可考虑引入文字符号或自定义的图形来表示。

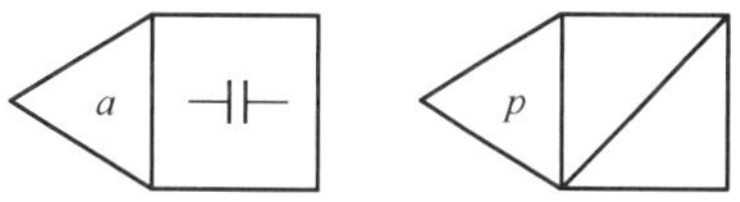


(a)　(b)

图 1.2.2　传感器的图形表示示例

（a）电容式加速度传感器；（b）压力传感器

# 1.3 传感器特性与技术指标

传感器特性包括静态特性和动态特性。传感器技术指标通常包括静态特性指标、动态特性指标、稳定性和可靠性指标等。

## 1.3.1 静态特性指标

传感器的静态特性是指对静态的输入信号传感器的输出量与输入量之间所具有的相互关系。因为这时输入量和输出量都与时间无关，所以传感器的静态特性可用一个不含时间变量的代数方程描述；或以输入量作横坐标，把与其对应的输出量作纵坐标而画出的特性曲线来描述。表征传感器静态特性的主要参数有灵敏度、线性度、迟滞、重复性、漂移等。

（1）灵敏度（Sensitivity）与信噪比（S/N）。选用传感器时首先要考虑的是其灵敏度，如果达不到测量时所必须的灵敏度，传感器的输出将不能反映对象参数的实际状态。

灵敏度是指仪表对被测参数变化的灵敏程度，或者说是对被测量变化的反应能力，用稳态下输出变化增量对输入变化增量的比值表示，即

$$S = \mathrm{d}y/\mathrm{d}x \approx \Delta y/\Delta x \tag{1.3.1}$$

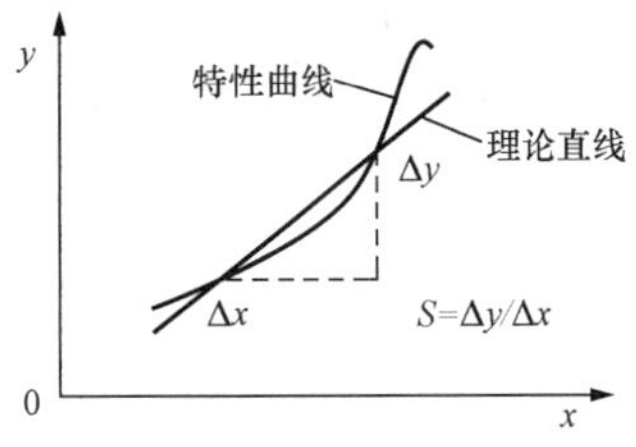

图 1.3.1 传感器的实际特性曲线和理论直线图

图 1.3.1 所示为传感器实际特性曲线和理论直线图。特性曲线以输入量 $x$ 为横坐标，输出量 $y$ 为纵坐标，其输出量和输入量与时间无关。

理想的检测系统的特性曲线的斜率 $S$ 为常数，即 $y=Sx$。$S$ 为常数时，表明不同输入值对应的灵敏度不变，是线性检测装置，特性曲线是直线；$S$ 不为常数，表明不同输入值对应的灵敏度大小不同，特性曲线是一条曲线。

传感器灵敏度（平均灵敏度），即一般意义上的灵敏度，通常采用理论直线的斜率作为传感器的平均灵敏度。输出与输入量纲相同时，灵敏度为无量纲数参数，称放大倍数。

灵敏度高的传感器不一定是最好的传感器，灵敏度越高（放大倍数越大），越易受噪声的影响（如环境噪声、传感器本身的噪声等），测量范围相对越窄，稳定性越差。因此要合理选择灵敏度，必须用信号与噪声的相互关系全面来衡量传感器使用性能。

传感器输出信号中的信号分量与噪声分量的平均功率之比，称为信噪比（Signal to Noise Ratio，SNR），其表达式为

$$\mathrm{SNR} = 10\lg(P_S/P_N) = 20\lg(U_S/U_N) \tag{1.3.2}$$

式中：$P_S$、$P_N$ 分别为信号分量和噪声分量的平均功率；$U_S$、$U_N$ 分别为信号分量和噪声分量的平均电压。

SNR 越小，信号与噪声就越难以分清，若 SNR＝0dB，就完全分辨不出信号与噪声。一般情况下，SNR 要求大于 10。

总体而言，一般是灵敏度越高越好，即被测量微小变化则输出量就有较大变化。但灵敏度很高时，与被测量无关的噪声也会同时被检测到，并通过传感器输出，从而干扰被测信号。传感器的信噪比越大越好，其值越大越不易受外界干扰。

（2）线性度（Linearity）。通常用线性度来表示检测装置的实际特性曲线与理论直线靠

近或偏离的程度。

线性度用实际特性曲线与理论直线之间的最大偏差 $\Delta L_{max}$ 和满量程输出值之比来表示，即

$$\gamma_L = \frac{\Delta L_{max}}{y_{max} - y_{min}} \times 100\% \tag{1.3.3}$$

输入与输出之间呈直线性比例关系，称为线性关系。然而实际上极少有理想线性关系，大都为非线性关系。采用电子电路也不能使传感器的特性曲线完全线性化。此外，还有补偿电路、放大器、运算电路等引起的非线性。

理论直线确定方法采用端点连线法和最小二乘法。

由于传感器的实际静态特性曲线不是直线，在应用中将其当作直线进行线性化，由此产生的误差称之为线性误差。线性误差应尽可能减小。

传感器都有一定的线性工作范围，输出与输入呈比例关系；线性工作范围越宽，量程越大。传感器工作在线性区域内是保证测量精确度的基本条件。在许可限度内，可以取其近似线性区域。

(3) 分辨力和阈值（Resolution and Threshold）。传感器能检测到输入量最小变化量的能力称为分辨力。对于某些传感器，如电位器式传感器，当输入量连续变化时，输出量只作阶梯变化，则分辨力就是输出量的每个“阶梯”所代表的输入量的大小。对于数字式仪表，分辨力就是仪表指示值的最后一位数字所代表的值。当被测量的变化量小于分辨力时，数字式仪表的最后一位数不变，仍指示原值。

当分辨力以满量程输出的百分数表示时则称为分辨率。

阈值是指能使传感器的输出端产生可测变化量的最小被测输入量值，即零点附近的分辨力。有的传感器在零点附近有严重的非线性，形成所谓“死区”（Dead Band），则将死区的大小作为阈值；更多情况下，阈值主要取决于传感器噪声的大小，因而有的传感器只给出噪声电平。

(4) 准确度（Accuracy）。在正常使用条件下，仪表测量值与真实值的偏离程度叫仪表的准确度，俗称精度（该称法现已取消），是衡量仪表质量优劣的重要指标之一。在工业测量中，为了便于表示检测仪表的质量，通常用准确度等级来表示仪表的准确度。

准确度等级（$\delta$），是指检测装置在符合一定的计量要求情况下，保持其误差在规定的极限范围内的准确度（级别），其计算式为

$$\delta = \left| \frac{e_{max}}{A_{max} - A_{min}} \right| \times 100 \tag{1.3.4}$$

式中：$e_{max}$为最大测量误差；$A_{max} - A_{min}$为仪表量程。

我国工业仪表准确度等级有 0.005、0.02、0.05、0.1、0.2、0.35、0.4、0.5、1.0、1.5、2.5、4.0 等。工业过程测量和控制用检测仪表和显示仪表准确度等级共有 16 个，即 0.01、0.02、(0.03)、0.05、0.1、0.2、(0.25)、(0.3)、(0.4)、0.5、1.0、1.5、(2.0)、2.5、4.0、5.0，其中括号里的 5 个不推荐使用。科学实验用的仪表准确度等级在 0.05 级以上；工业检测用仪表多在 0.1～4.0 级，其中校验用的标准表多为 0.1 或 0.2 级，现场用多为 0.5～4.0 级。

(5) 迟滞（Hysteresis）。迟滞用于描述传感器正向特性和反向特性的不一致程度。当

输入量在增加或减少时，对同一输出量会得到大小不等的输出量。比如，当输入量增加到 $x_1$，此时输出量为 $y_1$，再继续增加输入量，然后减少到 $y_1$，这时其输出量为 $y_2$，此时输出量 $y_1$ 和 $y_2$ 不相等，有一定的差值，即为迟滞（回差）。迟滞可表示为在全部测量范围内的差值 $e_H$ 的最大值和量程之百分比，即

$$\gamma_H = \frac{\max(e_H)}{y_{max} - y_{min}} \times 100\% \tag{1.3.5}$$

迟滞产生的主要原因包括仪表传动机构的间隙，运动部件的摩擦，弹性元件滞后或电滞后等。应尽量选用迟滞小的传感器。在实际工程应用中，随着仪表制造技术的不断改进，特别是微电子技术的引入，许多仪表已全电子化，无可动部件，所以迟滞这个指标在智能型仪表中显得不那么重要和突出了。

（6）测量范围（Measuring Range）。传感器所能测量到的最小输入量与最大输入量之间的范围，称为传感器的测量范围。

（7）量程（Span）。传感器测量范围的上限值与下限值的代数差，称为量程。

（8）重复性（Repeatability）。重复性是指传感器在输入量按同一方向作全量程连续多次变化时，所得特性曲线不一致的程度。

（9）电磁兼容性（Electromagnetic Compatibility）。电磁兼容性包括两个方面的要求：一方面是指设备在正常运行过程中对所在环境产生的电磁干扰不能超过一定的限值；另一方面是指设备对所在环境中存在的电磁骚扰具有一定程度的抗扰度，即电磁敏感性（Electromagnetic Susceptibility）。

### 1.3.2 动态特性指标

动态特性反映传感器对随时间变化的激励（输入）的响应（输出）特性，实际传感器的输入信号随时间变化的形式多种多样，其中最典型的输入信号是阶跃信号和正弦信号，其响应曲线分别如图 1.3.2 和图 1.3.3 所示。阶跃响应过程的动态特性指标包括延迟时间 $t_d$、上升时间 $t_r$、峰值时间 $t_p$、调节时间 $t_s$、超调量 $M_p$ 等。频率响应过程的特性包括幅频特性、相频特性等，其频响特性决定可测量的频率范围。传感器的频域动态性能指标包括固有频率、阻尼比、频带等。如图 1.3.3 所示，传感器只有在平直区才能工作，否则就会产生频率失真。

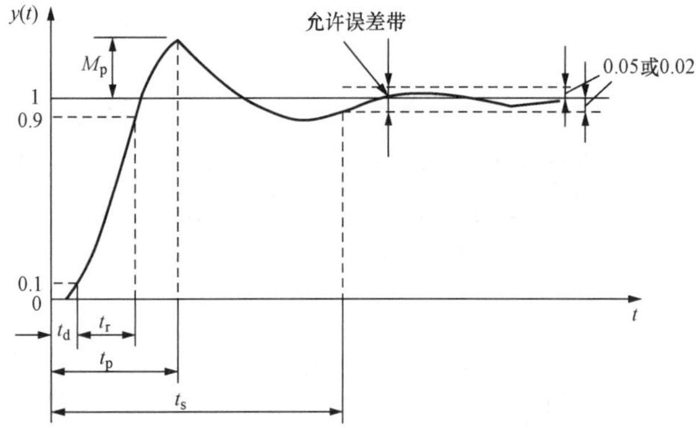


图 1.3.2 二阶传感器典型阶跃响应曲线

动态检测中，输出量的变化不仅受被测对象动态特性的影响，同时也受到检测装置动态特性的影响，是两者的综合结果。动态检测时，要求传感器能迅速、准确和无失真地再现被测信号随时间变化的波形，使输出与输入随时间的变化一致，即良好的动态特性。

一般而言，物性传感器（利用光电效应、压效应等）响应快、工作频率宽；结构型传感器（电感、电容、磁电等）受结构、惯性、固有频率低等影响，工作频率相对要窄。

传感器研制成功或使用一段时间之后，必须经实验确定性能指标，最常用的标准输入信

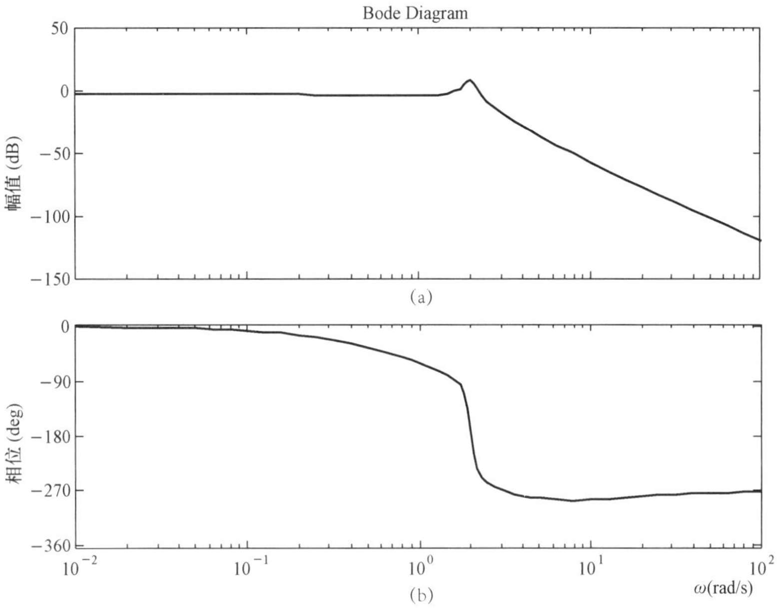


图 1.3.3 二阶传感器典型频率响应曲线

(a) 幅频特性；(b) 相频特性

号有阶跃信号和正弦信号两种，所以传感器的动态特性也常用阶跃响应和频率响应来表示。

### 1.3.3 稳定性和可靠性指标

1. 稳定性

稳定性（Stability）。稳定性表示传感器经长期使用后输出特性不发生变化的能力。理想的情况是，任何时间传感器的特性参数都不随时间变化。但实际上，随着时间的推移，大多数传感器的特性会发生改变。这是因为敏感元件或构成传感器的部件，其特性参数会随时间发生变化，影响了传感器的稳定性。

影响稳定性的因素主要是时间和工作环境。温度、气压、湿度、振动、电源电压及频率等都会影响传感器的特性参数。

理想特性的传感器是输入量相同时，输出量大小也相同。然而，实际上传感器特性随时间而变化，因此，对于相同大小输入量，其输出量是变化的。连续工作时，即使输入量恒定，传感器输出量也会朝着一个方向偏移，这种现象称为漂移。漂移主要由于仪器自身结构参数的变化、周围环境（温度、湿度）变化等原因产生。其又可分为零漂、动漂、温漂等。零漂是指当输入量 $x=0$ 时产生的漂移。动漂是指当输入量 $x$ 为一定值时产生的漂移。

环境影响参数中对传感器影响最大的是温度。目前，很多传感材料采用灵敏度高，且信号易处理的半导体。然而，半导体对温度变化最为敏感，实际应用时要特别注意。除传感器本身的温漂外，还有传感器安装机构的温漂、电子电路的温漂等。

以化工企业用仪表为例，其工作环境相对比较恶劣，被测量的介质温度、压力变化也相对比较大，在这种环境中仪表的某些部件随时间保持不变的能力会降低，仪表的稳定性会下降。化工企业通常用仪表零漂移来衡量仪表的稳定性。例如，有的仪表投入运行了一年零位都没有漂移；相反，有的仪表投入运行不到 3 个月，仪表零位就变了，这说明该仪表稳定性不好。仪表稳定性的好坏直接关系到仪表的使用范围，有时直接影响企业生产。仪表稳定性差造成的影响往往比仪表精确度下降对企业生产的影响还要大。稳定性差，仪表维护量也大，这是仪表工最不希望看到的事情。

在实际使用中，要根据环境条件选择合适的传感器；同时要创造和保持良好工作环境，从而使传感器在工作中不需要经常被更换和校正。

2. 可靠性

元器件、装置失去规定的功能称为失效。可靠性是指元器件、装置在规定的时间内、规定的条件下，具有规定功能的概率。可靠性的经典定义着重强调故障概率、性能要求、使用条件和工作时间四个方面。

故障概率：元器件、装置特性变化具有随机性，只能根据大量实验和实际应用进行统计分析。

性能要求：指技术判据。性能变化是绝对的，关键是允许变化范围大小。

使用条件：包括环境条件（如温度、湿度、振动、冲击等）和工作状态（如负载的轻重）。

工作时间：器件在 1h 内保持规定性能，当然比在 10 年内保持同样性能更容易实现。其他条件不变，器件工作时间越长则可靠性越低。

可靠性的衡量指标通常有可靠度、失效率、失效密度、故障率等。

### 1.3.4 其他技术指标

传感器的静、动态特性和可靠性并不能完全描述传感器的性能，在选用时还应考虑传感器与被测量有关的其他一些特性，见表 1.3.1。

**表 1.3.1　传感器的其他特性指标**

| 待测的量 | 输出特性 | 电源特性 | 环境参数 | 其他参数 |
|---|---|---|---|---|
| 间隔<br>目标精确度<br>带宽<br>响应时间<br>输出阻抗<br>干扰量<br>变更量 | 本底噪声<br>阻抗<br>信号类型（模拟式或数字式）<br>接线方式（二/三/四/五线制） | 电压<br>电流<br>有效功率<br>频率（交流电源）<br>稳定度 | 环境温度<br>热冲击<br>温度循环<br>湿度<br>振动、冲击<br>化学试剂<br>爆炸危险<br>灰尘<br>浸渍<br>电磁环境<br>静电放电<br>电离辐射 | 互换性<br>过载保护<br>购置费用<br>质量、尺寸<br>适用性<br>电缆敷设要求<br>连接器类型<br>装配要求<br>安装时间<br>出现故障时的状态<br>校准和测试费用<br>维护费用<br>更换费用 |

## 1.4 测量误差与精确度

测量的目的在于获取被测量的真实量值，但由于受到种种因素的影响，测量结果总是与被测量的真实量值不一致，即存在着测量误差。为了减小和消除测量误差对测量结果的影响，需要了解和研究测量误差、测量不确定度以及测量结果的数据表示。

### 1.4.1 真值

真值是指在一定的时间和空间条件下，能够准确反映某一被测量真实状态和属性的量值，也就是某一被测量客观存在的、实际具有的量值。它通常分为理论真值、约定真值和相对真值三种。

1. 理论真值

理论真值是在理想情况下表征某一被测量真实状态和属性的量值。理论真值是客观存在的，或者是根据一定的理论所定义的。例如，三角形三内角之和为 180°。

由于测量误差的普遍存在，一般情况下被测量的理论真值是不可能通过测量得到的。一切测量都存在有误差，所以在计算误差时一般用约定真值或相对真值来代替理论真值。

2. 约定真值

由于被测量的理论真值不能通过测量得到，为解决测量中的真值问题，只能用约定的办法来确定真值。约定真值就是指人们为了达到某种目的，按照约定的办法所确定的量值。约定真值是人们定义的，得到国际上公认的某个物理量的标准量值。例如光速被约定为 $3\times10^8$ m/s。

3. 相对真值

工程上，当高一级标准器的误差仅为低一级的 1/3 以下时，可认为高一级的标准器或仪表示值为低一级的相对真值。

### 1.4.2 测量误差的基本概念

在测量过程中，由于实验原理和实验方法的不完善，测量装置性能指标的局限，环境中存在着的各种干扰因素，以及操作人员技术水平的限制，必然使测量值与被测量的真实量值之间存在着差异。测量结果与被测量的真实量值之间的差异，称为测量误差，简称误差。误差的存在具有必然性和普遍性。

误差常用的表示方法有两种，即绝对误差、相对误差。

1. 绝对误差

绝对误差 $e$ 的定义为被测量的测量值 $A_x$ 与真值 $A_0$ 之差，即

$$e = A_x - A_0 \tag{1.4.1}$$

绝对误差具有与被测量相同的单位，其值可为正，亦可为负。

在用于校准仪表和对测量结果进行修正时，常常使用修正值，通过修正使测量结果得到更准确的数值。修正值用来对测量值进行修正。修正值 $C$ 定义为

$$C = A_0 - A_x = -e \tag{1.4.2}$$

修正值的值为绝对误差的负值。测量值加上修正值等于实际值。

采用绝对误差来表示测量误差往往不能很确切地表明测量质量的好坏。例如，温度测量的绝对误差 $e=\pm1$℃，如果用于炼钢炉的钢水温度测量，就是非常理想的情况了；但如果用于人的体温测量，这是不允许的。

2. 相对误差

采用相对误差来表示测量误差能够较确切地表明测量的精确程度。相对误差通常可分为实际相对误差、示值（标称）相对误差和满度（引用）相对误差等。

实际相对误差用绝对误差和被测量真值的百分比来表示，即

$$\gamma_A=\frac{e}{A_0}\times 100\% \tag{1.4.3}$$

示值相对误差用绝对误差和被测量的测量值的百分比来表示，即

$$\gamma_x=\frac{e}{A_x}\times 100\% \tag{1.4.4}$$

满度相对误差，又称引用误差，用绝对误差和仪表的量程的百分比来表示，即

$$\gamma_m=\frac{e}{A_{max}-A_{min}}\times 100\% \tag{1.4.5}$$

测量装置在测量范围内的最大满度相对误差，称为引用误差限或满度相对误差限，它等于测量装置测量范围内最大的绝对误差与量程之比的绝对值。

测量装置应保证在规定的使用条件下，其引用误差限不超过某个规定值，这个规定值称为仪表的允许误差。允许误差能够很好地表征测量装置的测量精确程度，是测量装置最主要的质量指标之一。

### 1.4.3 测量误差的分类

测量误差的来源很多，根据研究目的的不同，可从不同的角度进行分类。

1. 粗大误差，系统误差和随机误差

根据测量误差的性质和表现形式，可分为粗大误差、系统误差、随机误差。

（1）粗大误差。明显地偏离被测量真值的测量值所对应的误差，称为粗大误差。粗大误差产生的原因主要有测量人员误差和测量环境误差等。

测量人员误差指由于测量操作人员的操作经验、知识水平、素质条件的差异，操作人员的责任感不强、操作不规范和疏忽大意等原因产生的测量误差。

任何测量都有一定环境条件，如温度、湿度、大气压、机械振动、电源波动、电磁干扰等。测量时，实际的环境条件与所使用的测量装置要求的环境条件不一致，就会产生测量误差，这种测量误差就是测量环境误差。

（2）系统误差。在相同条件下，对同一被测量进行多次重复测量时，所出现的数值大小和符号都保持不变的误差，或者在条件改变时按某一确定规律变化的误差，称为系统误差。系统误差的主要特性是规律性。

系统误差通常包括仪器误差、理论误差、操作误差等。

1）仪器误差是指由于仪器本身的缺陷或没有按规定条件使用仪器而造成的测量误差。比如仪器的零点不准，仪器未调整好，所用测量装置的性能指标达不到要求，仪器安装、调整、接线不符合要求，外界环境（光线、温度、湿度、电磁场等）影响等，都会引起测量误差。

2）理论和方法误差是指由于测量所依据的理论公式本身的近似性，或实验条件不能达到理论公式所规定的要求，或者是实验方法本身不完善所带来的误差。例如热学实验中没有考虑散热所导致的热量损失，伏安法测电阻时没有考虑电表内阻对实验结果的影响等。

3）操作误差是指由于观测者个人感官和运动器官的反应或习惯不同而产生的误差，它因人而异，并与观测者当时的精神状态有关。

（3）随机误差。在相同条件下，对同一被测量进行多次重复测量时，所出现的数值大小和符号都以不可预知的方式变化的误差，称为随机误差。随机误差的主要特性是随机性。

在实际测量中，系统误差和随机误差之间不存在明显的界限，两者在一定条件下可以相互转化。对某项具体误差，在一定条件下为随机误差，而在另一条件下可为系统误差，反之亦然。

2. 基本误差和附加误差

任何测量装置都有一个正常的使用环境要求，这就是测量装置的规定使用条件。根据测量装置实际工作的条件，可将测量误差分为基本误差和附加误差。

（1）基本误差。测量装置在规定使用条件下工作时所产生的误差，称为基本误差。

（2）附加误差。在实际工作中，由于外界条件变动，使测量装置不在规定使用条件下工作，这将产生额外的误差，称为附加误差。

3. 静态误差和动态误差

根据被测量随时间变化的速度，可将误差分为静态误差和动态误差。

（1）静态误差。在测量过程中，被测量稳定不变，所产生的误差称为静态误差。

（2）动态误差。在测量过程中，被测量随时间发生变化，所产生的误差称为动态误差。

在实际的测量过程中，被测量往往是在不断地变化的，当被测量随时间的变化很缓慢时，所产生的误差也可认为是静态误差。

### 1.4.4 测量的精确度

精确度是反映检测装置系统误差和随机误差的综合评定指标，用来表示检测装置给出接近于被测量真值的能力。为了定性地描述测量结果与真值的接近程度和各个测量值分布的密集程度，实际应用中通常引入了准确度、精密度和精确度这三个概念。

1. 测量的准确度

测量的准确度表征了测量值和被测量真值的接近程度，反映了测量结果中系统误差的大小程度。准确度越高则表征测量值越接近真值，系统误差越小。

2. 测量的精密度

测量的精密度表征了多次重复对同一被测量进行测量时，各个测量值分布的密集程度。精密度越高则表征各测量值彼此越接近，即越密集。精密度反映了测量结果中随机误差的大小程度，精密度越高，则表示随机误差越小。

3. 测量的精确度

测量的精确度是准确度和精密度的综合，反映了系统误差和随机误差对测量结果的综合影响。精确度高则表征了准确度和精密度都高，即测量结果中系统误差和随机误差都小。

对于具体的测量，精密度高的，准确度不一定高；准确度高的，精密度也不一定高；但是精确度高的，精密度和准确度都高。

下面以图 1.4.1 所示的射击打靶的结果为例来加深对准确度、精密度和精确度的理解。在图 1.4.1 中每个点代表弹着点，相当于测量值；圆心位置代表靶心，相当于被测量真值。图 1.4.1（a）中弹着点分散，但比较接近靶心，相当于测量值分散性大，但比较接近被测量真值，表明随机误差大，精密度低；系统误差小，准确度高。图 1.4.1（b）中弹着点密集，但偏离靶心较大，相当于测量值密集，但偏离被测量真值较大，表明随机误差小，测量精密度高；系统误差大，准确度低。图 1.4.1（c）中弹着点密集且比较接近靶心，相当于测量值密集且比较接近被测量真值，表明系统误差和随机误差都小，精确度高。

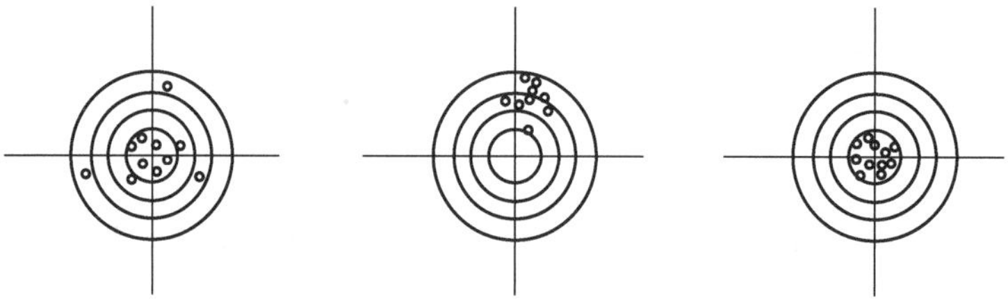

(a) (b) (c)

图 1.4.1 准确度、精密度和精确度含义示意图

（a）准确度；（b）精密度；（c）精确度

## 1.5 测量结果的数据处理

在测量过程中，许多独立的、微小的随机影响因素的存在会对测量造成干扰，导致测量结果产生误差。这些微小的随机影响因素既有测量装置方面的因素，也有环境方面的因素和人员方面的因素。

单个随机误差的出现具有随机性，即其大小和符号都不可预知，因而对随机误差不能用简单的修正值来校正，也不能用实验的方法来消除。但是，当重复测量次数足够多时，随机误差的出现遵循统计规律，可借助概率论和数理统计的原理对随机误差进行处理，作出恰当的评价，并设法减小随机误差对测量结果的影响。

### 1.5.1 随机误差的统计特征和正态分布

知识回顾

对同一个被测量进行多次等精确度的重复测量时，可得到一系列不同的测量值，通常把进行多次测量得到的一组数据称为测量列。若测量列不包含系统误差和粗大误差，则该测量列及其随机误差具有一定的统计特征。

实践表明，在绝大多数情况下，测量值及随机误差是服从正态分布的。当然，并不是所有的测量值和随机误差都是服从正态分布的，也有一些误差服从均匀分布、泊松分布等非正态分布。概率论中的中心极限定理指出：对于服从任何分布的独立的随机变量，当其数量足够多时，这些随机变量的总和近似地服从正态分布，随机变量的数量越多则越近似。也就是说，相互独立的随机变量，其总和的分布是以正态分布为其极限分布。根据中心极限定理，尽管某些随机影响因素造成的随机误差不服从正态分布，但只要这些造成随机误差的影响因素足够多，而个别因素造成的影响在总的影响中所起的作用又很小，则由这些影响因素产生的随机误差就应该是服从或近似服从正态分布的。基于以上原因，正态分布是研究和分析随机误差的基础。在满足一定要求的前提下，将随机误差看成是服从正态分布的，具有普遍性和实用性。

1. 测量值的算术平均值

$n$ 次等精确度测量测量值的算术平均值定义为

$$\bar{x} = \frac{1}{n}\sum_{i=1}^{n} x_i \tag{1.5.1}$$

根据误差的抵偿性可知，当测量次数 $n \to \infty$ 时，测量值的算术平均值会收敛于被测量的真值，即

$$\lim_{n\to\infty}\bar{x}=\mu$$

这意味着，当测量次数 $n\to\infty$ 时，全体测量值的算术平均值等于真值。而在有限次等精确度测量中，可用有限次测量值的算术平均值作为被测量真值的最佳估计值。

2. 残余误差

测量值与算术平均值的差称为残余误差，简称残差。用 $v_i$ 表示残差，则有

$$v_i=x_i-\bar{x},\quad i=1,2,\cdots,n \tag{1.5.2}$$

残差有两个重要的性质：

（1）一组测量值的残差的代数和等于零。

（2）一组测量值的残差的平方和为最小，这个性质是最小二乘法的理论基础。

3. 测量值的标准差和精密度参数

（1）测量值的方差和标准差。根据概率论，连续型随机变量 $\xi$ 的方差定义为

$$D(\xi)=\int_{-\infty}^{\infty}[\xi-E(\xi)]^2f(\xi)\mathrm{d}\xi \tag{1.5.3}$$

它是随机变量 $\xi$ 的二阶中心矩，表征了随机变量 $\xi$ 相对于其数学期望 $E(\xi)$ 的分散程度。

对于离散型随机变量，其方差则可定义为

$$D(\xi)=\lim_{n\to\infty}\frac{1}{n}\sum_{i=1}^{n}[\xi-E(\xi)]^2 \tag{1.5.4}$$

由于方差的物理意义不够明显，在实际工作中，常采用标准差 $\sigma$ 来表征随机变量的分散程度。标准差 $\sigma$ 定义为方差的正平方根值，即

$$\sigma=\sqrt{D(\xi)} \tag{1.5.5}$$

方差或标准差是随机变量的又一个数字特征值。

各次测量的测量值可视作离散型随机变量。对一被测量进行无限多次等精确度测量，各次测量的测量值组成无限测量列。根据式（1.5.4）和式（1.5.5），无限测量列中各测量值 $x_i$ 的真误差 $x_i-L$（$L$ 为真实值）的平方和的算术平均值，再开方所得的数值，即为测量列的标准差 $\sigma$。故可得测量列标准差的定义式为

$$\sigma=\lim_{n\to\infty}\sqrt{\frac{1}{n}\sum_{n=1}^{\infty}(x_i-L)^2} \tag{1.5.6}$$

标准差也称为方均根偏差。

正态分布的测量值与相应的随机误差有同一形状的正态分布曲线，只是坐标原点沿着横坐标平移了 $L$，因此测量值与相应的随机误差有同样的标准差值。

测量值的标准差表征了测量值和随机误差的分散程度，它决定了测量值和随机误差概率密度分布曲线的形状。如图 1.5.1 所示，标准差 $\sigma$ 的数值越小，概率密度分布曲线形状越陡峭，说明测量值和随机误差的分散性小，测量的精密度高；反之，$\sigma$ 的数值越大，概率密度分布曲线形状越平坦，说明测量值和随机误差的分散性大，测量的精密度低。

即标准差就是概率密度分布曲线拐点的横坐标。

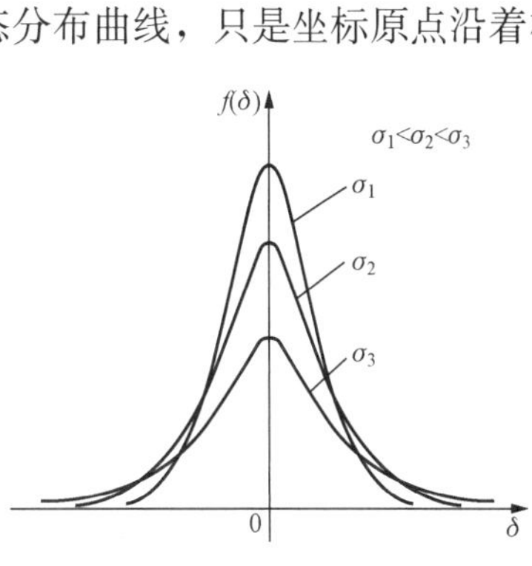

图 1.5.1　测量值的标准差与概率密度分布曲线关系

标准差 $\sigma$ 的值取决于测量条件，测量条件一旦确定后，$\sigma$ 的值也就唯一地确定了。在一定测量条件下所进行的等精确度测量，其中任一次测量所得的测量值及相应的随机误差不可预知，但它们都有同一个标准差 $\sigma$ 的值。在不同的测量条件下对同一被测量所进行的两组等精确度测量，其标准差 $\sigma$ 的值往往是不相同的。

（2）测量值的精密度参数。测量的精密度是一个定性的概念，它定性地反映了在一定测量条件下进行等精确度测量所得测量值和随机误差的分散程度。

能够用来评定测量值精密度的参数有多个，目前最常用的测量值精密度参数是测量值标准差。对于服从正态分布的测量值和随机误差，测量值标准差一定，它们的正态分布曲线的形状就完全被确定了，测量的精密度也就确定了。

（3）测量值标准差的估计。对于有限次等精确度测量，由于被测量的真值 $\mu$ 无法得到，也就得不到各测量值的真误差 $\delta_i$，但可用算术平均值 $\bar{x}$ 来代替真值求得各测量值的残余误差 $v_i$，因而可利用残余误差 $v_i$ 来代替真误差 $\delta_i$ 对标准差 $\sigma$ 作出估计。通过推导，可以得到如下的贝塞尔公式

$$s=\hat{\sigma}=\sqrt{\frac{1}{n-1}\sum_{i=1}^{n}(x_i-\bar{x})^2}=\sqrt{\frac{1}{n-1}\sum_{i=1}^{n}v_i^2} \tag{1.5.7}$$

贝塞尔公式用算术平均值 $\bar{x}$ 代替真值 $\mu$，用残余误差 $v_i$ 代替真误差 $\delta_i$。考虑到测量次数 $n$ 为有限次，是根据所得到的测量值样本来对无限总体的标准差作出估计，因而所求得的是标准差的估计值 $\hat{\sigma}$，也可记作 $s$。一般等精确度测量的测量次数 $n$ 略大于 10 即可。

4. 随机误差的置信度

对于服从正态分布的随机误差，当概率密度函数确定后，其概率密度分布曲线也就确定了。若给定一个概率值 $p$（$0<p<1$），则能确定一个对称的误差区间（$-a$，$a$），满足 $P\{-a\leqslant\delta\leqslant a\}=p$。误差区间（$-a$，$a$）称为置信区间，所对应的概率值 $p$ 称为置信概率。置信区间表征随机误差的变化范围，置信概率表征随机误差出现的可能程度。置信区间越宽，相应的置信概率就越大。置信区间和置信概率共同表明了随机误差的可信赖程度。将置信区间和置信概率两者结合起来，统称为置信度。置信区间的界限值称为置信限，用 $a$ 表示。往往将置信限 $a$ 表示为标准差的倍数，即 $a=t\sigma$，其中 $t$ 称为置信因子。令 $\alpha=1-p$，$\alpha$ 称为显著水平或显著度，它表示随机误差在置信区间以外出现的概率。

### 1.5.2 测量不确定度与测量结果的定量表示

1. 测量不确定度

不确定度是一种表征被测量值所处范围的评定，真值以一定置信概率落在测量平均值附近的一个范围内。GB/T 27418—2017《测量不确定度评定和表示》规定了测量不确定度评定和表示的通用规则，适用于从生产车间到基础研究等很多领域的各种仪器仪表测量准确度水平的测量。

不确定度包括标准不确定度和扩展不确定度。

（1）标准不确定度。标准不确定度是以标准差表示的测量不确定度，包括 A 类、B 类和合成不确定度三种类型。

1）A 类标准不确定度。A 类标准不确定度 $u_A$ 是指对在规定测量条件下测得的量值用统计分析的方法进行的测量不确定度分量的评定，即 $u_A=\sigma_{\bar{x}}\approx s_{\bar{x}}=s/\sqrt{n}$，其中 $s$ 如式（1.5.7）所示。

2）B 类标准不确定度。B 类标准不确定度 $u_B$ 是指用不同于测量不确定度 A 类评定的方

法对测量不确定度分量进行的评定。

对于单次测量，无须评定A类不确定度仅由其B类不确定度来表示。单次测量时，大体有三种情况：仪器准确度较低，偶然误差很小，多次测量读数相同，不必进行多次测量；对测量的准确程度要求不高，只测一次就够了；因测量条件的限制，不可能多次重复测量。由于B类不确定度在测量范围内无法用统计方法评定，一般可根据经验或其他有关信息（如测定数据、说明书中的技术指标、手册中的参考数据等）进行估计，判断被测量的可能值区间。

对于多次测量，假设被测量值的概率分布，根据概率分布和要求的概率 $p$ 确定置信因子 $t$，则B类不确定度可由 $u_B=a/t$ 确定。其中，$a$ 是被测量可能值区间的半宽度。

3）合成不确定度。很多情况下，被测量 $Z$ 不能直接测得，而是由 $N$ 个其他量 $X_1$，$X_2$，…，$X_N$ 通过函数关系 $f$ 来确定，即

$$Z = f(X_1,X_2,\cdots,X_N) \tag{1.5.8}$$

此时，引入合成不确定度 $u_C$，它是指根据一个测量模型中各输入量 $X_i$ 的标准测量不确定度获得的输出量 $Z$ 的标准测量不确定度 $u_C(z)$。当 $z$ 是被测量 $Z$ 的估计值即测量结果时，若输入量独立不相关，则 $z$ 的标准不确定度由输入量的估计值 $x_1$，$x_2$，…，$x_N$ 的标准不确定度 $u(x_i)$（$i=1$，…，$N$）经适当合成得到，即

$$u_C(z) = \sqrt{\sum_{i=1}^{N}\left[\frac{\partial f}{\partial x_i}u(x_i)\right]^2} \tag{1.5.9}$$

其中，$f$ 是式（1.5.8）给出的函数；每个 $u(x_i)$ 是按A类评定或B类评定所评定的标准不确度；$\partial f/\partial x_i$ 是在 $X_i=x_i$ 时输出的偏导值，它通过计算或实验确定。合成标准不确定度 $u_C(z)$ 是一个估计标准差，表征可合理赋予被测量 $Z$ 的值的分散性。

单次测量时，工程上通常用测量极限误差 $3\sigma$ 作为总不确定度（合成不确定度）；若方均根误差 $\sigma$ 未知，则用仪器误差 $e_Y$ 作为总不确定度（合成不确定度）。表1.5.1所示为常用仪器的不确定度，即 $e_Y$ 值。

**表1.5.1　　常用仪器的 $e_Y$ 值**

| 仪器名称 | $e_Y$ | 仪器名称 | $e_Y$ |
|---|---|---|---|
| 米尺 | 0.5mm | 计时器 | 仪器最小读数（1s，0.1s，0.01s） |
| 卡尺 | 0.05mm或0.02mm | 物理天平 | 0.05g |
| 千分尺 | 0.005mm | 电桥 | $\delta\%R$（$\delta$ 为准确度等级，$R$ 为示值） |
| 分光计 | 1′或30″（最小分度值） | 电位差计 | $\delta\%V$（$\delta$ 为准确度等级，$V$ 为示值） |
| 显微镜 | 0.005mm | 电阻箱 | $\delta\%R$（$\delta$ 为准确度等级，$R$ 为示值） |
| 各类数字仪表 | 仪器最小读数 | 电表 | $\delta\%M$（$\delta$ 为准确度等级，$M$ 为量程） |

（2）扩展不确定度。尽管合成不确定度 $u_C$ 可以广泛用于表示测量结果的不确定度，但在某些商业、工业和法规的应用中以及涉及健康和安全时，常常有必要提供不确定度度量，也就是给出测量结果值的区间，并期望该区间包含了能合理赋予被测量值分布的大部分。因此扩展不确定度 $U$ 由合成标准不确定度 $u_C$ 乘以包含因子 $k$ 得到，即 $U=ku_C$。如表1.5.2和表1.5.3所示，当被测量服从不同概率分布时，包含因子 $k$ 选取不同值，一般大于1。

表 1.5.2 正态分布置信因子 $k$ 与概率 $p$ 的关系

| $k$ | 1.00 | 1.64 | 1.96 | 2.00 | 2.58 | 3.00 |
|---|---|---|---|---|---|---|
| $p$ | 0.683 | 0.90 | 0.95 | 0.954 5 | 0.99 | 0.997 3 |

表 1.5.3 几种概率分布的置信因子 $k$ 值

| 概率分布 | 均匀 | 反正弦 | 三角 | 梯形 |
|---|---|---|---|---|
| $k$ | $\sqrt{3}$ | $\sqrt{2}$ | $\sqrt{6}$ | $\sqrt{6}/\sqrt{1+\beta^2}$ |

注 $\beta$ 为梯形上底半宽度与下底半宽之比，$0<\beta<1$。

2. 测量结果的表示

虽然实际中，可以根据测量结果的预期用途确定随测量结果提供哪些必要的信息，但对报告测量结果的基本原则是不变的，即当报告测量结果及其不确定度时，宁可提供过多信息而不要太少。如应该包括：清楚地描述由实验观测值和输入数据计算测量结果及其不确定度的方法；将所有的不确定度分量列出，并将各分量如何评定的方法形成文件；详细描述数据分析的方法，使其每个重要步骤易于遵照执行，必要时报告中结果的计算能独立重复；给出在分析中所用的所有修正值和常数以及来源。

（1）测量结果的表示。若用不确定度表征测量结果的可靠程度，则测量结果通常可写成下列标准形式

$$X=\bar{x}\pm u \tag{1.5.10}$$

式中：$\bar{x}$ 为多次测量的平均值（单次测量时用测量值代替）；$u$ 为测量不确定度（合成不确定度或扩展不确定度），意味着被测 $X$ 的最佳估计值为 $\bar{x}$，被测量的真值 $X$ 以置信概率 $p$（一般取 0.95）落在区间 $[\bar{x}-u,\ \bar{x}+u]$ 内。

例如，当不确定度用合成不确定度 $u_C$ 度量时，测量结果有三种表示方法：

1）$m_S=100.021\ 47\text{g}$，其合成标准不确定度 $u_C=0.35\text{mg}$；

2）$m_S=100.021\ 47\ (35)\ \text{g}$，其中括号中的数是（合成标准不确定度）$u_C$ 的数值，$u_C$ 与测量结果的末位对齐；

3）$m_S=(100.021\ 47\pm0.000\ 35)\ \text{g}$，其中在“±”号后的数是（合成标准不确定度）$u_C$ 的数值，不是一个包含区间。

（2）测量值与不确定度的取位与舍入规则。测量结果中，测量值与不确定度的取位与舍入规则包括以下三点：

1）不确定度一般保留 1～2 位数字，当首位数字等于或大于 3 时，取一位；小于 3 时，则取两位，其后面的数字采用进位法舍去。相对不确定度的取位也采用相同规则。

2）对于不确定度的尾数一律只进不舍，主要考虑的是要估计不足。例如，算得不确定度为 0.32mm，可以化为 0.4mm。

3）测得值取几位，由不确定度位数来决定，即测量值的保留位数要与不确定度的保留位数相对应，后面的尾数则采用“小于 5 舍，大于 5 进，等于 5 将保留的数字凑成偶数”的原则取舍。如测量结果为：$x=(46.16\pm0.25)\times10^{-4}\text{m}$。

**【例 1.5.1】** 若已知测量值的标准差 $\sigma=0.0006\text{mm}$，测量的算术平均值为 $\bar{x}=10.005\ 32\text{mm}$，试写出测量结果。

**解**：因标准差已知，置信因子可按正态分布确定。取定置信概率 $p=0.9973$，则 $t=3$。测量的极限误差为

$$\pm\delta_{x\lim}=t\sigma_{\bar{x}}=\pm t\sigma/\sqrt{n}=\pm 3\times 0.0006/\sqrt{10}=\pm 0.0006(\mathrm{mm})$$

故测量结果可表示为

$$x=10.0053\mathrm{mm}\pm 0.0006\mathrm{mm}\quad(p=0.9973)$$

**【例 1.5.2】** 若［例 1.5.1］上述测量事先未知测量列的标准差，试写出测量结果。

**解**：因标准差事先未知，置信因子按 $t$ 分布确定。取定置信概率 $p=0.99$，显著水平 $\alpha=0.01$，自由度 $\gamma=n-1=10-1=9$，查 $t$ 分布表得置信因子 $t=3.2498$。测量的算术平均值为 $\bar{x}=10.00532\mathrm{mm}$，算术平均值的标准偏差 $s_{\bar{x}}=0.00023\mathrm{mm}$。故测量的极限误差为

$$\delta_{x\lim}=ts_{\bar{x}}=3.2498\times 0.00023=0.0007(\mathrm{mm})$$

故测量结果可表示为

$$x=10.0053\mathrm{mm}\pm 0.0007\mathrm{mm}\quad(p=0.99)$$

### 1.5.3 粗大误差的处理

粗大误差的产生，有测量操作人员的主观原因，如读错数、记错数、计算错误等；也有客观外界条件的原因，如外界环境的突然变化等。含有粗大误差的测量值称为坏值。测量列中如果混杂有坏值，必然会歪曲测量结果。

为了避免或消除测量中产生粗大误差，应保证测量条件的稳定，增强测量人员的责任心并以严谨的作风对待测量任务。

对粗大误差的处理原则是：利用科学的方法对可疑值作出正确判断，对确认的坏值予以剔除。

1. 坏值判别准则

对可疑值是否是坏值的正确判断，须利用坏值判别准则。这些坏值判别准则建立在数理统计原理的基础上，在一定的假设条件下，确立一个标准作为对坏值剔除的准则。其基本方法就是给定一个显著水平 $\alpha$，然后按照一定的假设条件来确定相应的置信区间，则超出此置信区间的误差就被认为是粗大误差，相应的测量值就是坏值，应予以剔除。这些坏值判别准则都是在某些特定条件下建立的，都有一定的局限性，因此不是绝对可靠和十全十美的。下面介绍三个最常用的坏值判别准则。

（1）拉伊达准则。凡残余误差大于 3 倍标准差的误差就是粗大误差，相应的测量值就是坏值，应予以舍弃。拉伊达准则的数学表达式为

$$|v_{\mathrm{b}}|=|x_{\mathrm{b}}-\bar{x}|>3\sigma \tag{1.5.11}$$

式中：$x_{\mathrm{b}}$ 为坏值；$v_{\mathrm{b}}$ 为坏值的残余误差；$\bar{x}$ 为包括坏值在内的全部测量值的算术平均值；$\sigma$ 为测量列的标准差，可用估计值 $s$ 来代替。

拉伊达准则又称 $3\sigma$ 准则，它的理论基础是正态分布理论。拉伊达准则方法简单，它不需要查表，便于应用，但在理论上不够严谨，只适用于重复测量次数较多（$n>50$）的场合。若测量次数不够多，使用拉伊达准则就不可靠，一般无法从测量列中正确判别出坏值来。

（2）格拉布斯准则。凡残余误差大于格拉布斯鉴别值的误差就是粗大误差，相应的测量值就是坏值，应予以剔除。格拉布斯准则的数学表达式为

$$|v_{\mathrm{b}}|=|x_{\mathrm{b}}-\bar{x}|>[G(n,P_{\alpha})]\sigma \tag{1.5.12}$$

式中：$G(n,P_{\alpha})$为格拉布斯临界系数；$[G(n,P_{\alpha})]\sigma$ 为格拉布斯鉴别值，与测量次数 $n$ 和

取定的置信概率 $P_\alpha$ 有关；其他参数同式（1.5.11）。

表 1.5.4 给出了对应不同测量次数 $n$ 和不同置信概率 $P_\alpha$ 的格拉布斯临界系数 $G(n, P_\alpha)$。

**表 1.5.4　　格拉布斯临界系数 $G(n, P_\alpha)$**

| $n$ | | 3 | 4 | 5 | 6 | 7 | 8 | 9 | 10 | 11 | 12 | 13 | 14 | 15 | 16 |
|---|---|---|---|---|---|---|---|---|---|---|---|---|---|---|---|
| $P_\alpha$ | 0.95 | 1.15 | 1.46 | 1.67 | 1.82 | 1.94 | 2.03 | 2.11 | 2.18 | 2.23 | 2.28 | 2.33 | 2.37 | 2.41 | 2.44 |
| | 0.99 | 1.16 | 1.49 | 1.75 | 1.94 | 2.10 | 2.22 | 2.32 | 2.41 | 2.48 | 2.55 | 2.61 | 2.66 | 2.70 | 2.75 |
| $n$ | | 17 | 18 | 19 | 20 | 21 | 22 | 23 | 24 | 25 | 30 | 35 | 40 | 50 | 100 |
| $P_\alpha$ | 0.95 | 2.48 | 2.50 | 2.53 | 2.56 | 2.58 | 2.60 | 2.62 | 2.64 | 2.66 | 2.74 | 2.81 | 2.87 | 2.96 | 3.17 |
| | 0.99 | 2.78 | 2.82 | 2.85 | 2.88 | 2.91 | 2.94 | 2.96 | 2.99 | 3.01 | 3.10 | 3.18 | 3.27 | 3.34 | 3.59 |

格拉布斯准则在理论上比较严谨，它不仅考虑了测量次数的影响，而且还考虑了标准差本身存在误差的影响，被认为是较为科学和合理的，可靠性高，适用于测量次数比较少而要求较高的测量列。但格拉布斯准则的计算量较大。

（3）肖维勒准则。凡残余误差大于肖维勒鉴别值的误差就是粗大误差，相应的测量值就是坏值，应予以剔除。肖维勒准则的数学表达式为

$$|v_b| = |x_b - \bar{x}| > [Z_c(n)]\sigma \tag{1.5.13}$$

式中：$Z_c(n)$ 为肖维勒临界系数与测量次数 $n$ 有关；$[Z_c(n)]\sigma$ 为肖维勒鉴别值，与测量次数 $n$ 有关。表 1.5.5 给出了对应不同测量次数 $n$ 的肖维勒临界系数 $Z_c(n)$。

**表 1.5.5　　肖维勒临界系数 $Z_c(n)$**

| $n$ | 3 | 4 | 5 | 6 | 7 | 8 | 9 | 10 | 11 | 12 |
|---|---|---|---|---|---|---|---|---|---|---|
| $Z_c(n)$ | 1.38 | 1.54 | 1.65 | 1.73 | 1.80 | 1.86 | 1.92 | 1.96 | 2.00 | 2.03 |
| $n$ | 13 | 14 | 15 | 16 | 18 | 20 | 25 | 30 | 40 | 50 |
| $Z_c(n)$ | 2.07 | 2.10 | 2.13 | 2.15 | 2.20 | 2.24 | 2.33 | 2.39 | 2.49 | 2.58 |

肖维勒准则与拉伊达准则的理论基础都是正态分布理论，但其较拉伊达准则细化，准确性较高。肖维勒判别准则的可靠性和准确性没有格拉布斯准则高，但比格拉布斯准则简单。

2. 坏值的判别与剔除

应用上述坏值判别准则，每次只能剔除一个坏值，剔除一个坏值后需重新计算测量列的算术平均值和标准差，再进行判别，直至无坏值为止。

### 1.5.4　系统误差的处理

由于系统误差的产生原因比较复杂，系统误差对测量过程的影响不易发现，因此首先应当对测量装置、测量对象和测量数据进行全面的分析，检查和判定测量过程是否存在系统误差。若存在系统误差，则应设法找出产生系统误差的根源，并采取一定的措施来消除或减小系统误差对测量结果的影响。

分析产生系统误差的根源，一般可从五方面着手。

（1）所采用的测量装置是否准确可靠。

（2）所应用的测量方法是否完善。

（3）测量装置的安装、调整、放置等是否正确合理。

（4）测量装置的工作环境条件是否符合规定条件。

（5）测量操作人员的操作是否正确。

1. 系统误差的发现与判定

为了在测量中消除或减小系统误差对测量的影响，首先必须判定测量过程是否存在系统误差。由于在各种测量过程中形成系统误差的因素错综复杂，目前还没有一种能查明所有系统误差的方法，因而只能根据已有的经验，归纳和总结出一些发现系统误差的一般方法。

（1）实验对比法。改变测量条件或方法而进行多次测量，使测量在不同的条件下进行，通过测量结果的对比来发现系统误差。这种方法适用于发现恒值系统误差。

（2）残余误差观察法。通过观察残余误差的变化状况来发现系统误差的存在。将测量列中各测量值的残余误差按测量的先后次序排列并绘制散点图，如图 1.5.2 所示。利用散点图来观察残余误差的变化，若残余误差大体上是正负相同，无显著变化规律，如图 1.5.2（a）所示，则无根据怀疑测量中存在系统误差；若残余误差的大小有规则地向一个方向变化，如图 1.5.2（b）所示，则可认为测量中存在累积性系统误差；若残余误差的符号作有规律的交替变化，如图 1.5.2（c）所示，则可认为测量中存在周期性系统误差；若残余误差如图 1.5.2（d）所示作有规律的变化，则可认为测量中同时存在累积性系统误差和周期性系统误差。

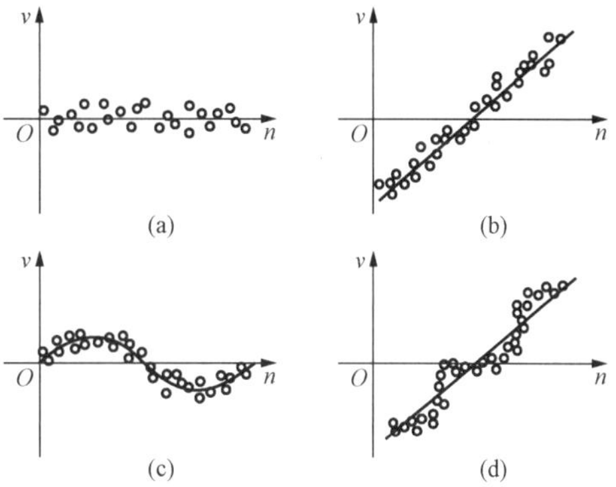

图 1.5.2 残余误差散点图

（3）残余误差校核法。将 $n$ 次测量所得的测量值按测量先后次序，分为前 $k$ 次和后 $k$ 次两组。若 $n$ 为偶数，则 $k=n/2$；若 $n$ 为奇数，则 $k=(n+1)/2$。分别求两组测得值的残余误差的代数和，再求两代数和之差 $\Delta$，即

$$\Delta=\sum_{i=1}^{k}v_i-\sum_{i=n-k+1}^{n}v_i \tag{1.5.14}$$

若两代数和之差 $\Delta$ 显著不为零，则可认为测量中存在着累积性系统误差。这个准则也称为马林科夫判据。

（4）统计准则检验法。根据测量值计算某个统计量，将计算值与该统计量的限差进行比较，再根据比较结果来判断测量是否存在系统误差。若计算值不大于限差，则可认为无系统误差；否则可认为存在系统误差。根据此原理可确立以下几个统计检验准则。

1）误差正负号个数检验准则。用 $S_i$ 表示误差 $\delta_i$ 的正负号，即当 $\delta_i$ 为正时，$S_i=+1$；当 $\delta_i$ 为负时，$S_i=-1$；当 $\delta_i=0$ 时，$S_i=0$。令统计量 $S=\sum_{i=1}^{n}S_i$，则 $|S|_{限差}=2\sqrt{n}$。若 $|S|\leqslant|S|_{限差}$，则可认为无系统误差；否则可认为存在系统误差。

2）误差正负号分配检验准则。令统计量 $W=\sum_{i=1}^{n-1}S_iS_{i+1}$，则 $|W|_{限差}=2\sqrt{n-1}$。若 $|W|\leqslant|W|_{限差}$，则可认为无系统误差；否则可认为存在系统误差。

3）正误差平方和与负误差平方和之差检验准则。令统计量 $K=\sum_{i=1}^{n}S_i\delta_i^2$，则 $|K|_{限差}=$

$4\sqrt{n}\sigma^2$。若$|K|\leqslant|K|_{限差}$，则可认为无系统误差；否则可认为存在系统误差。

4）阿贝检验准则。令统计量$A=\sum_{i=1}^{n}\delta_i^2, B=\sum_{i=1}^{n-1}(\delta_i-\delta_{i+1})^2+(\delta_n-\delta_1)^2$，则$\left|\frac{B}{2A}-1\right|_{限差}=\frac{1}{\sqrt{n}}$。若$\left|\frac{B}{2A}-1\right|\leqslant\left|\frac{B}{2A}-1\right|_{限差}$，则可认为无系统误差；否则可认为存在系统误差，且为变值系统误差。

5）阿贝—赫梅特检验准则。令统计量$C=\sum_{i=1}^{n-1}\delta_i\delta_{i+1}$，则$|C|_{限差}=\sqrt{n-1}\sigma^2$。若$|C|\leqslant|C|_{限差}$，则可认为无系统误；否则可认为存在系统误差，且为周期性系统误差。

因真误差$\delta_i$往往无法求得，在以上各检验准则中可用残余误差$v_i$来代替$\delta_i$，用标准差的估计值$s$来代替$\sigma$。

由于各种检验方法都有一定的局限性，因此在实际应用中应采用多种方法来检验。

2. 消除或削弱系统误差的方法

（1）从产生系统误差的根源上消除系统误差。从产生系统误差的根源上消除系统误差，这是最根本的方法。在测量之前，测量人员要详细检查测量装置，正确安装测量装置，并将测量装置调整到最佳状态。在测量过程中，应防止外界干扰的影响，尽可能减少产生系统误差的环节，如选择好观测位置以消除视差，在环境条件较稳定时进行测量等。

（2）在测量结果中利用修正值消除系统误差。对于已知的系统误差，通过对测量装置的标定，事先求出修正值，实际测量时，将测量值加上相应的修正值就可以得到被测量的实际值，以消除或减小系统误差。对于变值系统误差，设法找出系统误差的变化规律，给出修正曲线或修正公式，实际测量时，用修正曲线或修正公式对测量结果进行修正。此种方法不能完全消除系统误差，因为修正值也存在一定的小误差，但系统误差被大大削弱了。

（3）采用能消除系统误差的典型测量方法。找出系统误差的变化规律后，在测量过程中采用某些能消除或减小系统误差的方法进行测量，可以避免或减小系统误差引入测量结果。

下面列出几种能消除或减小系统误差的典型的测量方法。

1）替代法。用检测装置对被测量进行测量后，再用同一检测装置对一已知标准量进行同样的测量，并使指示值相同，则已知标准量的量值即为被测量的量值。

2）交换法。用平衡法对被测量进行一次测量，然后将被测量与标准量的位置交换再进行一次测量，取两次测量的标准量值的平均值作为测量结果。

3）抵消法。适当改变测量条件对被测量进行两次测量，使两次测量所产生的系统误差大小相等、符号相反，取两次测得值的平均值作为测量结果。

替代法、交换法、抵消法对消除恒值系统误差有较好的效果。

4）对称观察法。对于某些需对两个或两个以上直接测量参数进行测量的间接测量，采用等时间间隔对称取值，将各直接测量参数的测量值算术平均值作为直接测量参数的测量结果，再通过已定的函数关系式计算被测量的测量结果。对称观察法是一种消除线性系统误差的有效方法。

5）半周期偶数次观察法。这是一种消除周期性系统误差的有效方法。按系统误差变化的半个周期进行一次测量，共进行偶数次测量，取测量值的平均值作为测量结果。

### 1.5.5 直接测量数据的处理

在对被测量进行等精确度测量后，为了得到合理的测量结果，应按前述的方法对各种误差进行分析处理。

等精确度测量的数据处理可按以下步骤进行：

(1) 计算测量列的算术平均值 $\bar{x}$。

(2) 计算各测量值的残余误差 $v_i$。

(3) 计算测量列的标准差 $s$，如式（1.5.7）所示。

(4) 判别是否存在系统误差。利用系统误差判定方法判定测量是否存在系统误差。若存在系统误差，则应对测量值进行修正；若无修正值，则设法消除产生系统误差的根源或改进测量方法，重新进行测量。

案例分析

(5) 判别是否存在粗大误差。利用坏值判定准则判定是否存在坏值。若有坏值，应将坏值剔除，重新计算算术平均值和标准偏差。

(6) 计算算术平均值的标准差 $s_{\bar{x}}$，$s_{\bar{x}}=\dfrac{s}{\sqrt{n}}=\sqrt{\dfrac{1}{n(n-1)}\sum_{i=1}^{n}v_i^2}$。

(7) 取定置信概率 $p$，确定置信因子 $t$，计算不确定度 $u$。

(8) 写出测量结果表达式，即

$$x=\bar{x}\pm u$$

## 1.6 传感器的转换电路

在检测装置中，传感器的测量转换电路把来自传感元件的信号转换为易于处理的电压、电流、频率等信号。受传感器工作原理和特性上的局限性及环境等因素的影响，传感器输出的信号通常都很微弱，且其输出阻抗较高，很容易被噪声或其他测量仪器所干扰，所以传感器输出的信号一般不能被直接测量或利用，需要进一步地进行调理，以满足测量仪器所需要的信号。

知识拓展

测量与转换电路的种类和构成由通常传感器内部所需要转换的信号类型及环境影响因素等决定。传感器常用的测量与转换电路有电桥电路、放大电路、滤波器、调制与解调电路等。

### 1.6.1 电桥电路

1. 直流电桥

如图 1.6.1 所示。当电源 $E$ 为电源，其内阻为零时，可求出电桥输出 $U_g$ 与电桥各参数之间的关系为

$$U_g=I_gR_gE\frac{R_1R_4-R_2R_3}{(R_1+R_2)(R_3+R_4)} \tag{1.6.1}$$

桥路的平衡条件（$U_g=0$）为

$$R_1/R_2=R_3/R_4 \tag{1.6.2}$$

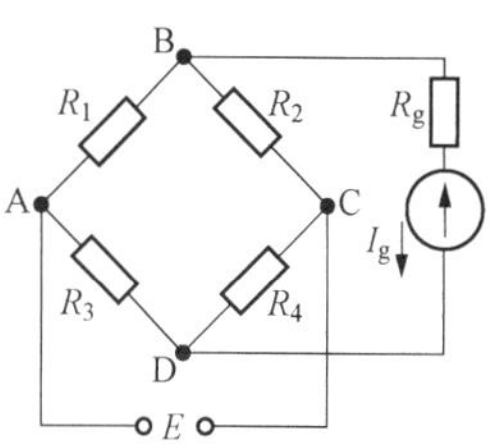

图 1.6.1 桥式电路

设电桥各臂均有相应的电阻增量 $\Delta R_1$、$\Delta R_2$、$\Delta R_3$、$\Delta R_4$ 时，电桥输出可写为

$$U_g=E\frac{(R_1+\Delta R_1)(R_4+\Delta R_4)-(R_2+\Delta R_2)(R_3+\Delta R_3)}{(R_1+\Delta R_1+R_2+\Delta R_2)(R_3+\Delta R_3+R_4+\Delta R_4)} \tag{1.6.3}$$

当 $R_1=R_2=R_3=R_4=R$ 时，称为等臂电桥。此时电桥输出可写为

$$U_g = E\frac{R(\Delta R_1 - \Delta R_2 - \Delta R_3 + \Delta R_4) + \Delta R_1 \Delta R_4 - \Delta R_2 \Delta R_3}{(2R + \Delta R_1 + \Delta R_2)(2R + \Delta R_3 + \Delta R_4)} \tag{1.6.4}$$

一般情况下，$\Delta R_i(i=1, 2, 3, 4)$ 很小，即 $R \gg \Delta R_i$，略去式（1.6.4）中的高阶微量，如果各桥臂电阻的灵敏度 $K$ 相同，并利用$\frac{\Delta R}{R}=K\varepsilon$ 得到

$$U_g = \frac{E}{4}\left(\frac{\Delta R_1}{R} - \frac{\Delta R_2}{R} - \frac{\Delta R_3}{R} + \frac{\Delta R_4}{R}\right) = \frac{EK}{4}(\varepsilon_1 - \varepsilon_2 - \varepsilon_3 + \varepsilon_4) \tag{1.6.5}$$

直流电桥的典型结构形式有单臂电桥、双臂电桥和四臂全桥，其灵敏度依次递增为 $E/4$、$E/2$ 和 $E$。

直流电桥的优点为：所需的高稳定直流电源较易获得；电桥输出电压是直流，可以用直流仪表测量；对从传感器到测量仪表的连接导线要求较低，电桥的平衡电路简单。直流电桥的缺点主要是：直流放大器比较复杂，易受零漂和接地电位的影响。

2. 交流电桥

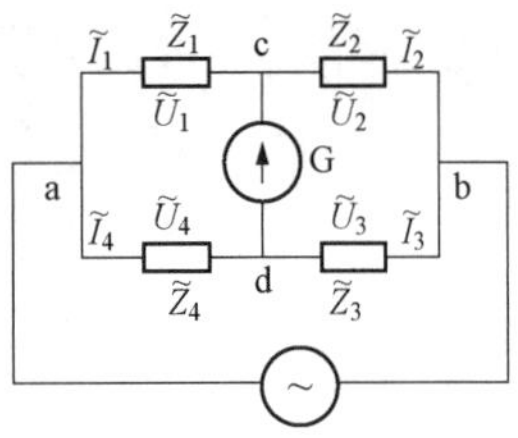


图 1.6.2　交流电桥

如图 1.6.2 所示，交流电桥是对比直流电桥的结构而发展出来的，它在测量电路组成上与惠斯通电桥相似，电桥的四个臂 $\tilde{Z}_1$、$\tilde{Z}_2$、$\tilde{Z}_3$、$\tilde{Z}_4$ 通常是复阻抗（可以是电阻、电容、电感或它们的组合），ab 间接交流电源 $E$，cd 间接交流平衡指示器 G（毫伏表或示波器等）。

（1）桥臂平衡条件。电桥平衡时，c、d 两点等电位，由此得到交流电桥的平衡条件为

$$\tilde{Z}_1\tilde{Z}_3 = \tilde{Z}_2\tilde{Z}_4 \tag{1.6.6}$$

利用交流电桥测量未知阻抗 $\tilde{Z}_x(\tilde{Z}_x=\tilde{Z}_1)$ 的过程就是调节其余各臂阻抗参数使上式成立的过程。一般来说，$\tilde{Z}_x$ 包含两个未知分量，实际上按复阻抗形式给出的平衡条件相当于两个实数平衡条件，电桥平衡时它们应同时得到满足。这意味着要测量 $\tilde{Z}_x$，电桥各臂阻抗参数至少要有两个可调，而且各臂必须按电桥的两个平衡条件作适当配置。

（2）桥臂配置和可调参数选取的基本原则。在多数交流电桥中，为了使电路结构简单且实现“分别读数”（即电桥的两个可调参数分别只与被测阻抗的一个分量有单值的函数关系），常将电桥的两个臂设计成纯电阻（统称为辅助臂）。这样，除被测 $\tilde{Z}_x$ 外只剩一个臂具有复阻抗性质，此臂由标准电抗元件（标准电感或标准电容）与一个可调电阻适当组合而成（称为比较臂），在这样的条件下，由交流电桥的平衡条件得到桥臂配置和可调参数选取的基本原则。

（3）常用的交流电桥。

1）电容电桥。电容电桥主要用来测量电容器的电容量及损耗角，利用已知电容测量未知电容。

2）电感电桥。电感电桥是用已知电感或电容来测量未知电感的电桥。电感电桥有多种线路，通常采用标准电容作为与被测电感相比较的标准元件。从前面的分析可知，标准电容一定要安置在与被测电感相对的桥臂中。根据实际的需要，也可采用标准电感作为标准元件，标准电感一定要安置在与被测电感相邻的桥臂中。

麦克斯韦—维恩电桥的平衡条件式表明，它的平衡是与频率无关的，即在电源为任何频率或非正弦的情况下，电桥都能平衡，且其实际可测量的 $Q$ 值范围也较大，所以这一电桥的应用范围较广。但是实际上，由于电桥内各元件间的相互影响，所以交流电桥的测量频率对测量精确度仍有一定的影响。

3）相敏整流电桥。交流电桥的输出电压 $U_o$ 为交流电压，若采用一般的交流电压表测量，仅能反映被测参数的大小，不能反映被测参数的方向。为解决该问题，这时需采用相敏整流电路。图 1.6.3 是一种相敏整流电桥电路的原理图。电桥由差动自感式传感器的两个线圈及平衡电阻 $R_3$、$R_4$ 组成，一般取 $R_3=R_4=R$，$Z_1$ 和 $Z_2$ 为两个线圈的阻抗。二极管 VD1～VD4 构成了相敏整流器。A、B 两点之间接入交流电源 $U_s$，C、D 两点为输出端，接有双向电压表 PV 指示输出电压 $U_o$。

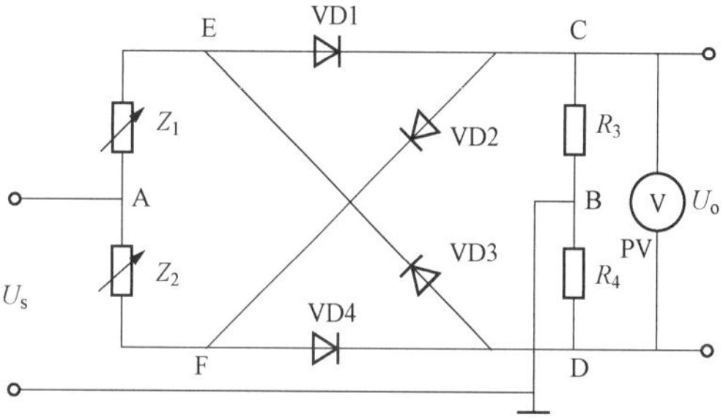


图 1.6.3　相敏整流电桥电路原理图

### 1.6.2　放大电路

放大电路放大的本质是能量的控制和转换，在输入信号的作用下，通过放大电路将直流电源的能量转换成负载所获得的能量，使负载从电源获得的能量大于信号源所提供的能量。在传感器电路中，放大电路通常用于实现前级电路微弱信号的放大、产生特定周期/频率波形等。

1. 基本放大电路

放大电路在放大信号时，总有两个电极作为信号的输入端，同时也应有两个电极作为输出端。根据半导体三极管（BJT）三个电极与输入、输出端子的连接方式，基本放大电路可归纳为三种：共射极放大电路、共基极放大电路以及共集电极放大电路。

在实际应用中，电子电路所处理的信号都是由幅度及相位有固定比例关系的多频率分量组合而成的复杂信号，即具有一定的频谱。由于放大电路中存在电抗元件（如管子的极间电容，电路的负载电容、分布电容、耦合电容、射极旁路电容等），因此放大器可能对不同频率信号分量的放大倍数和相移不同。如放大电路对不同频率信号的幅值放大不同，就会引起幅度失真。如放大电路对不同频率信号产生的相移不同就会引起相位失真。幅度失真和相位失真总称为频率失真，由于此失真是由电路的线性电抗元件（电阻、电容、电感等）引起的，故不称为线性失真。因此，为实现信号不失真放大，实际应用中还需要关注放大器的频率响应情况。

2. 集成运算放大器

集成运算放大器由多级直接耦合放大电路组成，是一种具有高放大倍数、带深度负反馈的直接耦合放大器，主要由输入、中间、输出三部分组成。输入部分是差动放大电路，有同相和反相两个输入端；前者的电压变化和输出端的电压变化方向一致，后者则相反。中间部分提供高电压放大倍数，经输出部分传到负载。常见集成运算放大器有同/反相比例放大器、加/减法运放电路等。

### 1.6.3　滤波器

滤波器是一种选频装置，可以使信号中特定的频率成分通过，而极大地衰减其他频率成分。在测试装置中，利用滤波器的这种选频作用，可以滤除干扰噪声或进行频谱分析。

广义地讲，任何一种信息传输的通道（媒质）都可视为是一种滤波器。因为，任何装置的响应特性都是激励频率的函数，都可用频域函数描述其传输特性。因此，构成测试系统的任何一个环节，诸如机械系统、电气网络、仪器仪表甚至连接导线等，都将在一定频率范围内，按其频域特性，对所通过的信号进行变换与处理。

模拟滤波器在测试系统或专用仪器仪表中是一种常用的变换装置。例如，带通滤波器用作频谱分析仪中的选频装置；低通滤波器用作数字信号分析系统中的抗频混滤波；高通滤波器被用于声发射检测仪中剔除低频干扰噪声；带阻滤波器用作电涡流测振仪中的陷波器等。

### 1.6.4 调制与解调

在测试技术中，调制是工程测试信号在传输过程中常用的一种调理方法，主要是为了解决微弱缓变信号的放大以及信号的传输问题。例如，被测物理量，如温度、位移、力等参数，经过传感器交换以后，多为低频缓变的微弱信号。对这样一类信号，直接送入直流放大器或交流放大器放大会遇到困难，因为采用级间直接耦合式的直流放大器放大，将会受到零点漂移的影响。当漂移信号大小接近或超过被测信号时，经过逐级放大后，被测信号会被零点漂移淹没；为了很好地解决缓变信号的放大问题，信息技术中采用了一种对信号进行调制的方法，即先将微弱的缓变信号加载到高频交流信号中去，然后利用交流放大器进行放大，最后再从放大器的输出信号中取出已放大了的缓变信号。

上述信号传输中的变换过程称为调制与解调。具体而言，调制是指用被传送的低频信号去控制高频信号（载波）的参数（幅度、频率、相位），实现低频信号搬移到高频段；解调则是指调制的反过程，即把低频信号从高频段搬移下来，还原被传送的低频信号。

为什么要通过调制的方式来发送信号？其原因在于：①天线尺寸的限制。只有天线实际长度与电信号的波长可比拟时，电信号才能以电磁波形式有效辐射。②可实现的回路带宽。低频信号频率变化范围很大，很难做出参数在如此宽范围内变化的天线和调谐回路。③区别不同的音频信号。有利于接收来自不同发射机的信号（因为不同发射机有不同的载波频率）。

实际应用中，无论模拟信号还是数字信号，通常有三种最基本的调制方法，即调幅（ASK）、调频（FSK）和调相（PSK）。其他各种调制方法都是以上方法的改进或组合，例如：正交振幅调制 QAM 就是调幅和调相的组合；最小频移键控（MSK）是 FSK 的改进；高斯滤波最小频移键控（GMSK）是 MSK 的一种改进，是在 MSK 调制器之前插入了高斯低通预调制滤波器，从而可以提高频谱利用率和通信质量；正交频分复用技术（OFDM）则可以看作是对多载波的一种调制方法。

## 1.7 传感器的输出与接线

从信息输出形式看，传感器的输出常见的有增量码信号、绝对码信号以及开关信号等。

增量码信号的特点是，被测量值与传感器输出信号的变化周期数成正比，即输出量值的大小由信号变化的周期数的增量决定。一般光栅位移传感器、磁栅位移传感器、激光位移传感器等采用干涉法等测量位移时，传感器输出的信号为增量码信号。

绝对码信号是一种与被测对象的状态相对应的信号，比如码盘，它的每一个角度方位对应于一组编码，这种编码称为绝对码。绝对码信号有很强的抗干扰能力，一种状态总是对应于一组确定的编码。

开关信号只有 0 和 1 两种状态，可视为绝对码只有一位编码时的特例，如行程开关、光电开关等传感器的输出就是开关信号。此类传感器的负载可以是信号灯、小型继电器线圈、可编程控制器 PLC 的数字量输入模块等。

从接线形式看，传感器的典型输出形式有 NPN（三线、四线）、PNP（三线、四线）、DC 二线、AC 二线、AC 五线（带继电器）等几种。

### 1.7.1 NPN 形式

微课 1 传感器接线方式

当传感器输出为开关信号时，其输出有常开和常闭之分。两者接线方式相同，输出跳转方向相反。下面以常开型开关量传感器为例介绍。图 1.7.1（a）所示即为 NPN 常开型三线制接近开关原理图，中间电阻代表负载，此负载可以是金属感应物或继电器或 PLC 等，其棕（红）线要接正，蓝线要接负，黑线为信号线。当开关动作（闭合）时，黑色和蓝色两线接通，黑色线输出电压与蓝线电压相同，自然就是负极给定电压（通常为 0V）。

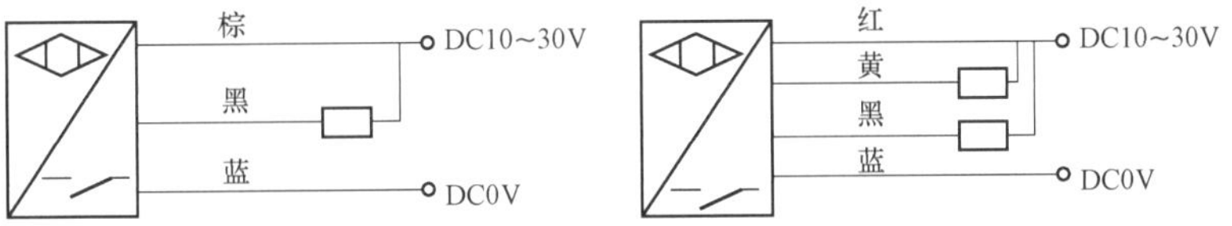


(a) (b)

图 1.7.1 NPN 形式

（a）NPN 三线制；（b）NPN 四线制

相对于二线制接近开关，三线制接近开关虽多了一根线，但不受剩余漏电流等不利因素的困扰，因此工作时更为稳定可靠。

如图 1.7.1（b）所示四线制是在三线制基础上实现了常开（NO）和常闭（NC）双信号端，可减少用户成本。

### 1.7.2 PNP 形式

图 1.7.2（a）所示为 PNP 常开型三线开关原理图，电阻代表负载，当开关工作时，图中开关闭合，即黑线和棕线接通，此时棕线与黑线相当于一条线，电压自然就是正极电压（通常为 24V）。

当传感器输出为模拟电压量时，其接线通常采用 PNP 型三线制形式，但此时负载端的输入电压一般为 1～5V 或 0～10V；若输出为模拟电流量，有的采用图 1.7.3 所示的二线制接法。

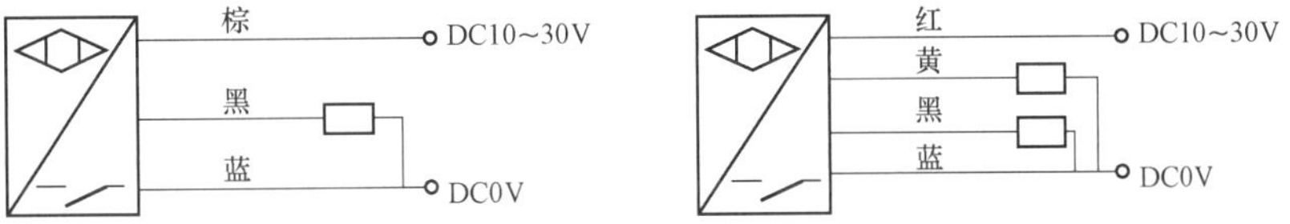


(a) (b)

图 1.7.2 PNP 形式

（a）PNP 三线制；（b）PNP 四线制

图 1.7.2（b）所示四线制是在三线制基础上实现了常开（NO）和常闭（NC）双信号端。

### 1.7.3 DC/AC 二线制

图 1.7.3 所示为二线制传感器的接线方式，其输出与负载串联后接到电源即可。DC 电源需要区分红（棕）线接电源正极，蓝（黑）线接电源 0V（负极），AC 电源则不需要。

两线制接近开关受工作条件的限制，导通时开关本身产生一定压降，截止时又有一定的剩余漏电流流过，选用时应考虑该情况。

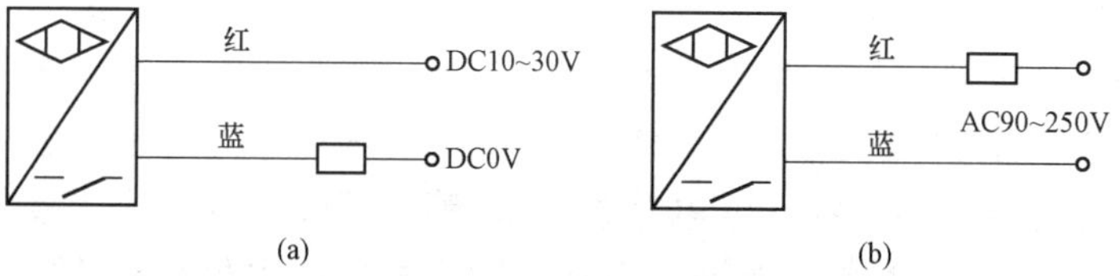


图 1.7.3 二线制

（a）DC 二线制；（b）AC 二线制

### 1.7.4 AC 五线制

图 1.7.4 所示为 AC 五线制传感器的接线形式，其红、蓝端接交流电源，其余白、灰、黑三端是一组继电器的输出触点。

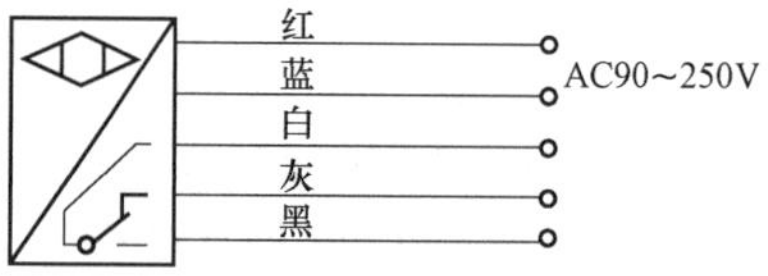


图 1.7.4 AC 五线制

## 习 题

1. 填空题

（1）用一只 0.5 级 50V 的电压表测量直流电压，产生的绝对误差不大于________V。

（2）某测试人员在一项对航空发动机叶片稳态转速试验中，测得其平均值为 20000r/min（假定测试次数足够多）。其中某次测量结果为 20002r/min，则此次测量的绝对误差＝________，实际相对误差＝________。

（3）某待测电流约为 100mA。现有两个电流表，分别是：甲表 0.5 级、测量范围为 0～400mA；乙表 1.5 级，测量范围为 0～150mA，则用________表测量误差较小。

（4）随机误差的大小，可以用测量值的________来衡量，其值越小，测量值越集中，测量的________越高。

（5）检测装置的精确度包括精密度、准确度和精确度三个内容，其中________表示测量仪器指示值对真值的偏离程度，它反映了________误差的大小。

（6）有一台两线制压力变送器，测量范围为 0～1MPa，对应的输出电流为 4～20mA。求：

1）压力 $p$ 与输出电流 $I$ 的关系表达式________________________。

2）当 $p$ 为 0.5MPa 时变送器的输出电流为＿＿＿＿＿＿＿＿＿＿＿＿＿＿＿＿。

3）如果希望在信号传输终端将电流信号转换为 1～5V 电压，则负载电阻 $R_L$ 为＿＿＿＿＿。

4）如果测得变送器的输出电流为 5mA，此时的压力 $p$ 为＿＿＿＿＿。

2. 用两种方法分别测量尺寸为 100mm 和 80mm 的零件，其测量绝对误差分别为 8$\mu$m 和 7$\mu$m，试用测量的相对误差对比此两种方法的测量精确度的高低。

3. 某仪器已知其标准偏差为 $\sigma=\pm0.002$mm，用以对某零件进行 4 次等精确度测量，测量值为 67.020、67.019、67.018、67.015mm，试求测量结果。

4. 被测压力为 80kPa，现有测量范围为 0～100kPa、准确度等级为 0.1 级的压力传感器和测量范围为 0～300kPa、准确度等级为 0.05 级的压力传感器。由于第二支压力传感器的准确度等级高于第一支，因此应选择测量范围是 0～300kPa 压力传感器。这种选择是否正确，为什么？

5. 测量两个电压值，分别得到测量值 $U_{1x}=1020$V，$U_{2x}=11$V，它们的实际值分别为 $U_{1a}=1000$V，$U_{2a}=10$V，求测量的绝对误差和相对误差。

6. 用一台 3.5 位、准确度为 0.5 级（已包含最后 1 位的±1 误差）的数字式电子温度计，测量汽轮机高压蒸汽的温度，数字面板上显示出如习题 6 图所示的数值。假设其最后 1 位即为分辨力，求该仪表的：（1）分辨力；（2）可能产生的最大满度相对误差和绝对误差；（3）被测温度的示值；（4）示值相对误差；（5）被测温度的实际值上下限。（注：面板示值如习题 6 图所示，其测量上限为 199.9℃，下限为 0℃）

习题 6 图

7. 欲测 240V 左右的电压，要求测量示值相对误差的绝对值不大于 0.6%，问：若选用量程为 250V 的电压表，其准确度应选哪一级？若选用量程为 300V 和 500V 的电压表，其准确度又应分别选哪一级？

8. 一温度计的测量范围为 0～200℃，准确度为 0.5 级，试求：（1）该表可能出现的最大绝对误差；（2）当示值分别为 20℃、100℃时的示值相对误差。

9. 测得某检测装置的一组输入/输出数据见习题 9 表。

**习 题 9 表**

| | | | | | | |
|---|---|---|---|---|---|---|
| $X$ | 0.9 | 2.5 | 3.3 | 4.5 | 5.7 | 6.7 |
| Y | 1.1 | 1.6 | 2.6 | 3.2 | 4.0 | 5.0 |

试用最小二乘法拟合直线，求其线性度和灵敏度。

10. 设 6 次测量某物体的长度，其测量的结果分别为 9.8、10.0、10.1、9.9、10.2、15cm，若忽略粗大误差和系统误差，试求在 99.73%的置信概率下，对被测物体长度的最小估计区间。

11. 某传感器给定准确度为 2%FS，满度值为 50mV，零位值为 10mV，求可能出现的最大误差 $\sigma$(以 mV 计)。当传感器使用在满量程的 1/2 和 1/8 时，计算可能产生的测量百分误差。由计算结果能得出什么结论？

# 2 温度传感器

温度是诸多物理现象中具有代表性的物理量，自然界中的几乎所有物理、化学过程都与温度有紧密的联系。在日常生活中，准确的温度是不可缺少的信息内容，如电饭煲、电冰箱、空调、微波炉等这些家用电器中都少不了温度传感器；在国民经济各部门，如电力、化工、机械、冶金、农业、医学等，温度检测与控制都是十分重要的；在国防现代化及科学技术现代化中，温度的精确检测及控制更是必不可少。

从宏观的角度而言，温度是表征物体或系统的冷热程度的物理量。冷热的概念自古已有，在温度计出现以前，人们常凭自己的感官感觉，以寒、冷、凉、温、热、烫等术语描述温度高低，此法因人而异，有很大的主观性。温度单位是国际单位制中七个基本单位之一。从能量角度来看，温度是描述系统不同自由度间能量分配状况的物理量；从热平衡观点来看，温度是描述热平衡系统冷热程度的物理量；从分子物理学角度来看，温度反映了系统内部分子无规则运动的剧烈程度。

检测温度的传感器与敏感元件很多，本章在简单介绍温标及测温方法的基础上，重点介绍膨胀式温度测量、电阻式温度传感与测试、热电偶温度计、辐射式温度计、集成温度传感技术等测温原理及方法。

## 2.1 温标及测温方法

### 2.1.1 温标

现代统计力学虽然建立了温度和分子动能之间的函数关系，但由于目前尚难以直接测量物体内部的分子动能，因而只能利用一些物质的某些物性（如尺寸、密度、硬度、弹性模量、辐射强度等）随温度变化的规律，来对温度进行间接测量。为了保证温度量值的统一，必须建立一个用来衡量温度高低的标准尺度，即温标。

温度的高低必须用数字来说明，温标就是温度的一种数值表示方法，并给出了温度数值化的一套规则和方法，同时明确了温度的测量单位。随着温度测量技术的发展，温标也经历了一个逐渐发展、不断修改和完善的渐进过程。从早期建立的一些经验温标，发展为后来的理想热力学温标和绝对气体温标，到现今使用具有较高精确度的国际实用温标，其间经历了几百年时间。下面对常用温标逐一简介。

1. 经验温标

借助于某一种物质的物理量与经验温标温度变化的关系，用实验的方法或经验公式所确定的温标称为经验温标。常用的有摄氏温标、华氏温标和列氏温标。

（1）摄氏温标。摄氏温标是 1740 年瑞典人摄氏（Celsius）提出的。在标准大气压下，把纯水的冰点规定为 0 度，沸点规定为 100 度，而将汞柱在这两点间等分为 100 格，每等分格为摄氏 1 度，标记为 1℃。

（2）华氏温标。华氏温标是 1714 年德国人华伦海特（Fahrenheit）提出的。在标准大气压下，把冰、水、氯化铵混合物的熔点定为零度，冰的熔点定为 32 度，水的沸点定为 212 度，中间划分 180 等分，每等分为华氏 1 度，单位符号为℉。

（3）列氏温标。列氏温标由法国科学家列奥米尔于 1731 年提出。规定标准大气压下纯水的冰熔点为 0 列氏度，沸点为 80 列氏度，中间等分为 80 等分，每等分为 1 列氏度，单位符号为°R。

列氏温标曾经在欧洲特别是法国及德国相当流行，但随后均被摄氏温标所取代。

摄氏、华氏、列氏温标之间的换算关系为

$$C=\frac{5(F-32)}{9}=\frac{5}{4}R \tag{2.1.1}$$

式中：$C$ 为摄氏温度值；$F$ 为华氏温度值；$R$ 为列氏温度值。

摄氏温标和华氏温标以水银作为温度计的测温介质，而列氏温标则是以水和乙醇的混合物作为测温物质。三者均依据液体受热膨胀的原理来建立温标和制造温度计，但由于不同物质的性质不同，它们受热膨胀的情况也不同，故上述三种温标难以统一。

2. 热力学温标

热力学温标，是国际单位制中七个基本物理单位之一，是一种理想而不能真正实现的理论温标，它由开尔文（Kelvin）在 1848 年提出的以卡诺循环（Carnot cycle）为基础建立，单位符号为 K。

该温标为了在分度上和摄氏温标相一致，将理想气体压力为零时对应的温度——绝对零度（是在实验中无法达到的理论温度）与水的三相点温度分为 273.16 份，每份为 1K。

3. 国际实用温标

为了解决国际上温度标准的统一及实用问题，国际上协商决定，建立一种既能体现热力学温度（即能保证一定的准确度），又使用方便、容易实现的温标。这就是国际实用温标，又称国际温标。

1968 年国际实用温标规定热力学温度是基本温度，用符号 $T$ 表示，其单位为开尔文（K）。1K 定义为水三相点热力学的 1/273.16，水三相点是指化学纯水在固态、液态及气态三项平衡时的温度，热力学温标规定三相点温度为 273.16K。

目前推行的是 1990 年国际实用温标 ITS - 90：热力学温度用符号 $T_{90}$ 表示，单位为 K（开尔文）；摄氏温度的符号为 $t_{90}$，单位为℃（摄氏度）。它与热力学温标之间的关系为

$$t_{90}=T_{90}-T_0 \tag{2.1.2}$$

这里摄氏温度的分度值与开氏温度分度值相同，即温度间隔 1K 等于 1℃。$T_0$ 是在标准大气压下冰的融化温度，$T_0$=273.15K，即水的三相点的温度比冰点高出 0.01K。由于水的三相点温度易于复现，复现精确度高，而且保存方便，这是冰点不能比拟的，所以国际实用温度规定，建立温标的唯一基准点为水的三相点。

### 2.1.2 温度检测的主要方法及分类

人们一般是借助于随温度变化而变化的物理量（如体积、压力、电阻、热电动势等）来定义温度数值，建立温标和制造各种各样的温度检测仪表。

根据测温元件是否与被测介质接触，温度检测方法一般可以分为两大类，即接触测量法和非接触测量法。接触测量法是测温敏感元件直接与被测介质接触，被测介质与测温敏感元件进行充分热交换，使两者具有同一温度，达到测量的目的；非接触测量法是感温元件不与

被测对象直接接触，而是通过接受被测物体的某个与温度相关的特征量实现温度测量。常见的非接触测量法有电涡流式、辐射式、超声波式等。其中又以辐射式测温最为普遍，它通过接受被测物体的热辐射能实现热交换，基于物体的热辐射能量（强度）随其温度的变化而变化的特性来检测其温度。这两种方法的一般特点见表 2.1.1。

**表 2.1.1　　接触式和非接触式测温的一般特点**

| 方式 | 接　触　式 | 非接触式（辐射式） |
|---|---|---|
| 测量条件 | 感温元件要与被测对象良好接触；感温元件的加入几乎不改变对象的温度；被测温度不超过感温元件能承受的上限温度；被测对象不对感温元件产生腐蚀 | 需准确知道被测对象表面发射率；被测对象的辐射能充分照射到检测元件上 |
| 测量范围 | 特别适合 1200℃以下、热容大、无腐蚀性对象的连续在线测温，对高于 1300℃以上的温度测量较困难 | 原理上测量范围可以从超低温到极高温，但 1000℃以下，测量误差大；能测运动物体和热容小的物体温度 |
| 准确度 | 工业用表通常为 1.0、0.5、0.2 及 0.1 级，实验室用表可达 0.01 级 | 通常为 1.0、1.5、2.5 级 |
| 响应速度 | 慢，大多在 1s 以上 | 快，通常不高于 1s |
| 其他条件 | 整个测温系统结构简单、体积小、可靠、维护方便、价格低廉，仪表读数直接反映被测物体实际温度；可方便地组成多路集中测量与控制系统 | 整个测温系统结构复杂、体积大、调整麻烦、价格昂贵；仪表读数通常只反映被测物体表面温度（需进一步转换）；不易组成测温、控温一体化装置 |

在温度检测中可选择的敏感元件和传感元件有很多，从测量原理角度可分为热膨胀式、热电阻式、热电偶式、辐射式等。各种检测方法有自己的特点和测温范围，常用测温方法、类型及特点见表 2.1.2。

**表 2.1.2　　常用测温方法、类型及特点**

<table>
<tr><th>测温方式</th><th colspan="3">传感器类型</th><th>测量范围（℃）</th><th>特　　点</th></tr>
<tr><td rowspan="10">接触式</td><td rowspan="5">热膨胀式</td><td colspan="2">水银</td><td>−38～356</td><td>简单方便，易损坏（水银污染）</td></tr>
<tr><td colspan="2">双金属</td><td>−80～600</td><td>结构紧凑，牢固可靠</td></tr>
<tr><td rowspan="3">压力</td><td>液体</td><td>−40～200</td><td rowspan="3">耐震，坚固，价格低廉</td></tr>
<tr><td>气体</td><td>−120～550</td></tr>
<tr><td>蒸汽</td><td>50～200</td></tr>
<tr><td rowspan="3">电阻式</td><td colspan="2">铂</td><td>−260～960</td><td rowspan="2">精确度及灵敏度均较好，需注意环境温度影响</td></tr>
<tr><td colspan="2">铜</td><td>−50～150</td></tr>
<tr><td colspan="2">热敏电阻</td><td>−50～350</td><td>体积小，响应快，灵敏度高，线性差，注意环境温度影响</td></tr>
<tr><td>热电偶</td><td colspan="2">国际通用的包含 B、E、J、K、N、R、S、T 八个系列，如 B 代表铂铑$_{30}$—铂铑$_{6}$ 等，另有非标系列</td><td>−270～1800<br>特殊类型可超过 3000</td><td>种类多，适应性强，结构简单，经济方便，应用广泛；自发电型传感器，测量时可以不需外加电源，可直接驱动动圈式仪表；测温范围广</td></tr>
</table>

续表

| 测温方式 | 传感器类型 | 测量范围（℃） | 特　　点 |
| --- | --- | --- | --- |
| 非接触式 | 辐射温度计 | 800～3500 | 非接触测温，不干扰被测温场辐射影响小，应用简便 |
| | 光高温计 | 700～3200 | |
| | 热探测器 | －50～3200 | 响应快，测温范围大，适用于测温度分布，易受外界干扰，标定困难 |
| | 光子探测器 | 0～3500 | |
| | 示温涂料：单/多变色可逆/不可逆示温涂料 | 60～1300 | 用颜色或其他现象变化来指示物体表面温度及温度分布，可用于示温报警或美化生活等 |

## 2.2 热膨胀式温度计

热膨胀式温度计的外观如图 2.2.1 所示，其利用液体、气体或固体热胀冷缩的性质，即测温敏感元件在受热后尺寸体积或压力会发生变化，根据其变化值得到温度的变化值。膨胀式温度计分为液体膨胀式、固体膨胀式和压力式温度计三类。下面以液体膨胀式温度计中的玻璃管液体温度计、固体膨胀式温度计中的双金属温度计和压力式温度计为例进行介绍。

### 2.2.1 玻璃管液体温度计

1. 结构及工作原理

玻璃管液体温度计是基于液体体积随温度升高而膨胀的原理制作而成。

玻璃管温度计主要由液体储囊、毛细管、刻度标尺和膨胀室四部分组成，如图 2.2.2 所示。

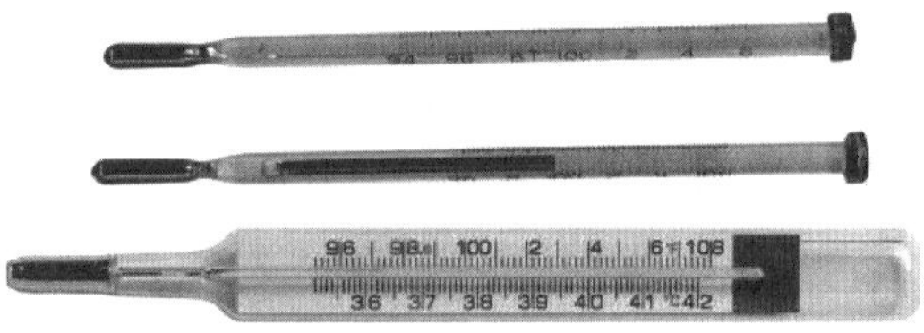

图 2.2.1　膨胀式温度计外观图

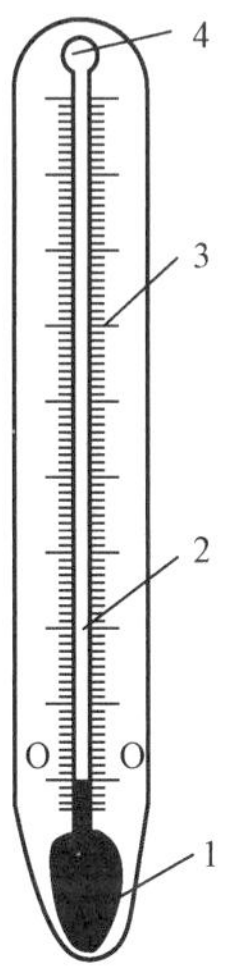


图 2.2.2　玻璃管液体温度计结构图

1—液体储囊；2—毛细管；3—刻度标尺；4—膨胀室

由于液体膨胀系数远比玻璃的膨胀系数大，因此当温度变化时，就引起工作液体在玻璃管内体积的变化，从而表现出液柱高度的变化。若在玻璃管上直接刻度，即在可读出被测介质的温度值。为了防止温度过高时液体膨裂玻璃管，在毛细管顶部须留有一膨胀室。

某液体在温度为 $t_1$ 时的体积为 $V_{t1}$，在温度为 $t_2$ 时的体积为 $V_{t2}$，由于温度变化引起的体积变化可以表示为

$$\Delta V = V_{t2} - V_{t1} = \alpha_{t1t2}(t_2 - t_1)V_0 = \alpha_{t1t2}\Delta t V_0 \quad (2.2.1)$$

式中：$\alpha_{t1t2}$ 为液体在温度 $t_1$ 到 $t_2$ 下的平均体膨胀系数；$V_0$ 为液体在 0℃时的体积。

由式（2.2.1）可知，工作液体的体膨胀系数越大，温度计的灵敏度就越高。

物质的热膨胀是指因温度变化而引起物质量度元素的变化。热膨胀变量与温度曲线的斜率称为膨胀系数。特定温度下的斜率称瞬时膨胀系数。两个指定温度之间的平均斜率称平均热膨胀系数。液体和气体膨胀系数通常用体积来表示，固体膨胀系数通常

用长度来表示。

2. 分类

（1）按所填充的工作液体不同，玻璃管液体温度计可分为水银温度计和有机液体温度计两类。

（2）按刻度标尺形式不同，玻璃管液体温度计可分为棒式、内标式、外标式。棒式由厚壁毛细管制成，温度标尺直接刻在毛细管表面上，为满足不同方位的要求，外形有直形和90°、135°角形。内标式由薄壁毛细管制成，温度标尺另外刻在乳红色玻璃板上，放在毛细管的后面，外面再用玻璃外壳封罩。外标式将玻璃长细管直接固定在外标尺板上。

（3）按用途和使用场合不同，玻璃管液体温度计可分为标准温度计、实验室用温度计、工业温度计和电接点温度计等。

标准温度计用于精密测量和校准其他温度计，其准确度高，分度值一般为0.1～0.2℃，基本误差在0.2～0.8℃范围内。实验室用温度计用于实验室测温。工业用温度计用于工业测量，其准确度较低，允许误差为1～10℃。电接点温度计作温度控制用，如恒温水槽、油槽及空调系统等。

3. 主要特点

玻璃管液体温度计所用的玻璃材料对温度计的质量起着重要作用。对300℃以上的玻璃温度计要采用特殊的玻璃（硅硼玻璃），500℃以上的则采用石英玻璃。

玻璃管液体温度计的优点是直观、测量准确、结构简单、造价低廉、测温范围广等，因此被广泛应用于工业、实验室和医院等各个领域及日常生活中；缺点是不能自动记录、不能远传、易碎、测温有一定延迟。

4. 使用注意事项及测量误差分析

用玻璃管液体温度计测量时，应将其安装在方便读数、安全可靠之处；温度计以垂直安装为宜；测量管道内的流体温度时，应使温度计的温包处于管道的中心线位置；倾斜安装时，温度计的插入方向须与流体流动方向相反，以便与流体充分接触，测得真实温度。

由于玻璃材料有较大的热滞后效应，当温度计被用来测量高温后立即用于测量低温时，其温包不能立即恢复到起始时的体积，从而使温度计的零点发生漂移，因此引起误差。

温度计插入深度不够将引起误差。对温度计校准时，其全部液柱均浸没于被测介质中，但实际使用时却往往只有部分液柱浸没其中，从而引起温度计的指示值偏离被测介质的真实值，故必须对指示值作修正。除此之外，常见误差还包括非线性误差、读数误差、工作液迟滞性误差等。

液体温度计据两个固定点（冰熔点和水沸点）间均匀划分等分来进行分度，但实际上液体随温度的变化存在一定的非线性，因而也会造成非线性误差。

由于读数时视线与标尺不垂直，与液柱面未处于同一水平面，因此会造成读数误差。此外，读数时只能小心转动温度计顶端的小耳环，切不可手摸标尺或温度计取出插孔，更不允许用手握住温包来读数，否则都会造成极大的读数误差。

工作液与玻璃管壁面间的表面吸附力会造成工作液流动的迟滞性，导致产生迟滞性误差，从而降低温度计的灵敏度，甚至出现液柱中断的现象。此时，可轻弹温度计或手握温包使液柱上升，直至液柱相互连接后再使用。

### 2.2.2 双金属片温度计

1. 结构及工作原理

双金属片温度计是典型的固体膨胀式温度计，又称双金属温度计。它利用线膨胀系数差别较大的两种金属材料制成双层片状元件，在温度变化时因弯曲变形而使其另一端有明显位移，借此指针在温度刻度盘上移动指示被测温度。

工业用双金属片温度计外观如图 2.2.3 所示，其主要由感温元件、传递机构、指示装置组成。

原来长度为 $l$ 的一个固体，由于温度的变化所产生的长度变化可表示为

$$\Delta l = l\alpha\Delta t$$

将两种膨胀率分别为 $\alpha_A$、$\alpha_B$，厚度为 $d$ 的带材 A 和 B 粘合在一起，便组成一种双金属带，温度变化时，由于两种材料的膨胀率不同会使双金属带弯曲，如图 2.2.4 所示，则有

$$\frac{r+d}{r} = \frac{B\text{ 膨胀后的长度}}{A\text{ 膨胀后的长度}} = \frac{l_0(1+\alpha_B T)}{l_0(1+\alpha_A T)} \tag{2.2.2}$$

可解得

$$r = \frac{d(1+\alpha_A T)}{T(\alpha_B - \alpha_A)} \tag{2.2.3}$$

如果带材 A 采用铁镍合金，则有 $\alpha_A \approx 0$，从而

$$r = \frac{d}{\alpha_B T} \tag{2.2.4}$$

按指针盘与保护管的连接方向可以将双金属温度计分成轴向型、径向型、135°向型和万向型四种。

图 2.2.3 双金属片温度计外观图

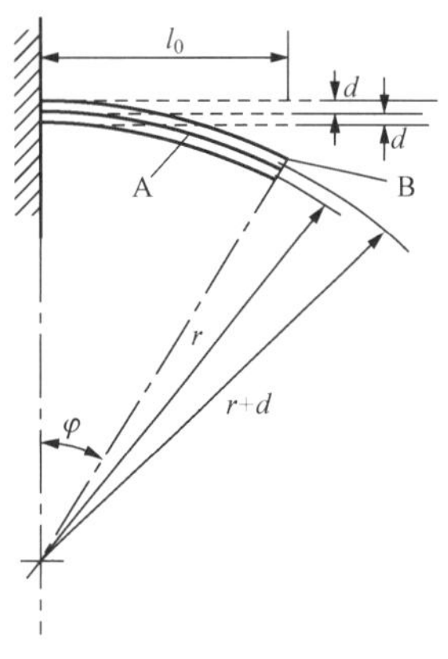


图 2.2.4 双金属片温度计工作原理示意图

2. 特点

双金属温度计的感温双金属元件的形状有平面螺旋型和直线螺旋型两大类，其测温范围大致为－80～600℃，准确度等级通常为 1、1.5 或 2.5 级。

双金属片温度计具有结构简单，价格便宜，刻度清晰，使用方便，耐振动等优点，但其精确度不高，测量范围也不大。它常被用作恒定温度的控制元件，如一般用途的恒温箱、加

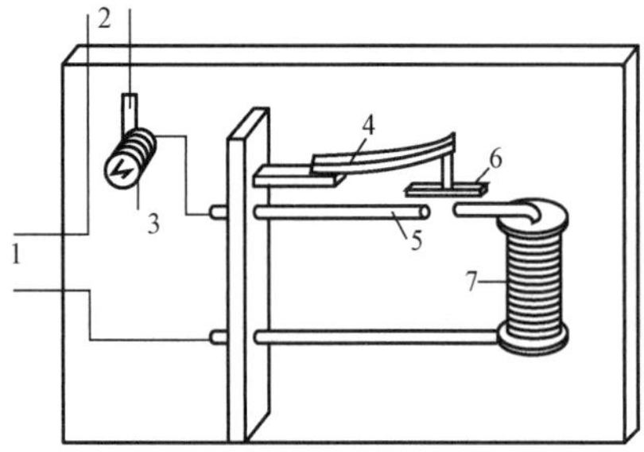


图 2.2.5 恒温箱的工作原理图

1—外接电源；2—外接开关；3—指示灯；4—双金属片；5—定触头；6—动触头；7—电热器

热炉等就是采用双金属片来控制和调节“恒温”的。恒温箱的工作原理图如图 2.2.5 所示。

3. 使用注意事项

（1）合理选用量程，避免老化影响寿命。

（2）双金属温度计保护管浸入被测介质中长度必须大于感温元件的长度，一般浸入长度大于 100mm，0～50℃量程的浸入长度大于 150mm，以保证测量的准确性。

（3）各类双金属温度计不宜用于测量敞开容器内介质的温度。

（4）保持表体清洁，以便读数，避免感温部分腐蚀、锈烂。双金属温度计在使用、安装及运输中，应避免碰撞保护管，切勿使保护管弯曲变形或将表当扳手使用。

（5）安装前需要进行标定。温度计在正常使用的情况下应定期检验，一般以每隔 6 个月为宜。电接点温度计不允许在强烈震动下工作，以免影响接点的可靠性。

### 2.2.3 压力式温度计

1. 结构及工作原理

压力式温度计不是靠物质受热膨胀后的体积变化或尺寸变化反映温度，而是靠在密闭容器中液体或气体受热后压力的升高来反映被测温度，因此这种温度计的指示仪表实际上就是普通的压力表。压力式温度计的主要特点是结构简单、强度较高、抗震性较好。

压力式温度计的结构如图 2.2.6 所示。仪表封闭系统由温包、毛细管和弹性元件（弹簧管）组成，温包内充工作介质。温包直接与被测介质接触，将温度变化充分地传递给内部的工作物质，所以其材料应远远小于其内部工作物质的膨胀，故材料的体膨胀系数要小。此外，温包还应有足够的机械强度，以便在较薄的容器壁上承受较大的内外压力差。通常用不锈钢或黄铜制造温包，黄铜只能用在非腐蚀介质里。在测量温度时，将温包插入被测介质中，受介质温度影响，温包内部工作介质的体积或压力发生变化，经毛细管将此变化传递给弹性元件（如弹簧管），弹性元件变形，自由端产生位移，借助于传动机构带动指针在度盘上指示出温度数值。

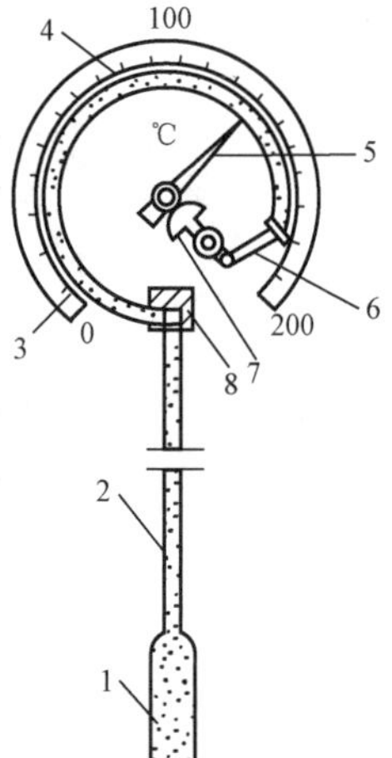


图 2.2.6 压力式温度计的结构图

1—温包；2—毛细管；3—弹性元件（弹簧管）；4—标尺；5—指针；6—杠杆；7—齿轮；8—接头

2. 分类及特点

根据工作物质的不同，压力式温度计可分为气体式、液体式、蒸汽式压力温度计。

（1）气体式。温包内一般充氮气，测温上限可达 500℃，线性刻度，但是温包体积大，热惯性大。气体状态方程式 $pV=mRT$ 表明，对质量为 $m$ 的气体，如果其体积 $V$ 一定，则其温度 $T$ 与压力 $p$ 成正比。因此，在密封容器内充以气体，就构成充气体的压力温度计。工业上用的充气体的压力式温度计通常充氮气，它能测量的最高温度可达550℃；在低温下则充氢气，它的测温下限可达－120℃。在过高的温度下，温包中充填的气体会较多地透过金属壁而扩散，这样会使仪表读数偏低。

（2）液体式。温包内一般充二甲苯、甲醇等，温包小些，测温范围分别为－40～200℃和－40～170℃。

（3）蒸汽式。温包内一般充丙酮、乙醚等，利用低沸点蒸发液体的饱和压力随被测温度而变的原理，使用范围是50～200℃。刻度呈非线性关系，温度计刻度是不均匀的。充蒸汽的压力式温度计是根据沸点液体的饱和蒸汽压仅与气液分界面的温度有关这一原理制成的。其温包中充入约占2/3容积的低沸点液体，其余容积则充满液体的饱和蒸汽。当温包温度变化时，蒸汽的饱和蒸汽压发生相应变化，这一压力变化通过插入到温包底部的毛细管进行传递。在毛细管和弹簧管中充满上述液体，或充满不溶于温包中液体的、在常温下不蒸发的高沸点液体，称为辅助液体，以传递压力。温包中充入的低沸点液体常用的有氯甲烷、氯乙烷和丙酮。

蒸汽式压力温度计的优点是温包的尺寸比较小、灵敏度高；缺点是测量范围小、标尺刻度不均匀（向测量上限方向扩展），而且由于充入蒸汽的原始压力与大气压力相差较小，故测量精确度易受大气压力的影响。

3. 新型液体压力式温度计

新一代液体压力式温度计以及由此开发的系列化测温仪表，克服了原仪表性能单一、可靠性差及温包体积大的缺点，将测温元件体积缩小到原来的1/30或1/60，并创造性地将热电阻安装于测温元件内，实现了机电一体化的测温功能。目前已形成了以液体压力式温度计为基本测温仪表的远传、防振、防腐、电接点、温度信号变送等多功能系列化温度仪表，分为两个系列，即普通型和防爆型。该种温度计的原理是基于密闭测温系统内蒸发液体的饱和蒸汽压力和温度之间的变化关系，而进行温度测量的。当温包感受到温度变化时，密闭系统内饱和蒸汽产生相应的压力，引起弹性元件曲率的变化，使其自由端产生位移，再由齿轮放大机构把位移变为指示值。这种温度计具有温包体积小、反应速度快、灵敏度高、读数直观等特点，几乎集合了玻璃棒温度计、双金属温度计、气体压力温度计的所有优点，并且可以实现远传触点信号、热电阻信号、0～10mA或4～20mA信号，是目前使用范围较广、性能较全面的一种机械式测温仪表。

## 2.3 电阻式温度传感器

电阻式温度传感器是利用导体或半导体的电阻率随温度变化而变化的原理制成的，实现了将温度变化转化为元件电阻的变化。它主要用于对温度和温度有关的参数进行检测。若按其制造材料来分，可分为金属热电阻式传感器和热敏电阻式传感器（又称为半导体热电阻）。下面分别对这两种电阻式传感器进行介绍。

### 2.3.1 金属热电阻式传感器

金属热电阻式传感器大都由纯金属材料制成，目前应用最多的是铂和铜。此外，现在已开始采用镍、锰和铑等材料制造热电阻。

1. 常用金属热电阻式传感器及工作原理

铂易于提纯，复制性好，在氧化介质中，即使高温下，其物理化学性质极其稳定；但在还原性介质中，特别是高温下很容易被从氧化物中还原出来的蒸汽所污染，使铂丝变脆，并改变了它的电阻与温度的关系。此外，铂是一种贵重金属，价格较贵。尽管如此，从对热电阻的要求来衡量，铂在极大的程度上能满足要求，所以仍然是制造基准热电阻、标准热电阻和工业用热电阻的最好材料。至于铂在还原性介质中不稳定的特点可用保护套管设法避免或减轻。铂热电阻的使用范围是−260～960℃，常见类型有陶瓷、云母、薄膜铂电阻等。

在−200～0℃的范围内，陶瓷铂热电阻和温度的关系为

$$R_t = R_0[1 + At + Bt^2 + C(t-100)t^3] \tag{2.3.1}$$

在0～850℃的范围内，陶瓷铂热电阻和温度的关系为

$$R_t = R_0(1 + At + Bt^2) \tag{2.3.2}$$

式中：$R_t$ 为温度为 $t$ 时的阻值；$R_0$ 为温度为 0℃时的阻值；$A$ 为常数，为 $3.90802\times10^{-3}℃^{-1}$；$B$ 为常数，为 $-5.802\times10^{-7}℃^{-2}$；$C$ 为常数，为 $-4.27350\times10^{-12}℃^{-4}$。

铜热电阻的温度系数比铂大，价格低，而且易于提纯，但存在着电阻率小、机械强度差、热响应较慢等弱点。在测量精确度要求不是很高，测量范围较小的情况下，经常采用铜热电阻。

在−50～150℃的使用范围内，铜热电阻电阻值与温度的关系几乎是线性的，可表示为

$$R_t = R_0(1 + \alpha t) \tag{2.3.3}$$

式中：$R_t$ 为 $t$ 时的阻值；$R_0$ 为 0℃时的阻值；$\alpha$ 为铜电阻的电阻温度系数，$\alpha=4.25\times10^{-3}$～$4.28\times10^{-3}℃^{-1}$。

2. 金属热电阻式传感器的结构

金属热电阻式传感器主要由电阻体、绝缘套管和接线盒等组成。电阻体的主要组成部分为电阻丝、引出线、骨架等。铂热电阻和铜热电阻的结构如图 2.3.1 所示。

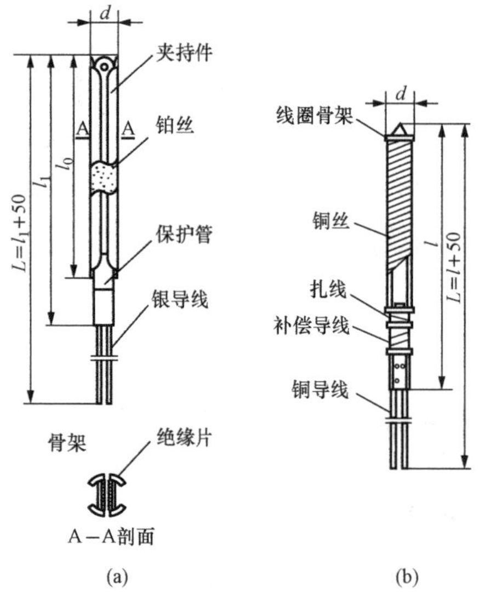


图 2.3.1　金属热电阻结构示意图
（a）铂热电阻；（b）铜热电阻

（1）电阻丝。由于铂的电阻率较大，而且相对机械强度较大，通常铂丝的直径在（0.03～0.07）mm±0.005mm 之间，可单层绕制。若铂丝太细，电阻体可做得小，但强度低；若铂丝粗，虽强度大，但电阻体大了，热惰性也大，成本高。由于铜的机械强度较低，电阻丝的直径需较大，一般为(0.1±0.005)mm 的漆包铜线或丝包线分层绕在骨架上，并涂上绝缘层而成。由于铜电阻的温度低，故可以重叠多层绕制，一般多用双绕法，即两根丝平行绕制，在末端把两个头焊接起来。这样工作电流从一根热电阻丝进入，从另一根丝反向出来，形成两个电流方向相反的线圈，其磁场方向相反，产生的感应电动势就互相抵消，故又称无感绕法。这种双绕法也有利于引线的引出。

（2）骨架。热电阻丝是绕制在骨架上的，骨架用来支持和固定电阻丝。骨架应使用电绝缘性能好、高温下机械强度高、体膨胀系数小、物理化学性能稳定、对热电阻丝无污染的材料制造，常用的是云母、石英、陶瓷、玻璃及塑料等。

(3) 引出线。引出线的直径应当比热电阻丝大几倍，尽量减小引出线的电阻，增加引出线的机械强度和连接的可靠性。对于工业用的铂热电阻一般采用 1mm 的银丝作为引出线。对于标准的铂热电阻则可采用 0.3mm 的铂丝作为引出线。对于铜热电阻则常用 0.5mm 的铜线作为引出线。

在骨架上绕制好热电阻丝，并焊好引线之后，在其外面加上云母片进行保护，再装入保护套管中，并和接线盒外部导线相连接，即得到热电阻传感器。

### 2.3.2 热敏电阻式传感器

热敏电阻式传感器是利用半导体材料的电阻率随温度变化而变化的性质制成的。其常用的半导体材料有铁、镍、锰、钴、钼、钛、镁、铜等的氧化物或其他化合物，根据产品性能的不同，进行不同的配比烧结而成。

常见热敏电阻的结构、外形及图形符号如图 2.3.2 所示。

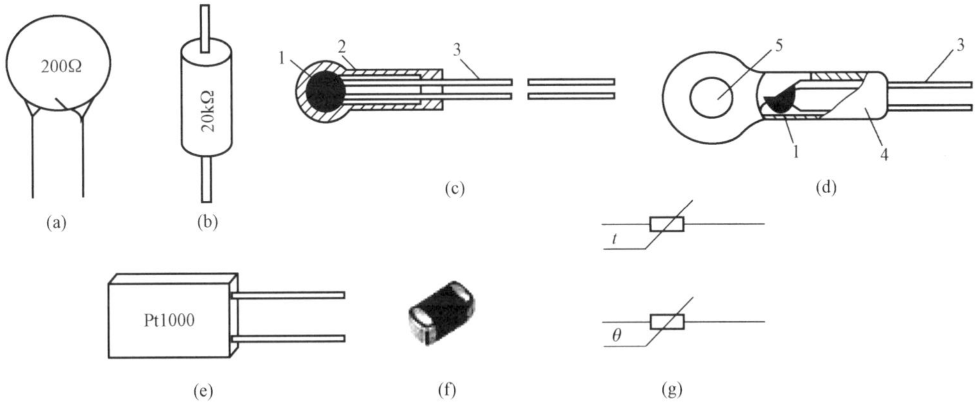


图 2.3.2 常见热敏电阻的外形、结构及图形符号

(a) 圆片型热敏电阻；(b) 柱型热敏电阻；(c) 珠型热敏电阻；(d) 铠装型热敏电阻；(e) 厚膜型热敏电阻；(f) 贴片式热敏电阻；(g) 图形符号

1—热敏电阻；2—玻璃外壳；3—引出线；4—纯铜外壳；5—传热安装孔

1. 热敏电阻式传感器特性

热敏电阻式传感器的主要特性有温度特性和伏安特性。

(1) 温度特性。热敏电阻按其温度变化特性可分为负温度系数（NTC）型正温度系数（PTC）型和临界温度型（CTR）三类。相应温度特性曲线如图 2.3.3 所示。

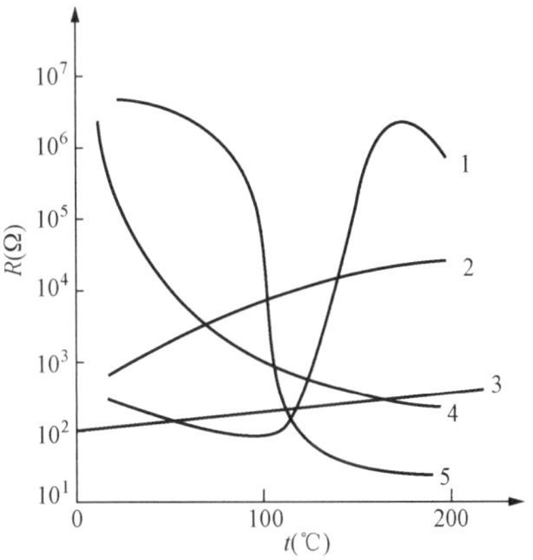


图 2.3.3 热敏电阻温度特性曲线图

1—突变型 PTC；2—线性型 PTC；3—铂热电阻；4—负指数型 PTC；5—突变型 NTC

以用于测量温度的负温度系数 NTC 指数型热敏电阻为例，在较小的温度范围内，其电阻—温度典型特性关系为

$$R_T = R_0 e^{B\left(\frac{1}{T}-\frac{1}{T_0}\right)} = R_0 e^{B\left(\frac{1}{273+t}-\frac{1}{273+t_0}\right)} \tag{2.3.4}$$

式中：$R_T$、$R_0$ 分别为热敏电阻在绝对温度 $T$、$T_0$

时的阻值；$T_0$、$T$ 分别为介质的起始温度和变化温度，K；$t_0$、$t$ 分别为介质的起始温度和变化温度,℃；$B$ 为热敏电阻材料常数，一般为 2000～6000K，其大小取决于热敏电阻的材料。

$$B = \ln\left(\frac{R_T}{R_0}\right) \Big/ \left(\frac{1}{T} - \frac{1}{T_0}\right) \tag{2.3.5}$$

热敏电阻的电阻温度系数为

$$\alpha = \frac{1}{R_T} \times \frac{\mathrm{d}R_T}{\mathrm{d}T} = -\frac{B}{T^2} \tag{2.3.6}$$

可见，热敏电阻的温度系数 $\alpha$ 是随温度 $T$ 变化的，$T$ 越小，$B$ 值越大，灵敏度越高。

$B$ 和 $\alpha$ 值是表征热敏电阻材料性能的两个重要参数，热敏电阻的电阻温度系数比金属丝的高很多，所以它的灵敏度很高。

（2）伏安特性。将稳态情况下热敏电阻上的端电压与通过热敏电阻的电流之间的关系称为伏安特性，它是热敏电阻的重要特性，如图 2.3.4 所示。

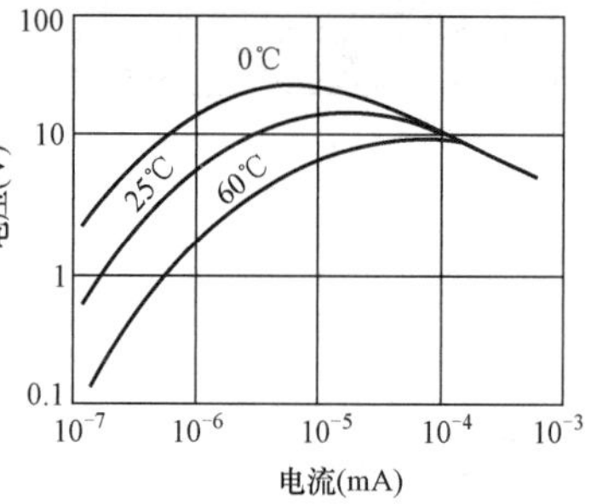


图 2.3.4 热敏电阻伏安特性曲线

由图 2.3.4 可见，热敏电阻只有在小电流范围内端电流和电压关系符合欧姆定律；当电流增大到一定值时，流过热敏电阻的电流使之加热，本身温度升高，出现负阻特性。因电阻减小，即使电流增大，端电压反而下降。其所能升高的温度与环境条件（周围介质温度及散热条件）有关。当电流和周围介质温度一定时，热敏电阻的电阻值取决于介质的流速、流量、密度等散热条件，可用于测量流体速度和介质密度。实际使用中，要根据热敏电阻的允许功耗线来确定电流，在测温中电流不能选得太高。

2. 热敏电阻式传感器的特点

热敏电阻式传感器的测温元件同其他测温元件相比具有以下特点：

（1）灵敏度高。半导体的电阻温度系数比金属大，一般是金属的十几倍，因此可大大降低对仪器、仪表的要求。

（2）体积小、热惯性小、结构简单，可根据不同要求制成各种形状。

（3）化学稳定性好，机械性能好，价格低廉，寿命长。

（4）热敏电阻的缺点是复现性和互换性差，非线性严重。测温范围较窄，目前只能达到－50～300℃。

选用热敏电阻式传感器应该从以下几方面来考虑：

（1）用途。要根据热敏电阻式传感器在电路中的作用来选择热敏电阻式传感器的类型。在温度测量、温度控制、温度补偿电路中，需要选用精确度高、稳定性好、可靠性高的热敏电阻式传感器。在过载（过电流、过电压、过热）保护中一般选用 CTR 型热敏电阻式传感器，要求反应速度快、功率大。

（2）使用环境。选择热敏电阻式传感器不仅要考虑其参数是否符合要求，也要考虑其使用环境，如空气、水、潮湿气体环境、腐蚀性（酸性、碱性等）气体和高温、震动等环境。在不同环境下工作，必须考虑到其在这些环境下的可靠性，因此就需要考虑到它们的耐水耐湿性、耐热性、抗震性等因素。

### 2.3.3 电阻式传感器的应用

1. 金属热电阻式传感器

金属热电阻式传感器的转换电路常用电桥电路。

(1) 二线制。其中一种为二线制测量转换电路，如图 2.3.5 所示。这种引线方式简单、费用低，但是引线电阻以及引线电阻的变化会带来附加误差。二线制适于引线不长、测温精确度要求较低的场合。

(2) 三线制。由于工业用热电阻安装在生产现场，离控制室较远，因此热电阻的引出线对测量结果有较大影响。为了减小或消除引出线电阻的影响，目前热电阻 $R_t$ 引出线的连接方式经常采用三线制，如图 2.3.6 所示。

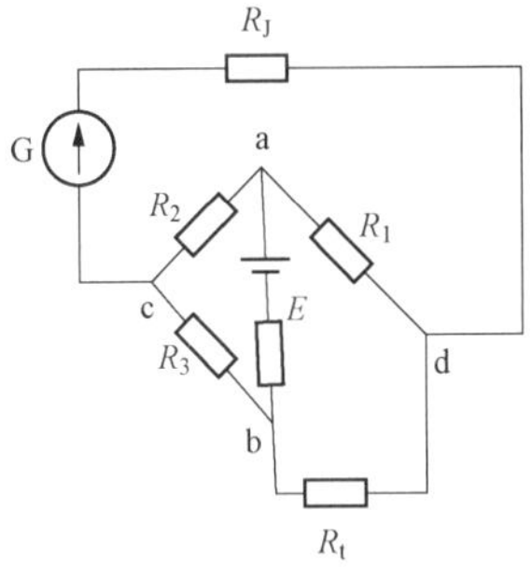


图 2.3.5 二线制测量转换电路

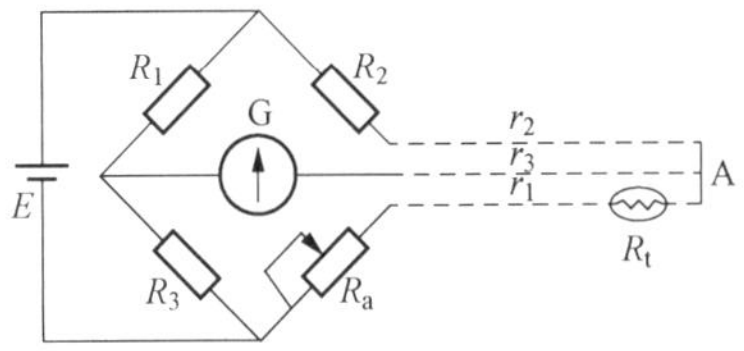


图 2.3.6 三线制单臂电桥测量转换电路

G—检流计；$R_1$、$R_2$、$R_3$—固定电阻；

$R_a$—零位调节电阻；$R_t$—热电阻

在电阻体的一端连接两根引出线，另一端连接一根引出线，这种引出线形式称为三线制。

该电桥的平衡条件为

$$\frac{R_1}{R_2+r_2}=\frac{R_3}{R_a+R_t+r_1} \tag{2.3.7}$$

也可变形为

$$R_a+R_t=\frac{(R_2+r_2)R_3}{R_1}-r_1=\frac{R_2R_3}{R_1}+\left(\frac{R_3}{R_1}r_2-r_1\right)$$

在实际应用中，通过适当的设计布线，可使 $r_1\approx r_2\approx r_3$，若设计 $R_1=R_3$，则 $R_a+R_t=R_3$，因此温度变化时调整 $R_a$ 来保持电桥平衡，使不受引线电阻影响。

当热电阻和电桥配合使用时，这种引出线方式可以较好地消除引出线电阻的影响，提高测量精确度，所以工业热电阻多采用这种方法。

(3) 四线制。如图 2.3.7 所示，在电阻体的两端各连接两根引出线称为四线制。这种引出线方式不仅消除连接线电阻的影响，而且可以消除测量电路中寄生电动势引起的误差。这种引出线方式主要用于高精确度温度测量。

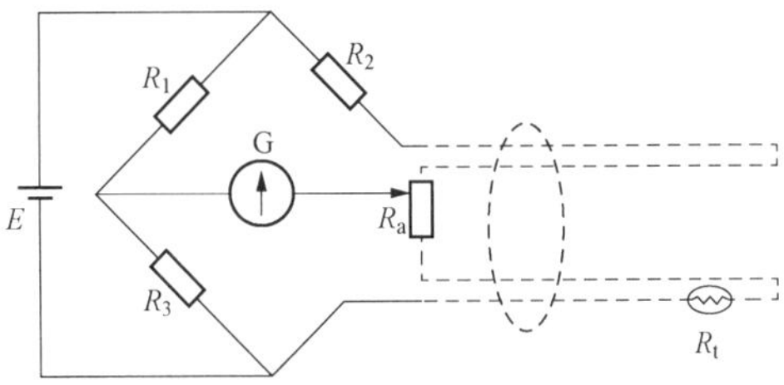


图 2.3.7 四线制单臂电桥测量转换电路

微课 2

热敏电阻式传感器的应用

2. 热敏电阻式传感器

由于热敏电阻式传感器具有许多优点，所以应用范围很广，可用于温度测量、温度控制、温度补偿、稳压稳幅、自动增益调整、气体和液体分析、火灾报警、过热保护等方面。下面介绍几种主要用法。

（1）温度测量。图 2.3.8 所示是热敏电阻测温原理图，测量范围为 −50～300℃，误差小于±0.5℃。图中 S1 为工作选择开关，“0”“1”“2”分别为电压断开、校正、工作三个状态。工作前根据开关 S2 选择量程，将开关 S1 置于“1”处，调节电位计 $R_P$ 使检流计 G 指示满刻度，然后将 S1 置于“2”，热敏电阻被接入测量电桥进行测量。

（2）温度补偿。仪表中通常用的一些零件，多数是用金属丝制成的，如线圈、线绕电阻等。金属一般具有正的温度系数，采用负的温度系数热敏电阻进行补偿，可以抵消由于温度变化所产生的误差。实际应用时，将负温度系数的热敏电阻与锰铜丝电阻并联后再与补偿元件串联，如图 2.3.9 所示。

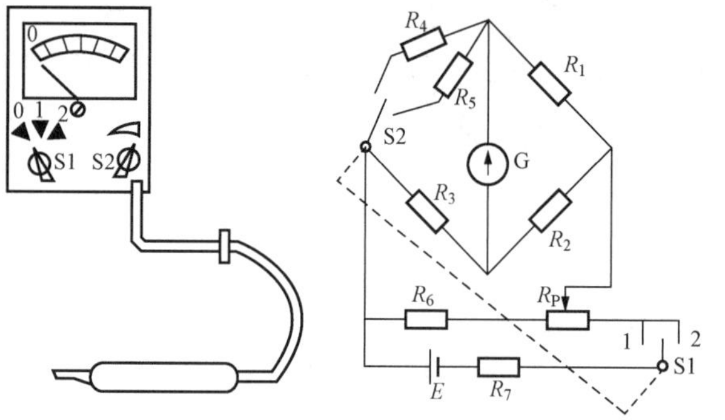


(a) (b)

图 2.3.8 热敏电阻测温原理图

（a）面板图；（b）原理接线图

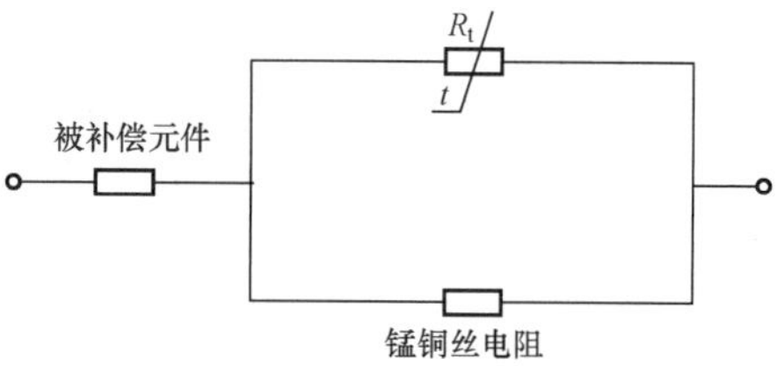


图 2.3.9 热敏电阻温度补偿原理图

（3）温度控制。在空调、电热水器、电饭锅、冰箱等家用电器中，热敏电阻常用于温度控制。如图 2.3.10 所示为负温度系数热敏电阻在电冰箱中的温度控制原理图。

当冰箱通电时，由 $R_4$ 和 $R_5$ 经分压后给 A1 的同相端提供一固定基准电压 $U_{i1}$，由温度调节电路的 $R_P$ 输出设定温度电压 $U_{i3}$ 给 A2 的反向输入端，这样就由 A1 组成开机检测电路，由 A2 组成关机检测电路。

当冰箱内的温度高于设定值时，由于温度传感器之热敏电阻 $R_t$ 和 $R_3$ 分压 $U_{i2}>U_{i1}$，所以 A1 输出低电平，而 A2 输出高电平。由 $IC_2$ 组成的 RS 触发器的输出端输出高电平，使 VT 导通，继电器工作，其动合触点闭合，接通压缩机电动机电路，压缩机开始制冷。反之，则压缩机停止运转。如此周而复始的工作使冰箱内的温度得到控制。

（4）过热保护。过热保护分直接保护和间接保护两种。对于小电流场合，可把热敏电阻直接串入负载中，防止过热损坏以保护器件。对于大电流场合，可通过继电器、晶体管电路等来保护。无论哪种情况，热敏电阻都与被保护器件紧密结合在一起，充分热交换，一旦过热，便可起保护作用。

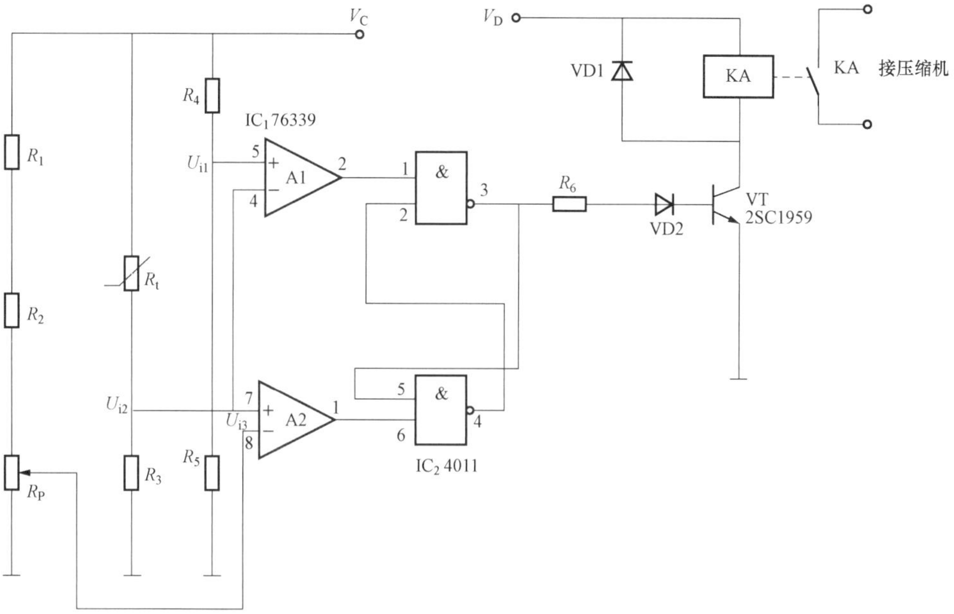


图 2.3.10 负温度系数热敏电阻温度控制原理图

图 2.3.11 为采用热继电器的过热保护案例。用热敏电阻与一个电阻相串联，并加上恒定的电压，当周围介质温度升到某一数值时，电路中的电流可以由十分之几毫安突变为几十毫安。因此，可以用继电器的热敏电阻代替不随温度变化的电阻。当温度升高到一定值时，继电器动作。

除以上几种应用实例之外，热敏电阻式传感器还有很多其他的应用，比如利用热敏电阻上的热量消耗和介质流速的关系来测量流量、流速、风速等。

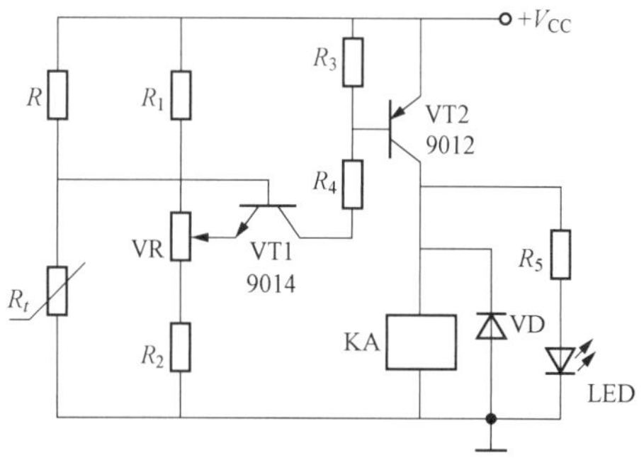


图 2.3.11 过热保护继电器电路原理图

## 2.4 热电偶传感器

热电偶传感器（简称热电偶）是目前应用非常广泛、发展比较完善的温度传感器，它在很多方面都具备了理想温度传感器的条件。

### 2.4.1 热电偶工作原理

1821 年，德国物理学家赛贝克（T. J. Seebeck）用两种不同金属组成闭合回路，并用酒精灯加热其中一个接点，发现放在回路中的指南针发生偏转，如图 2.4.1（a）所示。如果用两盏酒精灯对两个接点同时加热，指南针的偏转角反而减小。显然，指南针的偏转说明了回路中有电动势产生并有电流在回路中流动，电流的强弱与两个接点的温差有关。

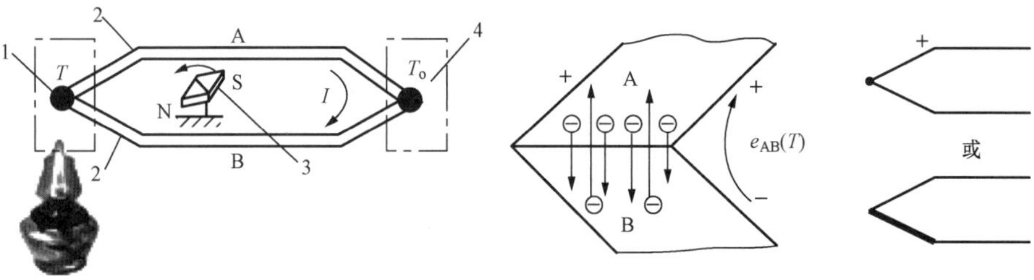


(a) (b) (c)

图 2.4.1 热电偶原理图

(a) 热电效应；(b) 接点产生热电动势示意；(c) 图形符号

1—工作端；2—热电极；3—指南针；4—参考端

当两个接点温度不相同时，回路中将产生电动势，这种物理现象称为热电效应（Thermoelectrici effect）。

两种不同材料的导体所组成的回路称为“热电偶”，组成热电偶的导体称为“热电极”，热电偶所产生的电动势称为热电动势（以下简称热电势）。热电偶的两个接点中，置于温度为 $T$ 的被测对象中的接点称之为测量端，又称为工作端或热端；而置于参考温度为 $T_0$ 的另一接点称之为参考端，又称自由端或冷端。

热电偶产生的热电势由两部分组成，即接触电动势和温差电动势。

接触电动势用 $E_{AB}(T)$ 表示，则回路中的两个接触电动势的数值可表示为

$$E_{AB}(T)=\frac{KT}{e}\ln\frac{N_A(T)}{N_B(T)},\quad E_{AB}(T_0)=\frac{KT_0}{e}\ln\frac{N_A(T_0)}{N_B(T_0)} \tag{2.4.1}$$

式中：$e$ 为单位电荷，$4.802\times10^{-10}$ 静电单位；$K$ 为玻尔兹曼常数，$K=1.38\times10^{-23}$ J/K；$N_A(T)$、$N_B(T)$分别为材料 A、B 在温度为 $T$ 时的自由电子密度；$N_A(T_0)$、$N_B(T_0)$分别为材料 A、B 在温度为 $T_0$ 时的自由电子密度；$T$ 为接点的温度，K。

从理论上可以证明该接触电动势的大小和方向主要取决于两种材料的性质（电子密度）和接触面温度的高低。

温度越高，接触电动势越大；两种导体电子密度比值越大，接触电动势也越大。

单一导体的温差电动势可表示为

$$\left.\begin{aligned}E_A(T,T_0)&=\frac{K}{e}\int_{T_0}^{T}\frac{1}{N_{AT}}\frac{\mathrm{d}(N_{AT}t)}{\mathrm{d}t}\mathrm{d}t\\E_B(T,T_0)&=\frac{K}{e}\int_{T_0}^{T}\frac{1}{N_{BT}}\frac{\mathrm{d}(N_{BT}t)}{\mathrm{d}t}\mathrm{d}t\end{aligned}\right\} \tag{2.4.2}$$

对于由 A 和 B 两种导体组成的热电偶闭合回路，设两端温度接点温度分别为 $T$ 和 $T_0$，且 $T>T_0$，$N_A>N_B$，那么回路中存在两个接触电动势 $E_{AB}(T)$ 和 $E_{AB}(T_0)$，两个温差电动势$E_A(T,T_0)$和 $E_B(T,T_0)$。因此回路的总热电势为

$$\begin{aligned}E_{AB}(T,T_0)&=E_{AB}(T)-e_A(T,T_0)-e_{AB}(T_0)+e_B(T,T_0)\\&=[e_{AB}(T)-e_{AB}(T_0)]-[e_A(T,T_0)-e_B(T,T_0)]\\&=\frac{k}{e}(T-T_0)\ln\frac{N_A}{N_B}-\int_{T_0}^{T}(\delta_A-\delta_B)\mathrm{d}t\end{aligned} \tag{2.4.3}$$

式中：$\delta_A$、$\delta_B$ 为热电极 A、B 的汤姆逊系数，其值与材料性质有关，是指温差每变化 1℃时

产生的电动势。

由式（2.4.3）可知：

（1）如果热电偶两电极材料相同，即使两端温度不同（$T \neq T_0$），但总热电势仍为零。因此必须由两种不同材料才能构成热电偶。

（2）如果热电偶两接点温度相同，则回路总的热电势必然等于零。两接点温差越大，热电势越大。

（3）式（2.4.3）中未包含与热电偶的尺寸形状有关的参数，所以热电势的大小只与材料和接点温度有关。

如果以摄氏温度为单位，$E_{AB}(T, T_0)$ 也可以写成 $E_{AB}(t, t_0)$，其物理意义略有不同，但电动势的数值是相同的。

### 2.4.2 热电偶基本定律

1. 均质导体定律

由一种均质导体或半导体组成的闭合回路，不论其截面、长度如何以及各处温度如何分布，都不会产生热电势，即热电偶必须采用两种不同的材料作为电极。

热电偶的热电势仅与两接点的温度有关，而与沿热电极的温度分布无关。

如果热电偶的热电极是非匀质导体，在不均匀温度场中测温时将造成测量误差。所以热电极材料的均匀性是衡量热电偶质量的重要技术指标之一。

2. 中间导体定律

在热电偶回路中介入第三种导体 C（中间导体），如图 2.4.2 所示，只要这第三种导线两端温度相同，则热电偶所产生的热电势保持不变，即第三种导体 C 的引入对热电偶回路的总电势没有影响。

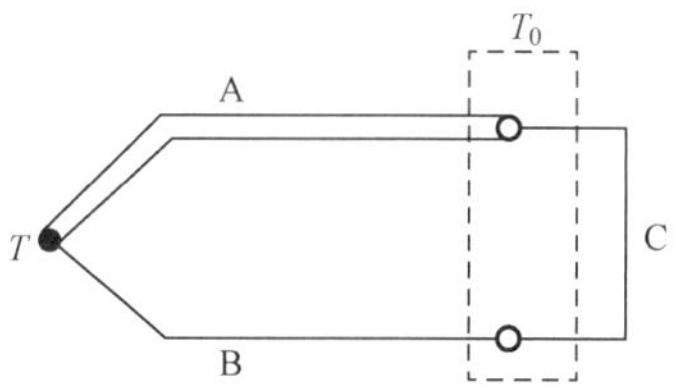

图 2.4.2 具有中间导体的热电偶回路

接入中间导体的热电偶回路如图 2.4.2 所示。由于温差电动势可忽略不计，则回路中的总热电势等于各接点的接触电动势之和，即

$$E_{ABC}(T,T_0) = E_{AB}(T) + E_{BC}(T_0) + E_{CA}(T_0) \tag{2.4.4}$$

当 $T=T_0$ 时，有

$$E_{BC}(T_0) + E_{CA}(T_0) = -E_{AB}(T_0) \tag{2.4.5}$$

将式（2.4.5）代入式（2.4.4）中得

$$E_{ABC}(T_C,T_0) = E_{AB}(T) - E_{AB}(T_0) = E_{AB}(T,T_0) \tag{2.4.6}$$

同理，热电偶回路中接入多种导体后，只要保证接入的每种导体的两端温度相同，则对热电偶的热电势没有影响。根据热电偶这一性质，可以在热电偶的回路中引入各种仪表和连接导线等。如在热电偶的自由端接入一个测量热电偶的仪表，并保证两个接点的温度相等，就可以对热电势进行测量，而且不影响热电势的输出。

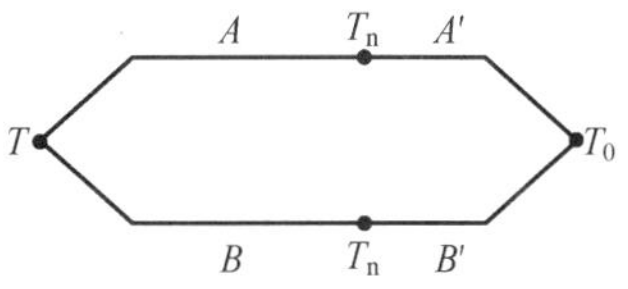

图 2.4.3 热电偶回路

3. 连接导体定律

热电偶回路中，如图 2.4.3 所示，如果热电极 A、B 分别与导体 A′、B′相接，接点温度分别为 $T$、$T_n$、$T_0$，则回路总电动势等于热电偶热电势和连接导体热电势的代数和，即

$$E_{ABB'A'}(T,T_n,T_0,T_n) = E_{AB}(T,T_n) + E_{A'B'}(T_n,T_0) \quad (2.4.7)$$

4. 中间温度定律

在热电偶回路中，两接点温度为 $T$、$T_0$ 时的热电势等于该热电偶在接点温度为 $T$、$T_a$ 和 $T_a$、$T_0$ 时热电势的代数和，即

$$E_{AB}(T,T_0) = E_{AB}(T,T_n) + E_{A'B'}(T_n,T_0) \quad (2.4.8)$$

根据这一定律，只要给出自由端为 0℃时的热电势和温度关系，就可以求出冷端为任意温度 $T_0$ 时的热电偶热电势，即

$$E_{AB}(T,T_0) = E_{AB}(T,0) + E_{AB}(0,T_0) \quad (2.4.9)$$

中间温度定律是工业热电偶测温中应用补偿导线的理论依据。

**【例 2.4.1】** 用（S 型）热电偶测量某一温度，若参比端温度 $T_n=30℃$，测得的热电势 $E(T，T_n)=7.5\text{mV}$，求测量端实际温度 $T$。

**解**：$E(T,T_0)=E(T,T_n)+E(T_n,T_0)$

在 $E(T_n,T_0)$ 中 $T_n=30℃$，$T_0=0℃$，查分度表（附表 1）有 $E(30，0)=0.173$（mV），$E(T，T_n)=7.5$（mV），$E(T，0)=E(T，30)+E(30，0)=7.5+0.173=7.673$（mV）

反查分度表有 $T=830℃$，测量端实际温度为 830℃。

5. 热电极参考定律

如果 A、B 对标准电极 C 材料的热电势已知，则 A、B 构成热电偶时的热电势是它们分别对 C 构成热电偶时产生的热电势的代数和，即

$$E_{AB}(T,T_0) = E_{AC}(T,T_0) + E_{CB}(T,T_0) \quad (2.4.10)$$

### 2.4.3 热电偶种类、结构和特点

根据前述热电偶的测温原则，理论上任何两种导体均可配成热电偶，但因实际测温时对测量精确度及使用等有一定要求，故对制造热电偶的热电极材料也有一定要求。除满足上述对温度传感器的一般要求外，热电极材料还应注意如下要求：

（1）在测温范围内，热点性质稳定，不随时间和被测介质而变化，物理化学性能稳定，不易氧化和腐蚀；

（2）电导率要高，并且电阻温度系数要小；

（3）由两种材料组成的热电偶的热电势随温度的变化率要大，并且希望该变化率在测温范围内接近常数；

（4）材料的机械强度要高，复制性好，复制工艺要简单，价格便宜。

完全满足上述条件要求的材料很难找到，故一般只根据被测量温度的高低选择适当的热电极材料。

1. 热电偶种类

热电极和热电偶的种类繁多，我国从 1991 年开始采用国际计量委员会规定的国际温标（简称 ITS—1990）的新标准。按此标准，共有八种标准化了的通用热电偶，见表 2.4.1。表中所列热电偶名称中，前面的热电极为正极，写后面的为负极。

分度表是指热电偶自由端（冷端）温度为 0℃时，热电偶工作端（热端）温度与输出热电势之间的对应关系的表格。工业中常用的镍铬—镍硅（K）热电偶的分度表见附表 1.2。

**表 2.4.1　　八种国际通用热电偶特性表**

| 名称 | 分度号 | 测温范围（℃） | 100℃时的热电势（mV） | 1000℃时的热电势（mV） | 特点 |
|---|---|---|---|---|---|
| 铂铑$_{30}$—铂铑$_6$① | B | 50～1820 | 0.033 | 4.834 | 熔点高，测温上限高，性能稳定，准确度高，100℃以下热电势极小，所以可不必考虑冷端温度补偿；价格昂贵，热电势小，线性差；只适用于高温域的测量 |
| 铂铑$_{13}$—铂 | R | −50～1768 | 0.647 | 10.506 | 使用上限较高，准确度高，性能稳定，复现性好；但热电势较小，不能在金属蒸气和还原性气体中使用，在高温下连续使用时特性会逐渐变坏，价格昂贵；多用于精密测量 |
| 铂铑$_{10}$—铂 | S | −50～1768 | 0.646 | 9.587 | 优点同上；但性能不如 R 型热电偶；长期以来曾经作为国际温标的法定标准热电偶 |
| 镍铬—镍硅 | K② | −270～1370 | 4.096 | 41.276 | 热电势大，线性好，稳定性好，价格低廉；但材质较硬，在 1000℃以上长期使用会引起热电势漂移；多用于工业测量 |
| 镍铬硅—镍硅 | N | −270～1300 | 2.744 | 36.256 | 是一种新型热电偶，各项性能均比 K 型热电偶好，适宜于工业测量 |
| 镍铬—铜镍（锰白铜） | E | −270～800 | 6.319 | — | 热电势比 K 型热电偶大 50%左右，线性好，耐高湿度，价格低廉；但不能用于还原性气体；多用于工业测量 |
| 铁—铜镍（锰白铜） | J | −210～760 | 5.269 | — | 价格低廉，在还原性气体中较稳定；纯铁易被腐蚀和氧化；多用于工业测量 |
| 铜—铜镍（锰白铜） | T | −270～400 | 4.279 | — | 价格低廉，加工性能好，离散性小，性能稳定，线性好，准确度高；铜在高温时易被氧化，测温上限低；多用于低温域测量；可作−200～0℃温域的计量标准 |

① 铂铑$_{30}$表示该合金含 70%的铂及 30%的铑，以下类推。

② K、N、E、T 型热电偶典型下限为−200℃，J 型常用下限为 0℃。

图 2.4.4 给出了几种常见热电偶的热电势与温度的特性曲线。由图可知，在 0℃时热电势均为零，这是因为绘制热电势—温度曲线或制定分度表时，总是将冷端置于 0℃这一规定环境中的缘故。

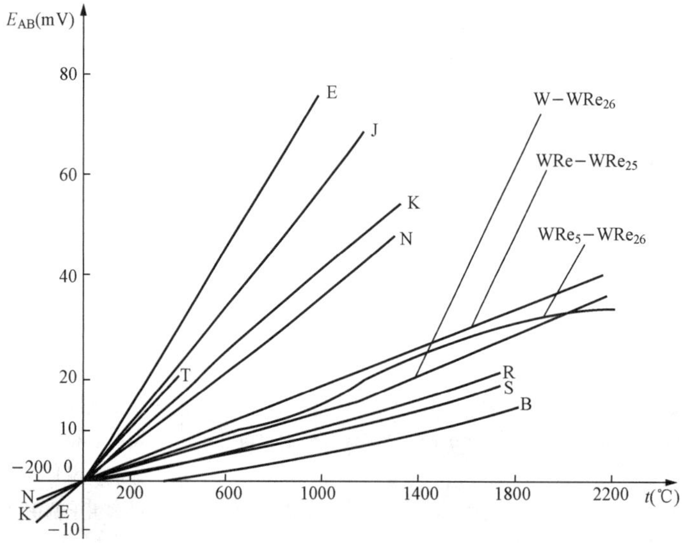


图 2.4.4 几种常用热电偶的特性曲线图

从图 2.4.4 中还可以看出，B、R、S 及 $WRe_5$-$WRe_{26}$（钨铼 5—钨铼 26）等热电偶在 100℃时的热电势几乎为零，因此只适合于高温测量。

分析图 2.4.4 还可发现，多数热电偶的输出都是非线性（斜率不为常数）的。国际计量委员会已对这些热电偶的化学成分和每一摄氏度的热电势做了非常精密的测试，并公布了它们的分度表（$t_0$=0℃）。使用前只要将这些分度表输入到计算机中，由计算机根据测得的热电势自动查表就可获得被测温度值。

2. 热电偶结构形式

为保证热电偶的正常工作，热电偶的两极之间以及与保护套管之间都需要良好的电绝缘，同时耐高温、耐腐蚀和冲击的外保护套管也是必不可少的。

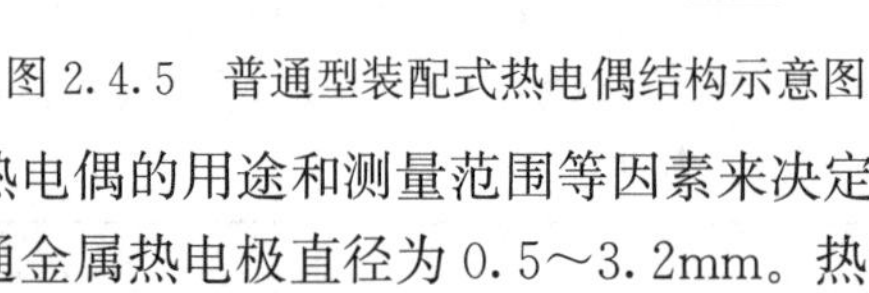


图 2.4.5 普通型装配式热电偶结构示意图

(1) 普通型装配式结构。普通型装配式热电偶（简称普通热电偶）主要用于测量气体、蒸汽、液体等介质的温度。由于使用的条件基本相似，所以这类热电偶已做成标准型，其基本组成部分大致相同，通常由热电极、绝缘管、保护套管和接线盒组成，如图 2.4.5 所示。

1) 热电极。热电偶常以热电极材料种类来命名，其直径大小是由价格、机械强度、电导率以及热电偶的用途和测量范围等因素来决定的。贵金属热电极直径大多是在 0.13～0.65mm，普通金属热电极直径为 0.5～3.2mm。热电极长度由使用、安装条件，特别是工作端在被测介质中插入深度来决定，通常为 350～2000mm，常用的长度 350mm。

2) 绝缘管。绝缘管又称绝缘子，用来防止两根热电极短路，其材料的选用要根据使用的范围和对绝缘性能的要求而定，通常是氧化铝和耐火陶瓷。绝缘管一般制成圆形，中间有孔，长度为 20mm，使用时根据热电极的长度，可多个串起来使用。

3）保护套管。为使热电极与被测介质隔离，并使其免受化学侵蚀或机械损伤，热电极在套上绝缘管后再装入套管内。

对保护套管的要求一方面要经久耐用，能耐温度急剧变化，耐腐蚀，不分解出对电极有害的气体，有良好的气密性及足够的机械强度；另一方面要求是传热良好，传导性能越好，热容量越小，电极对被测温度变化的响应速度越慢越好。常用的保护套管材料有金属和非金属两类，应根据热电偶类型、测温范围和使用条件等因素来选择。

4）接线盒。接线盒供热电偶与补偿导线连接用。接线盒固定在热电偶保护套管上，一般用铝合金制成，分普通式和防溅式（密封式）两类。为防止灰尘、水分及有害气体侵入保护管内，连接端子上注明热电极的正、负极性。

（2）柔性铠装结构。柔性铠装热电偶（简称铠装热电偶）是由金属套管1、绝缘材料2和热电极3经拉伸加工而成的组合体，其断面结构如图2.4.6所示。它可以做得很长、很细，在使用中可以随测量需要进行弯曲。

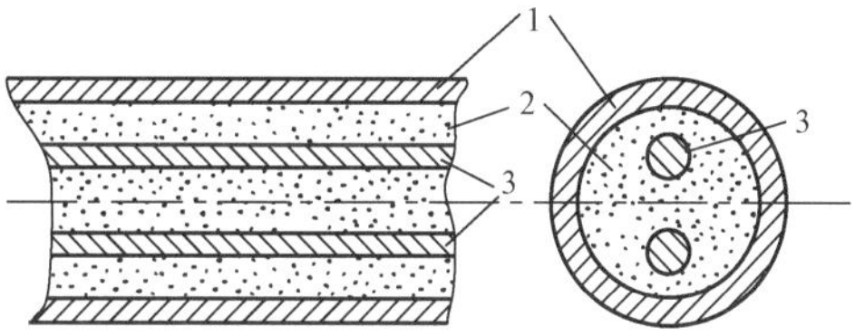

图2.4.6 铠装热电偶断面结构

1—金属套管；2—绝缘材料；3—热电极

套管材料为铜、不锈钢等。热电极和套管之间填满了绝缘材料的粉末，目前常用的绝缘材料有氧化镁、氧化铝等。目前生产的铠装热电偶外径一般为0.25～12mm，有多种规格。它的长短根据需要来定，最长的可达100m以上。

铠装热电偶的主要特点是测量端热容量小，动态响应快，机械强度高，抗干扰性好，耐高压、耐强烈震动和耐冲击，可安装在结构复杂的装置上，因此已被广泛用在许多工业部门中。

除普通热电偶和铠装热电偶之外，常见的热电偶种类还包括薄膜热电偶（用于火箭、飞机喷嘴温度测量，结构较薄）、表面热电偶（用于弧形表面物体测温）、消耗式热电偶（主要用于钢水温度测量）等结构型式。

3. 热电偶特点

随着科学技术的发展，目前热电偶的品种较多，温度测量范围广，它可以测量自－270℃到＋2800℃甚至更高的温度。在正确的使用情况下，热电偶性能稳定、准确可靠。

由于热电偶能将温度信号转换成电压/电流信号，因此可以远距离传递，也可以集中检测和控制。此外，热电偶的结构简单、使用方便，其测量端能做得很小，因此可以用来测量“点”的温度。又由于其电容量小，因此反应速度很快。

### 2.4.4 热电偶的选型与安装

1. 热电偶选型

在实际测温时，被测对象极其复杂，应在熟悉被测对象、掌握各种热电偶特性的基础上，根据测量要求、使用环境、温度的高低等正确地选择热电偶。

（1）按使用温度选择。当$t$＜1000℃时，多选用廉金属热电偶，如K型热电偶。它的特点是使用温度范围宽，高温下性能较稳定。当$t$＝－200～300℃时，最好选用T型热电偶。它是廉金属热电偶中准确度最高的；也可选择E型热电偶，它是廉金属中热电势变化率最大、灵敏度最高的。当$t$＝1000～1400℃时，多选用R、S型热电偶。当$t$＜1300℃时，可选用 N 型或者 K 型热电偶。当 $t$＝1400～1800℃时，多选用 B 型热电偶。S 型热电偶性能优良，长期使用最高温度为 1300℃，短期使用最高温度为 1600℃；R 型热电偶的综合性能与 S 型热电偶相当，国内测温很少采用；B 型热电偶长期最高使用温度为 1600℃，短期最高使用温度为 1800℃。当 $t$＞1800℃时，常选用钨铼热电偶。

（2）根据被测介质化学性质选择。

1）氧化性气体。当 $t$＜1300℃时，多选用 N 型或 K 型热电偶，因为它们是廉金属热电偶中抗氧化性最强的；当 $t$＞1300℃时，选用铂铑系热电偶。

2）真空、还原性气体。当 $t$＜750℃时，可选用 J 型热电偶，它既可以在氧化性气体下工作，又可以在还原性气体下工作；当 $t$＞750℃时，应选用钨锌热电偶。

（3）根据冷端温度的影响选择。当 $t$＜1000℃时，可选用 K 型热电偶，它常被用于飞机尾喷口排气温度的测量；当 $t$＞1000℃时，常选用 B 型热电偶，其冷端温度在 0～300℃时，需要补偿的热电势非常微小，因此可忽略其影响。

（4）根据热电极的直径与长度选择。热电极直径和长度的选择是由热电极材料的价格、电阻率、测温范围及机械强度决定的。对于快速反应，必须选用细直径的电极丝：测温端直径越小，越灵敏，响应速度越快，但电阻也越大。如果热电极直径选择过细，会使测量线路的电阻值增大。若选择粗直径的热电极丝，虽然可以提高热电偶的测温范围和寿命，但要延长响应时间。热电极丝长度的选择取决于插入深度等安装条件，主要是由插入深度决定的。

虽然热电偶丝的直径与长度不影响热电势的大小，但是它却直接与热电偶的使用寿命、动态响应特性及线路电阻有关。

（5）耐久性及热响应性的选择。线径大的热电偶耐久性好，但响应较慢一些，尤其对于热容量大的热电偶，响应很慢。要求响应时间快又要求有一定的耐久性，选择铠装热电偶比较合适。

（6）测量对象的性质和状态对热电偶的选择。运动物体、振动物体、高压容器的测温要求机械强度高，有化学污染的气体要求有保护管，有电气干扰的情况下要求绝缘比较高。

热电偶选型的典型流程：型号—分度号—防爆等级—准确度等级—安装固定形式—保护管材质—长度或插入深度。

一般热电偶型号为：

WR①②－③④⑤

其中，W—温度仪表；R—热电偶；①—热电偶材料［R—铂铑 30－铂铑 6、P—铂铑 10－铂、N—镍铬－镍硅、E—镍铬－铜镍（镍铬－康铜）、C—铜－铜镍、F—铁－铜镍、M—镍铬硅－镍硅］；②—支数（空位为单支，2 为双支式）；③—安装固定形式（1 为无固定装置式，2 为固定螺纹式，3 为活动法兰式，4 为固定法兰式，5 为活动法兰角尺式，6 为固定螺纹锥形保护管式）；④—接线装置（0 为铠装保护帽带引线，1 为接线板，2 为防溅接线盒，3 为防水接线盒，4 为防爆接线盒，5 为防喷接线盒，6 为圆接插件，7 为扁接插件，8 为显示防爆接线盒，9 为铠装手柄带线及插头，R 为保护帽带金属软管，Z 为简易接线柱，F 为防腐接线盒）；⑤—直径序号［0 为 $\phi$16mm 保护管，1 为 $\phi$25mm 保护管（双层套管）或 $\phi$12mm 不锈钢管，2 为 $\phi$16mm 高铝质管（单层套管），3 为 $\phi$20mm 高铝质保护管，4 为 $\phi$16mm 刚玉管，5 为 $\phi$25mm 刚玉管（双层套管）］。

2. 热电偶安装

热电偶的安装方法和热电阻的类似，通常要注意以下问题：

(1) 首先应测量好热电偶和热电阻法兰或者螺纹螺牙的尺寸，加工配套好法兰或者螺纹底座。

(2) 要根据法兰或者螺纹底座的尺寸，在需要测量的管道上开孔。

(3) 法兰或者螺牙座的焊接。把法兰座或者螺纹底座插入已开好的孔内，把法兰座或者螺纹底座与被测量的管道焊接好。

(4) 把热电偶或热电阻用螺栓紧固或者螺纹旋进已焊接好的螺纹底座。

(5) 按照接线图将热电偶或热电阻的接线盒接好线，并与表盘上相对应的显示仪表连接。注意接线盒不可与被测介质管道的管壁相接触，保证接线盒内的温度不超过 100℃，接线盒的出线孔应防因密封不良，水汽灰尘等沉积造成接线端子短路。

(6) 热电偶或热电阻安装的位置，应考虑检修和维护方便。

### 2.4.5 热电偶冷端延长与冷端补偿

由热电偶的工作原理及式 (2.4.3) 可知，热电偶热电势的大小不仅与测量端的温度有关，而且与冷端的温度有关，是测量端温度 $t$ 和冷端温度 $t_0$ 的函数差。为了保证输出电动势是被测温度的单值函数，就必须使一个接点的温度保持恒定，而使用的热电偶分度表中的热电势值都是在冷端温度为 0℃时给出的。如果热电偶的冷端温度不是 0℃，而是其他某一数值，且又不加以适当处理，那么即使测得了热电势的值，仍不能直接应用分度表，即不可能得到测量端的准确温度，会产生测量误差，因此需要进行冷端补偿。典型的补偿方法有冰浴法、计算修正法。

1. 冷端延长

随着工业生产过程自动化程度的提高，要求把测量的信号从现场传送到集中控制室里，或者由于其他原因，显示仪表不能安装在被测对象的附近，而需要通过连接导线将热电偶延伸到温度恒定的场所。由于热电偶一般做得比较短（除铠装热电偶外），特别是贵金属热电偶就更短。这样热电偶的冷端离被测对象很近，使冷端温度较高且波动较大。如果采用很长的热电偶使冷端延长到温度比较稳定的地方，由于热电极线不便于敷设，且对于贵金属很不经济，因此是不可行的。所以一般用一种导线（称补偿导线）将热电偶的冷端伸出来（见图 2.4.7）。这种补偿导线采用廉价金属，在一定温度范围内（0～100℃）具有和所连接的热电偶有相同的热电性能。

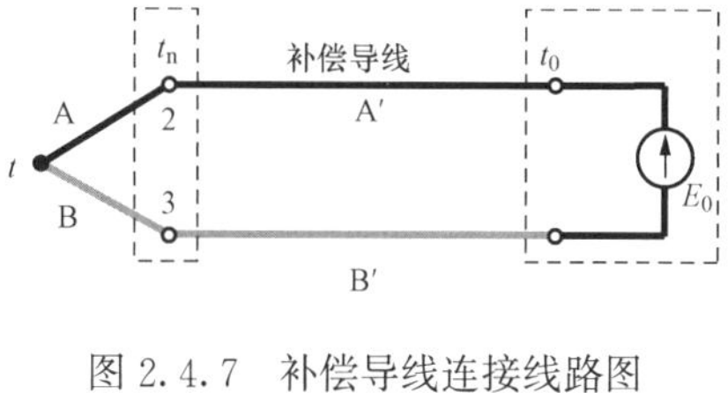

图 2.4.7 补偿导线连接线路图

补偿导线（A′、B′）是两种不同材料的、相对比较便宜的金属（多为铜与铜的合金）导体。它们的自由电子密度比和所配接型号的热电偶的自由电子密度比相等，所以补偿导线在一定的环境温度范围内（如 0～100℃），与所配接的热电偶的灵敏度相同，即具有相同的温度—热电势关系。补偿导线通常用塑料（聚氯乙烯或聚四氟乙烯）作为绝缘层，其自身材料又采用为较柔软的铜合金多股导线，所以易弯曲，便于敷设。

表 2.4.2 中补偿导线型号的第一个字母与配用热电偶的符号相对应；第二个字母“X”表示延伸补偿导线（补偿导线的材料与热电偶电极的材料相同），第二个字母“C”表示补

偿型导线。

**表 2.4.2 常用热电偶的补偿导线**

| 补偿导线型号 | 配用热电偶型号 | 补偿导线 | | 绝缘层颜色 | |
|---|---|---|---|---|---|
| | | 正极 | 负极 | 正极 | 负极 |
| SC | S | SPC（铜） | SNC（铜镍） | 红 | 绿 |
| KC | K | KPC（铜） | KNC（康铜） | 红 | 蓝 |
| KX | K | KPX（镍铬） | KNX（镍硅） | 红 | 黑 |
| EX | E | EPX（镍铬） | ENX（铜镍） | 红 | 棕 |

在使用补偿导线时需要注意以下问题：

（1）补偿导线只能在规定的温度范围内（一般为 0～100℃）与热电偶的热电势相等或相近；

（2）不同型号的热电偶有不同的补偿导线；

（3）热电偶和补偿导线的两个接点处要保持同温度；

（4）补偿导线有正、负极，需分别与热电偶的正、负极相连；

（5）补偿导线的作用只是延伸热电偶的自由端，当自由端 $t_0 \neq 0$ 时，还需进行其他补偿与修正。

2. 冷端补偿

（1）冰浴法。冰浴法是在科学实验中经常采用的一种方法。

为了测量准确，可以把热电偶的冷端置于冰水混合物的容器里，保证使 $t_0=0$℃。这种方法最为妥善，然而不够方便，所以仅限于科学实验中应用。为了避免冰水导电引起 $t_0$ 处的接点短路，必须把接点分别置于两个玻璃试管里，如果浸入同一冰点槽，要使之互相绝缘，如图 2.4.8 所示。

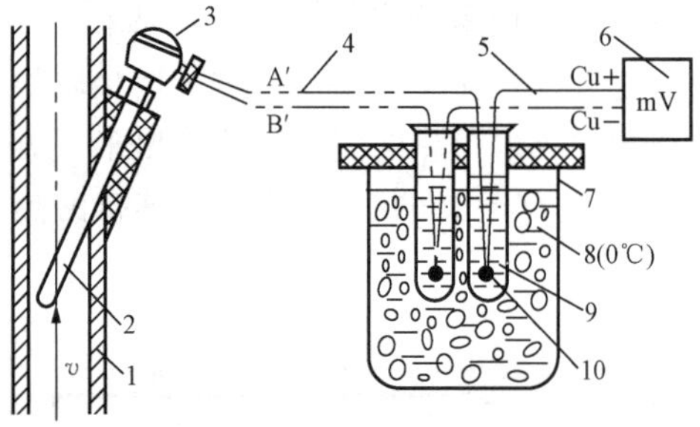


图 2.4.8 冰浴法接线图

1—被测流体管道；2—热电偶；3—接线盒；4—补偿导线；5—铜质导线；6—毫伏表；7—冰瓶；8—冰水混合物；9—试管；10—新的冷端

但在工业使用时，要使冷端的温度保持为 0℃是比较困难的，通常采用如下一些温度补偿办法。

（2）计算修正法。当热电偶冷端温度不是 0℃，而是 $t_0$ 时，根据热电偶中间温度定律，可得热电势的计算校正式为

$$E(t,0)=E(t,t_0)+E(t_0,0) \quad (2.4.11)$$

式中：$E(t,0)$为冷端为 0℃，而热端为 $t$ 时的热电势；$E(t,t_0)$为冷端为 $t_0$，而热端为 $t$ 时的热电势，即实测值；$E(t_0,0)$为冷端为 0℃，而热端为 $t_0$ 时的热电势，即为冷端温度不为 0℃时热电势校正值。

因此只要确定了热电偶参比端的温度 $t_0$，就可以从分度表中查出对应于 $t_0$ 的热电势 $E(t_0,0)$；然后将这个热电势值与显示仪表所测的读数值 $E(t,t_0)$ 相加，得出的结果就是热电偶的参比端温度为 0℃时，对应于测量端的温度为 $t$ 时的热电势 $E(t,0)$；最后就

可以从分度表中查得相对应于 $E(t, 0)$ 的温度，这个温度的数值就是热电偶测量端的实际温度。

对于计算机系统，不必全靠硬件进行热电偶冷端处理。例如冷端温度恒定，但不为零的情况下，只要在采样后加一个与冷端温度对应的常数即可。对于 $t_0$ 经常波动的情况，可利用热敏电阻或其他传感器将 $t_0$ 输入计算机，按照运算公式设计一些程序，便能自动修正。后一种情况必须考虑输入的通道中除了热电势之外还应该有冷端温度信号，如果多个热电偶的冷端温度不相同，还要分别采样。若占用的通道数太多，宜利用补偿导线将所有的冷端接到同一温度处，只用一个温度传感器和一个修正 $t_0$ 的输入通道就可以了，即冷端集中。冷端集中对于提高多点巡检的速度也很有利。

（3）补偿电桥法。补偿电桥法是利用不平衡电桥产生的电动势来补偿热电偶因冷端温度变化而引起的热电势变化值。如图 2.4.9 所示，补偿电桥由电阻 $R_1$、$R_2$、$R_3$、$R_4$（锰铜丝烧制），四个桥臂和桥路稳压电源所组成，串烧在热电偶测量回路中，热电偶冷端与电阻 $R_1$ 感受相同的温度，通常取 20℃时电桥平衡（$R_1=R_2=R_3=R_4$），此时对角线 a、b 两点电位相等，即 $U_{ab}=0$，电桥对仪表的度数无影响。当环境温度高于 20℃时，$R_1$ 增加，平衡被破坏，a 点电位高于 b 点，产生一不平衡电压 $U_{ab}$，与热端电动势相叠加，一起送入测量仪表。适当选择桥臂电阻和电流的数值，可使电桥产生的不平衡电压 $U_{ab}$ 正好补偿由于冷端温度变化而引起的热电势变化值，仪表即可指示出正确的温度，由于电桥是在 20℃时平衡，所以采用这种补偿电桥需把仪表的机械零件位调整到 20℃。

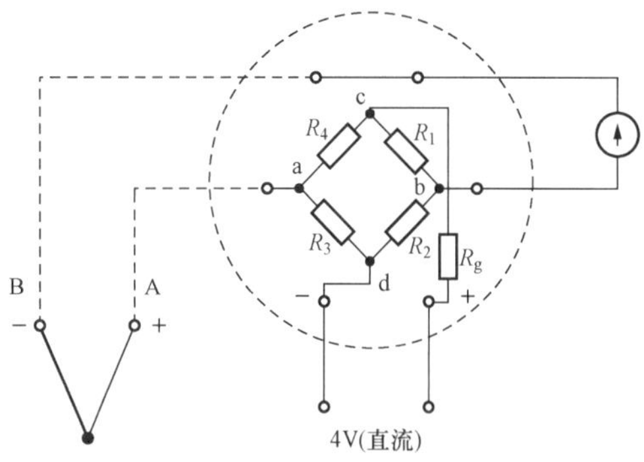


图 2.4.9　冷端温度补偿电桥

### 2.4.6 热电偶传感器的应用

如图 2.4.10 所示，热电偶的常见工作电路有四种类型。其中，图 2.4.10（a）所示为一个热电偶和一个仪表配用的基本连接方式，用于测量对象温度 $t$；图 2.4.10（b）为同向串联方式，用于测量两特定点的温度和（$t_1+t_2$）；图 2.4.10（c）为反向串联方式，用于测量两特定点温度之差（$t_1-t_2$ 或 $t_2-t_1$）；图 2.4.10（d）为并联方式，用于测量两点的平均温度$\left(\frac{t_1+t_2}{2}\right)$，工程中常串入较大阻值的电阻 $R_1$、$R_2$ 以减小热电偶内阻的影响；其中，$B_1$、$B_2$ 一般采用同型号热电偶。

作为测量温度的变送器，热电偶通常和显示仪表、记录仪表和电子调节器配套使用，同时亦可作为装配式热电偶的感温元件。由于其测量温度范围广，因此可用于各行各业温度测量的场合，可用于测量各种生产过程中的液体、蒸汽和气体介质以及固体表面的温度。

由于热电偶只产生毫伏级输出，考虑到后续电路或数字芯片的实用要求，要对输出信号采取线性放大。此外，为了维持热电偶传感器系统的精确度，参考端必须处于严格定义的温度。在实际应用中，当环境参考温度发生变化时，必须引入补偿。

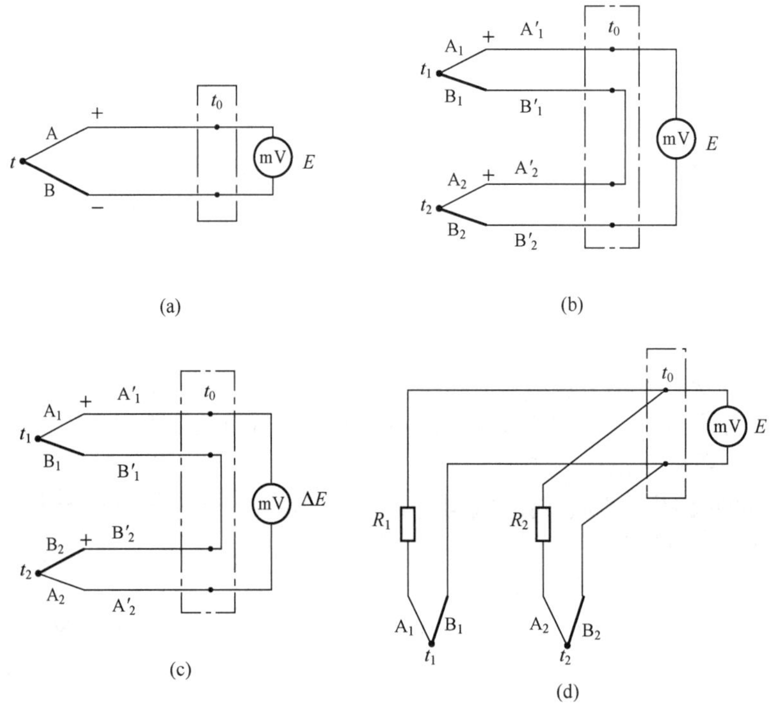


图 2.4.10 热电偶工作电路

(a) 基本连接方式；(b) 同向串联方式；(c) 反向串联方式；(d) 并联方式

## 2.5 辐射式温度传感器

温度测量分为接触测温与非接触测温两大类。其中，接触测温法的优点为测得的温度是物体的真实温度，其缺点是动态特性差。由于要接触被测物体，故对被测物体的温场分布有影响，而且受传感器材料耐温上限的限制，不能应用于超高温测量。非接触测温又称为辐射式测温，辐射式测温在理论上不存在测温上限，具有测温范围广、响应速度快、不破坏被测对象温场等特点。因此在实际应用中，辐射式测温技术越来越受到重视。

### 2.5.1 辐射式温度传感器的工作原理及特点

1. 黑体辐射测温原理

一切温度高于绝对零度的物体都在不停地向周围空间辐射能量。物体的辐射能量的大小及其按波长的分布与它的表面温度有着十分密切的关系。因此，通过对物体自身辐射能量的测量，便能准确地测定它的表面温度，这就是辐射式测温所依据的客观基础。

黑体是一种理想化的辐射体，它吸收所有波长的辐射能量，没有能量的反射和透过，其表面的发射率为 1。其他的物质反射率小于 1，称为灰体。应该指出，自然界中并不存在真正的黑体，但是为了弄清和获得红外辐射分布规律，在理论研究中必须选择合适的模型，这就是普朗克提出的体腔辐射的量子化振子模型，从而推导出了普朗克黑体辐射定律（简称普朗克定律）。它描述了在任意温度 $T$ 下，从一个黑体中发射的电磁辐射的出射率与电磁辐射的频率的关系公式。这里出射率是频率 $f$ 的函数，即

$$M_b(f,T)=\frac{2\pi hf^3}{c^2}\times\frac{1}{e^{hf/(kT)}-1} \tag{2.5.1}$$

如果写成波长的函数，在单位立体角内的出射率为

$$M_b(\lambda,T)=\frac{2\pi hc^2}{\lambda^5}\times\frac{1}{e^{hc/(\lambda kT)}-1} \tag{2.5.2}$$

上两式中：$M_b$ 为黑体单色辐射出射率，在单位时间内从单位表面积和单位立体角内以单位频率间隔或单位波长间隔辐射出的能量；$\lambda$ 为波长，m；$f$ 为频率，Hz；$T$ 为黑体绝对温度，K；$h$ 为普朗克常数（J·s），$6.626\times10^{-34}$ J·s；$c$ 为光速，$2.9979\times10^{-8}$ m/s；e 为自然对数的底，2.718281…；$k$ 为玻尔兹曼常数，1.3806505（24）$\times 10^{-23}$ J/K。

由式（2.5.2）可以得到如图 2.5.1 所示的关系曲线。由图可知：

（1）随着温度的升高，物体的辐射能量越强。这是辐射测温理论的出发点，也是单波段红外测温仪的设计依据。

（2）随着温度升高，辐射峰值向短波方向移动（向左），并满足维恩位移定理 $T\lambda_m=2897.8$（$\mu$mK），峰值处的波长 $\lambda_m$ 与绝对温度 $T$ 成反比，虚线为 $\lambda_m$ 处峰值连线。由式（2.5.2）可知高温测温仪多工作在短波处，低温测温仪多工作在长波处。

（3）辐射能量随温度的变化率，短波处比长波处大，即短波处工作的测温仪相对信噪比高（灵敏度高），抗干扰性强，测温仪应尽量选择工作在峰值波长处，特别是低温小目标的情况下，这一点显得尤为重要。

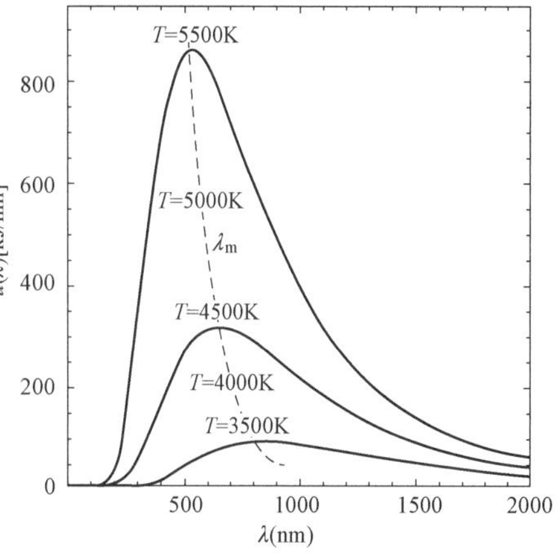


图 2.5.1 黑体辐射的光谱分析

根据斯特藩—玻尔兹曼定律可知黑体的全辐射出射率 $M_o(T)$ 与温度 $T$ 的四次方成正比，即

$$M_o(T)=\int_0^\infty M_b(\lambda,T)\mathrm{d}\lambda=\sigma T^4 \tag{2.5.3}$$

式中：$M_o(T)$ 为温度为 $T$ 时，单位时间从黑体单位面积上辐射出的总辐射能；$\sigma$ 为斯特藩—玻尔兹曼常量，$\sigma=5.6704\times10^{-8}$ W/(m²K⁴)；$T$ 为物体温度，K。

在条件相同情况下，物体在同一波长范围内辐射的功率总是小于黑体的功率，即物体的单色辐射出射率 $M(T)$ 小于黑体的单色辐射出射率 $M_b$(T)。实际物体接近黑体的程度 $\varepsilon(\lambda)$ 为

$$\varepsilon(\lambda)=M(\lambda,T)/M_b(\lambda,T) \tag{2.5.4}$$

又称辐射率、发射率、黑度、黑率。

只有黑体 $\varepsilon=1$，而一般灰体 $0<\varepsilon<1$，它的发射率与波长和方向无关。以全辐射式测温传感器为例，由式（2.5.4）可得

$$M(\lambda,T)=\varepsilon M_b(\lambda,T)=\varepsilon\sigma T^4$$

所测物体的温度为

$$T=\left[\frac{M_0(T)}{\varepsilon\sigma}\right]^{\frac{1}{4}} \tag{2.5.5}$$

2. 辐射式温度传感器特点

辐射式温度传感器能接收多种物体自身发射出的不可见辐射能量。当仪器测温时，被测物体发射出的辐射能量，通过温度传感器的光学系统在探测器上转为电信号，并通过辐射式温度传感器的显示部分显示出被测物体的表面温度。

与接触式温度传感器相比，它具有如下特点：

（1）传感器和被测对象不接触，不会破坏被测对象的温度场，故可测量运动物体的温度并可进行遥测。

（2）由于传感器或热辐射探测器不必达到与被测对象同样的温度，故仪表的测温上限不受传感器材料熔点的限制，从理论上说仪表无测温上限。

（3）在检测过程中传感器不必和被测对象达到热平衡，故检测速度快，响应时间短，适于快速测温。

但由于受被测对象的发射率影响，几乎不可能测到被测对象的真实温度，测量的是其表面温度。

### 2.5.2　辐射式温度传感器的典型系统组成

辐射测温采用逐点分析的方式，即把物体一个局部区域的热辐射聚焦在单个探测器上，并通过已知物体的发射率，将辐射功率转化为温度。由于被检测的对象、测量范围和使用场合不同，辐射式温度传感器的外观设计和内部结构不尽相同，但基本结构大体相似。

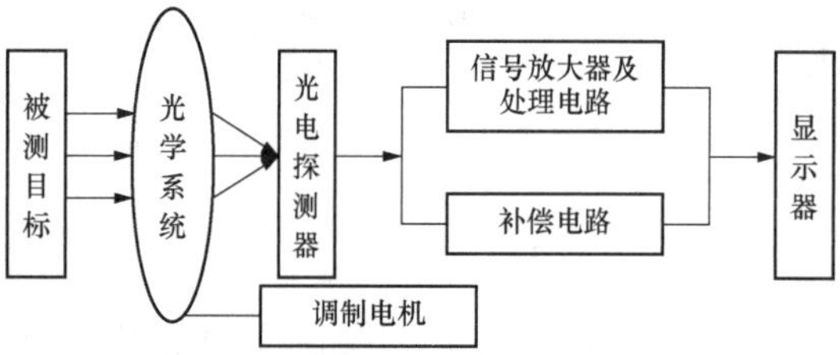


图 2.5.2　辐射式温度传感器结构

如图 2.5.2 所示辐射式温度传感器是根据物体的辐射特性，依靠其内部光学系统将物体的辐射能量汇聚到探测器（传感器），并转换成电信号，再通过放大电路、补偿电路及线性处理后，在显示终端显示被测物体的温度。系统由光学系统、光电探测器、信号放大器及信号处理、显示输出等部分组成，其核心是光电探测器，将入射辐射能转换成可测量的电信号。

### 2.5.3　辐射测温影响因素

由于辐射测温是非接触式的，这样会存在着各种误差，影响误差的因素很多，除了仪器本身的因素外，还包括辐射率、距离系数、目标尺寸、响应时间、环境因素等。

1. 辐射率

辐射率是一个物体相对于黑体辐射能力大小的物理量，它除了与物体的材料形状、表面粗糙度、凹凸度等有关，还与测试的方向有关。若物体的表面光洁时，其方向性更为敏感。不同物质的辐射率是不同的，辐射式温度传感器从物体上接收到大小正比于其辐射率的辐射能量。

（1）辐射率的设定。基尔霍夫定律（热辐射定律）：物体表面的半球单色发射率（$\varepsilon$）等于它的半球单色吸收率（$\alpha$），$\varepsilon=\alpha$。在热平衡条件下，物体辐射功率等于它的吸收功率，即吸收率（$\alpha$）、反射率（$\rho$）、透射率（$\gamma$）总和为 1，即 $\alpha+\rho+\gamma=1$，图 2.5.3 所示为物体的红外辐射规律。对于不透明的（或具有一定厚度）的物体透射率 $\gamma$ 可视为 0，只有辐射和反射（$\alpha+\rho=1$），当物体的辐射率越高，反射率就越小，背景和反射的影响就会越小，测试的准确性也就越高；反之，背景温度越高或反射率越高，对测试的影响就越大。由此可以看出，在实际的检测过程中必须注意不同物体和测温仪相对应的辐射率，对辐射率的设定要尽量准确，以减小所测温度的误差。

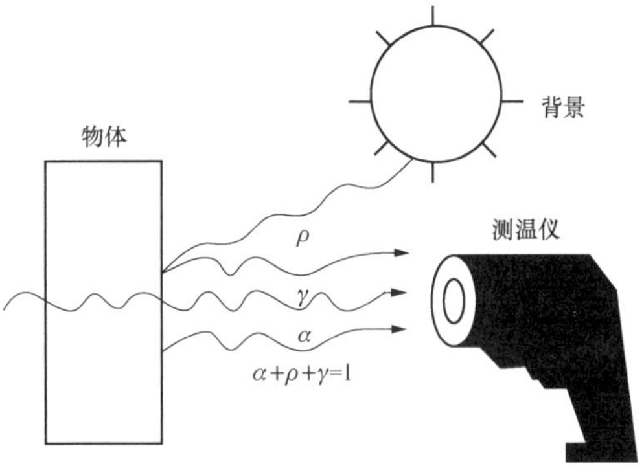

图 2.5.3 物体的红外辐射规律

（2）测试角度。辐射率与测试方向有关，测试角度越大，测试误差越大，在用红外进行测温时，这一点很容易被忽视。一般来说，测试角度最好在 30℃之内，一般不宜大于45℃，如果不得不大于 45℃进行测试，可以适当地调低辐射率进行修正。若要对两个相同物体的测温数据进行判断分析，则在测试时测试角一定要相同，这样才更具有可比性。

2. 距离系数

距离系数是温度传感器到目标的距离 $\delta$ 与测温目标直径 $D$ 的比值，表达式为 $K=\delta/D$。它对红外测温的精确度有很大影响。因此，如果温度传感器由于环境条件限制必须安装在远离目标之处，而又要测量小的目标，就应选择高光学分辨率的温度传感器，以减小测量误差。比如，用距离系数为 8 的温度传感器，测量距离应满足表 2.5.1 的要求。

**表 2.5.1 测量距离应满足的要求**

| 目标大小 $D$(mm) | 15 | 50 | 100 | 200 |
|---|---|---|---|---|
| 测量距离 $\delta$(mm) | <120 | <400 | <800 | <1600 |

3. 目标尺寸

被测物体和温度传感器视场决定了仪器测量的精确度。视场，又称视场角（Field Angle），它的大小决定了光学仪器的视野范围。如图 2.5.4 所示，在光学仪器中，以光学仪器的镜头为顶点，以被测目标的物像可通过镜头的最大范围的两条边缘构成的夹角，称为视场角。使用辐射式温度传感器测温时，一般只能测定被测目标表面上确定面积的平均值。一般测试时有以下三种情况：

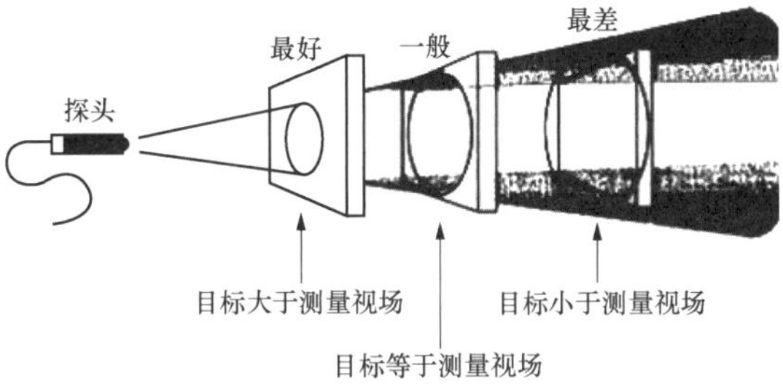

图 2.5.4 目标与视场示意图

（1）当被测目标大于测量视场时，温度传感器就不会受到测量区域外面的背景影响，就能显示被测物体位于光学目标内确定面积的真实温度，这时的测试效果最好。

（2）当被测目标等于测量视场时，背景温度已受到影响，但还比较小，测试效果一般。

（3）当被测目标小于测量视场时，背景辐射能量就会进入温度传感器的测温区域干扰测温读数，造成误差。仪器仅显示被测物体和背景温度的加权平均值。因此建议在实际测温时，被测目标尺寸超过视场大小的 50%为好。

4. 响应时间

响应时间表示辐射式温度传感器对被测温度变化的反应速度，定义为到达最后读数的95%能量所需要时间，它与光电探测器、信号处理电路及显示系统的时间常数有关。如果目标的运动速度很快或者测量快速加热的目标时，要选用快速响应红外测温仪，否则会降低测量精确度。但并不是所有应用都要求快速响应的辐射式温度传感器。对于静止的或目标热过程存在热惯性时，测温仪的响应时间可放宽要求。因此，辐射式温度传感器响应时间的选择要和被测目标的情况相适应。

5. 环境因素

被测物体所处的环境条件对测量的结果有很大的影响，它主要体现在两个方面，即环境的温度和清晰度。

（1）环境温度的影响。设被测目标的温度为 $T_1$，环境温度为 $T_2$时，该目标单位面积表面发射的辐射能为 $A\varepsilon\sigma T_1^4$，而相应地被它吸收的辐射能为 $A\alpha\sigma T_2^4$，则该物体发出的净辐射能量 $Q$ 为

$$Q = A\varepsilon\sigma T_1^4 - A\alpha\sigma T_2^4 \tag{2.5.6}$$

式中：$A$ 为单位面积；$\varepsilon$ 为物体的辐射率；$\alpha$ 为吸收率。

设被测物体的 $\varepsilon$ 和 $\alpha$ 相等，由式（2.5.6）可得

$$Q = A\varepsilon\sigma(T_1^4 - T_2^4)$$

表 2.5.2 提供了感受波长在 9～12$\mu$m 的温度传感器在环境温度为 270～330K 范围，对从 300～1000K 目标温度进行测量时产生的能量误差（%）。由表中可以看出，随着环境温度的升高，产生的附加辐射影响就越大，测温的误差也就越大。

**表 2.5.2　　随目标温度及环境温度变化的能量误差（%）**

| 目标温度 $T_1$(K) | 环境温度 $T_2$(K) | | | | | | |
|---|---|---|---|---|---|---|---|
| | 270 | 280 | 290 | 300 | 310 | 320 | 330 |
| 300 | 20.37 | 23.50 | 26.74 | 30.00 | 33.23 | 36.45 | 39.59 |
| 400 | 7.29 | 8.63 | 10.09 | 11.65 | 13.28 | 15.00 | 16.77 |
| 500 | 3.64 | 4.35 | 5.12 | 5.95 | 6.86 | 7.82 | 8.83 |
| 600 | 2.23 | 2.66 | 3.15 | 3.68 | 4.25 | 4.86 | 5.52 |
| 700 | 1.53 | 1.84 | 2.17 | 2.54 | 2.94 | 3.37 | 3.84 |
| 800 | 1.14 | 1.37 | 1.62 | 1.90 | 2.20 | 2.53 | 2.88 |
| 900 | 0.93 | 1.12 | 1.33 | 1.55 | 1.80 | 2.07 | 2.35 |
| 1000 | 0.75 | 0.90 | 1.07 | 1.25 | 1.45 | 1.66 | 1.90 |

（2）清晰度的影响。辐射光在传输过程中，由于大气的吸收作用，能量总要受到一定的衰减。大气吸收是指在传输过程中使一部分辐射能量变成其他形式的能量，或以另一种光谱分布。大气吸收程度随空气温度变化而变化，被测物体距离越远，大气透射对温度测量的影响就越大。所以，在室外进行辐射测温时，应尽量在无雨、无雾、空气比较清晰的环境下进行。在室内进行辐射测温时，应在没有水蒸气的环境下进行，以减少不确定的辐射能量衰减，从而测得较准确的数值。

### 2.5.4 辐射测温方法

典型辐射测温方法分亮度法、全辐射法和比色法，在未引入物体辐射率（发射率）修正前，相应辐射式温度传感器测得的值分别称为亮度温度、（全）辐射温度和比色温度。

1. 亮度法（单色辐射测温法）

亮度法是指通过测量来自被测对象的特定波长的辐射能量来获取目标的温度的方法。典型的亮度法温度传感器是光学高温计和光电高温计。

光学高温计主要是由光学系统和电测系统两部分组成，其原理如图 2.5.5 所示。图 2.5.5 所示上半部为光学系统。物镜和目镜都沿轴向移动，调节目镜的位置，可清晰地看到温度灯泡的灯丝。调节物镜的位置，使被测物体清晰地成像在灯丝平面上，以便比较二者的亮度。在目镜与观察孔之间置有红色滤光片，测量时移入视场，使所利用光谱有效波长 $\lambda$ 约为 0.66μm，以保证满足单色测温条件。图 2.5.5 下半部为电测系统。参比灯和滑线电阻，按钮开关 SB 和电源 $E$ 相串联。毫伏表用来测量不同亮度时灯丝两端的电压降，但指示值则以温度刻度表示。调整滑线电阻可以调整流过灯丝的电流，从而调整了灯丝的亮度和对应的温度。

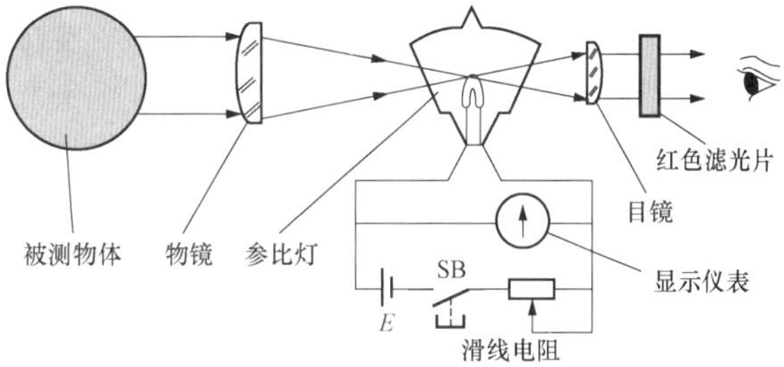

图 2.5.5 光学高温计原理图

测量时，在辐射热源（被测物体）的发光背景上可以看到弧形灯丝，如图 2.5.5 所示。加入灯丝亮度比辐射热源亮度低，如图 2.5.6（a）所示；反之如灯丝的亮度高，则灯丝在暗的背景上显示出亮的弧线，如图 2.5.6（b）所示；假如两者的亮度一样，则灯丝就隐灭在热源的发光背景里，如图 2.5.6（c）所示。若用光电传感器代替人眼对光的感知，则光学高温计就成了光电高温计。

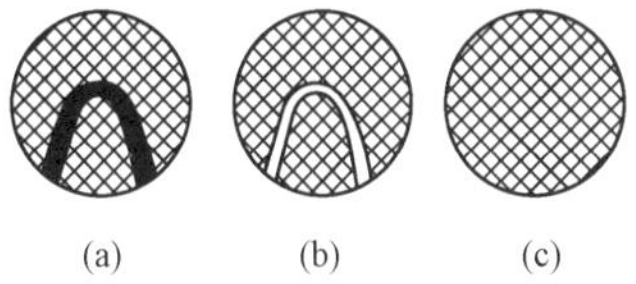

图 2.5.6 灯泡丝亮度调整图
（a）灯丝亮度低于辐射热源亮度；
（b）灯丝亮度高于辐射热源亮度；
（c）灯丝亮度等于辐射热源亮度

2. 全辐射法

全辐射法是指被测对象投射到检测元件上的对应全波长范围的辐射能量，而能量的大小与被测对象温度之间的关系是由斯特藩—玻尔兹曼所描述的一种辐射测温的方法得到，典型全辐射法温度测温传感器是辐射式温度传感器（热电堆）。

辐射式温度传感器的工作原理是基于斯特藩—玻尔兹曼定律（四次方定律）。图 2.5.7 为透镜聚焦式全辐射温度传感器（全辐射温度计）的工作原理。被测物体的辐射线由物镜聚集在受热板上。受热靶面是一种人造黑体，通常为涂黑的铂片，当吸收辐射能以后温度升高，由连接在受热板上的电热偶或热电阻测定。通常被测物体是光谱发射率 $\varepsilon<1$ 的灰体，如果以黑体辐射作为基准进行标定刻度，那么知道了被测物体的 $\varepsilon$ 值，即可根据式（2.5.3）和式（2.5.4）求得被测物体的温度

$$\varepsilon T^4 = \sigma T_0^4 \quad \Rightarrow \quad T = \frac{T_0}{\sqrt[4]{\varepsilon}} \tag{2.5.7}$$

式中：$T$ 为被测物体温度；$T_0$ 为传感器测得的温度。

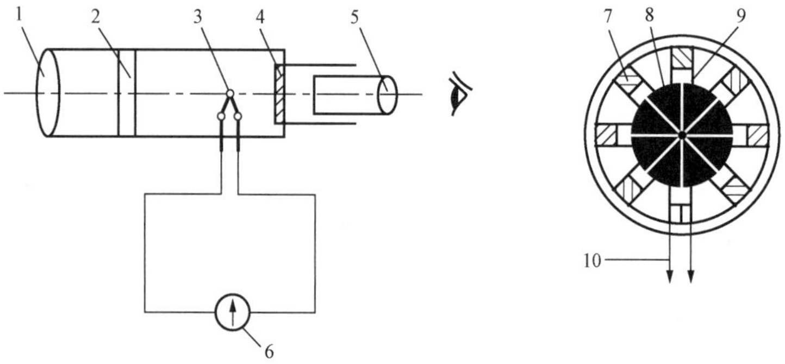


图 2.5.7　透镜聚焦式全辐射温度计工作原理示意图

1—物镜；2—补偿光阑；3—热电堆；4—灰色滤光片；5—目镜；6—毫伏表；7—冷端；8—受热靶面；9—热端；10—输出端

式（2.5.7）表明，由灰体辐射的总能量全部被黑体所吸收，这样它们的能量相等，但温度不同。

3. 比色测温法（双色或多色辐射测温法）

被测对象的不同波长的光谱投射到一个或多个检测元件上，根据它们辐射能量的比值与被测对象温度之间的关系实现辐射测温的方法，称为比色法。比值与温度之间的关系由不同波长下普朗克定律公式或其近似式（维恩位移定律公式）之比表示。其典型比色测温传感器是双色比色温度计。

图 2.5.8 为单通道比色温度计原理图。被测对象的辐射能通过透镜组，成像于硅光电池 7 的平面上，当同步电机以 3000r/min 速度旋转时，调制器 5 上的滤光片以 200Hz 的频率交替使辐射能通过。当一种滤光片透过波长为 $\lambda_1$ 的光时，硅光电池接收的单色辐射出射率为 $E_{\lambda1}(T)$，而当另一种滤光片透过波长为 $\lambda_2$ 的光时，则接收的为 $E_{\lambda2}(T)$，基于维恩位移定律，二者辐射出射率的比值是

$$\frac{E_{\lambda1}(T)}{E_{\lambda2}(T)}=\frac{\varepsilon_{\lambda1}c_1\lambda_1^{-5}\mathrm{e}^{-c_2/\lambda_1 T}}{\varepsilon_{\lambda2}c_1\lambda_2^{-5}\mathrm{e}^{-c_2/\lambda_2 T}} \tag{2.5.8a}$$

式中：$c_1=3.7418\times10^{-16}(\mathrm{W\cdot m^2})$，第一辐射常数（普朗克）；$c_2=1.4388\times10^{-2}(\mathrm{m\cdot K})$，第二辐射常数（玻尔兹曼）；$\varepsilon_{\lambda1}$、$\varepsilon_{\lambda2}$ 为物体在特定波长 $\lambda_1$、$\lambda_2$ 下的辐射率（发射率）。

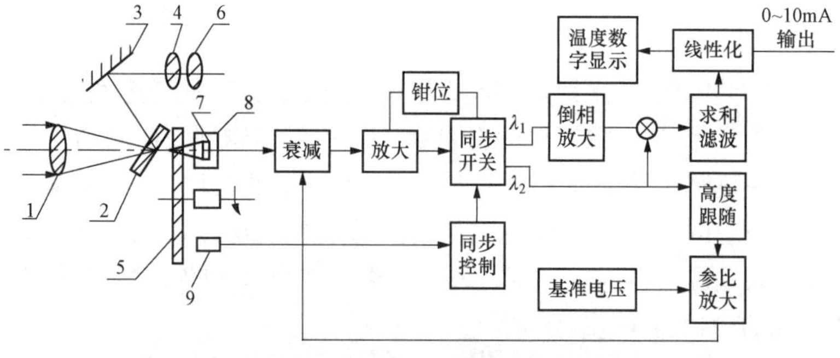


图 2.5.8　单通道比色温度计原理图

1—物镜；2—光阑；3—反射镜；4—倒像镜；5—调制器；6—目镜；7—硅光电池；8—恒温盒；9—同步线圈

整理得

$$\ln\frac{E_{\lambda1}}{E_{\lambda2}}=A+BT^{-1}+\ln\frac{\varepsilon_{\lambda1}}{\varepsilon_{\lambda2}} \tag{2.5.8b}$$

其中

$$A=5\ln\frac{\lambda_2}{\lambda_1},\ B=C_2\left(\frac{1}{\lambda_2}-\frac{1}{\lambda_1}\right)$$

测 $E_{\lambda1}(T)/E_{\lambda2}(T)$ 之值，可求得

$$T=\frac{B}{\ln\frac{E_{\lambda1}}{E_{\lambda2}}-A-\ln\frac{\varepsilon_{\lambda1}}{\varepsilon_{\lambda2}}} \tag{2.5.9}$$

此类温度计的示值温度，称“比色温度”，以 $T_C$表示。比色温度与被测物体真实温度关系为

$$T^{-1}=T_C^{-1}-\frac{\ln(\varepsilon_{\lambda1}/\varepsilon_{\lambda2})}{B}\Rightarrow T_C=\frac{B}{\ln\frac{E_{\lambda1}}{E_{\lambda2}}-A} \tag{2.5.10}$$

对一个辐射体，测出在两波长处辐射能量的比值$\frac{E_{\lambda1}(T)}{E_{\lambda2}(T)}$，再利用式（2.5.10）确定其温度的方法称为双波长测温法。由于不易确定物体发射率，故一般采用较小的 $\lambda_1$、$\lambda_2$ 间隔，并假设 $\varepsilon_{\lambda1}=\varepsilon_{\lambda2}$。

这种测温方法精确度高、响应快、抗干扰能力强，所以比色测温是辐射测温中提高测温精确度的有效方法，但结构复杂，价格相对较高。

当采用超过两个波长来测量温度时，称作多波长测温，目前有一些特殊场合已经开始尝试三波长方法，近年来也有很多学校和科研单位开始研究多波长的理论和方法，并取得了一定成果，但仪器都处于实验室阶段。由于其实现较复杂，目前其实用化还有一定困难。

### 2.5.5 典型辐射测温方法比较

以上三种辐射测温方法在灵敏度、表观温度与真实温度偏差、发射率的影响等方面均不相同，各有各的特点和适用范围。

亮度法是辐射测温中较重要的方法。该方法历史最长，测温灵敏度高，亮度温度与真实温度偏差小，发射率误差影响也小。在辐射测温领域，目前和今后一段时间内，基于亮度法原理的测温仪表，在温度量值的传递和工业应用方面仍起主导作用。

全辐射法也是应用较广泛的测温方法。其特点是结构简单、价格便宜、使用方便，可以连续测量、记录和实现自动控制，因而广泛用于工业中。但由于波段较宽，不可避免地受水蒸气、二氧化碳、烟雾等中间介质吸收影响。随着红外辐射式温度传感器的普及，全辐射温度计将会逐渐被取代。

比色测温法实质是用两个或以上不同波长的光束能量比值来反映物体温度。

比色测温法有许多优点：

（1）大多数物体的颜色温度比亮度温度和辐射温度更接近真实温度。特别当实际物体接近黑体时，则可以认为实际物体的颜色温度等于它的真实温度。

（2）比色法测温受被测物体光谱发射率影响小，针对被测物体的辐射特性，以及中间吸收介质的光谱吸收特性，合理选择两个工作波段，可以大大减小因被测物体光谱发射率变化以及中间介质吸收的影响而引起的误差。

（3）与光电高温计和全辐射温度计一样，其输出信号可以实现温度记录、控制。比色温度计尤其适用于测量发射率较低的表面光亮的物体温度，或者在光路上存在着尘埃、烟雾等中间吸收介质的场所。但是，在比色温度计的应用中，如果对于光路上存在选择吸收比色温度计所选用的两个波段之一的介质，则反而会带来较大误差。随着比色温度计价格的下降，其应用越来越广泛。

### 2.5.6 辐射式温度传感器的选择

辐射式温度传感器包括便携式、在线式和扫描式三大系列，并备有各种选件和计算机软件，每一系列中又有不同的型号及规格。选择红外温度传感器，应注意如下几方面：

（1）首先确定测量要求和所要解决的问题，如被测目标温度、被测目标大小、测量距离、被测目标材料、目标所处环境、响应速度要求、测量精确度要求，以及用便携式还是在线式等。

（2）将测量要求和所要解决的问题与现有各种型号的温度传感器进行对比，选择出能够满足上述要求的仪器型号。

（3）在众多能满足要求的型号中，选择出性能、功能和价格方面的最佳搭配。

一般而言，辐射式温度传感器的选择所需考虑参数和条件包括温度范围、目标尺寸、光学分辨率、波长范围、响应时间、信号处理功能、环境条件以及辐射式温度传感器的标定和操作使用等。

## 2.6 其他测温传感器

在实际的测温装置中，除了如前所述的测温方法外，常见的还有谐振式测温，光纤测温等方法。

### 2.6.1 谐振式温度传感器

在无线电通信和计算机等领域中，石英晶体广泛用于高稳定度的振荡器中，提供频率稳定度很高的振荡信号和时基信号（稳定度达 $10^{-10}$）。由于回路品质因数 $Q$ 值高达 $2\times10^{6}$，用晶体构成的振荡器的振荡频率主要取决于晶体的固有振荡频率，因此晶体振荡器的稳定度极高。

由于石英晶体的固有振荡频率随温度而变化，利用石英晶体的这一温度特性可以制成传感器，可用于高精确度和高分辨力（可达 0.001℃以上）的测量场合；但其温度滞后较大，通常需要 1s 左右的时间，主要用于慢速测量。

### 2.6.2 光纤式温度传感器

光纤式温度测量技术近年来发展迅速，基于不同的原理，有很多种光纤温度传感器，适用于不同的测温场合。

根据光纤所起的作用，光纤测温传感器可分为两类：一类是利用光纤本身具有的某种敏感功能测量温度，属于功能型传感器；另一类，光纤仅仅起到传输光信号的作用，必须在光纤端面配合其他敏感元件才能实现测量，称为传输型传感器。

从信号检测的原理分类，光纤测温传感器可分为相干型和强度型两种。相干型光纤传感器检测受温度影响后光纤中光相位和偏振的变化，光路比较复杂，对光器件、光纤的要求比较高。强度型则检测光强随温度的变化，结构相对简单，性能可靠，成本较低。

### 2.6.3 热色式温度传感器

热色式温度传感器主要通过示温敏感材料的颜色在不同温度下发生变化来指示温度。示温漆和示温液晶都属于这类传感器。

示温漆可以测量运动物体或其他复杂条件表面的温度分布，使用简单方便；缺点是影响判别温度结果的因素比较多，如涂层厚度、判读方法、样板和示温颗粒大小等，目前主要还是靠人工判读。

示温液晶的主要成分是胆甾醇类，这类液晶在一定的温度范围内，其颜色随温度灵敏地变化，改变液晶的成分可以灵活调整其测温量程和测温灵敏度。

### 2.6.4 光谱式温度传感器

光谱式温度传感器主要适用于高温火焰和气流温度的测量。当单色光线照射透明物体时，会发生光的散射现象。散射光包括弹性散射和非弹性散射，弹性散射中的瑞利散射和非弹性散射的拉曼散射的光强都与介质的温度有关。相比而言，拉曼散射光谱测温技术的实用性更好，常用来测量温度。

该类传感器采用的测温法可分为受激荧光光谱法、谱线反转法等。受激荧光光谱法是指在入射光的激励下，分子发出的荧光光谱在若干个波长上有较强的尖峰，这些特征波长的强度是温度的函数。通过测量其特征波长下的绝对强度、相对强度或者荧光的弛豫时间，就可以确定被测介质的温度。谱线反转法也称自蚀法或谱线隐现法，最常见的是钠 D 线反转法。谱线反转法的装置简单，适用于火焰稳定、测量方向温度梯度不大的场合。

### 2.6.5 激光干涉式温度传感器

激光干涉式温度传感器的测量原理是将流场中各处折射率的变化（即被测介质密度的变化）转变为各种光参量的变化，记录并处理后可以得到其温度和分布。当前主要的记录方法有散斑照相法、干涉仪法和全息干涉法。

散斑照相法记录的是偏折位置差，反映的是折射率梯度的变化（即折射率的二阶导数）。纹影法记录的是偏折角度差，反映的是折射率的梯度（即折射率的一阶导数）。干涉仪法记录的是光波相位差，反映的是折射率本身。全息干涉法也是基于干涉仪法的原理，它同时记录来自物体的光波的振幅和相位信息，反映的是折射率本身和三维流场的立体信息。

### 2.6.6 声波、微波测温方法

声学测温法是基于声波在介质中的传播速度与介质温度有关的原理实现的，因此只要测得声速，就可以推算出温度。可以通过直接测量声波在被测介质中的传播速度，也可以测量放在被测介质中细线的声波传播速度来得到温度。这种方法可以用于测量高温气体或液体的温度，在高温时会有更高的灵敏度。

微波衰减法可以用来测量火焰温度，其原理是当入射微波通过火焰时，与火焰中的等离子体相互作用，使出射的微波强度减弱，通过测量入射微波的衰减程度可以确定火焰气体的温度。

### 2.6.7 PN 结型温度传感器

PN 结温度传感器是利用二极管、三极管 PN 结的正向压降随温度变化的特性而制成的温度敏感器件。在低温测量方面，它具有体积小、响应快、线性好和使用方便等优点，是常温区（50～200℃内）较为理热的感温器件，所以在电子电路中的过热和过载保护、工业自动控制领域的温度控制和医疗卫生的温度测量等方面有着较广泛的应用。

### 2.6.8 温度测量技术近年来的发展重点

传统的热电偶、热电阻测温仪器以其技术成熟、结构简单、使用方便等特点，在未来温度测量领域中，依然能够广泛使用。随着新材料、新工艺及一些新技术的发展，其应用范围更加拓展。

1. 薄膜温度传感器

在传感器结构改进方面，出现了薄膜温度传感器，它是随着薄膜技术的成熟而发展起来的新型微传感器，其敏感元件为微米级的薄膜，具有体积小、热扰动小、热动态响应时间短、灵敏度高、便于集成和安装的特点，并且具有耐磨、耐压、耐热冲击和抗剥离的优良性能，特别适合于微尺度或小空间温度测量、表面温度的测量等场合。近年来发展的陶瓷薄膜热电偶，可以测量更高的温度，克服了金属薄膜热电偶的催化效应和冶金效应等缺点，在高温表面温度测量领域应用更为广泛。

2. 热电偶材料性能的提高

在热电偶材料方面，一些类型的热电偶性能得到了提高，并出现了一些新型热电偶类型。

(1) N型热电偶越来越受到重视。与K型热电偶相比，N型热电偶的高温稳定性与使用寿命均明显提高。

目前国外N型热电偶得到了广泛的应用，而国内应用仍旧不是很普遍，但随着对加工产品质量控制要求的提高，N型热电偶使用将会越来越多。

(2) 钨铼热电偶抗氧化技术得到了发展，拓宽了其应用领域。主要是采用热电偶丝材镀膜或采用高致密保护套管隔绝等技术，可以延长钨铼热电偶在氧化气体下的使用时间，使之不局限在还原条件下使用，可在一定程度上取代铂铑等贵金属热电偶。

(3) 一些非标准分度的金属、非金属热电偶正在研制并逐步得到应用。为了提高温度测量上限，一些非标准分度的铂铑、铱铑等贵金属热电偶已经在工程上得到应用。另外，一些非金属热电偶材料得到了人们的重视，其优点有：①热电势和微分电势大；②熔点高，测温上限也高；③价格低；④选用合适的非金属材料，可制成抗氧化或抗碳化的热电偶，用于恶劣条件下温度的测量。其缺点是复现性和机械性能差。

目前已取得进展的非金属热电偶有 C-TiC($ZrB_2$、NbC、SiC)、SiC-SiC、$ZrB_2$(NbC)-ZrC、$MoSi_2$-$WSi_2$ 及 $B_4$C-C 等。

3. 温度传感器保护套管材料

保护套管材料在温度测量中对敏感元件起着保护作用，对其测量准确度和使用寿命有很大影响，可由金属、非金属或金属陶瓷等材料制成。近年来金属陶瓷保护套管材料性能得到了很大提高，如 $Al_2O_3$ 基、MgO 基、$ZrO_2$ 基和碳化钛基等几种金属陶瓷，具有耐腐蚀、抗热冲击、耐高温性，可以在氧化、还原和中性气体下使用，在冶金行业中可用于高温金属溶液温度的测量。

4. 辐射测温技术

随着光电和红外探测器的发展，出现了多种多样的红外测温仪，红外测温技术得到了更多的应用，具体表现在：①测温范围从高温、中温向中、低温部分拓展；②准确度和稳定性更高；③工作波段多样化，可根据被测对象的特性选择；④从点测量发展到二维面测量；⑤红外测温仪具有小型化和智能化的特点；⑥从测量原理和方法上消除发射率影响，实现物体的真温测量。

多光谱测温技术也逐步开始在科研和工程领域中得到了应用。其原理是在一个仪器中制成多个光谱通道，利用多个光谱的物体辐射能量信息，经过数据处理得到物体的真实温度。该方法测量温度上限和测量准确度高，响应快，受中间介质影响小，非常适合非透明火焰温度和高温表面温度的测量。

5. 光纤测温技术

黑体空腔式光纤高温计是由黑体空腔与被测介质达到温度平衡，通过光纤将黑体腔的辐射能量传输给光电探测器件，从而实现温度测量。如蓝宝石黑体空腔式光纤高温计，具有测温高、响应快、寿命长的特点，可以部分取代贵金属热电偶。还有一种测量钢水温度的消耗型光纤温度传感器，也是基于以上原理，由普通石英光纤实现测温，因其价格低、准确度高，可以取代消耗型贵金属热电偶。

分布式光纤测温系统是近年来发展起来的一种用于实时测量空间温度场分布的传感系统，它是一种分布式的、连续的、功能型光纤温度测量技术。其中，光纤既是传输媒体也是传感媒体；利用光纤后向拉曼散射的温度效应，可以对光纤所在的温度场进行实时测量；利用光时域反射技术（OTDR）可以对测量点进行精确定位；分布式的结构使得该系统能够实现实时快速多点测温。

光纤布拉格光栅（FBG）是最近十几年发展最为迅速的光纤无源器件之一，它是利用掺杂（如锗、磷等）光纤的光敏性，通过某种工艺方法使外界入射光子和纤芯内的掺杂粒子相互作用，导致纤芯折射率沿纤轴方向周期或非周期性地永久性变化，在纤芯内形成空间相位光栅，当温度变化时光纤的栅距和折射率发生变化，导致其响应波长的移动，通过检测响应波长即可确定温度。它可以在一根光纤上实现多点测量，并能同时测量温度和应变。

利用这些原理制作的光纤多点温度传感器，可以应用在油井温度测量、大坝或地质灾害监测、飞机蒙皮的健康监测方面等场合，具有很好的应用前景，是近几年温度测量技术发展的重点之一。

### 2.6.9 测温方法总结

虽然温度测量方法多种多样，但在很多情况下，对于实际工程现场或一些特殊条件下的温度测量，比如对极限温度、高温腐蚀性介质温度、气流温度、表面温度、固体内部温度分布、微尺寸目标温度、大空间温度分布、生物体内温度、电磁干扰条件下温度测量来讲，要想得到准确可靠的结果并非易事，需要非常熟悉各种测量方法的原理及特点，结合被测对象要求选择合适的测量方法才能完成。同时，还要不断探索新的温度测量方法，改进原有测量技术，以满足各种条件下的温度测量需求。

## 习 题

1. 填空题

（1）采用热电阻作为测量温度的元件是将________的测量转换为________的测量。

（2）已知铜热电阻 $Cu_{100}$ 的百度电阻比 $W(100)=1.42$，当用此热电阻测量 50℃温度时，其电阻值为________ Ω；若测温时的电阻值为 99.986Ω，则被测温度是________℃（保留小数点后两位）。

（3）将一灵敏度为 0.08mV/℃的 S 型热电偶与电压表相连接，电压表接线端是 50℃，若电位计上读数是 60mV，热电偶的热端温度是________。

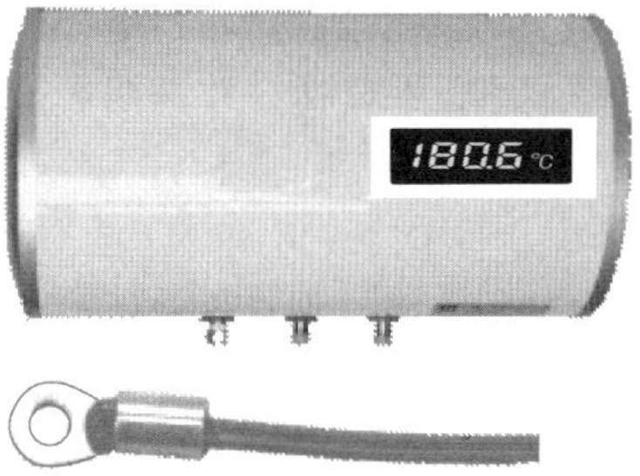

习题 1（4）图　铠装型热电阻与电热水器

（4）将习题 1（4）图所示带焊片铠装型热电阻，用不锈钢螺钉固定于电热水器储水箱内胆上。设 $R_0=1\text{M}\Omega$，$T_0=25$℃，$B=50$，根据热敏电阻随温度变化的计算式 $R_T=R_0e^{-B(1/T-1/T_0)}$ 可知，若电热水器储水箱温度如图所示，$T=$ ________℃，则 NTC 的阻值 $R_T=$ ________Ω。

2. 在某一瞬间，电阻温度计上指示温度 $\theta_2=50$℃，而实际温度 $\theta_1=100$℃，设电阻温度计的动态关系为 $d\theta_1/dt=k(\theta_1-\theta_2)$，$k=0.2/\text{s}$。试确定温度计达到稳定读数（$0.995\theta_1$）所需时间。

3. 叙述并证明热电偶参考电极定律。其中 $k$ 为玻尔兹曼常数，$e$ 为电子电荷量，$n_A$、$n_B$、$n_C$ 分别为材料 A、B、C 的自由电子密度，$\sigma_A$、$\sigma_B$、$\sigma_C$ 分别为材料 A、B、C 的汤姆逊系数，且已知在某特定条件下材料 A 与铂配对的热电势为 13.967mV，材料 B 与铂配对的热电势是 8.345mV。求出在此特定条件下，材料 A 与材料 B 配对后的热电势（材料 A 在前，材料 B 在后）。

4. 习题 4 图所示是热敏电阻的伏安特性曲线，回答下列问题：

（1）请对曲线进行分析；

（2）用该热敏电阻测量温度时，应该利用曲线的哪一段，说明原因；

（3）用该热敏电阻测量风速或流量时应该利用曲线的哪一段，说明原因。

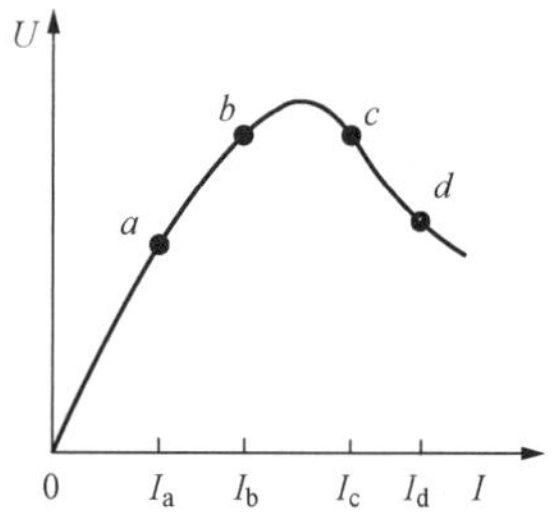

习题 4 图　热敏电阻伏安特性曲线

5. 如果需要测量 1000℃和 20℃的温度，分别宜采用哪种类型的温度传感器？要测 1500℃左右的高温呢？

6. 参考端温度为 0℃、测量端温度为 30℃和 900℃时，K 型热电偶温差电动势分别为 1.203mV 和 37.326mV。问当参考端温度为 30℃、测量端温度为 900℃时，K 型热电偶的温差电动势为多少？

7. 已知铜热电阻 $Cu_{100}$ 的百度电阻比 $W(100)=1.42$，当用此热电阻测量 50℃温度时，其电阻值为多少？若测温时的电阻值为 92Ω，则被测温度是多少？

8. 热电偶温度传感器的输入电路如图 2.4.9 所示。已知 R 型热电偶在温度 0～100℃之间变化时，其平均热电势波动为 6μV/℃，桥路中供电电压为 4V，三个锰铜电阻（$R_1$、$R_2$、$R_3$）的阻值均为 1Ω，铜电阻的电阻温度系数为 $\alpha=0.004$/℃。当温度为 0℃时电桥平衡，为了使热电偶的冷端温度在 0～50℃范围其热电势得到完全补偿，试求可调电阻的阻值 $R_5$。

9. 用热电偶测量金属壁面温度有两种方案，如习题 9 图所示，当热电偶具有相同的参考端温度 $t_0$ 时，问在壁温相等的两种情况下，仪表的示值是否一样？为什么？

10. 用两支分度号为 K 的热电偶测量 A 区和 B 区的温差，连接回路如习题 10 图所示。当热电偶参考端温度 $t_0$ 为 0℃时，仪表指示 200℃。问在参考端温度上升 25℃时，仪表的指示值是多少？为什么？

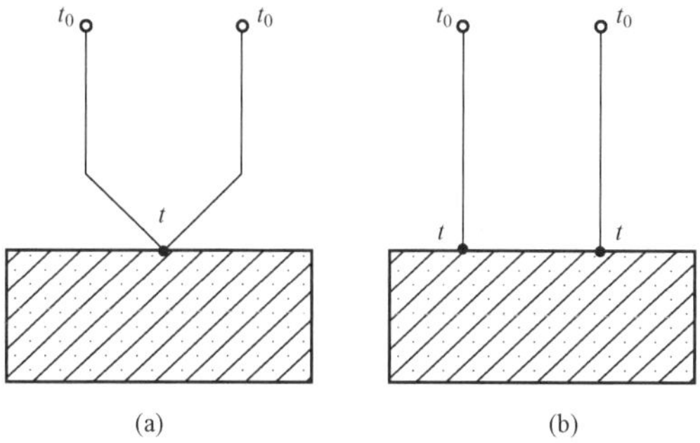


习题 9 图　热电偶测金属壁面温度

（a）方案一；（b）方案二

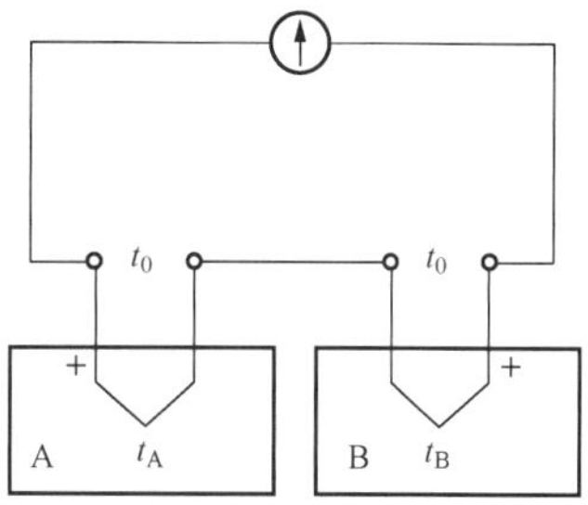


习题 10 图　热电偶测温示例

11. 如习题 11 图所示，在炼钢厂中，有时直接将廉价热电极（易耗品，如镍铬、镍硅热偶丝，时间稍长即熔化）插入钢水中测量钢水温度。试说明测量钢水温度的基本原理；为什么不必将工作端焊在一起？要满足哪些条件才不影响测量精确度？采用上述方法是利用了热电偶的什么定律？如被测物非钢水，而是熔化的塑料行吗？为什么？

12. 常见的燃气灶的熄火保护方法有哪些？如何利用热电偶来实现燃气灶的熄火保护？

13. 试利用所学传感器实现燃气热水器的熄火和缺氧保护。

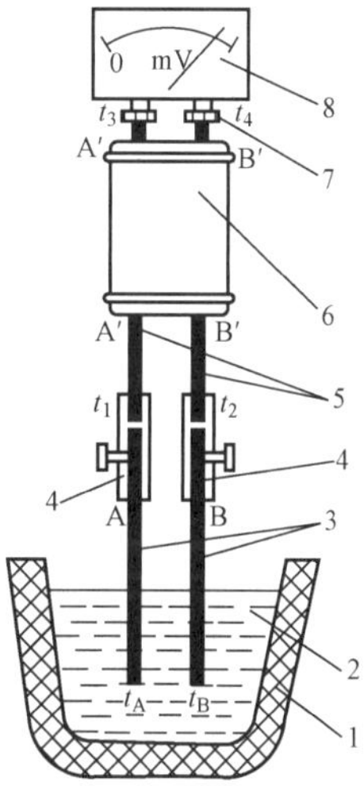


习题 11 图　浸入式热电偶测量熔融金属示意图

1—钢水包；2—钢熔融体；3—热电极 A、B；

4、7—补偿导线接线柱；5—补偿导线；

6—保护管；8—毫伏表

# 3 力敏传感器

力是最基本和最常见的工作载荷之一，也是其他载荷形式和有关物理量（弯矩、扭矩、应力、功、功率及刚度等）的基本因素；通过力、扭矩和压力的测量，分析构件的受力状况和工作状态，验证设计计算，可确定工作过程和某些物理现象的机理。

力敏传感器是工业实践、仪器仪表控制中常用的一种传感器，它是检测气体、液体、固体等所有物质间作用力的传感器总称，并广泛应用于各种工业自控环境，涉及水利水电、铁路交通、航空航天、军工、石化、电力、船舶、机床等众多行业。

力学传感器的种类繁多，如电阻应变式力传感器、压阻式力敏传感器、压电传感器、电感式力敏传感器、电容式力敏传感器、谐振式力敏传感器及电容式加速度传感器等。但应用最为广泛的是电阻式力敏传感器，它具有极低的价格和较高的精确度以及较好的线性特性。

## 3.1 弹性敏感元件

在力的测量中，通常可通过力的静力效应或动力效应力来测量力。

所谓力的静力效应，是指物体受力后产生变形，因此通过测定物体的变形量或用与内部应力相对应参量的物理效应来确定力值。例如，用差动变压器、激光干涉等方法来测定弹性体变形或利用与力有关的物理效应，如压电效应、压磁效应等达到测力的目的。

所谓动力效应，是指力的作用使物体产生加速度，因此可通过测定物体的质量及所获得的加速度大小来测定力值。在重力场中地球的引力使物体产生重力加速度，因而可以用已知质量的物体在重力场某处的重力来体现力值，例如基准测力机等。

在测力过程中，经常采用弹性敏感元件来感受力的变化，并将之转化为与之相对应的形变。从客观角度，物体受外力作用（加载）而改变原来的大小或形状的现象称为形变；从微观角度，形变的程度标之为应变。

若外力去掉后（卸载）能完全恢复其原来的大小和形状，则这种变形被称为弹性变形，具有这类特性的物体称为弹性元件。在传感器技术中，通常将弹性元件分为弹性支承元件和弹性敏感元件。弹性支承元件在传感器中作为活动零件的支撑，起支承和导向作用。

### 3.1.1 弹性敏感元件的工作特性

对于弹性敏感元件，力、压力、力矩等被测量，输出量为位移或应变量。下面介绍其工作特性。

（1）弹性特性。弹性敏感元件的弹性特性是指作用在弹性敏感元件上的外力 $F$ 与其相应变形 $\mathrm{d}x$（应变、位移或转角）之间的关系。它可能是线性的，也可能是非线性的。一般用刚度 Rig 和灵敏度 $S$ 来表征。

刚度（Rigidity）是指材料或结构在受力时抵抗弹性变形的能力，是材料或结构弹性变形难易程度的表征。材料的刚度通常用弹性模量 $E(E=\mathrm{d}F/\mathrm{d}x)$ 来衡量。在宏观弹性范围内，刚度是零件荷载与位移成正比的比例系数，即引起单位位移所需的力。弹性敏感元件的刚度决定了传感器的固有频率，也就直接影响了传感器的动态特性。

弹性敏感元件的灵敏度（$S=\mathrm{d}x/\mathrm{d}F$），又称柔度，反映了其受到单位作用力时所产生变形的大小，其值是刚度的倒数。可见，如果传感器的灵敏度越高，则刚度越低，动态特性就越差。

在实际应用中，可通过弹性敏感元件的串联来提高灵敏度，或通过弹性敏感元件的并联来改善刚度。

（2）弹性滞后。弹性敏感元件存在正向、反向工作特性不一致的特性，称为弹性滞后。这是传感器迟滞误差的主要来源。

（3）弹性后效。弹性敏感元件的变形相对于突然加上或减去的被测量来说存在着延迟，称为弹性后效。这也是含有弹性敏感元件的传感器一般动态特性较差的原因。

（4）线膨胀系数。线膨胀系数是指固体物质的温度每升高 1℃时，其单位长度的伸长量。弹性敏感元件存在线膨胀系数，而且其弹性模量也会随温度而变化。因此当环境温度变化超过常温范围或要求较高时必须认真对待温度变化带来的误差。

（5）固有频率。弹性敏感元件的固有频率是指在无阻尼情况下元件的自由振动频率。它是描述弹性元件的一个重要的特性参数，在很大程度上决定着其动态特性的好坏。弹性敏感元件的线性度、灵敏度、固有频率之间始终是相互矛盾的。提高灵敏度则线性度、固有频率变差，所以必须根据需要来权衡。

弹性敏感元件通常可分为变换力的弹性元件和变换压力的弹性元件两类。

### 3.1.2 变换力的弹性敏感元件

变换力的弹性敏感元件是将力转换为应变或位移的元件，常用的弹性敏感元件有柱式、梁式、圆环式、轮辐式等多种形式。

1. 柱式弹性敏感元件

如图 3.1.1 所示，在受力 $F$ 后，横截面积为 $A$ 的圆柱体弹性敏感元件的应变 $\varepsilon$ 为

$$\varepsilon=\frac{\Delta l}{l}=\frac{\sigma}{E}=\frac{F}{AE} \tag{3.1.1}$$

柱式弹性敏感元件通常有实心圆柱和空心圆柱两种类型。

实心圆柱弹性敏感元件灵敏度与横截面积 $A$ 成反比，但 $A$ 的减小受到允许应力和线性要求的限制，同时 $A$ 的减小会对横向力干扰敏感。

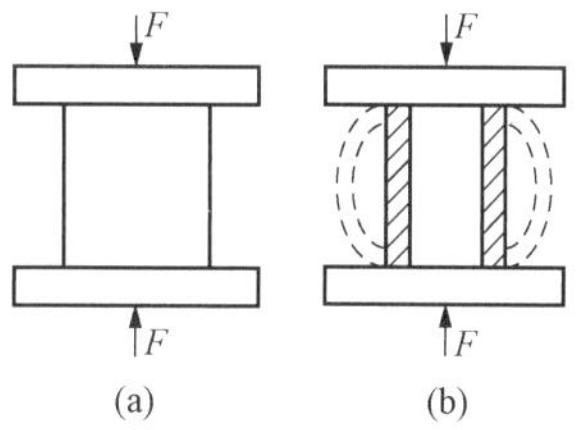


图 3.1.1 柱式弹性敏感元件结构示意图

（a）实心圆柱；（b）空心圆柱

空心圆柱（圆筒）式弹性敏感元件多用于小集中力的测量。

2. 梁式弹性敏感元件

常见的梁式弹性敏感元件中有等截面（悬臂）梁、等强度（悬臂）梁，其中等截面悬臂梁又分为单端固定和双端固定。

图 3.1.2 所示为等截面单端固定梁布片图。当力作用在自由端时，刚性端截面中产生的应力最大，而自由端产生的挠度最大。

在距离受力点为 $l_0$ 处的应变为

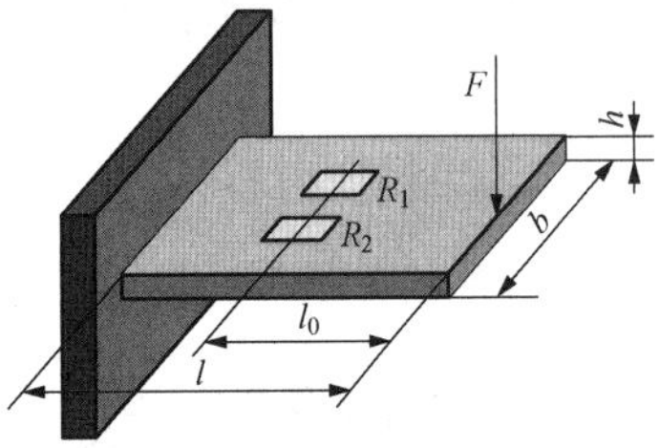


图 3.1.2　等截面单端固定梁布片图

$$\varepsilon = \frac{\sigma}{E} = \frac{6Fl_0}{bh^2E} \quad (3.1.2)$$

等截面双端固定梁的结构在相同力 $F$ 的作用下产生的挠度比悬臂梁的要小。其受力表面应变为

$$\varepsilon = \frac{\sigma}{E} = \frac{3Fl}{4bh^2E} \quad (3.1.3)$$

等强度梁布片图如图 3.1.3 所示，其截面呈等腰三角形，集中力 $F$ 作用在三角形顶点，梁内各横截面产生的应力是相等的，表面上任意位置的应变也相等。受力后表面的应变为

$$\varepsilon = \frac{\sigma}{E} = \frac{6Fl}{bh^2E} \quad (3.1.4)$$

3. 圆环式弹性敏感元件

圆环式弹性敏感元件如图 3.1.4 所示，在圆环上施加径向力 $F_y$ 时，圆环各处的应变不同，在与作用力成 39.6°处（图中 $B$ 点）应变等于零，称为应变节点，而在水平中心线上应变最大。

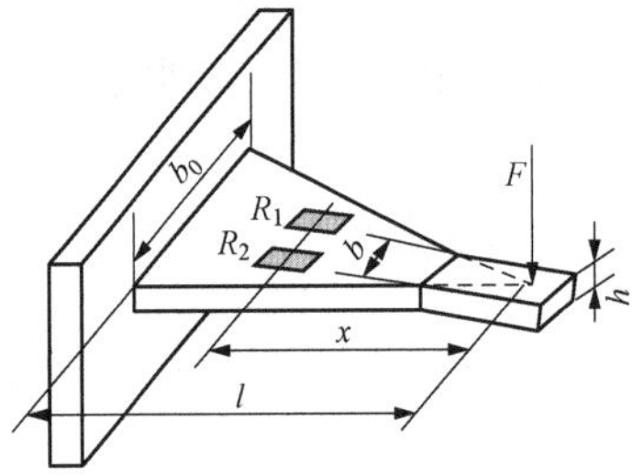


图 3.1.3　等强度梁布片图

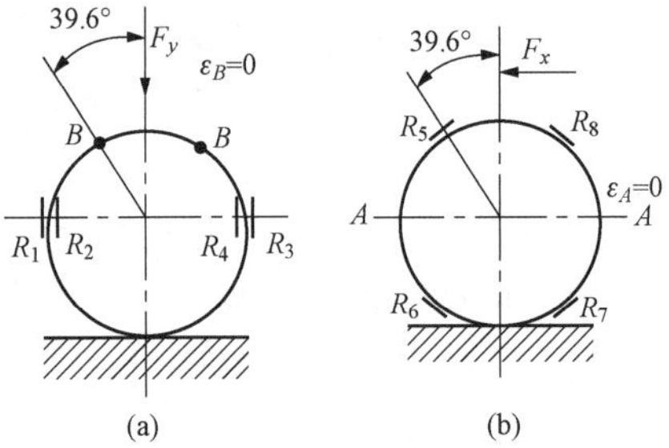


图 3.1.4　圆环式弹性敏感元件结构示意图

（a）测 $F_y$；（b）测 $F_x$

如果圆环一侧固定，另一侧受切向力 $F_x$ 时，与受力点成 90°处（左图中 $A$ 点）应变为零，与垂直中心线成 39.6°处应变最大。

八角环式如图 3.1.5 所示，设八角环厚度为 $h$，平均半径为 $r$。当 $h/r$ 较小时，零应变点在 39.6°附近。随 $h/r$ 值的增大，当 $h/r=0.4$ 时，应变最大节点在 45°处，故一般测力 $F_x$ 时，应变片贴在 45°处。

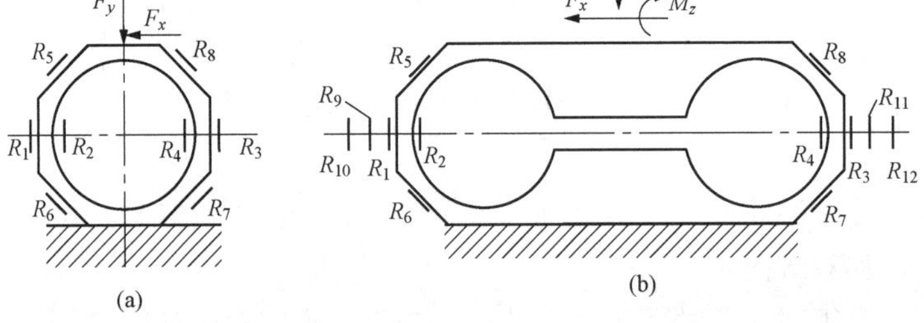


图 3.1.5　八角环式弹性敏感元件布片示意图

（a）左视图；（b）主视图

当测力 $F_z$ 时（或测力 $F_z$ 形成的弯矩 $M_z$），在八角环水平中心线产生最大应变。

轮辐式弹性敏感元件，如图 3.1.6 所示，辐条的最大切应力及弯曲应力分别为

$$\tau_{\max}=\frac{3F}{8bh}, \sigma_{\max}=\frac{3Fl}{4bh^2}$$

令 $h/l=a$，则 $\frac{\tau_{\max}}{\sigma_{\max}}=\frac{h}{2l}=\frac{a}{2}$，为了使弹性敏感元件具有足够的输出灵敏度而又不发生弯曲破坏，$h/l$ 比值一般在 1.2～1.6 之间选择。

### 3.1.3 变换压力的弹性敏感元件

变换压力的弹性敏感元件是指将流体（液体、气体等）的压力转换为应变或位移的弹性元件，常见的有弹簧管、波纹管、膜片、薄壁圆筒等。

(1) 弹簧管，又称波登管。其结构如图 3.1.7 所示，通常是一根弯曲成 C 形的空心扁管，其截面呈椭圆等非圆形。具有压力 $p$ 的流体由弹簧管一端的接头通入弹簧管内腔，弹簧管的另一端（自由端）密封并与传感器的其他部分相连。在压力 $p$ 作用下，弹簧管的截面有变成圆形截面的趋势，导致弹簧趋向伸直，产生位移，直至与压力作用相平衡。在一定压力范围内，弹簧管产生的位移量与压力成正比。

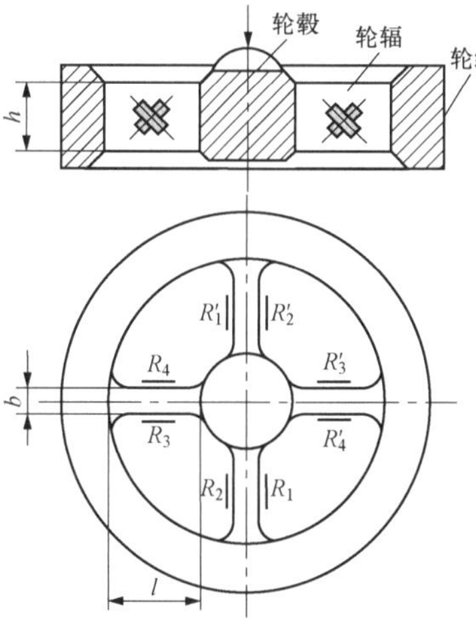


图3.1.6 轮辐式弹性敏感元件布片示意图

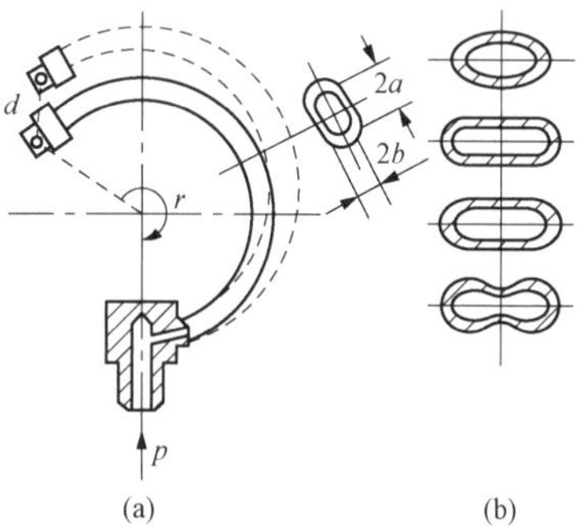


图 3.1.7 弹簧管结构示意图

(a) 单圈弹簧管；(b) 管截面

弹簧管具有较高测量精确度，但尺寸和质量较大，固有频率较低，且有明显滞后，故不宜做动态压力的测量。

(2) 波纹管。如图 3.1.8 所示，波纹管是一种带同心环状波形皱纹的薄壁圆管，一端开口，另一端封闭，将开口端固定，封闭端处于自由状态。通入一定压力的流体后，波纹管将伸长，其伸长量（自由端位移）与压力成正比。由于其灵敏度高，常用于小压力和差压的测量。

(3) 膜片。膜片是用金属或非金属制成的圆形薄片，如图 3.1.9 (a)、(b) 所示。它包括平膜片、波纹膜片。

两个膜片边缘对焊起来，构成膜盒，如图 3.1.9 (c) 所示。几个膜盒连接起来构成膜盒组，如图 3.1.9 (d) 所示。

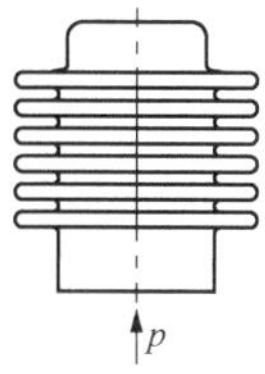


图 3.1.8 波纹管结构示意图

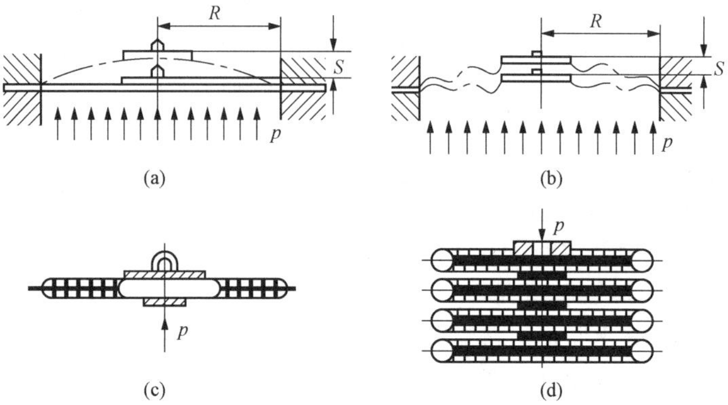


图 3.1.9　膜片结构示意图

（a）平膜片；（b）波纹膜片；（c）膜盒；（d）膜盒组

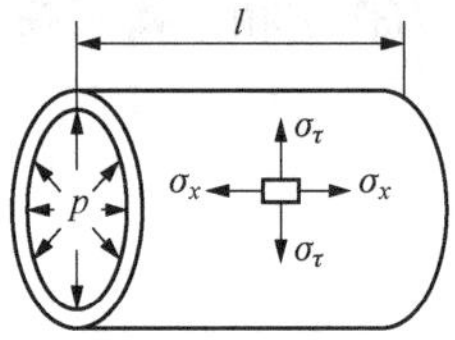


图 3.1.10　薄壁圆筒结构示意图

平膜片比波纹膜片具有较高的抗振、抗冲击能力，在压力测量中使用较多。

膜片、膜盒的中心位移均与压力 $p$ 近似成正比，多用于动态压力测量。

（4）薄壁圆筒。如图 3.1.10 所示，薄壁圆筒的壁厚一般小于圆筒直径的 1/20，圆筒的一端开口，一端不通。内腔与被测压力相通时，内壁均匀受压，均匀地向外扩张。筒壁在轴向和圆周方向上的应变均与压力 $p$ 成正比。

## 3.2　电阻应变式力传感器

电阻应变式力传感器（以下简称电阻应变片）基于电阻应变效应制作而成，即导体或半导体电阻受到力或者压力作用后，产生机械变形（拉伸或压缩），其阻值也发生变化。根据材料不同，电阻应变片可分为金属丝式、金属箔式、薄膜式应变片和半导体式应变片等。金属丝式、金属箔式电阻应变片的结构图如图 3.2.1 所示。

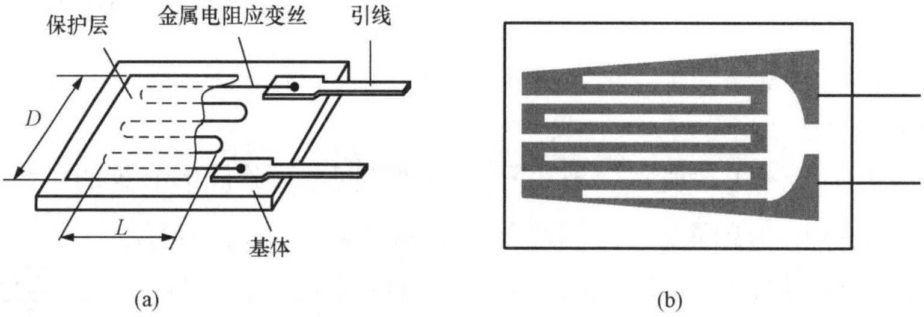


图 3.2.1　应变片的结构图

（a）金属丝式电阻应变片；（b）金属箔式电阻应变片

金属箔式应变片的工作原理基本和金属丝式应变片相同，它的电阻敏感元件不是金属丝栅，而是通过光刻、腐蚀等工序制成的薄金属箔栅。

### 3.2.1 应变片的结构与分类

1. 应变片的结构

以金属丝式应变片为例，如图3.2.2所示，它由敏感栅1、基底2、盖片3、引线4等组成。这些部分所选用的材料将直接影响应变片的性能。因此，应根据使用条件和要求合理地加以选择。

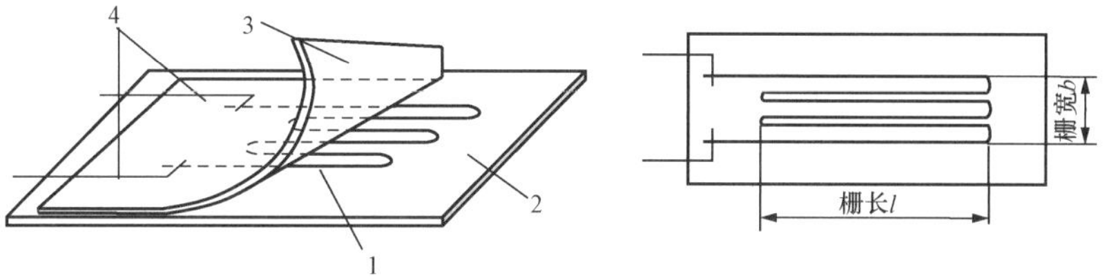


图3.2.2 金属丝式应变片结构示意图

（1）敏感栅。由金属细丝绕成栅形（或用很薄的金属箔腐蚀成栅状）。金属丝式应变片的电阻值为60、120、200Ω等多种规格，以120Ω最为常用。应变片栅的长度关系到所测应变的准确度，应变片测得的应变大小是应变片栅长和栅宽所在面积内的平均轴向应变量。

（2）基底和盖片。基底用于保持敏感栅、引线的几何形状和相对位置。盖片既保持敏感栅和引线的形状和相对位置，还可保护敏感栅。基底的全长称为基底长，其宽度称为基底宽。

（3）引线。引线是从应变片的敏感栅中引出的细金属线。对引线材料的性能要求包括电阻率低、电阻温度系数小、抗氧化性能好、易于焊接。大多数敏感栅材料都可制作引线。

（4）黏结剂。用于将敏感栅固定于基底上，并将盖片与基底粘贴在一起。使用金属应变片时，也需用黏结剂将应变片基底粘贴在构件表面某个方向和位置上。以便将构件受力后的表面应变传递给应变计的基底和敏感栅。

常用的黏结剂分为有机和无机两大类。有机黏结剂用于低温、常温和中温，常用的有聚丙烯酸酯、酚醛树脂、有机硅树脂，聚酰亚胺等。无机黏结剂用于高温，常用的有磷酸盐、硅酸、硼酸盐等。

2. 应变片的分类及特点

如前所述，根据材料不同，电阻应变片可分为金属丝式、金属箔式、薄膜式和半导体式等类型。

（1）金属丝式应变片具有如下优点：①精确度高，测量范围广；②频率响应特性较好；③结构简单，尺寸小，质量轻；④可在高（低）温、高速、高压、强烈振动、强磁场及核辐射和化学腐蚀等恶劣条件下正常工作；⑤易于实现小型化、固态化；⑥价格低廉，品种多样，便于选择。金属丝式应变片主要缺点有：具有非线性，输出信号微弱，抗干扰能力较差，因此信号线需要采取屏蔽措施；只能测量一点或应变栅范围内的平均应变，不能显示应力场中应力梯度的变化等；不能用于过高温度场合下的测量。

（2）金属箔式应变片中的箔栅是金属箔通过光刻、腐蚀等工艺制成的。金属箔式应变片和金属丝式应变片相比较，具有如下特点：

1）首先，金属箔栅很薄，因而它所感受的应力状态与试件表面的应力状态更为接近；其次，当箔材和丝材具有同样的截面积时，箔材与粘接层的接触面积比丝材大，使它能更好地和试件共同工作；再次，箔栅的端部较宽，横向效应较小，因而提高了应变测量的精确度。

2）箔材表面积大，散热条件好，故允许通过较大电流，因而可以输出较大信号，提高了测量灵敏度。

3）箔栅的尺寸准确、均匀，且能制成任意形状，特别是为制造应变花和小标距应变片提供了条件，从而扩大了应变片的使用范围。

4）便于成批生产。

5）金属箔式应变片的缺点是：电阻值分散性大，有的相差几十欧姆，故需要作阻值调整；生产工序较为复杂，因引出线的焊点采用锡焊，因此不适于高温环境下测量；此外价格较贵。

（3）薄膜式应变片是薄膜技术发展的产物。它是采用真空蒸或真空沉积法等在薄的绝缘基片上形成 0.1$\mu$m 以下的金属电阻材料薄膜敏感栅，最后加上保护层，易实现工业批量生产，是一种很有前途的新型应变片。

实际上，通常是将薄膜式应变片与传感器的弹性元件制成一个不可分割的整体，亦即在传感器弹性体的应变敏感部位表面上首先沉积形成很薄的绝缘层，最后在其上面沉积薄膜应变片的图形，最后再覆上一层保护层。由于薄膜式应变片与传感器的弹性元件之间只有一层超薄绝缘层（厚度仅为几个纳米），很容易通过弹性体散热，因此允许通过比其他种类应变片更大的电流，并可以获得更高的输出和更佳的稳定性。

这种应变片的特点是：电阻值比金属箔式应变片大，形状和尺寸也比金属箔式应变片的更小、更精确；它没有箔式应变片腐蚀所引入的疵病；制成的结构散热好，在较宽的温度范围也可达到较完善的补偿；特别是近年由于激光调组技术的发展，提高了电阻值的准确度，引用误差可达到 0.01%。尤其突出的是：陶瓷绝缘代替了胶接，既避免了复杂的分选和粘贴技术，而且对胶接法所引入的漂移、蠕变、疲劳弱点都有很大的克服。

（4）半导体应变片基于压阻效应制作而成，其敏感栅采用半导体材料。压阻效应是指当半导体受到应力作用时，载流子迁移率的变化使其电阻率发生变化的现象。它的主要优点是灵敏度高（灵敏度比金属丝式、箔式的大几十倍）；主要缺点是灵敏度的一致性差、温漂大、电阻与应变间非线性严重。在使用时半导体应变片，需采用温度补偿及非线性补偿措施。表 3.2.1 所列为某电子仪器公司生产的一部分应变片的主要技术参数。

**表 3.2.1　某电子仪器公司生产的部分应变片的主要技术参数**

| 参数名称 | 电阻值（Ω） | 灵敏度 | 电阻温度系数（℃$^{-1}$） | 极限工作温度（℃） | 最大工作电流（mA） |
|---|---|---|---|---|---|
| PZ-120 型 | 120 | 1.9～2.1 | $20\times10^{-6}$ | −10～40 | 20 |
| PJ-120 型 | 120 | 1.9～2.1 | $20\times10^{-6}$ | −10～40 | 20 |
| BX-200 型 | 200 | 1.9～2.2 | — | −30～60 | 25 |
| BA-120 型 | 120 | 1.9～2.2 | — | −30～200 | 25 |
| BB-350 型 | 350 | 1.9～2.2 | — | −30～170 | 25 |
| PBD-1K 型 | 1000±10% | 140±5% | ＜0.4% | ＜40 | 15 |
| PBD-120 型 | 120±10% | 120±5% | ＜0.2% | ＜40 | 20 |

**注**　PZ 型—纸基丝式应变片；PJ 型—胶基丝式应变片；BA、BB、BX 型—箔式应变片；PBD 型—半导体应变片。

### 3.2.2　应变片布片和组桥方法

1. 桥式测量转换电路

应变片将应变的变化转换成电阻相对变化 $\Delta R/R$，要将电阻的变化转换成电压或电流的变化，才能用电测仪表进行测量。电阻应变片的转换线路多采用交流电桥（配交流放大器），其原理参见 1.6 节的桥式电路。

2. 应变片布片及组桥

在采用金属丝式应变片进行测量时，应变片的布片方向必须与被测对象的受力方向相一致，典型的应变片布片和组桥方法见表 3.2.2 和表 3.2.3。

**表 3.2.2　　拉伸（压缩）应变测量**

| 序号 | 受力状态简图 | 应变片数量 | 电桥组合形式：电桥形式 | 电桥组合形式：电桥接法 | 温度补偿情况 | 电桥输出电压 | 测量项目及应变值[拉伸(压缩)应变] | 特点 |
|---|---|---|---|---|---|---|---|---|
| 1 | 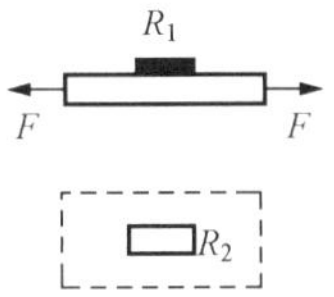  | 2 | 半桥式 | 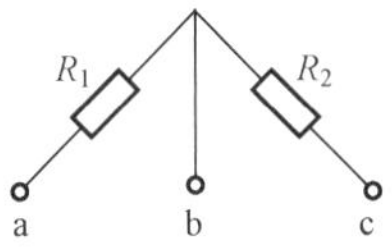  | $R_1$与$R_2$同温 | $u_o=\frac{1}{4}u_iS_g\varepsilon$ | $\varepsilon=\varepsilon_r$ | 不能消除弯矩的影响 |
| 2 | 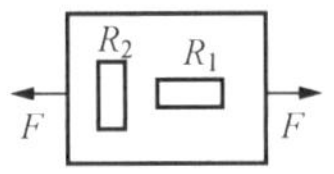  | 2 | | | 互为补偿 | $u_o=\frac{1}{4}u_iS_g\varepsilon(1+\mu)$ | $\varepsilon=\frac{\varepsilon_r}{1+\mu}$ | 输出电压提高到$1+\mu$倍，不能消除弯矩的影响 |
| 3 | 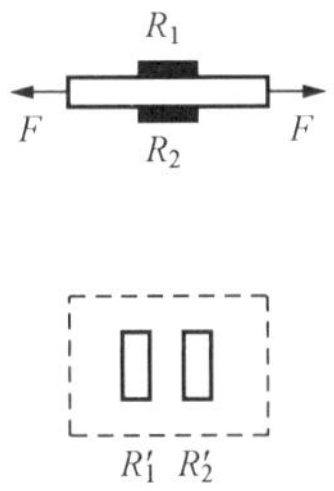  | 4 | 半桥式 | 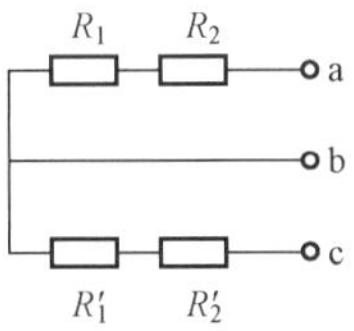  | $R_1$ $R_2$ $R_1'$ $R_2'$ 四片同温 | $u_o=\frac{1}{4}u_iS_g\varepsilon$ | $\varepsilon=\varepsilon_r$ | 可以消除弯矩的影响 |
| 4 | | 4 | 全桥式 | 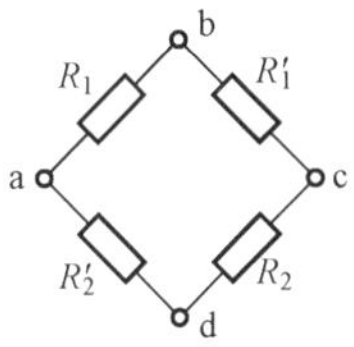  | | $u_o=\frac{1}{2}u_iS_g\varepsilon$ | $\varepsilon=\varepsilon_r/2$ | 输出电压提高一倍，且可消除弯矩的影响 |
| 5 | 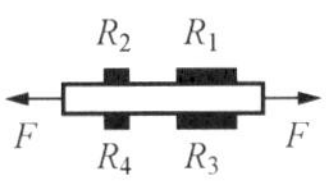  | 4 | 半桥式 | 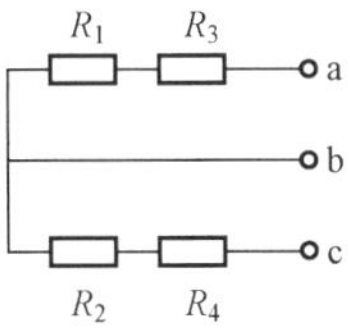  | 互为补偿 | $u_o=\frac{1}{4}u_iS_g\varepsilon(1+\mu)$ | $\varepsilon=\frac{\varepsilon_r}{1+\mu}$ | 输出电压提高$1+\mu$倍，且可消除弯矩的影响 |
| 6 | 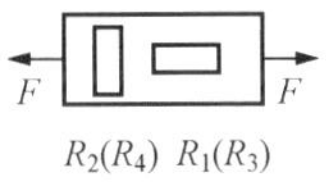  | 4 | 全桥式 | 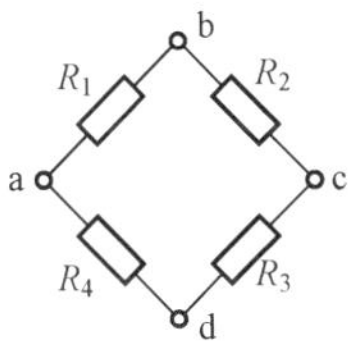  | | $u_o=\frac{1}{2}u_iS_g\varepsilon(1+\mu)$ | $\varepsilon=\frac{\varepsilon_r}{2(1+\mu)}$ | 输出电压提高到$2(1+\mu)$倍，且可消除弯矩的影响 |

**注**　$S_g$—应变片的灵敏度；$u_i$—供桥电压；$\mu$—被测件的泊松比；$\varepsilon_r$—应变仪读数，即指示应变；$\varepsilon$—所要测量的机械应变值。

**表 3.2.3　弯曲应变测量**

| 序号 | 受力状态简图 | 应变片数量 | 电桥组合形式 | | 温度补偿情况 | 电桥输出电压 | 测量项目及应变值（弯曲最大应变） | 特点 |
|---|---|---|---|---|---|---|---|---|
| | | | 电桥形式 | 电桥接法 | | | | |
| 1 | 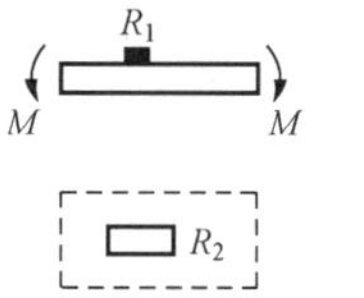 | 2 | 半桥式 | 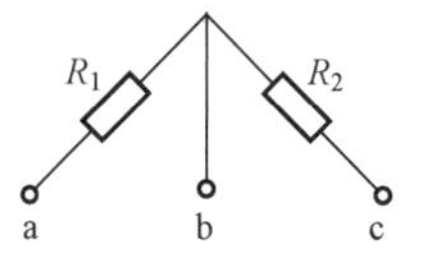 | $R_1$ 与 $R_2$ 同温 | $u_o=\frac{1}{4}u_iS_g\varepsilon$ | $\varepsilon=\varepsilon_r$ | 不能消除拉伸的影响 |
| 2 | 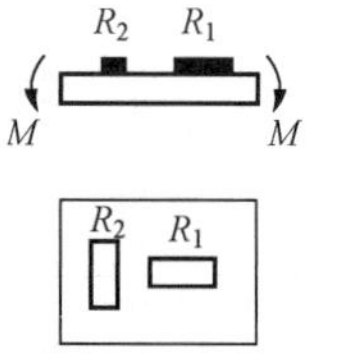 | 2 | 半桥式 | 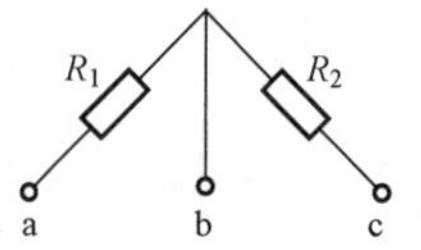 | 互为补偿 | $u_o=\frac{1}{4}u_iS_g\varepsilon(1+\mu)$ | $\varepsilon=\frac{\varepsilon_r}{1+\mu}$ | 输出电压提高到 $1+\mu$ 倍，不能消除拉伸的影响 |
| 3 | 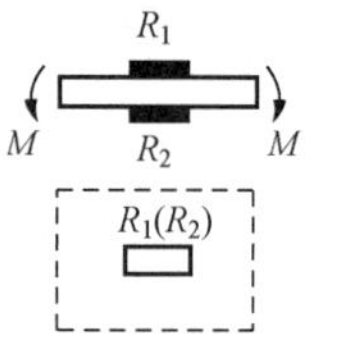 | 2 | 半桥式 | 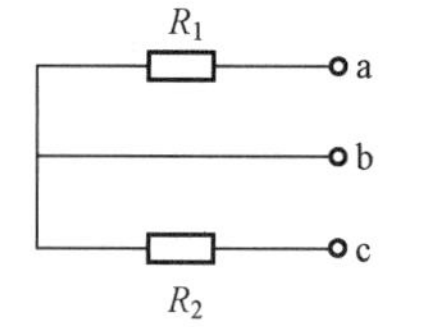 | 互为补偿 | $u_o=\frac{1}{2}u_iS_g\varepsilon$ | $\varepsilon=\frac{\varepsilon_r}{2}$ | 输出电压提高一倍，且可消除拉伸的影响 |
| 4 | 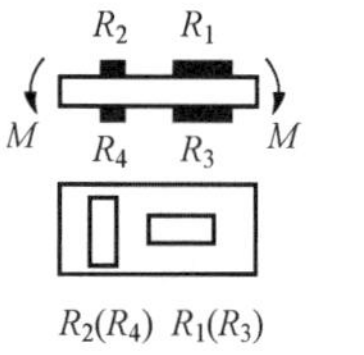 | 4 | 全桥式 | 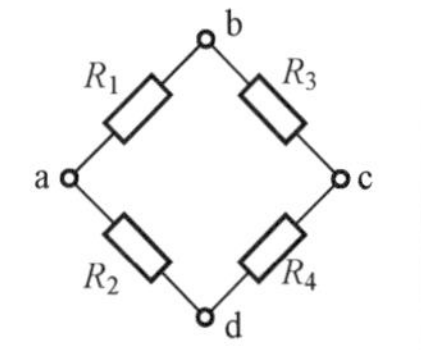 | | $u_o=\frac{1}{2}u_iS_g\varepsilon(1+\mu)$ | $\varepsilon=\frac{\varepsilon_r}{2(1+\mu)}$ | 输出电压提高到 $2(1+\mu)$ 倍，且可消除拉伸的 |

### 3.2.3　电阻式应变片的主要特性

1. 灵敏度系数

金属丝式应变片的电阻相对变化与它所感受的应变之间具有线性关系。当金属丝做成应变片后，其电阻—应变特性，与金属单丝情况不同。因此，需用实验方法对应变片的电阻—应变特性重新测定。实验表明，金属应变片的电阻相对变化与应变 $\varepsilon$ 在很宽的范围内均为线性关系，即

$$\frac{\Delta R}{R}=K\varepsilon \quad \Rightarrow \quad K=\frac{\Delta R}{R}/\varepsilon \tag{3.2.1}$$

式（3.2.1）中 $K$ 为金属丝式应变片的灵敏度系数。注意：$K$ 是在试件受一维应力作用，应变片的轴向与主应力方向一致，且试件材料的泊松比为 0.285 的钢材时测得的。测量结果表明，应变片的灵敏度系数 $K$ 恒小于线材的灵敏度系数 $K_S$。这是因为胶层传递变形失真，横向效应也是一个不可忽视的因素。

2. 横向效应

金属丝式应变片由于敏感栅的两端为半圆弧形的横栅，测量应变时构件的轴向应变 $\varepsilon$ 使

敏感栅电阻发生变化，其横向应变 $\varepsilon_r$ 也将使敏感栅半圆弧部分的电阻发生变化（除了 $\varepsilon$ 起作用外），应变片的这种既受轴向应变影响，又受横向应变影响而引起电阻变化的现象称为横向效应。

敏感栅越窄、基长越长的应变片，其横向效应引起的误差越小。

3. 机械滞后

应变片粘贴在被测试件上，当温度恒定时，其加载特性与卸载特性不重合，即为机械滞后，如图 3.2.3 所示。

产生机械滞后的原因是，应变片在承受机械应变后，其内部会产生残余变形，使敏感栅电阻发生少量不可逆变化；在制造或粘贴应变片时，敏感栅受到不适当的变形或者黏结剂固化不充分。

机械滞后值还与应变片所承受的应变量有关，加载时的机械应变越大，卸载时的滞后也越大。所以，通常在实验之前应将试件预先加载、卸载若干次，以减少因机械滞后所产生的实验误差。

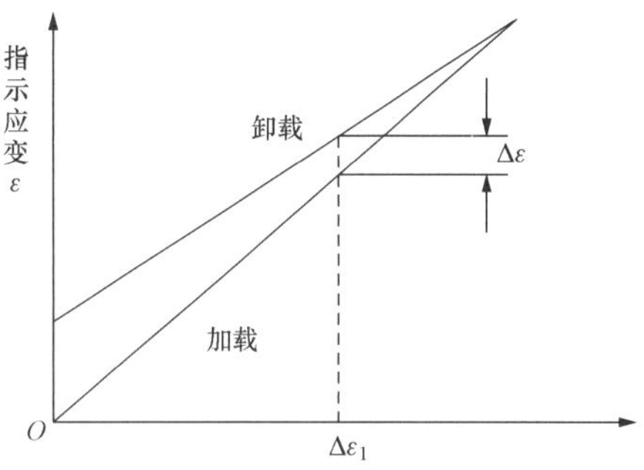


图 3.2.3 应变片的机械滞后

4. 零点漂移和蠕变

对于粘贴好的应变片，当温度恒定、不承受应变时，其电阻值随时间增加而变化的特性，称为应变片的零点漂移。其产生原因有敏感栅通电后的温度效应、应变片内应力的变化、黏结剂固化不充分等。

如果在一定温度下，使应变片承受恒定的机械应变，其电阻值随时间增加而变化的特性称为蠕变。一般蠕变的方向与原应变量的方向相反。这主要是由于胶层之间发生“滑动”，使力传到敏感栅的应变量逐渐减少。

零点漂移和蠕变是两项衡量应变片特性对时间稳定性的指标，在长时间测量中其意义更为突出。实际上，蠕变中包含零漂，零漂是一个特例。

5. 应变极限

真实应变是指由于工作温度变化或承受机械载荷，在被测试件内产生应力（包括机械应力和热应力）时所引起的表面应变。在一定温度下，应变片的指示应变对测试值的真实应变的相对误差不超过规定范围（一般为 10%）时的最大真实应变值，称为应变极限。

决定应变极限的主要因素为黏结剂和基底材料传递变形的性能及应变片的安装质量。制造与安装应变片时，应选用抗剪强度较高的黏结剂和基底材料。基底和黏结剂的厚度不宜过大，并应经过适当固化处理，才能获得较高的应变极限。

### 3.2.4 温度漂移及其补偿

1. 温度漂移

用作测量应变的金属丝式应变片，希望其阻值仅随应变变化，而不受其他因素的影响。实际上应变片的阻值受环境温度（包括被测试件的温度）影响很大。由于环境温度变化引起的电阻变化与试件应变所造成的电阻变化几乎有相同的数量级，从而产生很大的测量误差，称为应变片的温度漂移，又称热输出。因环境温度改变而引起电阻变化的两个主要因素：一是应变片的电阻丝（敏感栅）具有一定温度系数；二是电阻丝材料与测试材料的线膨胀系数不同。

设环境引起的构件温度变化为 $\Delta t$（℃）时，粘贴在试件表面的应变片敏感栅材料的电

阻温度系数为 $\alpha_t$，则应变片产生的电阻相对变化为

$$\left(\frac{\Delta R}{R}\right)_1 = \alpha_t \Delta t \tag{3.2.2}$$

由于敏感栅材料和被测构件材料两者线膨胀系数不同，当 $\Delta t$ 存在时，引起应变片的附加应变，其值为

$$\varepsilon_{2t} = (\beta_e - \beta_g)\Delta t \tag{3.2.3}$$

式中：$\beta_e$ 为试件材料线膨胀系数；$\beta_g$ 为敏感栅材料线膨胀系数。

相应的电阻相对变化为

$$\left(\frac{\Delta R}{R}\right)_2 = K(\beta_e - \beta_g)\Delta t \tag{3.2.4}$$

式中：$K$ 为应变片灵敏系数。

温度变化形成的总电阻相对变化为

$$\left(\frac{\Delta R}{R}\right)_t = \left(\frac{\Delta R}{R}\right)_1 + \left(\frac{\Delta R}{R}\right)_2 = \alpha_t \Delta t + K(\beta_e - \beta_g)\Delta t \tag{3.2.5}$$

相应的虚假应变为

$$\varepsilon_t = \left(\frac{\Delta R}{R}\right)_t \Big/ K = \frac{\alpha_t}{K}\Delta t + (\beta_e - \beta_g)\Delta t \tag{3.2.6}$$

式（3.2.6）为应变片粘贴在试件表面上，当试件不受外力作用，在温度变化 $\Delta t$ 时，应变片的温度效应。用应变形式表现出来，称之为热输出。

可见，应变片热输出的大小不仅与应变计敏感栅材料的性能（$\alpha_t$ 和 $\beta_g$）有关，而且与被测试件材料的线膨胀系数（$\beta_e$）有关。

2. 温度补偿

常见的温度补偿方法有自补偿法（单丝自补偿法、双丝组合式自补偿法、电路补偿法等）和线路补偿法等。

（1）单丝自补偿法。由式（3.2.4）知，若使应变片在温度变化 $\Delta t$ 时的热输出值为零，必须使

$$\alpha_t + K(\beta_e - \beta_g) = 0 \quad \Rightarrow \quad \alpha_t = K(\beta_g - \beta_e) \tag{3.2.7}$$

每一种材料的被测试件，其线膨胀系数 $\beta_e$ 都为确定值，可以在有关的材料手册中查到。在选择应变片时，若应变片的敏感栅是用单一的合金丝制成，并使其电阻温度系数 $\alpha_t$ 和线膨胀系数 $\beta_g$ 满足式（3.2.7）的条件，即可实现温度自补偿。具有这种敏感栅的应变片称为单丝自补偿应变片。

单丝自补偿应变片的优点是结构简单，制造和使用都比较方便；但它必须在具有一定线膨胀系数材料的试件上使用，否则不能达到温度自补偿的目的。

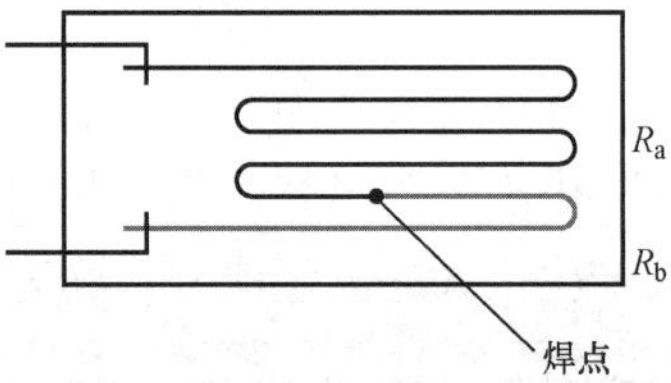


图 3.2.4　双丝组合式自补偿应变片结构图

（2）双丝组合式自补偿法。利用双丝组合式自补偿法制作的应变片是由两种不同电阻温度系数（一种为正值，一种为负值）的材料串联组成敏感栅，以达到一定的温度范围内在一定材料的试件上实现温度补偿的，如图 3.2.4 所示。这种应变片的自补偿条件要求粘贴在某种试件上的两段敏感栅，随温度变化而产生的电阻增量大小相等，符号相反，即

$$(\Delta R_a)_t = -(\Delta R_b)_t$$

$$\frac{R_a}{R_b} = -\frac{\left(\frac{\Delta R_b}{R_b}\right)_t}{\left(\frac{\Delta R_a}{R_a}\right)_t} = -\frac{\alpha_b + K_b(\beta_e - \beta_b)}{\alpha_a + K_a(\beta_e - \beta_a)} \tag{3.2.8}$$

补偿效果可达±0.45$\mu\varepsilon$/℃。

（3）电路补偿法。如图 3.2.5 所示，电桥输出电压与桥臂参数的关系为

$$U_o = A(R_1R_4 - R_2R_3) \tag{3.2.9}$$

式中：$A$ 为由桥臂电阻和电源电压决定的常数。

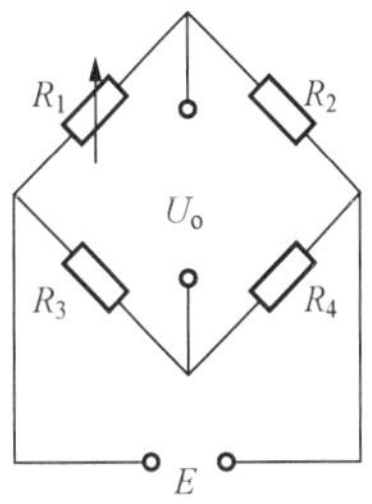

图 3.2.5 电路补偿法

由式（3.2.9）可知，当 $R_3$、$R_4$ 为常数时，$R_1$、$R_2$ 对输出电压的作用方向相反。利用这个基本特性可实现对温度的补偿，并且补偿效果较好，这是最常用的补偿方法之一。

测量应变时，使用两个应变片，一片贴在被测试件的表面，称为工作应变片，见图 3.2.6 中 $R_1$；另一片贴在与被测试件材料相同的补偿块上，称为补偿应变片，见图 3.2.6 中 $R_2$。在工作过程中补偿块不承受应变，仅随温度发生变形。由于 $R_1$ 与 $R_2$ 接入电桥相邻臂上，造成 $\Delta R_{1t}$ 与 $\Delta R_{2t}$ 相同，根据电桥理论可知，其输出电压 $U_{sc}$ 与温度无关。当工作应变片感受应变时，电桥将产生相应输出电压。

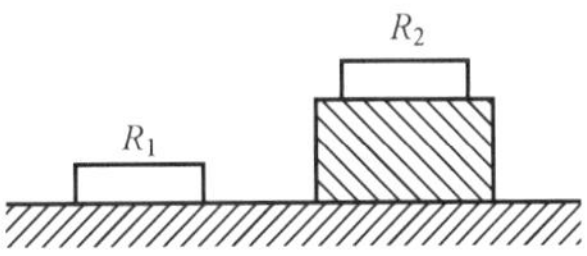

图 3.2.6 补偿应变片粘贴示意图

当被测试件不承受应变时，$R_1$ 和 $R_2$ 处于同一温度场，调整电桥参数，可使电桥输出电压为零，即

$$U_o = A(R_1R_4 - R_2R_3) = 0 \tag{3.2.10}$$

式（3.2.10）中，可以选择 $R_1 = R_2 = R$ 及 $R_3 = R_4 = R'$。

当温度升高或降低时，若 $\Delta R_{1t} = \Delta R_{2t}$，即两个应变片的热输出相等，由式（3.2.10）可知电桥的输出电压为零，即

$$\begin{aligned} U_o &= A[(R_1 + \Delta R_{1t})R_4 - (R_2 + \Delta R_{2t})R] = A[(R + \Delta R_{1t})R' - (R + \Delta R_{2t})R'] \\ &= A(RR' + \Delta R_{1t}R' - RR' - \Delta R_{2t}R') = A(RR' + \Delta R_{1t}R' - RR' - \Delta R_{2t}R') \end{aligned}$$

若此时有应变作用，只会引起电阻 $R_1$ 发生变化，$R_2$ 不承受应变。故由上式可得输出电压为

$$U_o = A[(R_1 + \Delta R_{1t} + R_1K\varepsilon)R_4 - (R_2 + \Delta R_{2t})R_3] = AR'RK\varepsilon \tag{3.2.11}$$

由式（3.2.11）可知，电桥输出电压只与应变 $\varepsilon$ 有关，与温度无关。为达到完全补偿，需满足下列三个条件：

1）$R_1$ 和 $R_2$ 须属于同一批号的，即它们的电阻温度系数 $\alpha$、线膨胀系数 $\beta$、应变灵敏系数 $K$ 都相同，两片的初始电阻值也要求相同；

2）用于粘贴补偿片的构件和粘贴工作片的试件二者材料必须相同，即要求两者线膨胀系数相等；

3）两应变片处于同一温度环境中。

此方法的优点是简单易行，能在较大温度范围内进行补偿；缺点是三个条件不易满足，尤其是第 3 个条件。在某些测试条件下，温度场梯度较大，$R_1$ 和 $R_2$ 很难处于相同温度点。

根据被测试件承受应变的情况，可以不另加专门的补偿块，而是将补偿片贴在被测试件上（见图 3.2.7），这样既能起到温度补偿作用，又能提高输出的灵敏度。

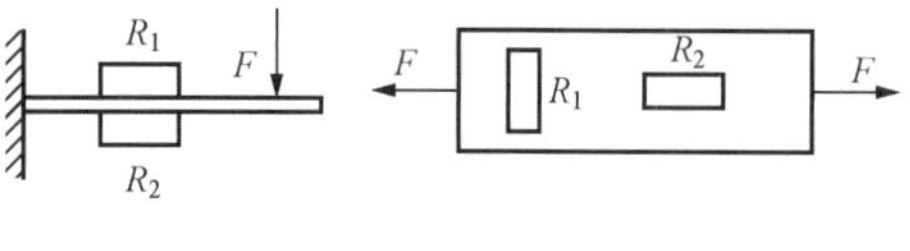


图 3.2.7 应变片受力示意图

（a）弯曲应力；（b）单向应力

图 3.2.7（a）为一个梁受弯曲应变时，应变片 $R_1$ 和 $R_2$ 的变形方向相反，上面受拉，下面受压，应变绝对值相等，符号相反，将它们接入电桥的相邻臂后，可使输出电压增加一倍。当温度变化时，应变片 $R_1$ 和 $R_2$ 的阻值变化的符号相同，大小相等，电桥不产生输出，达到了补偿的目的。图 3.2.7（b）是受单向应力的构件，将工作应变片 $R_2$ 的轴线顺着应变方向，补偿应变片 $R_1$ 的轴线和应变方向垂直，$R_1$ 和 $R_2$ 接入电桥相邻臂，其输出为

$$U_o = AR_1R_2K(1+\mu)\varepsilon \tag{3.2.12}$$

（4）线路补偿法。另外，也可以采用热敏电阻进行补偿。如图 3.2.8 所示，热敏电阻 $R_t$ 与应变片处在相同的温度下，当应变片的灵敏度随温度升高而下降时，热敏电阻 $R_t$ 的阻值下降，使电桥的输入电压随温度升高而增加，从而提高电桥输出电压。选择分流电阻 $R_5$ 的值，可使应变片灵敏度下降对电桥输出的影响得到很好的补偿。

### 3.2.5 电阻应变片选用与粘贴

应变片是通过黏合剂粘贴到被测物体上的，其粘贴质量直接影响应变测量的精确度。选用电阻应变片进行测量时，通常需要按照以下步骤进行处理：

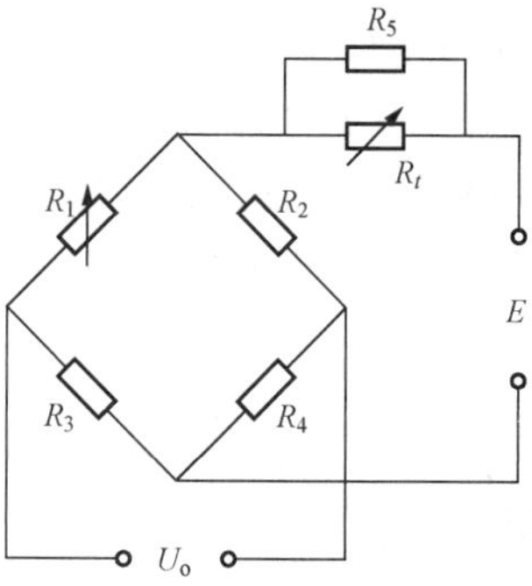


图 3.2.8 热敏电阻补偿电路

（1）选片。在确定采用哪种类型的应变计后，用肉眼或放大镜检查丝栅是否平行，有否霉点、锈点；用数字式万用表测量各应变片电阻值，选择电阻值差在±0.5Ω 内的 8～10 枚应变片供粘贴用。

（2）去污。为使应变片与被测试件贴得牢，对测点表面要进行清洁处理。首先把测点表面用砂轮，锉刀或砂纸打磨，使测点表面平整；然后用棉花球蘸丙酮擦洗表面的油污，到棉花球不黑为止；再用划针在测片位置处划出应变计的坐标线。打磨好的表面，如暂时不贴片，可涂以凡士林等防止氧化。

如果测量对象为混凝土构件，则须用喷浆方法把表面垫平，然后同样进行表面打磨清洗等工作。此外，在贴片部位，还得先涂一层隔潮层，可采用环氧树脂胶或用铝箔纸，应变片就贴于隔潮底层上。采用手持砂轮工具除去构件表面的油污、漆、锈斑等，并用细纱布交叉打磨出细纹以增加粘贴力，用浸有乙醇或丙酮的纱布片或脱脂棉球擦洗。

（3）贴片。在测点位置和应变片的底基面上，涂上薄薄一层胶水，一手捏住应变片引出线，把应变片轴线对准坐标线，上面盖一层聚乙烯塑料膜作为隔层，用手指在应变片的长度方向滚压，挤出片下气泡和多余的胶水，直到应变片与被测物紧密粘合为止。手指保持不动约 1min 后再放开。注意，按住时不要使应变片移动，轻轻掀开薄膜检查有无气泡、翘曲、脱胶等现象，否则需重贴。注意黏结剂不要用得过多或过少，过多则胶层太厚影响应变片性能，过少则粘结不牢不能准确传递应变。

（4）干燥处理。应变片粘贴好后应有足够的黏结强度以保证与试件共同变形。此外，应变片和试件间应有一定的绝缘度，以保证应变读数的稳定。为此，在贴好应变片后就需要进行干燥处理，处理方法可以是自然干燥或人工干燥。如气温在 20℃以上，相对湿度在 55%

左右时用502胶水粘贴，采用自然干燥即可。人工干燥可用红外线灯或电吹风进行加热干燥，烘烤时应适当控制距离，注意应变片的温度不得超过其允许的最高工作温度，以防应变片底基烘焦损坏。

（5）接线。应变片和应变仪之间用导线连接。需根据环境与试验的要求选用导线。通常静应变测定用双蕊多股平行线。在有强电磁干扰及动应变测量时，需用屏蔽线。焊接导线前，先用万用表检查导线有否断路，然后在每根导线的两端贴上同样的号码标签，避免测点多时造成差错。在应变片引出线下，贴上胶带纸，以免应变片引出线与被测试件（如被测试件是导电体的话）接触造成短路。然后把导线与应变片引线焊接在一起，焊接时注意防止假焊。焊完后用万用表在导线另一端检查是否接通。

（6）固定。为防止在导线被拉动时应变片引出线被拉坏，可使用接线端子，接线端子相当于接线柱，使用时先用胶水把它粘在应变片引出线前端，然后把应变片引出线及导线分别焊于接线端子的两端，以保护应变片。

（7）防潮处理。为避免胶层吸收空气中的水分而降低绝缘电阻值，应在应变片接好线并且绝缘电阻达到要求后，立即对应变片进行防潮处理。防潮处理应根据试验的要求和环境采用不同的防潮材料。常用的简易的防潮剂可用703、704硅胶。

### 3.2.6 电阻应变式传感器的应用

微课3

电阻应变式传感器的应用

电阻应变式传感器的应用十分广泛。它可以测量应变应力、弯矩、扭矩、加速度、位移等物理量。电阻应变片的应用可分为两大类：一类是将应变片粘贴于某些弹性体上，并将其接到测量转换电路，这样就构成测量各种物理量的专用应变式传感器。应变式传感器中，敏感元件一般为各种弹性体，传感元件就是应变片，测量转换电路一般为桥路；另一类是将应变片贴于被测试件上，然后将其接到应变仪上就可直接从应变仪上读取被测试件的应变量。

1. 电阻应变式力敏传感器

被测物理量为荷重或力的应变式传感器，统称为应变式力敏传感器。其主要用途是作为各种电子秤与材料试验机的测力元件、发动机的推力测试、水坝坝体承载状况监测等。弹性元件把被测力的变化转变为应变量的变化，粘贴在上面的应变片也感受到同样大小的应变，因而应变片把应变量的变化变换成电阻的变化。只要把所贴的应变片接入电桥线路中，则电桥的输出变化就正比于被测力的变化。

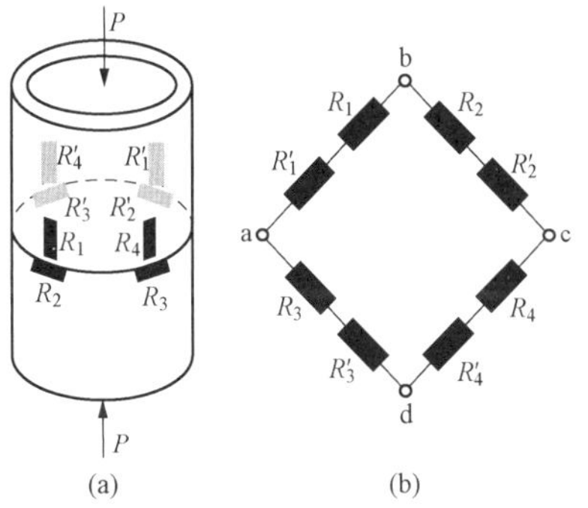


图3.2.9 柱式弹性元件布片及组桥图

（a）布片图；（b）组桥图

力的测量可以在被测对象上直接布片组桥，也可以在弹性元件上布片组桥，组成各种测力仪。如节3.1所述，常用的弹性元件有柱式、梁式、环式、轮辐式等多种形式。电阻应变式测力仪具有结构简单、制造方便、精确度高等优点。

（1）柱式弹性元件。如图3.2.9（a）所示，使用时一般将应变片对称地贴在应力均匀的圆柱中部表面并通过电桥连接以尽可能消除偏心和弯矩的影响。

对图示四个轴向和四个横向应变片，连接成的串联全桥电路如图3.2.9（b）所示。

（2）梁式弹性元件。等截面梁布片时，如图 3.1.2 所示，在距离受力点为 $l_0$ 的上、下表面，沿 $l$ 向贴电阻应变片 $R_1$ 和 $R_3$，$R_2$ 和 $R_4$ 贴在反面对称位置。受力后该处的应变见式（3.1.2）。

等强度梁的各点由于应变相等，故粘贴应变片的位置要求不严格，布片方式可如图 3.1.3 所示。受力后在粘贴应变片处的应变见式（3.1.3）。

等截面双端固定梁的结构在相同力 $F$ 的作用下产生的挠度比悬臂梁的要小。其受力后粘贴应变片处的应变见式（3.1.4）。

（3）环式弹性元件。圆环式弹性元件如图 3.1.4 所示。圆环上施加径向力 $F_y$ 时，由于在水平中心线上应变最大，因此将应变片 $R_1$、$R_2$、$R_3$ 和 $R_4$ 贴在水平中心线上，$R_1$、$R_3$ 受拉应力，$R_2$、$R_4$ 受压应力。

如果圆环一侧固定，另一侧受切向力 $F_x$ 时，将应变片 $R_5$、$R_6$、$R_7$ 和 $R_8$ 贴在与垂直中心线成 39.6°处，$R_5$、$R_7$ 受拉应力，$R_6$、$R_8$ 受压应力。相应组桥电路如图 3.2.10 所示。

当圆环上同时作用力 $F_x$ 和 $F_y$ 时，将应变片 $R_1$～$R_4$、$R_5$～$R_8$ 分别组成电桥，就可以互不干扰地测力 $F_x$ 和 $F_y$。

八角环式如图 3.1.5 所示一般测力 $F_x$ 时，应变片贴在应变节点 45°处。

当测力 $F_z$ 时（或测力 $F_z$ 形成的弯矩 $M_z$），在八角环水平中心线产生最大应变，应变片 $R_9$～$R_{12}$ 贴在该处并成斜向 45°布片组成电桥如图 3.2.11 所示。

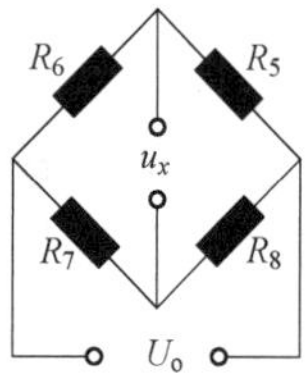


图 3.2.10　圆环式弹性元件测 $F_x$ 组桥图

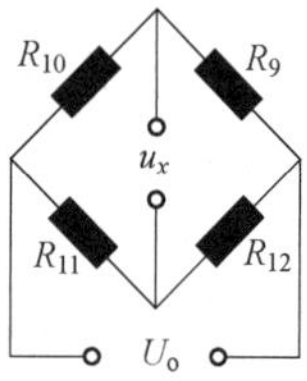


图 3.2.11　八角环式弹性元件组桥图

轮辐式弹性元件的布片图如图 3.1.6 所示，其组桥方式与图 3.2.9（b）类似，但需将两桥臂上的应变电阻 $R_2$、$R_2'$ 和 $R_4$、$R_4'$ 位置互换，以保证电桥相邻桥臂上的应变电阻在受力后的阻值变化趋势相反。

2. 电阻应变式测压力装置

垂直作用在单位面积上的力称为压力。压力的单位是 N/m²，称为帕斯卡，或帕（Pa）。

压力测量一般用于液体、蒸汽或气体等流体。在工程测量中，压力可以用绝对压力或表压力表示。

（1）绝对压力是指流体垂直作用在单位面积上的全部压力，既包括流体的压力，也包括大气压力。

（2）压力表显示的数值是绝对压力和大气压力的差值，称为表压力。表压力为正值时简称为压力，表压力为负值时称为负压，或真空度。

压力测量装置简称压力计或压力表，按转换原理的不同，可以分为液柱式压力计、弹性压力计和电气压力计等。

（1）液柱式压力计是依据流体静力学原理，将被测压力转换成液柱高度的压力计。它被广泛应用于表压力和真空度的测量中。

(2) 弹性压力计是利用弹性元件受压后所产生的弹性变形来测量压力。它包括弹簧管压力计、波纹管压力计和薄膜式压力计。

(3) 电气压力计是将被测压力通过机械和电气元件转换成电量来测量压力。它包括应变式压力计、电容式压力计、电感式压力计和霍尔式压力计。

下面介绍几种常见的压力计。

1) 弹簧管压力计。其结构如图3.2.12所示，被测压力由接头9进入弹簧管1，导致自由端$B$向右上方扩张，通过拉杆2使锥齿轮3作逆时针偏转，从而使中心齿轮4带动同轴的指针5作顺时针偏转，在标尺板6上指示出被测压力的数值。游丝7用来克服锥齿轮和中心齿轮的间隙，调整螺栓8用来改变压力计的量程。

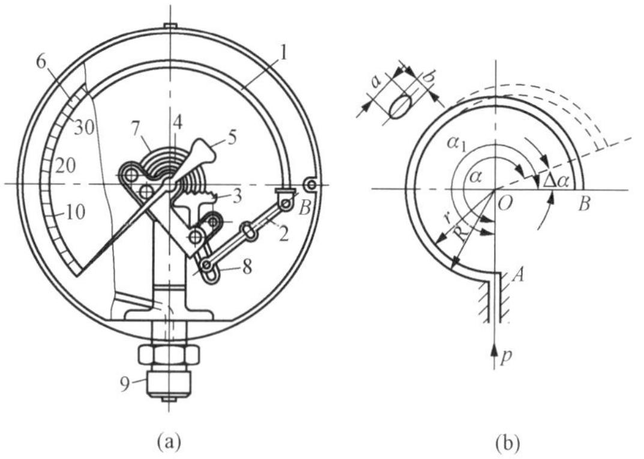


图3.2.12 弹簧管压力计

(a) 结构图；(b) 工作原理图

1—弹簧管；2—拉杆；3—锥齿轮；4—中心齿轮；5—指针；6—标尺板；7—游丝；8—调整螺栓；9—接头

2) 应变式压力传感器。它主要用于测量液体、气体的压力，可直接将应变片粘贴在弹性膜片上，常见的压敏弹性元件见第3.1.3节。图3.2.13所示为组合式压力传感器结构。

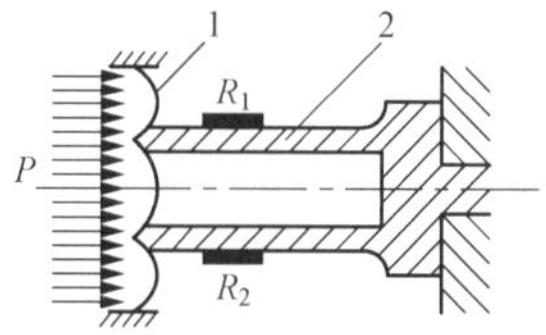


图3.2.13 组合式压力传感器

1—弹性膜片；2—薄壁圆筒

3) 应变式加速度传感器。加速度传感器通常由悬臂梁、质量块和壳体组成，如图3.2.14所示。质量块固定在悬臂梁的一端，梁的上下表面粘贴有应变片。测量时将传感器的壳体与被测对象刚性连接，在一定的频率范围内，质量块产生的加速度与被测加速度相等，因而作用于悬臂梁上的惯性力亦与被测加速度成正比。应变式加速度传感器常用于低频振动测量。

4) 应变式扭矩传感器。如图3.2.15所示，应变式扭矩传感器采用实心圆柱或空心圆柱形式的弹性元件。其应变片按45°方向粘贴在圆柱外表面上，通常贴4片组成全桥，这样既可以提高灵敏度，又可以消除弯曲产生的影响。但是，由于传动轴是转动的，因而不能直接从应变片引出信号，可采用电刷式集流环、水银槽式集流环将应变信号由旋转轴引到静止的导线和仪器上，也可以采用非接触式测量方法（如感应式或遥测式）。

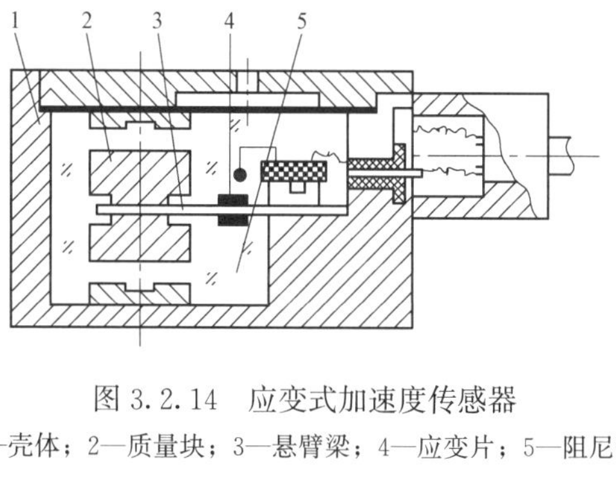


图3.2.14 应变式加速度传感器

1—壳体；2—质量块；3—悬臂梁；4—应变片；5—阻尼油

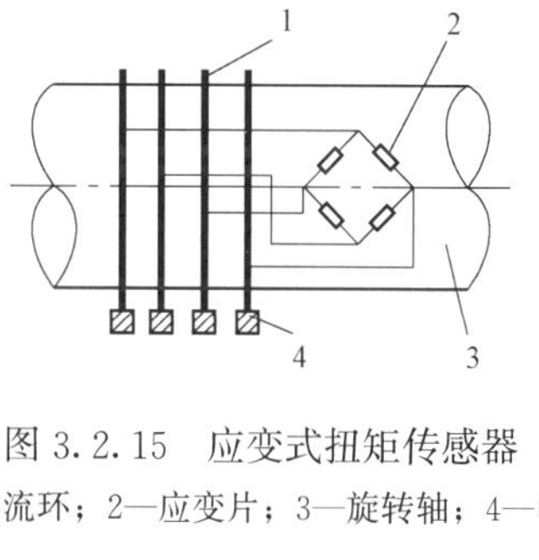


图3.2.15 应变式扭矩传感器

1—集流环；2—应变片；3—旋转轴；4—电刷

## 3.3 压阻式传感器

当力作用于硅晶体等半导体材料时，晶体的晶格产生变形，使载流子从一个能谷向另一个能谷散射，引起载流子的迁移率发生变化，扰动了载流子纵向和横向的平均量，从而使半导体的电阻率发生变化，这种现象称为压阻效应。这种变化随晶体的取向不同而异，因此硅的压阻效应与晶体的取向有关。

半导体的压阻效应不同于前述金属电阻的应变效应，前者电阻随压力的变化主要取决于电阻率的变化，后者电阻的变化则主要取决于几何尺寸的变化（应变），而且前者的灵敏度是后者的 50～100 倍。

利用半导体材料做成的压阻式传感器有两种类型：一种是利用半导体材料的体电阻做成的粘贴式应变片；另一种是在半导体材料的基片上用集成电路工艺制成扩散电阻，称扩散型压阻式传感器。压阻式传感器的灵敏系数大、分辨率高、频率响应高、体积小，主要用于测量压力、加速度和载荷参数。

由于半导体材料对温度很敏感，因此压阻式传感器的温度误差较大，必须要有温度补偿。其补偿方法和电阻应变式力敏传感器类似。

### 3.3.1 压阻式传感器的结构

图 3.3.1 所示为压阻式传感器的结构示意图。硅压阻式压力计由外壳、硅膜片和引线等组成。其核心部分是做成杯状的硅膜片。在硅膜片上，用半导体工艺中的扩散掺杂法做成四个相等的电阻，接成全桥，并用引线引出。

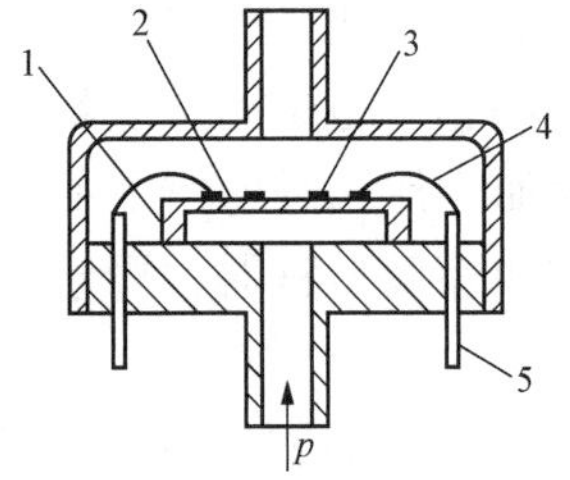


图 3.3.1 压阻式传感器结构示意图

1—硅杯；2—膜片；3—扩散电阻；4—内部引线；5—引线端

四个电阻中，其中两片受拉应力，另外两片受压应力。膜片的一侧是高压腔，与被测系统相连接；另一侧是低压腔，通常和大气相通。当膜片两侧存在压力差而发生形变时，膜片上各点产生应力，电桥失去平衡，输出相应的电压，其电压值就反映了膜片所受的压力差值。

### 3.3.2 压阻式传感器的特点

压阻式传感器的优点主要有：①频率响应高，可达 1.5MHz；②体积小、耗电少；③灵敏度高、精确度好，可测量到 0.1%的精确度；④无运动部件（敏感元件与转换元件一体）。

压阻式传感器缺点主要是温度特性差，工艺复杂。

### 3.3.3 压阻式传感器的应用

压阻式传感器广泛地应用于航天、航空、航海、石油化工、动力机械、生物医学工程、气象、地质、地震测量等各个领域。

在航天和航空工业中压力是一个关键参数，对静态压力和动态压力，局部压力和整个压力场的测量都要求很高的精确度。压阻式传感器是用于这方面的较理想的传感器。例如，用于测量直升机机翼的气流压力分布，测试发动机进气口的动态畸变、叶栅的脉动压力和机翼的抖动等。在飞机喷气发动机中心压力的测量中，使用专门设计的硅压力传感器，其工作温度达 500℃以上。在波音客机的大气数据测量系统中采用了精确度高达

微课 4
压阻式传感器的应用

0.05%的配套硅压力传感器。在尺寸缩小的风洞模型试验中，压阻式传感器能密集安装在风洞进口处和发动机进气管道模型中。单个传感器直径仅 2.36mm，固有频率高达 300kHz，非线性和滞后均为全量程的±0.22%。

在生物医学方面，压阻式传感器也是理想的检测工具。已制成扩散硅膜薄到 10μm，外径仅 0.5mm 的注射针型压阻式压力传感器和能测量心血管、颅内、尿道、子宫和眼球内压力的传感器。

压阻式传感器还有效地应用于爆炸压力和冲击波的测量、真空测量、监测和控制汽车发动机的性能以及测量枪炮膛内压力、发射冲击波等兵器方面的测量。此外，在油井压力测量、随钻测向和测位地下密封电缆故障点的检测以及流量和液位测量等方面都广泛应用压阻式力敏传感器。随着微电子技术和计算机技术的进一步发展，压阻式传感器的应用还将迅速发展。

## 3.4 压电式传感器

压电式传感器是一种自发电式传感器，以某些电介质的压电效应为基础，在外力作用下，在电介质表面产生电荷，从而实现非电量测量的目的。

压电式传感器具有体积小、质量轻、工作频带宽、信噪比大等特点，同时由于没有运动部件，因此其结构坚固、可靠性大、稳定性高。压电式传感器在各种动态力、机械冲击与振动的测量，以及声学、医学、力学、宇航等方面都得到了非常广泛的应用。

### 3.4.1 压电式传感器的工作原理

压电式传感器基于压电效应制作而成。某些电介质物体，在沿一定方向对其施加压力和拉力而使之变形时，内部会产生极化现象，同时会在其表面产生电荷。当将外力去掉后，它们又重新回到不带电的状态，这种现象就称为压电效应。人们把这种机械能转化为电能的现象，就称为正压电效应。相反地，如果在电介质的极化方向上施加电场，它会产生机械形变；当去掉外加电场时，电介质的变形随之消失。这种将电能转换为机械能的现象，称为逆压电效应（电致伸缩效应）。

压电式传感器可以看作是电荷发生器，它又是一个电容器，其电容量为

$$C=\frac{\varepsilon_0\varepsilon_r A}{\delta} \tag{3.4.1}$$

式中：$\varepsilon_r$ 为压电式材料的相对介电常数，石英晶体 $\varepsilon_r=4.5$，钛酸钡 $\varepsilon_r=1200$；$\varepsilon_0$ 为真空介电常数，$\varepsilon_0=8.85\times10^{-12}$F/m；$\delta$ 为极板间距离；$A$ 为极板面积。

如图 3.4.1 所示，压电晶片的两个工作面上进行金属蒸镀形成金属膜，构成两个电极，$F$ 为施加在晶片上的外力。实验已证明压电体表面积聚的电荷与作用力成正比。

压电式传感器接入电路等效电路图如图 3.4.2 所示。图中 $C_C$ 为连接电缆的寄生电容形成的传感器的并生电容，$R_0$ 为后续电路的输入阻抗和传感器中漏电阻形成的泄漏电阻。

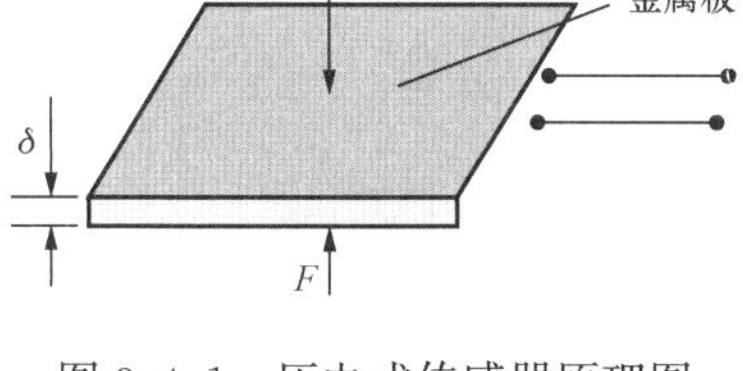


图 3.4.1 压电式传感器原理图

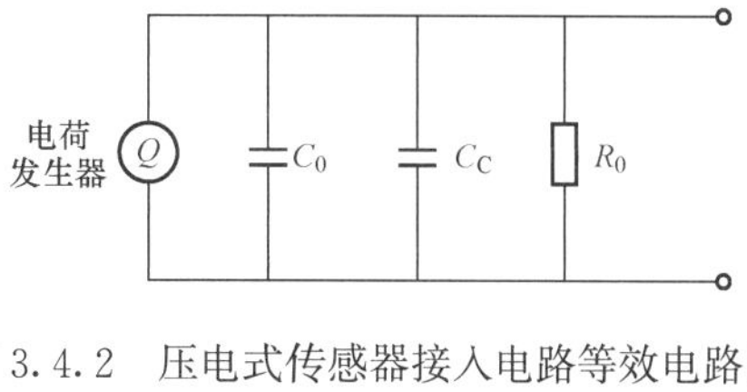


图 3.4.2 压电式传感器接入电路等效电路图

当力的方向改变时，电荷的极性随之改变，输出电压的频率与动态力的频率相同；当动态力变为静态力时，电荷将由于表面漏电而很快泄漏、消失，因此压电式传感器主要用于动态变化的力及其相关参数检测。

### 3.4.2 压电材料

具有压电特性的电介质称为压电材料或压电元件。压电材料的种类很多，从取材方面看，有天然的和人工合成的、有机的和无机的；从晶体结构方面讲，有单晶的和多晶的。

压电式传感器中压电材料的选用，应考虑以下几方面的性能：

(1) 转换性能。这个特性表明了压电材料"压电"转换的效率。压电材料应具有较大的压电常数或机电耦合系数。

(2) 机械性能。压电材料作为受力元件，希望它的机械强度大，机械刚度大，以便获得较宽的线性范围和较高的固有频率。

(3) 电气性能。希望压电材料具有高的电阻率和大的介电常数，这样才能减弱分布电容的影响，使压电传感器的频率下限向下延伸。

(4) 温度性能。要求压电材料具有较高的居里点，以便获得较宽的工作温度范围，这是因为居里点是压电材料开始失去压电性的温度。

(5) 时间稳定性。要求压电材料的压电特性不随时间蜕变，压电式传感器的工作原理是基于某些介质材料的压电效应，是典型的双向有源传感器。当材料受力作用而变形时，其表面会有电荷产生，从而实现非电量测量。

压电材料通常分为压电晶体、多晶体压电陶瓷、高分子压电材料及压电复合材料四类。由于其具有不同的工艺及应用特点，因此应用领域各有不同。

1. 压电晶体

具有压电性的单晶体统称为压电晶体，常见的有石英晶体、水溶性压电晶体（如酒石酸钾钠、酒石酸乙烯二铵、酒石酸二钾、硫酸钾）等。其中，石英晶体是最常用的压电晶体之一。

石英晶体的主要性能特点如下：

(1) 压电系数小，但其时间和温度稳定性极好，常温下几乎不变，在 20～200℃范围内其温度变化率仅为−0.16%/℃；

(2) 机械强度和品质因数高，最大安全应力高达 95～100MPa，且刚度大，固有频率高，动态特性好；

(3) 居里点为 573℃；

(4) 无热释电性，且绝缘性、重复性都较好。

天然石英晶体的上述性能更好，因此常用于精确度和稳定性要求高的场合和制作标准传感器。

石英晶体的化学成分为 $SiO_2$，是单晶体结构。它理想的几何形状为正六面体晶柱，如图 3.4.3 所示。

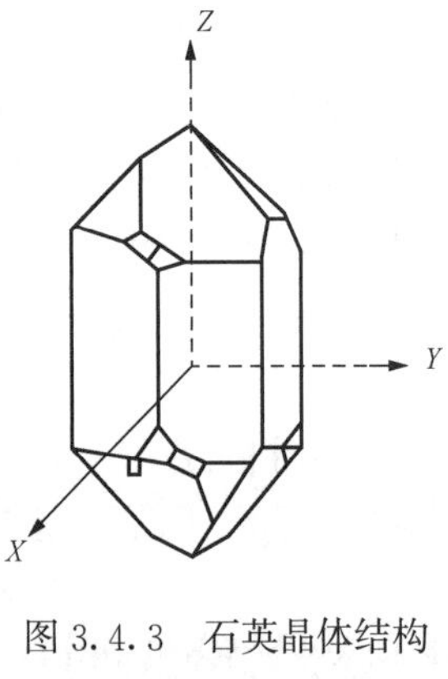

图 3.4.3 石英晶体结构

经过正六面体（两相对）棱线且垂直于光轴的 $X$ 轴称为电轴；与 $X$ 轴和 $Z$ 轴同时垂直的 $Y$ 轴称为机械轴。

通常将沿电轴方向的力作用下产生电荷的压电效应称为"纵向压电效应"；把沿机械轴方向的力作用下产生电荷的压电效应，

称为“横向压电效应”。作用力为剪切力时称为“切向压电效应”。压电晶体中产生的电荷大小与极性不仅与力的大小有关，还与力的作用方向有关。

2. 多晶体压电陶瓷

多晶体压电陶瓷，简称压电陶瓷，常见的制作材料有铌镁酸铅、钛酸钡、锆钛酸铅PZT系列等。其特点是压电系数大，灵敏度高；制造工艺成熟，可通过合理配方和掺杂等人工控制来达到所要求的性能；成形工艺性也好，成本低廉，利于广泛应用。

下面以钛酸钡陶瓷为例介绍压电陶瓷的工作特性。

钛酸钡陶瓷具有类似铁磁材料磁畴结构的电畴结构，在无外电场作用时，各个电畴在晶体上杂乱分布，它们的极化效应被相互抵消，因此原始的压电陶瓷内极化强度为零，如图3.4.4所示。

如图3.4.5所示，陶瓷的一端出现正束缚电荷，另一端出现负束缚电荷。由于束缚电荷的作用，在陶瓷片的电极面上吸附了一层来自外界的自由电荷。这些自由电荷与陶瓷片内的束缚电荷符号相反而数量相等，它起着屏蔽和抵消陶瓷片内极化强度对外界的作用。

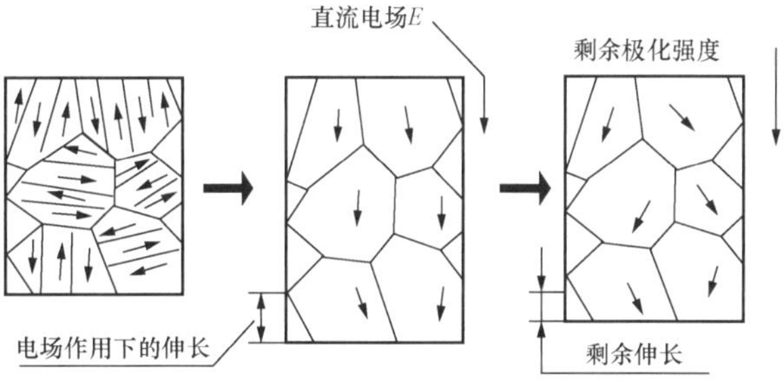


图3.4.4 钛酸钡陶瓷的极化效应

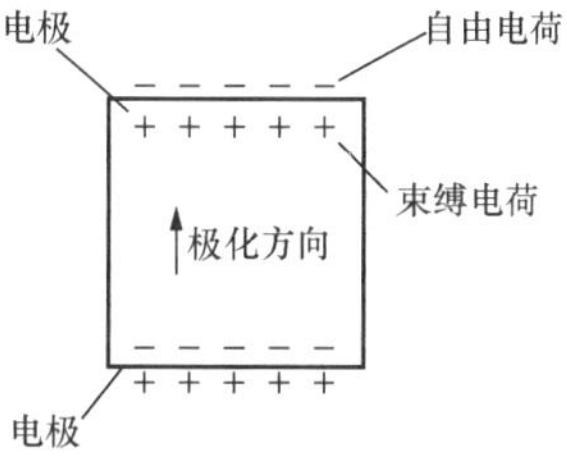


图3.4.5 陶瓷片内束缚电荷与电极上吸附的自由电荷示意图

如图3.4.6所示，如果在陶瓷片上加一个与极化方向平行的压力$F$，片内的正、负束缚电荷之间的距离变小，极化强度也变小。因此，原来吸附在电极上的自由电荷，有一部分被释放，而出现放电荷现象。当压力撤消后，陶瓷片恢复原状，片内的正、负电荷之间的距离变大，极化强度也变大。这种由机械效应转变为电效应，或者由机械能转变为电能的现象，就是压电效应。

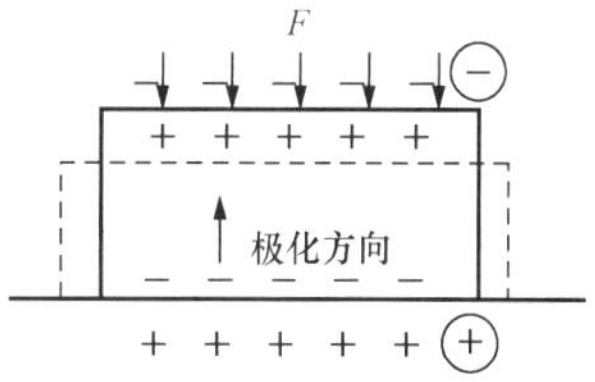


图3.4.6 陶瓷片压电效应示意图（实线代表形变前的情况，虚线代表形变后的情况）

由此可见，钛酸钡陶瓷之所以具有压电效应，是由于陶瓷内部存在自发极化。这些自发极化经过极化工序处理而被迫取向排列后，陶瓷内即存在剩余极化强度。如果外界的作用（如压力或电场的作用）能使此极化强度发生变化，陶瓷就出现压电效应。此外，还可以看出，陶瓷内的极化电荷是束缚电荷，而不是自由电荷，这些束缚电荷不能自由移动。所以在陶瓷中产生的放电或充电现象，是通过陶瓷内部极化强度的变化，引起电极面上自由电荷的释放或补充的结果。

3. 高分子压电材料

高分子压电材料有聚偏二氟乙烯（$PVF_2$或PVDF）、聚氟乙烯（PVF）、改性聚氯乙烯（PVC）等。其中以$PVF_2$和PVDF的压电常数最高。

高分子压电材料是一种柔软的压电材料，可根据需要制成薄膜或电缆套管等形状，经极化处理后就显现出压电特性。它不易破碎，具有防水性，可以大量连续拉制，制成较大面积或较长的尺度，因此价格便宜。它的声阻抗约为 0.02MPa/s，与空气的声阻抗有较好的匹配，可以制成特大口径的壁挂式低音扬声器。

高分子压电材料的工作温度一般低于 100℃。温度升高时，灵敏度将降低。它的机械强度不够高，耐紫外线能力较差，不宜暴晒，以免老化。

4. 压电复合材料

1968 年以来出现了多种压电复合材料，如硫化锌 ZnS、碲化镉 CdTe、氧化锌 ZnO、硫化镉 CdS、碲化锌 ZnTe 和砷化镓 GaAs 等。这些材料的显著特点是，既具有压电特性，又具有半导体特性。

因此既可用其压电特性研制传感器，又可用其半导体特性制作电子器件，也可以两者结合，集元件与线路于一体，研制成新型集成压电传感器测试系统。

目前人们还开发出一种压电陶瓷——高聚物复合材料，它是由无机压电陶瓷和有机高分子树脂构成的压电复合材料，兼备无机和有机压电材料的性能。可以根据需要，综合两种材料的优点，制作性能更好的换能器和传感器。它的接收灵敏度很高，更适合于制作水声换能器。

压电材料可以因机械变形产生电场，也可以因电场作用产生机械变形，这种固有的机电耦合效应使得压电材料在工程中得到了广泛的应用。例如，压电材料已被用来制作智能结构，此类结构除具有自承载能力外，还具有自诊断性、自适应性和自修复性等功能，在未来的飞行器等设计中占有重要的地位。

### 3.4.3 压电式传感器的转换电路

1. 压电元件的等效电路

当压电式传感器中的压电晶体承受被测机械应力的作用时，在它的两个极面上出现极性相反但电量相等的电荷。可把压电式传感器看成一个静电发生器，如图 3.4.7（a）所示。也可把它视为两极板上聚集异性电荷，中间为绝缘体的电容器，如图 3.4.7（b）所示。

电容器的电容量为 $C_a=\dfrac{\varepsilon S}{h}=\dfrac{\varepsilon_r\varepsilon_0 S}{h}$。因此，压电式传感器可等效为电压源 $U_a$ 和一个电容器 $C_a$ 的串联电路，如图 3.4.8（a）所示；也可等效为一个电荷源 $q$ 和一个电容器 $C_a$ 的并联电路，如图 3.4.8（b）所示。

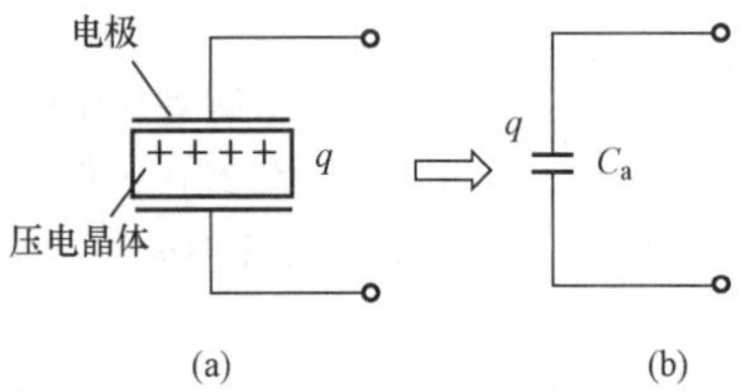


图 3.4.7 压电式传感器的等效电路

（a）等效静电发生器；（b）等效电容器

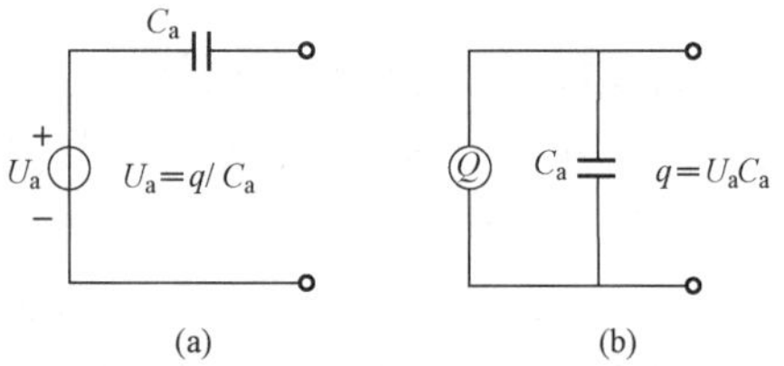


图 3.4.8 压电式传感器等效原理图

（a）电压等效电路；（b）电荷等效电路

压电式传感器在实际使用时总要与测量仪器或测量电路相连接，因此还需考虑连接电缆的等效电容 $C_C$、放大器的输入电阻 $R_i$ 和输入电容 $C_i$、压电式传感器的泄漏电阻 $R_a$，这样压电式传感器在测量系统中的实际等效电路如图 3.4.9 所示。

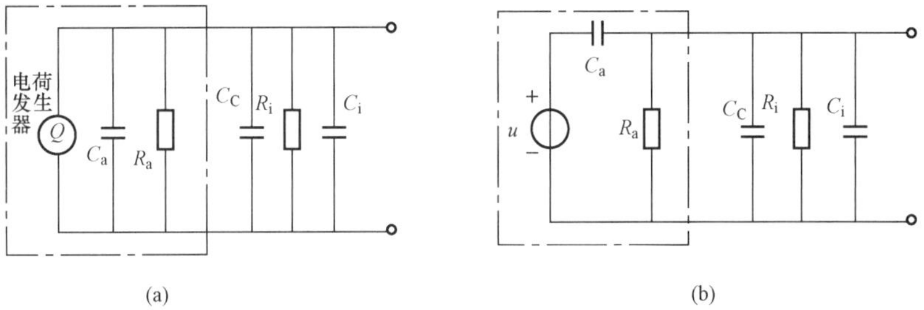


图 3.4.9　压电式传感器在测量系统中的实际等效电路图

（a）电荷源；（b）电压源

由此可知，压电式传感器的电压灵敏度 $K_u=U/F$，电荷灵敏度 $K_Q=Q/F$。

压电式传感器本身的内阻抗很高，而输出能量较小，因此它的测量电路通常需要接入一个高输入阻抗的前置放大器，其作用是：①将它的高输出阻抗变换为低输出阻抗；②放大传感器输出的微弱信号。

压电式传感器的输出可以是电压信号，也可以是电荷信号，因此前置放大器也有两种形式，即电压放大器和电荷放大器。

2. 电压放大器

电压放大器的电路原理图及其等效电路如图 3.4.10 所示。图中，电阻 $R=R_a/\!/R_i$，电容 $C=C_C+C_i$，而 $U=q/C_a$，若压电元件受正弦力 $F=F_m\sin\omega t$ 的作用，则其电压为

$$u=\frac{dF_m\sin\omega t}{C_a}=U_m\sin\omega t \tag{3.4.2}$$

式中：$d$ 为压电系数（取决于切割方向及受力情况）；$U_m$ 为压电元件输出电压幅值，$U_m=dF_m/C_a$。

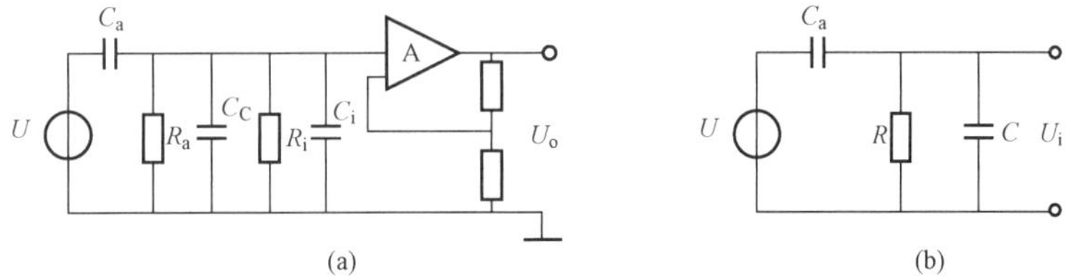


图 3.4.10　电压放大器电路原理图

（a）放大器电路图；（b）输入端等效电路图

理想情况下输入电压幅值 $U_{im}$ 为

$$U_{im}=\frac{dF_m\omega R}{\sqrt{1+(\omega/\omega_0)^2}}=\frac{dF_m}{C_a+C}=\frac{dF_m}{C_a+C_C+C_i} \tag{3.4.3}$$

式中：$\omega_0$ 为传感器的固有频率。

式（3.4.3）表明，$\omega/\omega_0\gg1$ 时，前置放大器输入电压 $U_{im}$ 与频率无关。一般当 $\omega/\omega_0>3$ 时，就可以认为 $U_{im}$ 与 $\omega$ 无关。这说明在测量电路时间常数一定的条件下，压电式传感器高频响应很好，这是压电式传感器的优点之一。

当 $\omega/\omega_0<3$ 时，即被测动态量变化缓慢，而转换回路时间常数也不大，就会造成传感器

灵敏度下降。因此，为降低频带下限，就需提高转换回路的时间常数 $t$。

根据电压灵敏度的定义

$$S_u=\frac{U_{\mathrm{im}}}{F_{\mathrm{m}}}=\frac{d\omega R}{\sqrt{1+(\omega/\omega_0)^2}}=\frac{d}{\sqrt{(1/\omega R)^2+(C_{\mathrm{a}}+C_{\mathrm{C}}+C_{\mathrm{i}})^2}} \tag{3.4.4}$$

当 $\omega R\gg 1$ 时，传感器的电压灵敏度 $S_u$ 近似为

$$S_u\approx\frac{d}{C_{\mathrm{a}}+C_{\mathrm{C}}+C_{\mathrm{i}}} \tag{3.4.5}$$

显然，如果靠增大转换回路的电容提高时间常数 $t$ 的话，就会影响到传感器的灵敏度，因此通常通过增加电阻 $R$ 来提高时间常数。

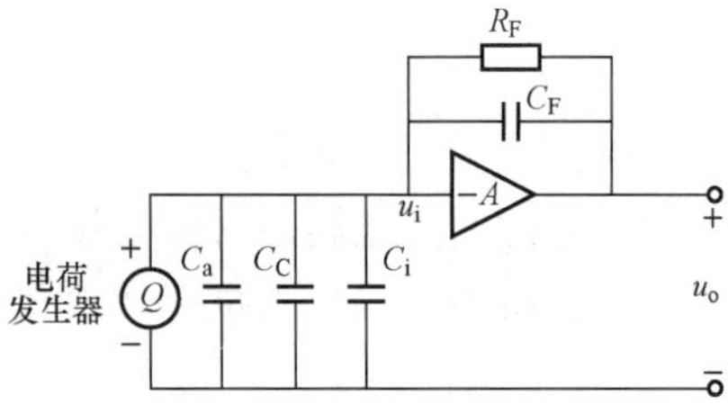


图 3.4.11　电荷放大器原理图

3. 电荷放大器

为改善压电传感器的低频特性，常采用电荷放大器。电荷放大器实际上是一个具有深度负反馈的高增益运算放大器，如图 3.4.11 所示。图中 $C_{\mathrm{F}}$ 为电荷放大器的反馈电容，$R_{\mathrm{F}}$ 为反馈电阻。在理想情况下，传感器泄漏电阻 $R_{\mathrm{a}}$、放大器的输入电阻 $R_{\mathrm{i}}$ 和反馈电阻 $R_{\mathrm{F}}$ 都趋于无穷大，因此可以略去 $R_{\mathrm{a}}$、$R_{\mathrm{i}}$、$R_{\mathrm{F}}$。由此可得

$$U_{\mathrm{i}}=\frac{q}{C_{\mathrm{a}}+C_{\mathrm{C}}+C_{\mathrm{i}}+(1+A)C_{\mathrm{F}}} \tag{3.4.6}$$

由运算放大器的特性，可求得电荷放大器的输出电压为

$$U_{\mathrm{o}}=-AU_{\mathrm{i}}=-\frac{Aq}{C_{\mathrm{a}}+C_{\mathrm{C}}+C_{\mathrm{i}}+(1+A)C_{\mathrm{F}}} \tag{3.4.7}$$

通常 $A=10^4\sim10^8$，因此，当满足 $(1+A)C_{\mathrm{F}}\gg C_{\mathrm{a}}+C_{\mathrm{C}}+C_{\mathrm{i}}$ 时，式（3.4.7）可表示为

$$U_{\mathrm{o}}=-\frac{q}{C_{\mathrm{F}}} \tag{3.4.8}$$

由式（3.4.8）可见，电荷放大器的输出电压只取决于输入电荷 $q$ 和反馈电容 $C_{\mathrm{F}}$，且与 $q$ 成正比，与电缆电容 $C_{\mathrm{C}}$ 无关。因此可以采用长电缆进行远距离测量，并且电缆电容变化也不影响灵敏度，这是电荷放大器的最大特点。

通常，当 $(1+A)C_{\mathrm{F}}$ 大于 $C_{\mathrm{a}}+C_{\mathrm{C}}+C_{\mathrm{i}}$ 十倍以上时，即可认为传感器的输出灵敏度与电缆电容 $C_{\mathrm{C}}$ 无关；但由于电缆的分布电容 $C_{\mathrm{C}}$ 随传输距离的增加而增加，因此在远距离传输时，需要考虑 $C_{\mathrm{C}}$ 对测量精确度的影响，由此而产生的误差 $\delta$ 为

$$\delta=\frac{-\dfrac{Aq}{(1+A)C_{\mathrm{F}}}-\left[-\dfrac{Aq}{C_{\mathrm{a}}+C_{\mathrm{C}}+C_{\mathrm{i}}+(1+A)C_{\mathrm{F}}}\right]}{-\dfrac{Aq}{(1+A)C_{\mathrm{F}}}}=\frac{C_{\mathrm{a}}+C_{\mathrm{C}}+C_{\mathrm{i}}}{C_{\mathrm{a}}+C_{\mathrm{C}}+C_{\mathrm{i}}+(1+A)C_{\mathrm{F}}} \tag{3.4.9}$$

由式（3.4.9）可知，增加 $A$ 和增加 $C_{\mathrm{F}}$ 均可提高测量精确度，或者可在精确度保持不变的情况下，增加连接电缆的允许长度。但是 $A$ 也不能无限增大，$A$ 过大容易产生振荡，使系统稳定性变差。反馈电容的值也受放大器输出灵敏度的限制。

在电荷放大器的实际电路中，考虑到被测物理量的不同量程，通常将反馈电容的容量做成可选择的，选择范围一般在 100～10000pF。选用不同容量的反馈电容，可以改变前置级

的输出大小。

此外，考虑到电容负反馈线路在直流工作时相当于开路状态，因此对电缆噪声比较敏感，放大器的零漂也比较大。

为了减小零漂，提高放大器的工作稳定性，实际的电荷放大器电路，通常还在反馈电容两端并联一个大电阻 $R_F(10^8 \sim 10^{10}\Omega)$，其作用是提供直流反馈。

电荷放大器的时间常数 $R_F C_F$ 相当大（105s 以上），下限截止频率 $f_L$ [$f_L = 1/(2\pi R_F C_F)$]低至 $3\times10^{-6}$ Hz；上限频率高达 100Hz，输入阻抗大于 $10^{12}\Omega$，输出阻抗小于 100Ω。压电式传感器配用电荷放大器时，低频响应比配用电压放大器要好得多。但与电压放大器相比，电荷放大器的不足之处是价格较高，电路较复杂，调整也较困难。

### 3.4.4 压电式传感器的应用

1. 压电元件的常用连接形式

在压电式传感器中，为了提高压电元件的灵敏度，通常不采用单片结构，而是采用两片或多片组合结构。由于压电元件是有极性的，因此连接的方法有两种。

(1) 并联接法，两压电晶片的负极都集中在中间电极上，正电极在两边的电极上，其输出的电容 $C$ 和极板上的电荷量 $q$ 为单片的两倍，但输出电压 $U$ 等于单片电压。

(2) 串联接法，正电荷集中在上极板，负电荷集中在下极板，而中间极板的上片产生的负电荷与下片产生的正电荷相互抵消。串联接法的输出电压 $U$ 等于单片电压的两倍，输出的电荷量 $q$ 等于单片电荷量，总电容为单片的 1/2。

在这两种接法中，并联接法输出的电荷大，本身的电容也大，故时间常数大，宜用于测慢变信号，并且适用于以电荷为输出量的场合；而串联接法，输出电压大，本身电容小，故时间常数小，适用于以电压作为输出信号，转换电路的输入阻抗很高的场合。

压电式传感器常用于加速度、动态力/压力等参数的检测。

2. 压电式加速度传感器

压电式加速度传感器是当前振动冲击测试技术中使用广泛的一种传感器。

其特点是量程大、频带宽、安装简单、体积小、质量轻，适用于各种恶劣环境，广泛应用于振动冲击测试、信号分析、故障诊断、振动校准等方面。

压电式加速度传感器的原理和结构如图 3.4.12 所示。压电元件一般由两块压电片（石英晶片或压电陶瓷片）组成，在压电片的两个表面上镀银层，并在银层上焊接输出引线。

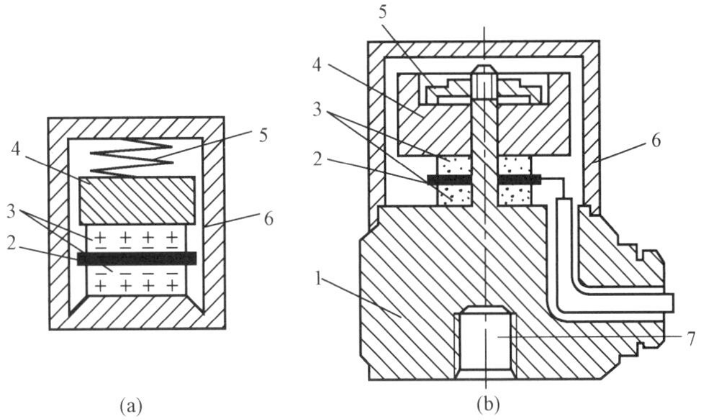


图 3.4.12 压电式振动加速度传感器原理和结构图

(a) 原理图；(b) 传感器结构图

1—基座；2—引出电极；3—压电片；4—质量块；5—弹簧；6—壳体；7—固定螺孔

输出端的另一端直接与基座相连，相当于并联连接。在压电元件上，以一定的预紧力安装一惯性质量块，整个组件装在一个有厚基座的金属壳体中。

对确定的加速度传感器而言，压电系数 $d_{ij}$ 为常数。压电式加速度传感器输出的电荷量与物体振动加速度成正比，只要测量出 $q$，就实现了对振动加速度的测量。

3. 压电式动态力传感器

力为矢量，具有方向性，图 3.4.13 所示为单向压电式动态力传感器结构图。它主要用于变化频率不高的动态力测量，如车床动态切削力的测试等（见图 3.4.14）。被测力通过压电式力传感器在装配时用顶螺纹给晶片组件一定的预紧力，以保证活塞、砧盘、压电片、电导片之间压紧，避免受冲击时因有间隙使压电片损坏。

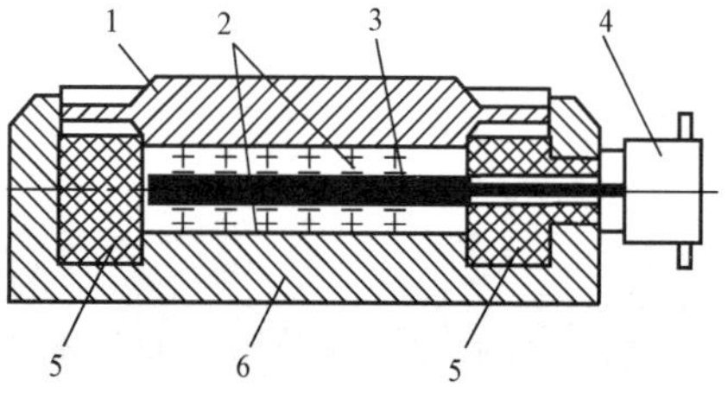


图 3.4.13　压电式单向动态力传感器结构图

1—传力上盖；2—压电片；3—电极；4—电极引出插头；5—绝缘材料；6—底座

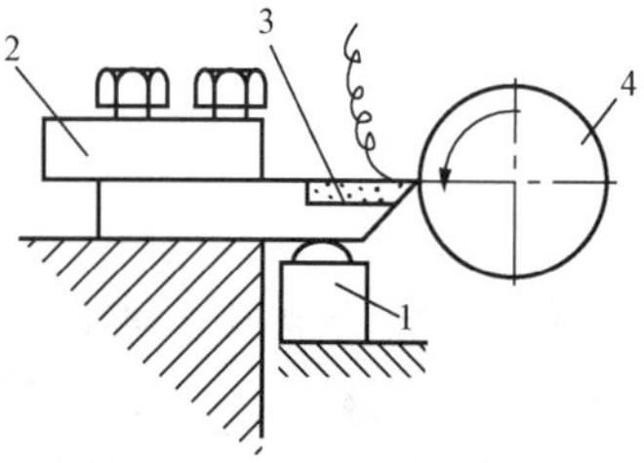


图 3.4.14　车床动态切削力的测量

1—单向动态力传感器；2—刀架；3—车刀；4—工件

压电式动态力传感器对温度变化较为敏感，需进行补偿：一种是水冷的办法以防止温度的影响；另一种是在压电片的前面安装一块金属片，选用线膨胀系数大的金属（如纯铝等），当温度变化时补偿片的线膨胀可以弥补晶体与金属线膨胀之间的差值，以保证预紧力的稳定。这两种方法常同时使用。

压电式动态力传感器具有灵敏度高、线性好、刚度大、频率范围宽、稳定性好等特点。

## 3.5　其他力敏传感器

力敏传感器类型众多，除了前述常见的应变式、压阻式、压电式外，实际中还有电感式、电容式、谐振式、压磁式等。

### 3.5.1　谐振式力敏传感器

谐振式力敏传感器利用谐振元件把被测参量转换为频率信号，又称频率式力敏传感器。如图 3.5.1 所示，当被测参量（如压力 $p$、张力 $T$ 等）发生变化时，振动元件的固有振动频率随之改变，通过相应的转换电路，就可得到与被测参量呈一定关系的电信号。谐振式力敏传感器的优点是体积小、质量轻、结构紧凑、分辨率高、准确度高以及便于数据传输、处理和存储等。

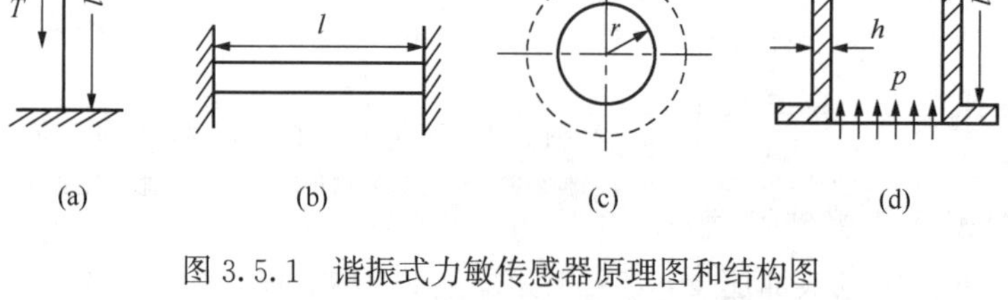


图 3.5.1　谐振式力敏传感器原理图和结构图

（a）振弦式；（b）振梁式；（c）振膜式；（d）振筒式

按谐振元件的不同，谐振式力敏传感器可分为振弦式、振筒式、振梁式、振膜式和压电谐振式等。谐振式传感器主要用于测量压力，也用于测量转矩、密度、加速度和温度等。

### 3.5.2 压磁式力敏传感器

压磁式力敏传感器也称磁弹性传感器，是利用铁磁材料的压磁效应制成的传感器。压磁效应是指些铁磁材料在受到外力作用后，其内部产生应力，因此引起铁磁材料磁导率变化的物理现象。其逆效应称作磁致伸缩效应。这种传感器将作用力（如弹性应力、残余应力等）的变化转化成传感器导磁体的导磁率变化并输出电信号。

硅钢受应力作用被压缩时，其导磁率沿应力方向下降，而沿应力的垂向增加；在受拉伸时，导磁率变化正好相反。如图 3.5.2（a）所示，如果在硅钢叠片上开有 4 个对称的通孔 1、2、3、4，孔中分别绕有互相垂直的两个线圈，一个线圈为励磁线圈，另一个为测量线圈；如图 3.5.2（b）所示，当无外力作用时，磁力线不和测量线圈交链，测量线圈不产生感应电动势；如图 3.5.2（c）所示，当受外力 $F$ 作用时，磁力线分布发生变化，部分磁力线和测量线圈交链，并在绕组中产生感应电动势，且作用力 $F$ 越大，感应电动势越大。

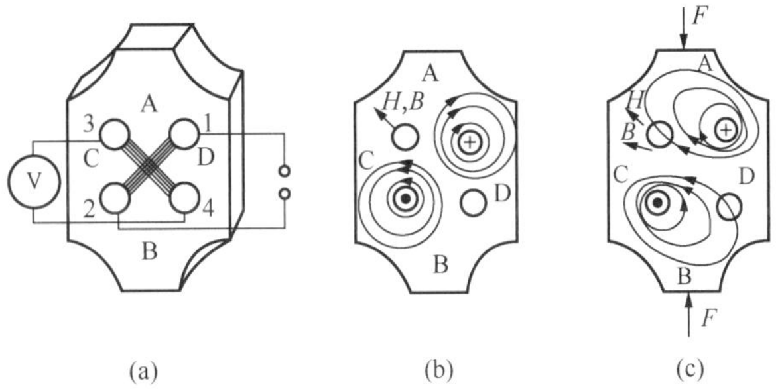


图 3.5.2 压磁元件工作原理图

（a）结构图；（b）无外力作用状态；（c）有外力作用状态

压磁式力敏传感器的优点很多，如输出功率大、信号强、结构简单、牢固可靠、抗干扰性能好、过载能力强、便于制造、经济实用，可用在给定参数的自动控制电路中，但测量准确度一般，频响较低。近年来，压磁式传感器不仅在自动控制上得到越来越多的应用，而且在对机械力（弹性应力、残余应力）的无损测量方面，也为人们所重视，并得到相当成功的应用。在生物医学领域对骨科及运动医学测试也正在应用该类传感器。

### 3.5.3 差动变压器式力敏传感器

差动变压器式力敏传感器通常用于微小位移的直接检测，如果被测量变化能带来微小位移量的变化，它也能用于该量的测量。如图 3.5.3 所示，差动变压器式力敏传感器的弹性元件是薄壁圆筒，在外力 $F$ 作用下，薄壁圆筒变形使差动变压器的铁芯 4 产生微位移，变压器二次线圈 5 产生相应电信号。

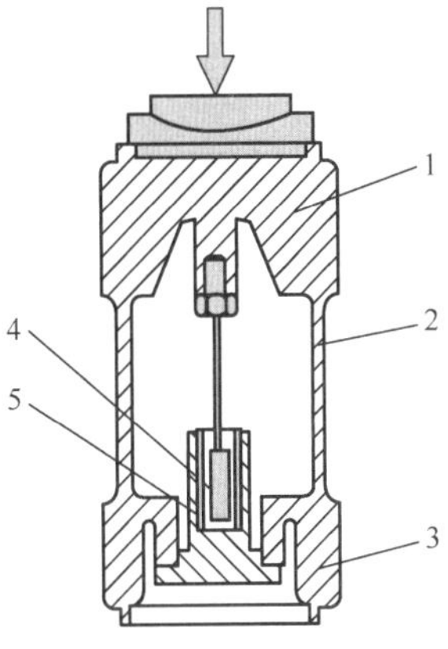


图 3.5.3 差动变压器式力敏传感器

1—上部；2—变形部；3—下部；4—铁芯；5—差动变压器线圈

差动变压器式力敏传感器的工作温度范围较宽，受弹性敏感元件承载力制约，主要用于测量力或压力等的微小变化量。实际应用中，为了减小横向力或偏心力的影响，该传感器的高径比应较小。

### 3.5.4 电容式压力传感器

电容式压力传感器是一种利用电容敏感元件将被测力或压力转换成与之成一定关系的电量输出的力敏传感器。如图 3.5.4 所示，它一般采用圆形金属薄膜或镀金属薄膜作为电容器的一个电极，当薄膜感受压力而变形时，两极板间距离 $d$ 发生变化，电容量随之改变，之后通过转换电路即可输出与所受力或压力成一定关系的电信号。电容式压力传感器属于极距变化型电容式传感器，根据结构不同，可分为单电容式压力传感器和差动电容式压力传感器。差动电容式压力传感器的工作频率通常在 100kHz 左右，其采用双电容平板的结构，当压力向极板方向运动时，会使得距离增大或者减小，从而引起差动电容的变化。它的灵敏度相较于其他压力传感器而言有明显提高，因此深受广大消费者的喜爱。

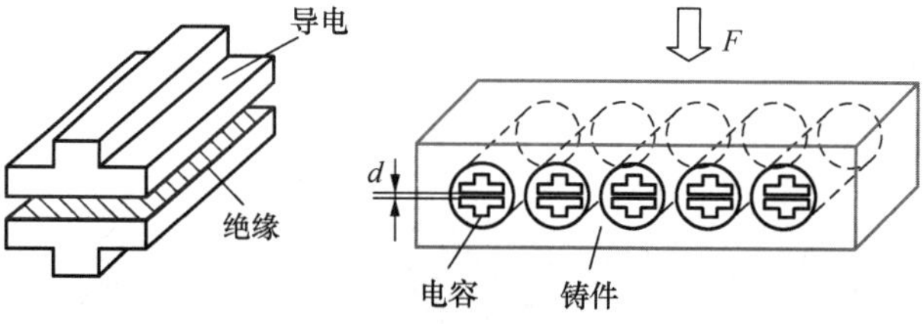


(a) (b)

图 3.5.4 电容式力敏传感器
（a）电容结构图；（b）整体结构图

总而言之，电容式压力传感器具有灵敏度高、动态响应快、自然效应小、环境适应性好等优点。所以它不仅应用于位移、振动、角速度、加速度等一些机械物理量的测量，而且还广泛应用于压力、差压力、液体压强、成分的含量等热工程参数的测量；同时，在农业、航空航天、石油、军事等领域的研发、电子显微镜的调整、精确位置的测量等中也被广泛应用。

## 习 题

1. 为什么常用等强度悬臂梁作为应变式传感器的力敏元件？现用一等强度梁，有效长 $l=150$mm，固支处宽 $b=18$mm，厚 $h=5$mm，弹性模量 $E=2\times105\text{N/mm}^2$，贴上 4 片等阻值、$K=2$ 的电阻应变片，并接入四等臂差动电桥构成称重传感器。试问：（1）悬臂梁上如何布片？又如何接桥？为什么？（2）当输入电压为 3V、输出电压为 2mV 时，传感器的称重量为多少？

2. 两根高分子压电电缆 A、B 相距 2m，平行埋设于柏油公路的路面下约 5cm 处，如习题 2 图（a）所示。它可以用来测量车速及汽车的载重量，并根据存储在计算机内部的档案数据，判定汽车的车型。现有一辆肇事车辆以较快的车速通过测速传感器，两根 PVDF 压电电缆的输出信号如习题 2 图（b）所示（时间轴刻度为 25ms/div，幅值轴刻度为 200mV/div），试求：

（1）估算车速为多少？

（2）估算汽车前后轮间距（可据此判定车型）；轮距与哪些因素有关？

（3）说明载重量 $m$ 以及车速 $v$ 与 A、B 压电电缆输出信号波形的幅值或时间间隔之间的关系。

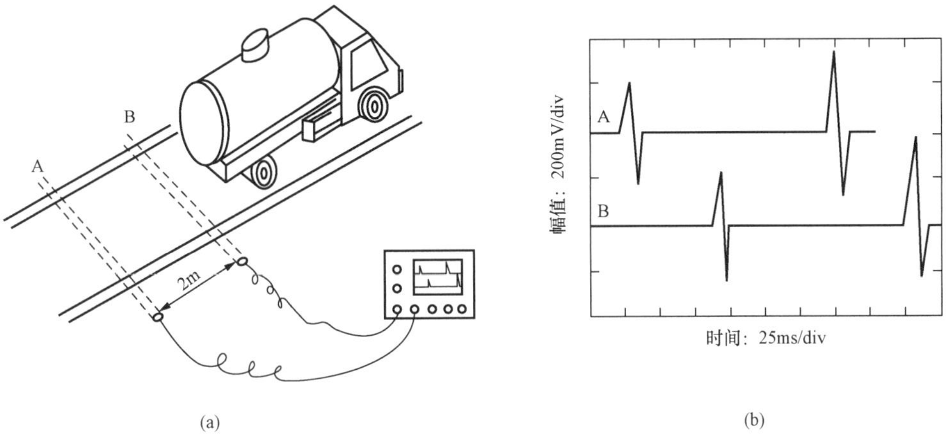


习题 2 图

（a）PVDF 压电电缆埋设示意图；（b）A、B 压电电缆的输出信号波形

# 4　气、湿、磁、光敏传感器

在前面的章节中先后介绍了温度、压力等参数的检测。在实际的日常生活或工业应用中，还可能需要检测气体浓度、大气湿度、空间磁场、光照度等参数，为此需要采用不同的传感器来进行检测和转换。本章将依次介绍气敏、湿敏、磁敏、光敏传感器的原理、结构及应用。

## 4.1　气敏传感器

气敏传感器，又称气体传感器，是指利用各种化学、物理效应将气体成分、浓度按一定规律转换成电信号输出的传感器。它是化学传感器中最活跃的一种，广泛应用于煤矿、农业、化工、建筑、环保、医疗、家电等领域，常用于气体泄漏检测、环境检测等。目前气敏传感器研究主要针对的是有毒性气体和可燃烧性气体，研究的主要方向是如何提高传感器的敏感度和工作性能、恶劣环境中的工作时间以及降低成本和智能化等。目前气敏传感器的主要产品包括可燃性气敏传感器，CO、$H_2S$、$NH_3$、$SO_2$、NO、$NO_2$ 等毒性气敏传感器，氧传感器，溶氧传感器，$CO_2$ 传感器等。

### 4.1.1　气敏传感器的分类和工作原理

气体传感器主要有半导体传感器（电阻型和非电阻型）、绝缘体传感器（接触燃烧式和电容式）、电化学式（恒电位电解式、伽伐尼电池式）传感器，除此之外还有红外吸收型、石英振荡型、光纤型、热传导型、声表面波型、气体色谱型传感器等。下面介绍几种常用的气敏传感器。

（1）电阻型半导体气敏传感器是根据半导体接触到气体时其阻值的改变来检测气体的浓度；非电阻式半导体气敏传感器则是根据气体的吸附和反应使其某些特性发生变化对气体进行直接或间接的检测。

（2）接触燃烧式气体传感器是基于强催化剂使气体在其表面燃烧时产生热量，使传感器温度上升，从而使贵金属电极电导随之变化的原理而设计的。另外与半导体传感器不同的是，它几乎不受周围环境湿度的影响。

（3）电容式气体传感器是根据敏感材料吸附气体后其介电常数发生改变导致电容变化的原理而设计。

（4）电化学式气体传感器，主要利用两个电极之间的化学电位差，一个在气体中测量气体浓度，另一个是固定的参比电极。电化学式传感器采用恒电位电解方式和伽伐尼电池方式工作。电介质有液体电解质和固体电解质，而液体电解质又分为电位型和电流型。电位型是利用电极电动势和气体浓度之间的关系进行测量；电流型采用极限电流原理，利用气体通过薄层透气膜或毛细孔扩散作为限流措施，获得稳定的传质条件，产生正比于气体浓度或分压的极限扩散电流。

（5）红外吸收型传感器，当红外光通过待测气体时，这些气体分子对特定波长的红外光

有吸收，其吸收关系服从朗伯—比尔（Lambert-Beer）吸收定律，通过光强的变化测出气体的浓度为

$$I_{\phi} = I_0 e^{-\alpha_m LC+\beta+\gamma L+\delta} \quad (4.1.1)$$

式中：$\alpha_m$ 为摩尔分子吸收系数；$C$ 为气体浓度；$L$ 为光和气体的作用长度；$\beta$ 为瑞利散射系数；$\gamma$ 为米氏散射系数；$\delta$ 为气体密度波动造成的吸收系数；$I_0$、$I_{\phi}$ 分别为输入、输出光强。

（6）声表面波传感器的关键部件是振荡器，它由压电材料基片和沉积在基片上不同功能的叉指换能器所组成，分延迟型和振子型两种振荡器。SAW 传感器自身固有一个振荡频率，当外界待测量变化时，会引起振荡频率的变化，从而测出气体浓度。

可燃性气体气敏元件传感器是目前应用最广泛的传感器，从工厂企业到居民家庭，已普及应用于气体泄漏检测和监控。

下面以常见的电阻式气敏传感器为例，介绍气敏传感器的工作原理、结构和特性。

### 4.1.2 电阻式气敏传感器

1. 电阻式气敏传感器的工作原理及特性

电阻式气敏传感器是一种半导体敏感器件，它是利用气体的吸附而使半导体本身的电导率发生变化这一机理来进行检测的。人们发现某些氧化物半导体材料，如 $SnO_2$、ZnO、$Fe_2O_3$、MgO、NiO、$BaTiO_3$ 等，都具有气敏效应。

以 $SnO_2$ 气敏元件为例，它是由 0.1～10$\mu$m 的晶体集合而成。这种晶体是作为 N 型半导体而工作的，在正常情况下，是处于氧离子缺位的状态。当遇到离解能较小且易于失去电子的可燃性气体分子时，电子从气体分子向半导体迁移，半导体的载流子浓度增加，因此电导率增加。而对于 P 型半导体来说，它的晶格是阳离子缺位状态，当遇到可燃性气体时其电导率则减小。

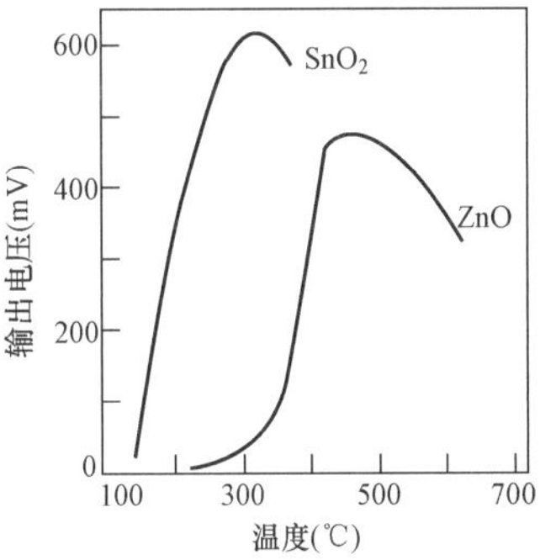


图 4.1.1 电阻式气敏传感器温度特性图

电阻式气敏传感器的温度特性如图 4.1.1 所示。图中纵坐标为传感器输出电压，即由于被测对象温度变化导致负载上产生的信号电压。由曲线可以看出，$SnO_2$ 在室温下虽能吸附气体，但其电导率变化不大，但当温度增加后，电导率就发生较大的变化。因此该类气敏元件通常工作在高温状态（200～450℃），加热能使附着在测控部分上的油雾、尘埃等烧掉，同时加速气体氧化还原反应，从而提高器件的灵敏度和响应速度。

当前常见国产气敏电阻的主要特性见表 4.1.1。

**表 4.1.1 常见国产气敏电阻的主要特性**

| 参数 \ 型号 | UL-206 | UL-282 | UL-281 | MQN-10 |
|---|---|---|---|---|
| 检测对象 | 烟雾 | 乙醇蒸气 | 煤气 | 各种可燃气体 |
| 测量回路电压/V | 15±1.5 | 15±1.5 | 10±1 | 10±1 |

续表

| 参数＼型号 | UL-206 | UL-282 | UL-281 | MQN-10 |
|---|---|---|---|---|
| 加热回路电压/V | 5±0.5 | 5±0.5 | 清洗 5.5±0.5<br>工作 0.8±0.1 | 5±0.5 |
| 加热电流/mA | 160～180 | 160～180 | 清洗 170～190<br>工作 25～35 | 160～180 |
| 环境温度/℃ | −10～+50 | −10～+50 | −10～+50 | −20～+50 |
| 环境湿度/RH | <0.95 | <0.95 | <0.95 | <0.95 |

此外，在气敏元件的材料中加入微量的铅、铂、金、银等元素及一些金属盐类催化剂可以获得低温时的灵敏度，也可增强对气体种类的选择性。

图 4.1.2 所示为某 MQN 型气敏电阻对于不同气体的灵敏度变化曲线。由于气敏半导体的灵敏度很高，在被测气体浓度较低时有较大的电阻变化，而当被测气体浓度较大时，其电阻率变化逐渐趋缓，有较大的非线性。这种特性较适用于气体的微量检测、浓度检测或者超限报警。控制烧结体的化学成分及加热温度，可以改变它对不同气体的选择性。同时，电阻式气敏传感器使用时应尽量避免置于油雾、灰尘环境中，以免老化。

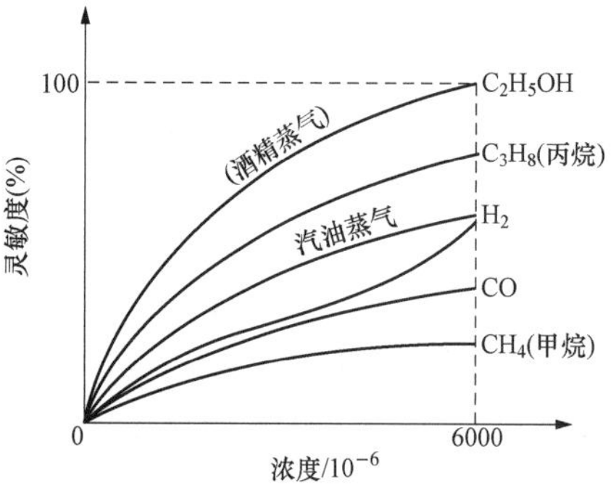


图 4.1.2 气敏电阻的灵敏度变化曲线

2. 常用电阻式气敏传感器

电阻式气敏传感器根据加热的方式可分为直热式和旁热式两种，直热式消耗功率大，稳定性较差，故应用逐渐减少。旁热式性能稳定，消耗功率小，其结构上往往加有封压双层的不锈钢丝网防爆，因此安全可靠，应用面较广。

（1）氧化锌电阻式气敏传感器。ZnO 是属于 N 型金属氧化物半导体，也是一种应用较广泛的气敏器件。通过掺杂而获得不同气体的选择性，如掺铂可对异丁烷、丙烷、乙烷等气体有较高的灵敏度，而掺钯则对氢、一氧化碳、甲烷，烟雾等有较高的灵敏度。ZnO 电阻式气敏传感器的结构如图 4.1.3 所示。这种气敏元件的结构特点是：在圆形基板上涂敷 ZnO 主体成分，当中加以隔膜层与催化剂分成两层而制成。例如生活环境中的 CO 气体浓度达 0.8～1.15mL/L 时，就会出现呼吸急促，脉搏加快，甚至晕厥等状态，达 1.84mL/L 时则有在几分钟内死亡的危险，因此对 CO 气体检测必须快而准。利用 $SnO_2$ 金属氧化物半导体气敏材料，通过对颗粒超微细化和掺杂工艺制备 $SnO_2$ 纳米颗粒，并以此为基体掺杂一定催化剂，经适当烧结工艺进行表面修饰，制成旁热式烧结型 CO 敏感元件，能够探测 0.005%～0.5%范围的 CO 气体。

（2）MQN 型气敏半导体。图 4.1.4 所示 MQN 型气敏半导体器件是由塑料底座、电极引线、不锈钢网罩、气敏烧结体以及包裹在烧结体中的两组铂丝组成。一组铂丝为工作电极，另一组为加热电极兼工作电极。

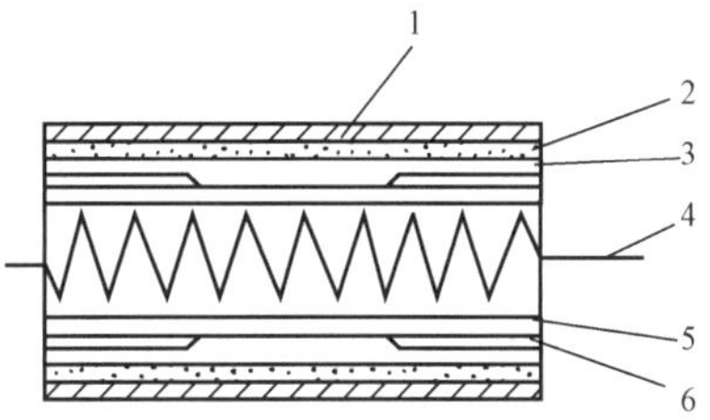


图 4.1.3　ZnO 电阻式气敏传感器结构

1—催化剂；2—隔膜；3—ZnO 涂层；
4—加热丝；5—绝缘基板；6—电极

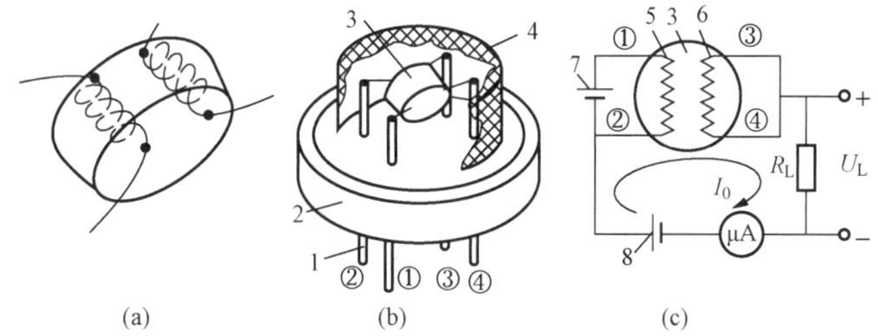


图 4.1.4　MQN 型气敏半导体

（a）气敏烧结体；（b）气敏电阻结构图；（c）基本测量转换电路
1—电极引线；2—塑料底座；3—气敏烧结体；4—不锈钢网罩；
5—加热电极；6—工作电极；7—加热回路电源；8—测量回路电源；
①～④—引脚

气敏电阻工作时必须加热到 200～300℃，其目的是加速被测气体的化学吸附和电离的过程并烧去气敏电阻表面的污物（起清洁作用）。

3. 气敏电阻的应用

气敏电阻由于具有灵敏度高、响应时间长、恢复时间短、使用寿命长、成本低等特点，广泛应用于防灾报警（如可制成液化石油气、天然气、城市煤气、煤矿瓦斯以及有毒气体等方面的报警器），也可用于对大气污染进行监测以及在医疗上用于对 $O_2$、$CO_2$ 等气体的测量，生活中则可用于空调机、烹调装置、乙醇浓度探测等方面。

（1）气体检漏仪。它是利用气敏元件的气敏特性，将其作为电路中的气电转换元件配以相应的电路、指示仪表或声光显示部分而组成的气体检测仪器。该类仪器具有灵敏度高、体积小、使用方便等特点。图 4.1.5 是采用 QM-N5 型气敏元件组成的简易袖珍式气体检漏仪原理图。其电路简单，集成化，仅用了一块四与非门集成电路，可用镉镍电池供电，用压电蜂鸣器和发光二极管进行声光报警。气敏元件安装在探测杆端部进行探测时，它可从机内拉出。

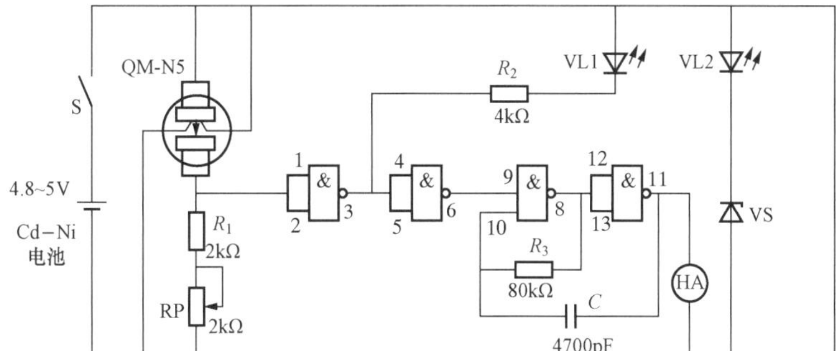


图 4.1.5　简易袖珍式气体检漏仪原理图

对检漏现场有防爆要求时，必须用防爆气体检漏仪进行检漏。与普通检漏仪相比，这种检漏仪仪器壳体结构及有关部件根据探测气体和防爆等级要求进行设计，采用 QM-N5 型气敏元件作气电转换元件，用电子吸气泵进行气体取样，用指针式仪表指示气体浓度，由蜂鸣器进行报警。

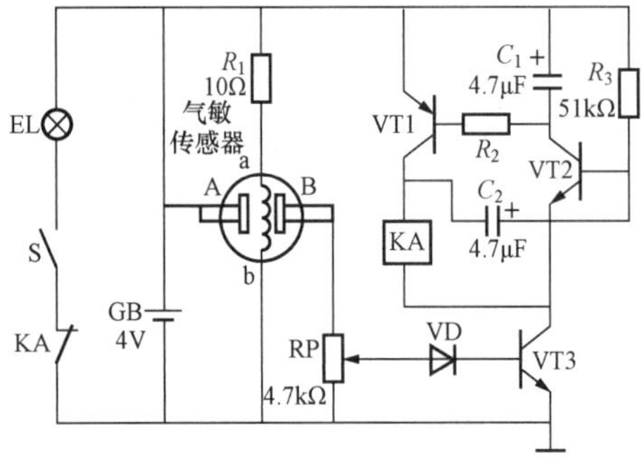


图 4.1.6 矿灯瓦斯报警器原理图

（2）矿灯瓦斯报警器。图 4.1.6 为矿灯瓦斯报警器电原理图。瓦斯探头由 QM-N5 型气敏元件、$R_1$ 及 4V 矿灯蓄电池等组成。$R_1$ 为传感器加热线圈的限流电阻，RP 为瓦斯报警设定电位器。当瓦斯超过某一设定点时，RP 输出信号通过二极管 VD 加到 VT3 基极上，VT3 导通，VT2、VT1 便开始工作。VT1、VT2 为互补式自激多谐振荡器，它们的工作使继电器吸合与释放，信号灯闪光报警。

## 4.2 湿敏传感器

湿敏传感器是对气体中的水分进行检测的器件。很多行业中，如发电、纺织、食品、医药、仓储、农业等行业，对温度、湿度参量的要求都非常严格。目前，在低温条件下（通常指 100℃以下），湿度的测量已经相对成熟，并广泛应用于各种行业。许多行业需要在高温环境下测量湿度，如航空航天、冶金矿山等。这时，湿度测量结果往往不如低温环境下的测量结果理想。另外，在恶劣条件下工作，如气流速度、温度、湿度变化非常剧烈或测量污染严重的工业气体时，测量精确度也大大降低。

随着时代的发展，科研、农业、暖通、纺织、机房、航空航天、电力等工业部门，越来越需要采用湿度传感器，对产品质量的要求越来越高，对环境温、湿度的控制以及对工业材料水分的监测与分析都已成为比较普遍的技术条件之一。

### 4.2.1 湿度及其表示

湿度是指大气中的水蒸气含量，通常采用绝对湿度、相对湿度和露点等来表示。

1. 绝对湿度（Absolute humidity）

所谓绝对湿度就是单位体积空气内所含水蒸气的质量，也就是指空气中水蒸气的密度，一般用一立方米空气中所含水蒸气的克数表示，单位为 $g/m^3$。

2. 相对湿度（Relative humidity）

相对湿度是表示空气中实际所含水蒸气的分压（$P_w$）和同温度下饱和水蒸气的分压（$P_N$）的百分比，通常用 RH%表示相对湿度。当温度和压力变化时，因饱和水蒸气变化，所以气体中的水蒸气压即使相同，其相对湿度也发生变化。

日常生活中所说的空气湿度，就是指相对湿度。目前应用最多的是相对湿度。

3. 露点（Dew point）

温度高的气体，含水蒸气越多。若将其气体冷却，即使其中所含水蒸气量不变，相对湿度将逐渐增加，增到某一个温度时，相对湿度达 100%，呈饱和状态，再冷却时，水蒸气的一部分凝聚生成露，把这个温度称为露点温度，即空气在气压不变下为了使其所含水蒸气达饱和状态时所必须冷却到的温度。气温和露点的差越小，表示空气越接近饱和。

### 4.2.2 湿度的测量

湿度的常见测量仪器有伸缩式湿度计、干湿球湿度计、露点计和阻抗式湿度计等。其中，伸缩式湿度计是利用毛发、纤维素等物质随湿度变化而伸缩的性质来进行测量，不需要进行温度补偿，但不能转换为电信号。

湿度传感器由湿敏元件和测量转换电路组成。湿敏元件主要有电阻式、电容式两大类。

1. 电阻式湿敏元件

电阻式湿敏元件（简称湿敏电阻）的特点是在基片上覆盖一层用感湿材料制成的膜，当空气中的水蒸气吸附在感湿膜上时，元件的电阻率和电阻值都发生变化，利用这一特性即可测量湿度。湿敏电阻的种类很多，如金属氧化物湿敏电阻、硅湿敏电阻、陶瓷湿敏电阻等。湿敏电阻的优点是灵敏度高，主要缺点是线性度和产品的互换性差。

以 $MgCr_2O_4$-$TiO_2$ 半导体陶瓷湿度传感器为例，它们主要利用陶瓷烧结体微结晶表面在吸湿和脱湿过程中电极之间电阻的变化来检测相对湿度。如图 4.2.1 所示，在 $MgCr_2O_4$-$TiO_2$ 陶瓷片的两面，设置金电极，并用掺金玻璃粉将引出线与金电极烧结在一起。在半导体陶瓷片的外面，安放一个由镍铅丝烧制而成的加热清洗圈，以便对湿敏元件进行经常加热清洗，排除有害气体对湿敏元件的污染。元件安放在一种高度致密的、疏水性的陶瓷底片上。为消除底座上测量电极和引线之间由于吸湿和污染而引起漏电，在其四周设置金短路环。

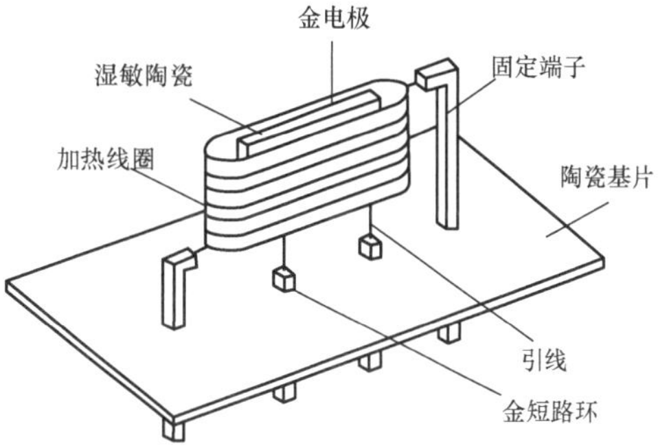

图 4.2.1 $MgCr_2O_4$-$TiO_2$ 湿敏元件结构

陶瓷烧结体微结晶表面对水分子进行吸湿或脱湿时，引起电极间电阻值随相对湿度呈指数变化，从而湿度信息转化为电信号。显然，这类传感器适合于在高温和高湿环境中使用，也是目前在高温环境中测湿的少数有效传感器之一。

2. 电容式湿敏元件

电容式湿敏元件（简称湿敏电阻）一般是用高分子薄膜电容制成的，常用的高分子材料有聚苯乙烯、聚酰亚胺、醋酸纤维等。当环境湿度发生改变时，湿敏电容的介电常数发生变化，使其电容量也发生变化，电容变化量与相对湿度成正比。湿敏电容的主要优点是灵敏度高、产品互换性好、响应速度快、湿度的滞后量小、便于制造、容易实现小型化和集成化，但其精确度一般比湿敏电阻要低一些。

除电阻式、电容式湿敏元件之外，湿敏元件还有电解质离子型、重量型（利用感湿膜重量的变化来改变振荡频率）、光强型、声表面波型等。由于湿敏元件的线性度及抗污染性差，并且在检测环境湿度时要长期暴露在待测环境中，所以湿敏元件很容易被污染而影响其测量精确度及长期稳定性。

### 4.2.3 湿敏传感器的选择和使用注意事项

国内外各厂家的湿敏传感器产品水平不一，质量和价格都相差较大，在选择湿敏传感器时，通常要注意以下特性参数：

（1）精确度和长期稳定性。湿敏传感器的精确度应达到±2%～±5%RH，达不到这个水平很难作为计量器具使用。湿敏传感器要达到±2%～±3%RH 的精确度是比较困难的，通常产品资料中给出的特性是在常温（20±10）℃和洁净的气体中测量的。在实际使用中，由于受尘土、油污及有害气体的影响，使用时间一长，湿敏传感器会产生老化，精确度下降，精确度水平要结合其长期稳定性去判断。一般来说，长期稳定性和使用寿命是影响湿敏传感器质量的头等问题，年漂移量控制在1%RH水平的产品很少，一般都在±2%左右，甚至更高。

（2）湿敏传感器的温度系数。湿敏元件除对环境湿度敏感外，对温度也十分敏感，其温度系数一般在0.2%～0.8%RH/℃范围内，而且有的湿敏元件在不同的相对湿度下，其温度系数又有差别。温漂非线性，这需要在电路上加温度补偿式。采用单片机软件补偿，或无温度补偿的湿敏传感器是保证不了全温范围的精确度的，湿敏传感器温漂曲线的线性化直接影响到补偿的效果，非线性的温漂往往补偿不出较好的效果，只有采用硬件温度跟随性补偿才会获得真实的补偿效果。湿敏传感器工作的温度范围也是重要参数。多数湿敏元件难以在40℃以上正常工作。

（3）湿敏传感器的供电。金属氧化物陶瓷、高分子聚合物和氯化锂等湿敏材料施加直流电压时，会导致其性能变化，甚至失效，所以这类湿敏传感器不能用直流电压或有直流成分的交流电压，必须是交流电供电。

（4）互换性。目前，湿敏传感器普遍存在着互换性差的现象，同一型号的传感器不能互换，严重影响了使用效果，给维修、调试增加了困难，有些厂家在这方面做出了种种努力，取得了较好效果。

（5）湿度校正。校正湿度要比校正温度困难得多。温度标定往往用一根标准温度计作标准即可，而湿度的标定标准较难实现，干湿球温度计和一些常见的指针式湿度计不能用来作标准，精确度无法保证，因其要求环境条件非常严格。一般情况，（最好在湿度环境适合的条件下）在缺乏完善的检定设备时，通常用简单的饱和盐溶液检定法，并测量其温度。

### 4.2.4 湿度传感器应用

湿度的检测与控制在现代科研、生产、生活中的地位越来越重要。例如，许多储物仓库在湿度超过某一程度时，物品易发生变质或霉变现象；居室的湿度希望适中；而纺织厂要求车间湿度保持在60%～70%RH；在农业生产中的温室育苗、食用菌培养、水果保鲜等都需要对湿度进行检测和控制。

1. 直读式湿度计

直读式湿度计电路如图4.2.2所示，其中RH为氯化锂湿敏电阻器，是一种新型湿敏电阻器，氯化锂是一种吸湿盐类。氯化锂湿敏电阻器，属水分子亲和力型湿敏元件，它采用真空镀膜工艺在玻璃片上镀上一层梳状金电极，然后在电极上涂上一层由氯化锂和聚氯乙烯醇等配制的感湿膜。由于聚氯乙烯醇是一种黏合性很强的多孔性物质，它与氯化锂结合后，水分子会很容易在感湿膜中吸附或释放，从而使湿敏电阻器的电阻值发生迅速的变化。为了提高湿敏电阻器的抗污染能力，还在湿敏电阻表面涂敷一层多孔性保护膜。

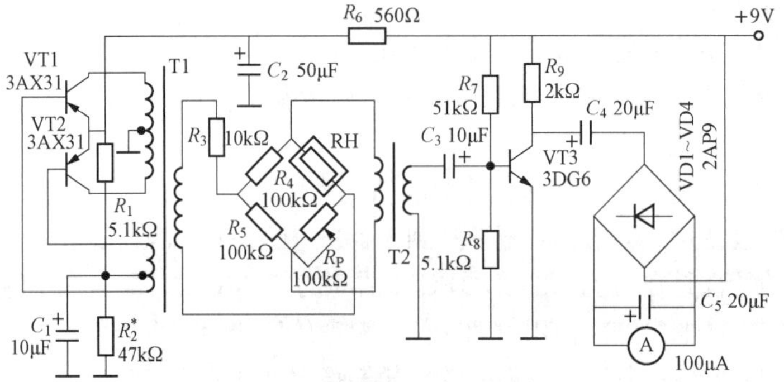


图4.2.2 直读式湿度计电路图

对于一种类型的湿敏电阻，其测试湿度的范围相当狭窄。要求湿度测量范围较大时，需要将多个湿敏电阻器组合使用，其测量范围才能达到20%～80%RH。由VT1、VT2和T1等组成测湿电桥的电源，其振荡频率为250～1000Hz。电桥的输出信号经变压器T2、$C_3$耦合到VT3，经VT3放大后的信号由VD1～VD4桥式整流后输入微安表，指示出由于相对湿度的变化而引起电流的改变。经标定并把湿度刻画在微安表表盘上，就成为一个简单而实用的直读式湿度计了。直读式湿度计电路由于它的直读性，即湿度与表盘刻度呈线性关系，可广泛用于机房、车间等使用湿度计的场合。

2. 陶瓷湿度传感器

当陶瓷湿度传感器可以流经较大电流时，可采用如图4.2.3所示电路。由于测湿电路可以获得较强信号，故可以省去电桥和放大器，可以用市电作为电源，采用降压变压器即可。

3. 带温度补偿的湿度测量电路

在实际应用中，需要同时考虑对湿度传感器进行线性处理和温度补偿，因此常采用运算放大器构成湿度测量电路，如图4.2.4所示。图中$R_t$是热敏电阻器（20kΩ，$B=4100$K）；RH为H204C湿度传感器，运算放大器型号为LM2904。该电路的湿度电压特性及温度特性表明，在30%～90%RH、15～35℃范围内，输出电压表示的湿度误差不超过3%RH。

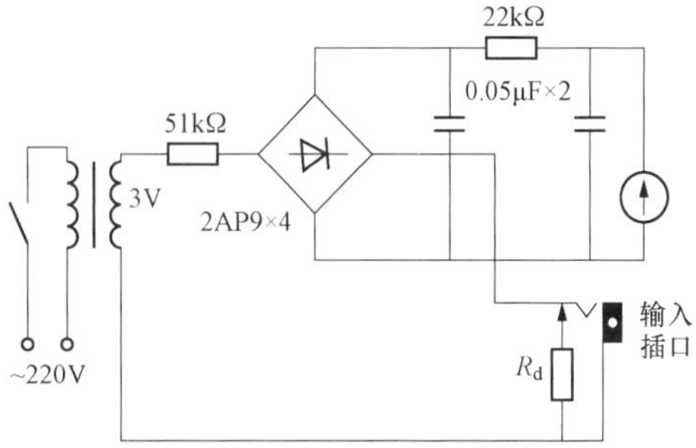


图4.2.3 陶瓷湿度传感器

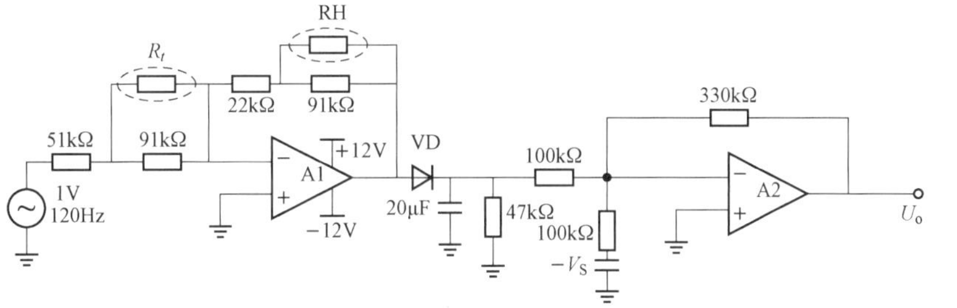


图4.2.4 带温度补偿的湿度测量电路

## 4.3 磁敏传感器

磁敏传感器是对磁场参量（$B$，$H$，$\phi$）敏感的元器件或装置，具有将磁学物理量转换为电信号的功能。磁敏传感器除感知磁性强度（在有效范围内）之外，还可感知磁性物体的存在，如永磁体、顺磁材料（铁、钴、镍及其它们的合金）及通电（直、交）线圈或导线等。磁场的测量通常采用以电感线圈为敏感元件的磁电感应式传感器或霍尔传感器、磁阻传感器等。

磁敏传感器突出特点是可实现非接触检测，耐污染和抗噪声干扰能力强，即使在很恶劣的环境条件下也能高可靠地工作，坚固耐用，寿命长。

根据工作原理的不同，磁敏传感器通常可分为磁电感应式和磁电效应式两大类型。磁电感应式传感器基于电磁感应定律工作。磁电效应包括磁场的电效应和狭义的磁电效应。磁场的电效应是指磁场对通有电流的物体引起的电效应，如磁阻效应和霍尔效应；狭义的磁电效应是指物体受电场作用产生的磁化效应或受磁场作用产生的电极化效应，如电致磁电效应或磁致磁电效应。

### 4.3.1 磁电感应式传感器

由法拉第的电磁感应定律可知，线圈在磁场中运动时切割磁力线或线圈所在磁场的磁通变化时，线圈中会所产生感应电动势，其大小取决于穿过线圈的磁通变化率。根据工作时磁路中的磁通变化与否，磁电感应式传感器又可分为恒定磁通式和变磁通式两类。

传统的磁检测中最先采用电感线圈为敏感元件，它无须在线圈中通电，一般仅对运动中的永磁体或电流载体起敏感作用。后来发展为用线圈组成振荡槽路，如探雷器、金属异物探测器、测磁通的磁通计等。

### 4.3.2 霍尔传感器

霍尔传感器是依据霍尔效应制成的器件。

1. 霍尔效应

如图 4.3.1 所示，当将导体或半导体薄片置于磁场 $B$ 中时，在相对两侧通以电流 $I$，在垂直于电流和磁场的方向上将产生一个大小与电流 $I$ 和磁感应强度 $B$ 的乘积成正比的电动势，这一现象称为霍尔效应，该电动势称为霍尔电动势，该薄片称为霍尔元件。

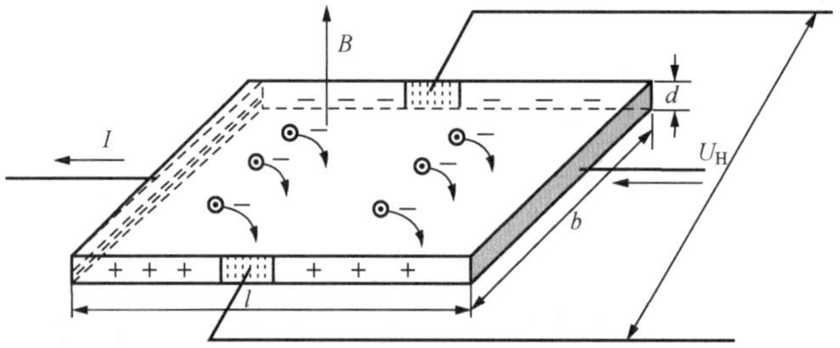


图 4.3.1 霍尔效应原理图

设电子以均匀的速度 $v$ 运动，则在垂直方向施加的磁感应强度 $B$ 的作用下，电子受到洛仑兹力

$$F_L = -evB \tag{4.3.1}$$

式中：$e$ 为电子电量，$1.62\times10^{-19}$C；$v$ 为载流子运动速度。

根据左手螺旋定则，电子运动方向向上偏移，则在上端产生电子积聚，下端失去电子产生正电荷积聚，从而形成电场。电场作用于电子的电场力为

$$F_E = -eE_H = -e\frac{U_H}{b} \tag{4.3.2}$$

式中：$E_H$ 为导体上下两侧所形成电场的电动势；$b$ 为导体宽度。

电场力与洛仑兹力方向相反，阻止电子继续偏转，当达到动态平衡时

$$F_L = F_E \quad \Rightarrow \quad -evB = -e\frac{U_H}{b} \quad \Rightarrow \quad U_H = bvB \tag{4.3.3}$$

此时，在垂直于电流和磁场方向上的端面之间建立的电动势 $U_H$ 就是霍尔电动势。

流入励磁电流端的电流 $I$ 越大，电子积累得就越多；作用在薄片上的磁场越强，磁感应

强度 $B$ 越大，电子受到的洛仑兹力就越大，霍尔电动势就越高；另外，薄片的厚度、导体或半导体材料中的电子浓度等因素也有很大影响。设霍尔元件为 N 型半导体，电子浓度为 $n$，厚度为 $d$，则产生的霍尔电动势为

$$U_{\mathrm{H}} = \frac{IB}{ned} \tag{4.3.4}$$

在薄片的尺寸、材料确定后，式（4.3.4）中的 $n$、$e$、$d$ 均为常数，简化后可得

$$U_{\mathrm{H}} = K_{\mathrm{H}} IB \tag{4.3.5}$$

式中：$K_{\mathrm{H}}$ 为霍尔元件的灵敏度，其值与材料的物理性质和几何尺寸有关，$K_{\mathrm{H}}=\frac{1}{ned}$。若磁感应强度 $B$ 与霍尔元件表面的法线成某一角度 $\theta$ 时，这时的霍尔电动势为

$$U_{\mathrm{H}} = K_{\mathrm{H}} IB\cos\theta \tag{4.3.6}$$

如果所选用的霍尔元件不是 N 型而是 P 型半导体材料，则参加导电的载流子是空穴，分析方法和结果与上面类似。

由式（4.3.6）可知：

（1）霍尔电动势的大小正比于控制电流 $I$ 和磁感应强度 $B$。当 $I$ 或 $B$ 的方向改变时，$U_{\mathrm{H}}$ 的方向也将改变，但当 $I$ 和 $B$ 的方向同时改变时，$U_{\mathrm{H}}$ 并不改变原来的方向。如果所施加的磁场为交变磁场，则霍尔电动势为同频率的交变电动势。

（2）由于金属的电子浓度很高，所以其灵敏度很小，因此不适合制作霍尔元件。同时电子的迁移率比空穴大，因此一般采用 N 型半导体材料制作霍尔元件。

（3）霍尔元件的厚度越小，其灵敏度越高。

早期采用的霍尔效应材料 Insb（锑化铟），为增强对磁场的敏感度，在材料方面半导体Ⅲ、Ⅴ元素族都有所应用。近年来，除 Insb 之外，有硅衬底的，也有砷化镓的。霍尔器件由于其工作机理的原因都制成全桥路器件，其内阻在 150～500Ω 之间。对线性传感器，工作电流为 2～10mA，一般采用恒流供电法。

Insb 与硅衬底霍尔器件典型工作电流为 10mA，而砷化镓霍尔器件典型工作电流为 2mA。作为低弱磁场测量，希望传感器自身所需的工作电流越低越好，这是由于电源周围即有磁场，就不同程度引进误差。另外，目前的传感器对温度很敏感，通的电流大，温升会造成传感器的零漂。为解决这些问题，除外附补偿电路外，在材料方面也在不断地进行改进。

2. 霍尔集成电路

霍尔传感器响应速度可达微秒量级，其主要有两大类，一类为开关型器件，一类为线性霍尔器件。霍尔开关集成传感器的输出只有低电平或高电平两种状态，而霍尔线性集成传感器的输出却是对外加磁场的线性感应。因此霍尔线性集成传感器广泛用于位置、力、质量、厚度、速度、磁场、电流等的测量或控制。霍尔线性集成传感器有单端输出和双端输出两种。

单端输出的传感器是一个三端器件，如图 4.3.2 所示，它的输出电压对外加磁场的微小变化能做出线性响应，通常将输出电压连到外接放大器，将输出电压放大到较高的电平。其典型产品如 SL3501T。

双端输出的传感器是一个 8 脚双列直插封装的器件，如图 4.3.3 所示，它可提供差动射

极跟随输出，还可提供输出失调调零。其典型产品如 SL3501M。

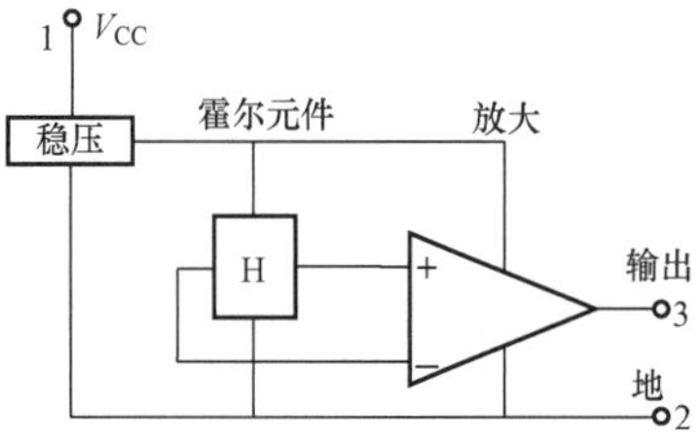


图 4.3.2　单端输出霍尔线性集成传感器电路结构框图

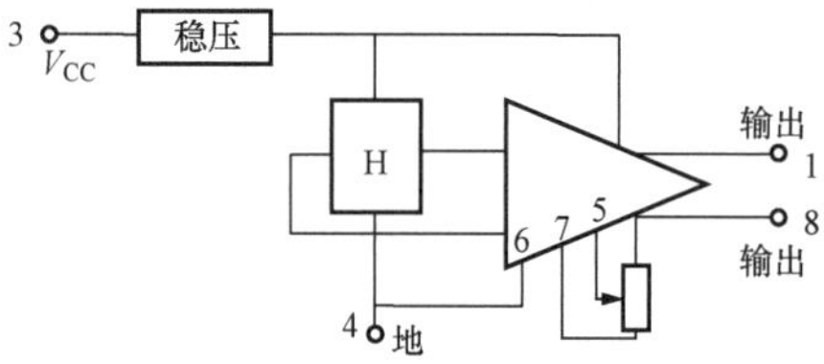


图 4.3.3　双端输出霍尔线性集成传感器电路结构框图

3. 霍尔传感器的特性

（1）直线性。直线性是指霍尔器件的输出电动势 $U_H$ 分别和基本参数 $I$、$B$ 之间呈线性关系。

（2）灵敏度。传感器的灵敏度可以用元件灵敏度 $K_H$ 或磁场灵敏度以及电流灵敏度、电动势灵敏度表示。

（3）最大输出功率。在霍尔电极间接入负载后，元件的功率输出（$P_o$）与负载的大小有关，当霍尔电极间的内阻 $R_2$ 等于霍尔负载电阻 $R_3$ 时，霍尔输出功率为最大（$P_{omax}=U_H^2/4R_2$）。

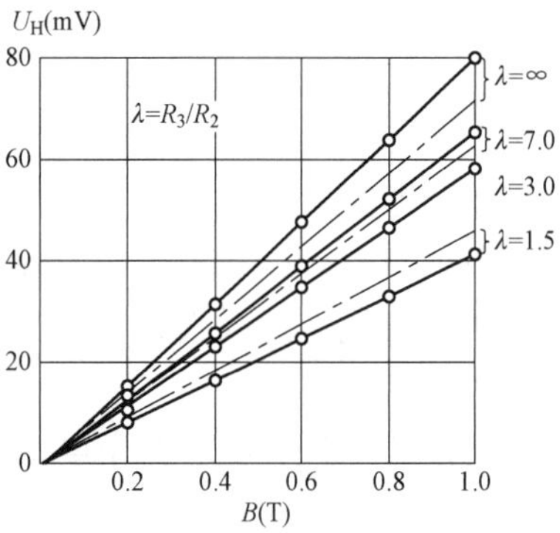


图 4.3.4　霍尔传感器负载特性

（4）最大效率。霍尔器件的输出与输入功率（$P_{in}$）之比，称为效率；与最大输出功率对应的效率，称为最大效率，即 $\eta'_{max}=\dfrac{P_{omax}}{P_{in}}=\dfrac{U_H^2/4R_2}{I^2R_1}$。

（5）负载特性。当霍尔电极间串接有负载时，因为流过电流，在霍尔元件上将产生压降，故实际霍尔电动势比理论值小。由于霍尔电极间内阻和磁阻效应的影响，霍尔电动势和磁感应强度之间的关系改变。其典型负载特性如图 4.3.4 所示。

（6）温度特性。温度特性是指霍尔电动势或灵敏度的温度特性，以及输入阻抗和输出阻抗的温度特性。它们可归结为霍尔系数（$R_H=K_Hd$）和电阻率 $\rho$（或电导率）与温度 $T$ 的关系。其特性曲线如图 4.3.5 所示。

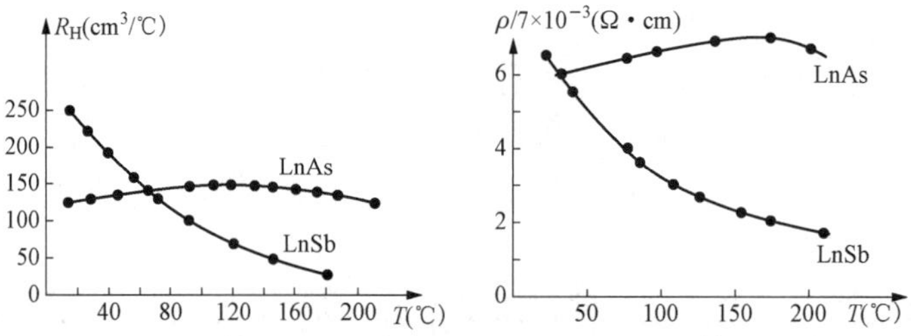


(a)　　(b)

图 4.3.5　霍尔传感器的温度特性

（a）$R_H$ 与温度的关系；（b）$\rho$ 与温度的关系

4. 霍尔元件的测量误差

造成霍尔元件测量误差的主要因素有半导体固有特性和半导体制造工艺的缺陷两种。其误差表现为零位误差和温度误差。不等位电动势是产生零位误差的主要原因，所谓不等位电动势是指霍尔元件在加控制电流但不加外磁场时出现的霍尔电动势，又称为零位电动势。

5. 霍尔传感器应用

霍尔电动势是关于 $I$、$B$、$\theta$ 三个变量的函数，即 $U_H=K_H IB\cos\theta$，使其中两个量不变，将第三个量作为变量，或者固定其中一个量，其余两个量都作为变量，三个变量的多种组合等。

（1）维持 $I$、$\theta$ 不变，则 $U_H=f(B)$，可实现对磁场及相关量的检测。

霍尔传感器的测磁原理如图 4.3.6 所示，可直接测磁场的大小、方向等。霍尔传感器不仅可用于磁场测量，而且在其他测量技术、无线电技术、计算技术和自动化技术等领域中均得到了广泛应用。比如，利用霍尔电动势与外加磁通密度成比例的特性，可借助于固定元件的控制电流，对磁量以及其他可转换成磁量的电气量、机械量和非电气量等进行测量和控制。应用这类特性制作的器具有磁通计、电流计、位移计、速度计、振动计、罗盘、转速计、无触点开关等。

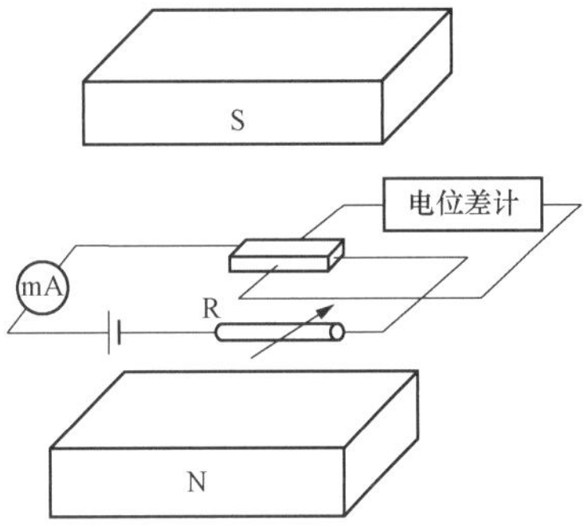

图 4.3.6 霍尔传感器测磁原理示意图

（2）维持 $I$、$B$ 不变，则 $U_H=f(\theta)$，这方面的应用有角位移测量仪等。

（3）维持 $\theta$ 不变，则 $U_H=f(IB)$，即传感器的输出 $U_H$ 与 $I$、$B$ 的乘积成正比，这方面的应用有模拟乘法器、霍尔功率计、电能表等。

利用霍尔传感器制作的仪器的优点主要有：体积小，结构简单、坚固耐用；无可动部件，无磨损，无摩擦热，噪声小；装置性能稳定，寿命长，可靠性高；频率范围宽，从直流到微波范围均可应用；霍尔器件载流子惯性小，装置动态特性好。与此同时，霍尔器件也存在转换效率低和受温度影响大等明显缺点。但是，由于新材料新工艺不断出现，这些缺点正逐步得到克服。

### 4.3.3 电阻式磁敏传感器

电阻式磁敏传感器，又称磁敏电阻，是一种电阻随磁场变化而变化的磁敏元件，也称 MR 元件。它的理论基础为磁阻效应。

1. 磁阻效应

若给通以电流的金属或半导体材料的薄片加以与电流垂直或平行的外磁场，则其电阻值就增加，这种现象为磁致电阻变化效应，简称为磁阻效应。

在磁场中，电流的流动路径会因磁场的作用而加长，使得材料的电阻率增加。若某种金属或半导体材料的两种载流子（电子和空穴）的迁移率十分悬殊，主要由迁移率较大的一种载流子引起电阻率变化，它可表示为

$$\frac{\rho-\rho_0}{\rho_0}=\frac{\Delta\rho}{\rho_0}=0.273\mu^2B^2 \tag{4.3.7}$$

式中：$B$ 为磁感应强度；$\rho$ 为材料在磁感应强度为 $B$ 时的电阻率；$\rho_0$ 为材料在磁感应强度为

0 时的电阻率；$\mu$ 为载流子的迁移率。

当材料中仅存在一种载流子时磁阻效应几乎可以忽略，此时霍尔效应更为强烈。若在电子和空穴都存在的材料（如 InSb）中，则磁阻效应很强。磁阻效应还与样品的形状、尺寸密切相关。这种与样品形状、尺寸有关的磁阻效应称为磁阻效应的几何磁阻效应。长方形磁阻器件只有在 $L$（长度）$<W$（宽度）的条件下，才表现出较高的灵敏度。把 $L<W$ 的扁平器件串联起来，就会零磁场电阻值较大、灵敏度较高的磁阻器件。

2. 磁敏电阻的材料与结构

磁敏电阻通常采用锑化铟（InSb）或神化铟（InAs）等材料制成的。磁敏电阻多采用片形膜式封装结构，有两端、三端（内部有两只串联的磁敏电阻）两种。

3. 磁敏电阻特性

（1）灵敏度特性。磁阻元件的灵敏度特性是用在一定磁场强度下的电阻变化率来表示，即磁场—电阻特性的斜率，常用 $K$ 或 $S$ 表示，单位为 mV/(mA · kg) 即 Ω · kg。在运算时常用 $R_B/R_0$ 求得，$R_0$ 表示无磁场情况下磁阻元件的电阻值，$R_B$ 为在施加 0.3T 磁感应强度时磁阻元件表现出来的电阻值。一般磁阻元件的灵敏度大于 2.7。

（2）电阻—磁场特性。磁阻元件的电阻值与磁场的极性无关，它只随磁场强度的增加而增加，如图 4.3.7（a）所示。在 0.1T 以下的弱磁场中，曲线呈现平方特性，而超过 0.1T 后呈现线性变化，如图 4.3.7（b）所示。

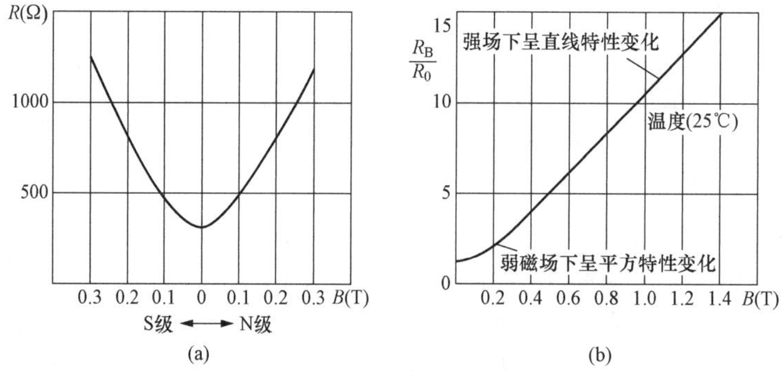


图 4.3.7 磁阻元件电阻—磁场特性

（a）S、N 级之间电阻特性；（b）电阻变化率特性

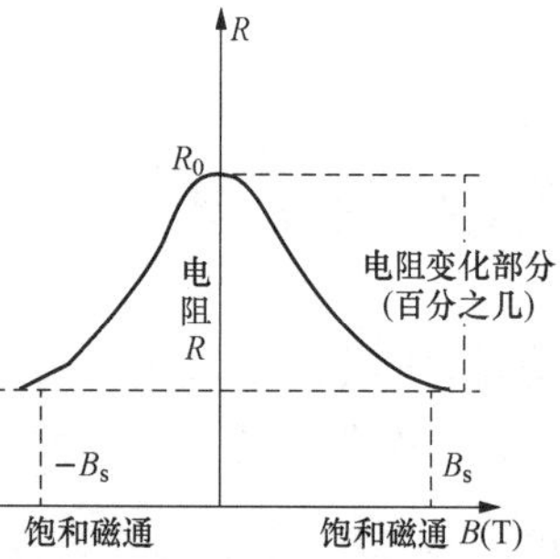


图 4.3.8 强磁阻元件电阻—磁场特性曲线

强磁阻元件电阻—磁场特性曲线如图 4.3.8 所示。

从图中可以看出它与磁阻元件曲线相反，即随着磁场的增加，电阻值减少。

（3）电阻—温度特性。磁敏电阻的电阻—温度特性曲线如图 4.3.9 所示。从图中可以看出，半导体磁阻元件的温度特性不好。图中的电阻值在 35℃的变化范围内减小了 1/2。因此，在应用时，一般都要设计温度补偿电路。

强磁体磁阻元件的电阻—温度特性曲线如图 4.3.10 所示。

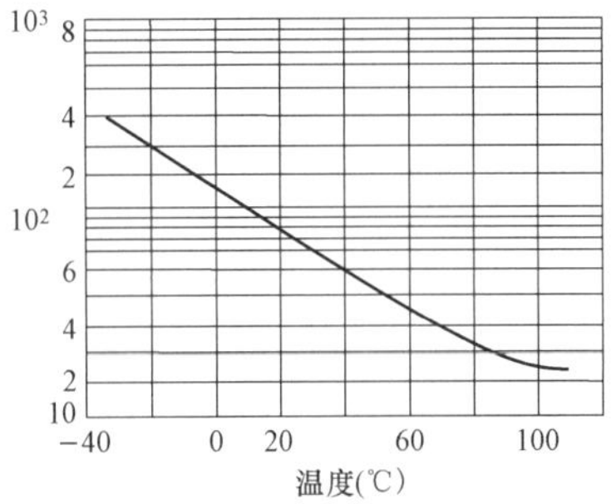


图 4.3.9 半导体元件电阻—温度特性曲线

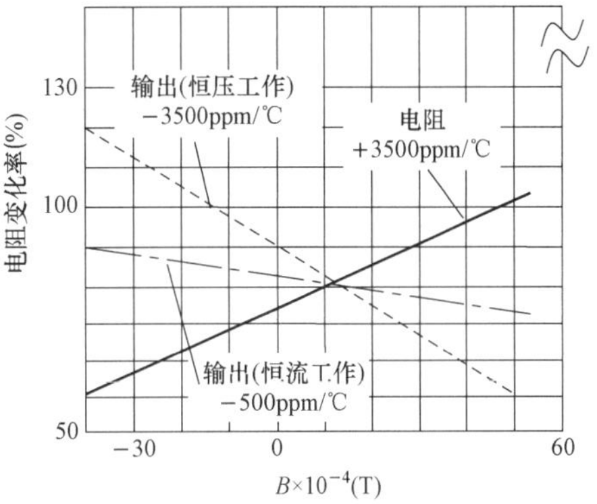


图 4.3.10 强磁体磁阻元件电阻—温度特性曲线

图 4.3.10 中分别给出了采用恒流、恒压供电方式时的温度特性。采用恒流供电时，可以获得−0.05%/℃的良好温度特性，而采用恒压供电时却高达 0.35%/℃。但是由于强磁磁阻元件为开关方式工作，因此常用恒压方式。

4. 磁敏电阻的应用

磁敏电阻利用其对磁场相关参数的检测，一般用于交流变换器、频率变换器、功率电压变换器、位移电压变换器等电路中作控制元件，还可用于接近开关、磁卡文字识别、磁电编码器、电动机测速等场合作磁敏传感器用。

### 4.3.4 磁敏二极管

磁敏二极管是继霍尔元件和磁敏电阻之后迅速发展起来的新型磁电转换元件，具有磁灵敏度高（磁灵敏度比霍尔元件高数百甚至数千倍）、能识别磁场的极性、体积小、电路简单等特点。

1. 磁敏二极管结构和工作原理

磁敏二极管是一种 PIN 型二极管，可称为结型二端器件，常见的有硅磁敏二极管和锗磁敏二极管两种。其结构及图形符号如图 4.3.11 所示。两端为高掺杂的 $P^+$ 和 $N^+$ 区；较长的本征区 I 称为长基区二极管，I 的一面磨成光滑的；另一面用扩散杂质或喷砂法制成高复合区（称为 r 区），使电子—空穴对易于在粗糙表面复合而消失。

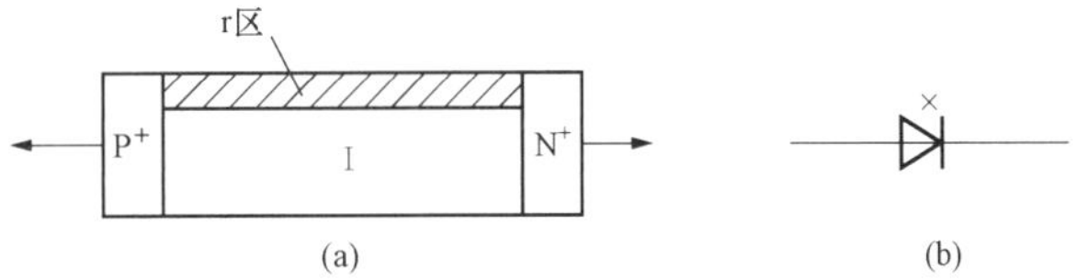


图 4.3.11 磁敏二极管

(a) 结构；(b) 图形符号

在磁敏二极管两端施加正向电压时，随着磁场大小和方向的变化，可产生输出电流（电压）的变化，特别是在较弱的磁场作用下，可获得较大输出电压。若 r 区和 r 区之外的复合能力之差越大，那么磁敏二极管的灵敏度就越高。

当磁敏二极管反向偏置时，则在 r 区仅流过很微小的电流，显得几乎与磁场无关。因而流过二极管的电流（端电压）不会因受到磁场作用而有任何改变。

2. 磁敏二极管的主要特性

(1) 伏安特性（正向偏压与电流的关系）。图 4.3.12 为 Ge 磁敏二极管的伏安特性曲线。输出电压一定，磁场正向时，随磁场增强，电流减小；磁场负向时，随磁场负方向增强，电流增加。同一磁场下电压越大，输出电流变化量也越大。

图 4.3.13 为硅磁敏二极管的伏安特性曲线图。图 4.3.13（b）有负阻特性，即电流急剧增加，偏压突然跌落；因高阻 I 区热平衡载流子较少，注入 I 区的载流子在未填满复合中心前不会产生较大的电流，只有填满后电流才开始急增，同时 I 区压降减小，呈现负阻特性。

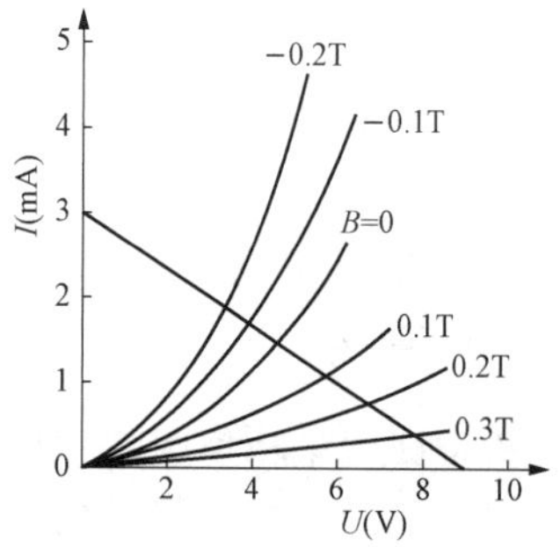


图 4.3.12 Ge 磁敏二极管的伏安特性曲线

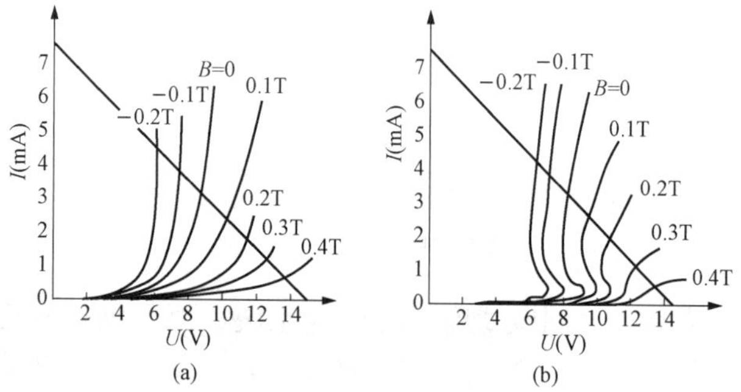


图 4.3.13 硅磁敏二极管的伏安特性

（a）普通硅磁敏二极管；（b）具有负阻特性的硅磁敏二极管

（2）磁电特性。在给定条件下磁敏二极管按输出电压变化量与外加 $B$ 的关系，常有单只使用和互补使用两种方式。单只使用时正向磁灵敏度大于反向；互补使用时正、反向磁灵敏度曲线对称，且在弱磁场下有较好的线性。

（3）温度特性。一般情况下，磁敏二极管输出电压变化量 $\Delta U$ 随温度 $T$ 变化较大，因此在实际使用时，需要对其进行温度补偿。常见温度补偿电路如图 4.3.14 所示，分别是互补式温度补偿电路图、差分式温度补偿电路图、全桥温度补偿电路图、热敏电阻温度补偿电路图。

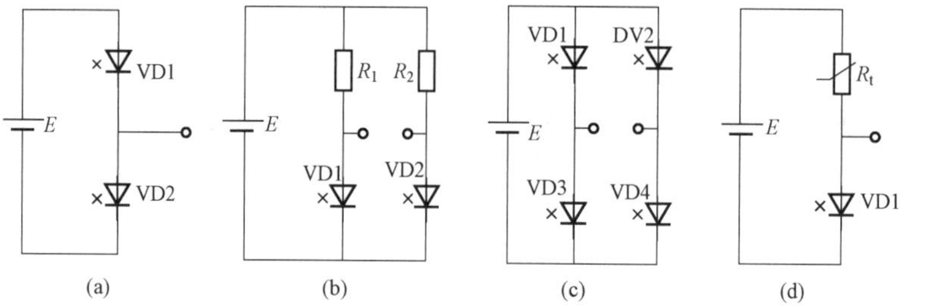


图 4.3.14 温度补偿电路

### 4.3.5 磁敏三极管

磁敏三极管，是在磁敏二极管的基础上设计的一种磁电转换器件。磁敏三极管又称磁敏晶体管或磁三极管，主要用于无触点开关和接近开关等。

1. 结构及工作原理

磁敏三极管主要由锗材料或硅材料制成。如图 4.3.15 所示，NPN 型磁敏三极管是在弱 P 型近本征半导体上，用合金法或扩散法形成三个极，即发射极 e、基极 b、集电极 c 所形成的半导体元件。其最大的特点是基区很长，基区结构类似于磁敏二极管。

2. 工作原理

当被测磁场 $B=0$ 时，由于基区宽度大于载流子的有效扩散长度，发射区注入的载流子少数输入集电极 c、大部分通过 e—P—b 形成基极电流 $I_b$，$I_b>I_c$，电流放大倍数$\beta<1$。

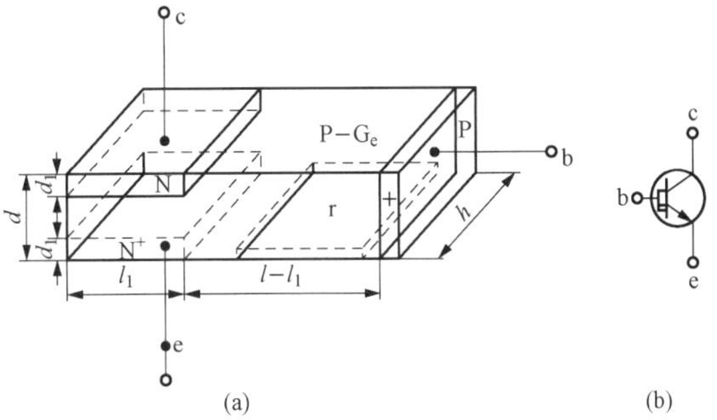

图 4.3.15 Ge 板条式磁敏三极管的结构及图形符号
(a) 结构；(b) 图形符号

当受到正向磁场作用时，由于磁场的作用，洛仑兹力使载流子偏向发射结的一侧，导致集电极电流显著下降。当反向磁场作用时，载流子向集电极一侧偏转，使集电极电流增大。由此可见，磁敏三极管在正、反向磁场作用下，其集电极电流出现明显变化，因此可以利用磁敏三极管来测量弱磁场、电流、转速、位移等物理量。

3. 磁敏三极管特性

(1) 伏安特性。磁敏三极管与普通晶体管的伏安特性曲线类似，电流放大倍数小于 1。

(2) 磁电特性。较弱磁场时，集电极电流 $I_c$与 $B$ 呈线性关系。

(3) 温度特性。磁敏三极管对温度比较敏感，使用时必须进行温度补偿。对于锗磁敏三极管，如 3ACM、3BCM，其磁灵敏度的温度系数为 0.8%/℃；对于硅磁敏三极管(3CCM)，磁灵敏度的温度系数为−0.6%/℃ 。因此，实际使用时必须对磁敏三极管进行温度补偿。

对于硅磁敏三极管，因其具有负温度系数，可用正温度系数的普通硅三极管来补偿因温度而产生的集电极电流的漂移。

(4) 频率特性。3BCM 锗磁敏三极管的响应时间为 2$\mu$s，截止频率为 500kHz；3CCM 硅磁敏三极管的响应时间为 4$\mu$s，截止频率为 2.5MHz。

(5) 磁灵敏度。磁敏三极管的磁灵敏度有正向灵敏度 $S_+$ 和负向灵敏度 $S_-$ 两种。其定义式为

$$S_{\pm}=\left|\frac{I_{cB\pm}-I_{c0}}{I_{c0}B}\right|\times 100\%$$

式中：$I_{cB+}$、$I_{c0}$分别为有、无磁场作用时磁敏三极管的集电极电流。

4. 磁敏二极管和磁敏三极管的应用

磁敏管有较高的磁灵敏度，体积和功耗都很小，且能识别磁极性等优点，是一种新型半导体磁敏元件，有着广泛的应用前景。

利用磁敏管可以制作磁场探测仪器，如高斯计、漏磁测量仪、地磁测量仪等。用磁敏管做成的磁场探测仪，可测量 $10^{-7}$T 左右的弱磁场。

由于通电导线周围具有磁场，而磁场的强弱又取决于通电导线中电流大小的原理，因而可利用磁敏管采用非接触方法来测量导线中电流。而用这种装置来检测磁场还可确定导线中电流值大小，既安全又省电，因此是一种备受欢迎的电流表。

此外，利用磁敏管还可制成转速传感器（能测高达每分钟数万转的转速）、无触点电位器和漏磁探伤仪等。

### 4.3.6 其他磁敏传感器

随着新效应、新技术、新材料等的不断发现和应用，出现了其他一些测量磁场及其相关

参量的传感器。

（1）韦甘德器件。韦甘德器件由坡莫合金丝、维卡合金丝或非晶磁致伸缩薄带制作。它们利用韦甘德效应进行工作，结构十分简单，可在－80～＋260℃的温度范围内稳定工作。韦甘德器件可用来制作磁脉冲发生器，并可用于汽车分电器点火器、旋转编码器、磁卡读出器、无触点开关等，是磁敏传感器产业中又一支重要力量。

（2）磁通门磁强计。磁通门磁强计由探头和主机两部分组成，前者即磁敏传感器，后者是信号读出装置。它比霍尔器件和磁阻器件的灵敏度高约两个数量级；和感应线圈比，可测绝对磁场；和磁共振测磁比，可测场的方向，且长期稳定，比光纤磁传感器更灵敏，且振动稳定性和热稳定性更好；比超导量子干涉器（SQUID）便宜，并可在常温下工作，不需要液氦等。它的测量范围为 $10^{-10}$～$10^{-4}$T，分辨力可达 $10^{-11}$T，噪声电平极低且没有任何偏离（Off-set），是既能测量磁场量值，又能测量磁场方向，还可测量磁场梯度的一种磁传感装置。在弱磁场的检测中，磁通门磁强计是最重要的磁敏传感器之一。除在鱼雷引爆、探潜等军事方面应用之外，还在地磁测量、探矿、材料无损探伤、考古、岩石磁性测量、机场和地面交通管理等方面大量应用。近年来，还用它来辨认磁性墨水记录的账册，读出磁卡信息等。

（3）巨磁阻效应与超巨磁阻效应器件。磁性材料的电阻率在有无外磁场作用时存在显著变化的现象，称为巨磁阻效应（GMR）；若其磁阻随着外加磁场变化有多个数量级的变化，则称为超巨磁阻效应（CMR）。巨磁阻效应是一种量子力学和凝聚态物理学现象，是磁阻效应的一种，产生于磁性材料和非磁性材料相间的薄膜层（几个纳米厚）中。巨磁阻效应在高密度读出磁头、磁存储元件上有着广泛的应用。

（4）质子旋进式磁敏传感器。磁性是物质的固有属性，物质分子磁矩在外磁场作用下以一定的频率绕外磁场旋进，因此通过测量分子旋转频率来探测外磁场大小。它具有准确度高（一般在0.1～10nT范围内）、稳定性好、工作速度快、绝对值测量等优点；其主要缺点有极化功率大，只能进行快速点测，感应信号的衰减受磁场梯度影响较大等。

（5）光泵式磁敏传感器。光泵式磁敏传感器是以某些元素的原子在外磁场中产生的塞曼分裂为基础，采用光泵和磁共振技术研制成的。它具有灵敏度高（理论灵敏度高达 $10^{-2}$～$10^{-4}$nT）、响应频率高、可连续测量等优点。

## 4.4 光敏传感器

光敏传感器是将光信号转换为电信号的传感器，也称为光电式传感器。它可用于检测直接引起光强度变化的非电量，如光强、光照度、辐射测温、气体成分分析等；也可用来检测能转换成光量变化的其他非电量，如零件直径、表面粗糙度、位移、速度、加速度及物体形状、工作状态识别等。光敏传感器具有非接触、响应快、性能可靠等特点，因而在工业自动控制及智能机器人中得到广泛应用。

### 4.4.1 光电效应

光敏传感器的物理基础是光电效应。当光照射某一物体时，物体相当于受到一连串能量为 $hf$（$f$ 为光波频率，$h$ 为普朗克常数）的光子的轰击，组成该物体的材料吸收光子能量而发生相应电效应的物理现象称为光电效应。通常将光电效应分为外光电效应和内光电效应两类。

1. 外光电效应

在光辐射作用下，电子逸出材料的表面，产生光电子发射称为外光电效应，或光电子发射效应。

根据爱因斯坦的光电子效应，光子是运动着的粒子流，每种光子的能量为 $hf$，由此可见不同频率的光子具有不同的能量，光波频率越高，光子能量越大。假设光子的全部能量交给光子，电子能量将会增加，增加的能量一部分用于克服正离子的束缚，另一部分转换成电子能量。能量守恒定律为

$$\frac{1}{2}mv^2 = hf - W \tag{4.4.1}$$

式中：$m$ 为电子质量；$v$ 为电子逸出的初速度；$W$ 为逸出功。

由式（4.4.1）可知，要使光电子逸出阴极表面的必要条件是 $hf>W$。由于不同材料具有不同的逸出功，因此对每一种阴极材料，入射光都有一个确定的频率限，当入射光的频率低于此频率限时，不论光强多大，都不会产生光电子发射，此频率限称为“红限”，相应的波长为$\lambda_K=\dfrac{hc}{W}$。

光电管和光电流倍增管是属于外光电效应的典型光电元件，两者基本结构相同。光电管基本结构和测量转换电路如图 4.4.1 所示。当入射光照射在阴极上时，阴极就会发射电子，由于阳极的电位高于阴极，在电场力的作用下，阳极便收集到由阴极发射出来的电子，因此，在光电管组成的回路中形成了光电流 $I$，并在负载电阻 $R_L$ 上输出电压 $U_o$。

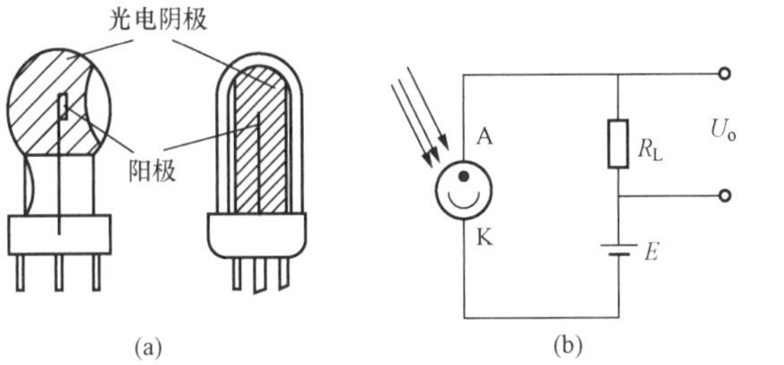


图 4.4.1 光电管

（a）基本结构；（b）转换电路

光电流倍增管的优点是灵敏度高（比光电管高出几万倍以上），输出线性度好，频率特性好；缺点是体积大、易破碎，工作电压高达上千伏，使用不方便。因此，它一般用于微光测量和要求反应速度很快的场合。

2. 内光电效应

在光的辐射作用下，物体受到光照后所产生的光电子只在物质内部，从而使物体的电导率发生变化或产生光生伏特的现象称为内光电效应。光电导效应、光生伏特效应都属于内光电效应。半导体材料的许多电学特性都因受到光的照射而发生变化。

（1）光电导效应。在光辐射作用下，物体电导率会发生变化的现象称为光电导效应。具体而言，若光照射到某些半导体材料上时，透过到材料内部的光子能量足够大，某些电子吸收光子的能量，从原来的束缚态变成导电的自由态，这时在外电场的作用下，流过半导体的电流会增大，即半导体的电导会增大。

光电导效应可分为本征型和杂质型两类。本征型是指能量足够大的光子使电子离开价带跃入导带，价带中由于电子离开而产生空穴，在外电场作用下，电子和空穴参与电导，使电导增加。杂质型光电导效应则是能量足够大的光子使施主或受主能级中的电子或受主能级中

的空穴跃迁到导带或价带，从而使电导增加。杂质型光电导的长波限比本征型光电导的要长得多。

（2）光生伏特效应。在光辐射作用下，物体产生一定方向电动势的光电效应称为光生伏特效应。

在无光照时，半导体PN结内部自建电场；当光照射在PN结及其附近时，在能量足够大的光子作用下，在结区及其附近就产生少数载流子（电子、空穴对）。载流子在结区外时，靠扩散进入结区；在结区中时，则因电场 $E$ 的作用，电子漂移到N区，空穴漂移到P区。结果使N区带负电荷，P区带正电荷，产生附加电动势，此电动势称为光生电动势，这种现象称为光生伏特效应。

大多数光电控制应用的传感器都是基于内光电效应制作而成。常见的光敏元件有光敏电阻、光敏二极管、光敏三极管、光敏晶闸管、光电池等。

### 4.4.2 光敏传感器的基本特性

光敏传感器的基本特性包括伏安特性、光电特性等。其中光敏传感器在一定的入射照度下，光敏传感器的电流 $I$ 与所加电压 $U$ 之间的关系，称为光敏传感器的伏安特性。改变照度则可以得到一簇伏安特性曲线，它们是传感器应用设计时选择电参数的重要依据。光敏传感器的光谱灵敏度与入射光强之间的关系称为光电特性或光照特性。有时光敏传感器的输出电压或电流与入射光强之间的关系也称为光电特性。光照特性也是光敏传感器应用设计时选择参数的重要依据之一。掌握光敏传感器基本特性，可为合理应用光敏传感器打好基础。

1. 光敏电阻

光敏电阻基于光电导效应制作而成。目前，光敏电阻应用得极为广泛，比如利用光敏电阻制成的光控开关，在日常生活中随处可见。

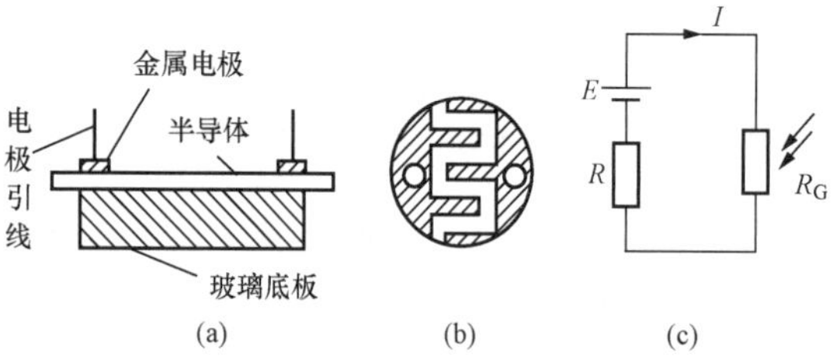


图4.4.2 光敏电阻

（a）光敏电阻结构；（b）光敏电阻电极；

（c）光敏电阻接线图

在半导体光敏材料两端装上电极引线，将其封装在带透明窗的管壳里就构成光敏电阻，如图4.4.2（a）所示。当光敏电阻受到光照时，若光子能量大于该半导体材料的禁带宽度，则价带中的电子吸收光子能量后跃迁到导带，成为自由电子，同时产生一个空穴，使电阻率变小。光照越强，阻值越低，光电流 $I$ 也就越大。入射光消失，电子—空穴对逐渐复合，电阻也逐渐恢复原值。

（1）伏安特性。光敏电阻的伏安特性如图4.4.3所示。不同的光照度可以得到不同的伏安特性，这表明电阻值随光照度发生变化。光照度不变的情况下，电压越高，光电流也越大，而且没有饱和现象。当然，与一般电阻一样，光敏电阻的工作电压和电流都不能超过规定的最高额定值。

（2）光电特性。在光敏电阻两极电压固定不变时，光照度与电阻及电流间的关系称为光电特性。某硒光敏电阻的光电特性如图4.4.4所示。从图中可见，当光照度大于0.1lm（流明）时，它的非线性就非常严重了，所以它不能用于光的精密测量，只能用于定性地判断光照度。比如在自动控制中光敏电阻常用作开关量的光电传感器。

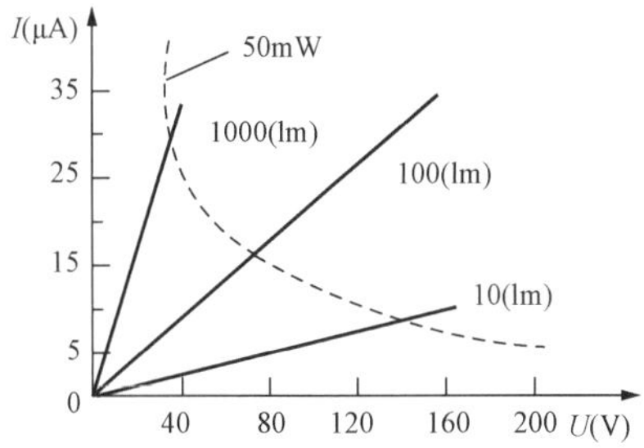


图 4.4.3 光敏电阻的伏安特性

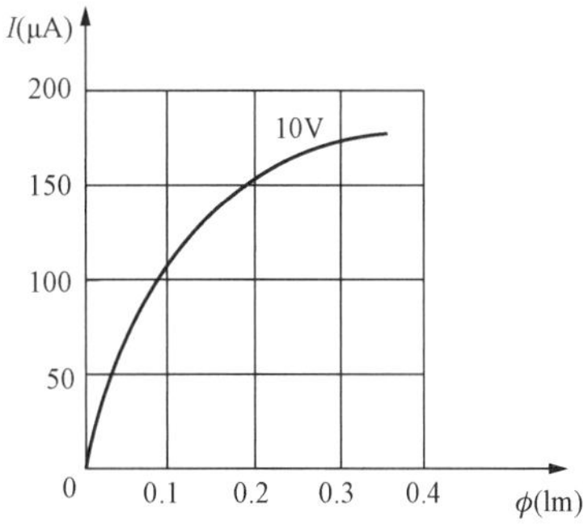


图 4.4.4 硒光敏电阻的光电特性

(3) 频率特性。构成光敏电阻的材料有金属的硫化物、硒化物、碲化物等半导体。不同材料的光敏电阻具有不同光谱特性，即对不同频率的灵敏度不同。因此使用时可根据被测光的频率范围，选择不同材料的光敏电阻。

图 4.4.5 所示为某硫化铅和硫化镉光敏电阻的频率特性图。可见，光敏电阻的相对灵敏度受光频率变化影响，且其频率特性随所用材料的不同而有所区别。光敏电阻的初始稳定性不好，实际应用前需要做老化处理。

(4) 温度特性。图 4.4.6（a）所示为某硫化镉光敏电阻的温度特性图。可见，光敏电阻和其他半导体器件一样，性能受温度影响较大。

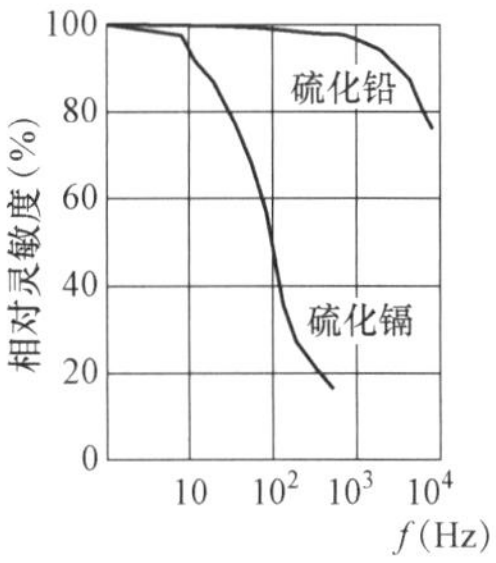


图 4.4.5 光敏电阻频率特性图

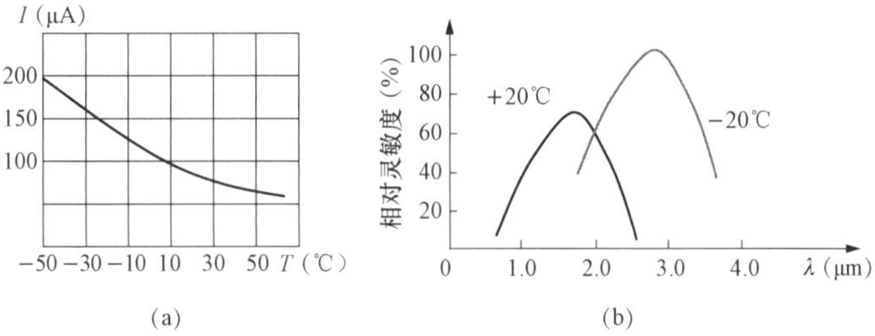


图 4.4.6 光敏电阻温度特性

（a）光电流温度特性；（b）光谱温度特性

(5) 光谱特性。如图 4.4.7 所示，不同材料制作的光敏电阻的光谱响应范围不同，部分光敏电阻具有很好的光谱特性，光谱响应可从紫外区到红外区范围内。通常，光敏电阻体积小、质量轻、性能稳定、价格便宜，因此应用比较广泛；但其存在温漂大、初始稳定性差、一致性不好等缺点，因此光敏电阻主要应用于各种对测光要求不高的场合，如对灯光的控制、调节等光控电路场合等。

2. 光敏二极管和光敏三极管

光敏二极管示意图如图 4.4.8 所示。当受到光照时，光敏二极管 PN 结附近受光子轰击，吸收其能量而产生电子空穴对，从而使 P 区和 N 区的少数载流子浓度大大增加。因此在外加反偏电压和内电场的作用下，P 区少数载流子电子渡越阻挡层进入 N 区，N 区的少数载流子空穴渡越阻挡层进入 P 区，从而使通过 PN 结的反向电流大为增加，这就形成了光电流。

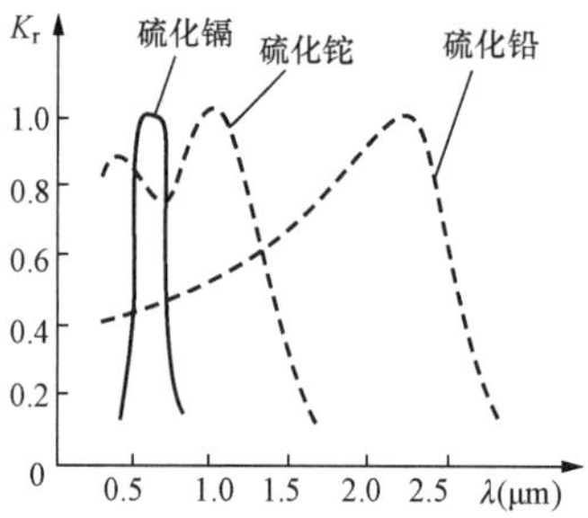


图 4.4.7 光敏电阻的光谱特性

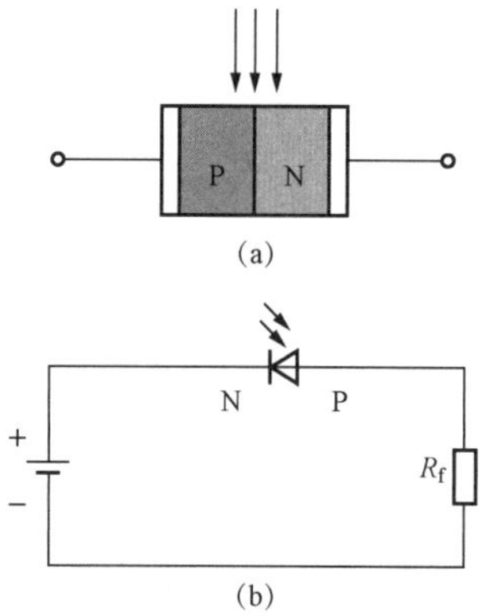


图 4.4.8 光敏二极管

（a）结构示意图；（b）工作电路图

光敏三极管和普通三极管的结构相类似。不同之处是光敏三极管必须有一个对光敏感的 PN 结作为感光面，一般用集电结作为受光结。因此，光敏三极管实质上是一种相当于在基极和集电极之间接有光敏二极管的普通二极管。不同之处在于，光敏三极管光信号变成电信号的同时，还能放大了电信号。NPN 型光敏三极管结构如图 4.4.9 所示，多数光敏三极管的基极没有引线，只有正负（c、e）两个引脚，所以其外形与光敏二极管类似。

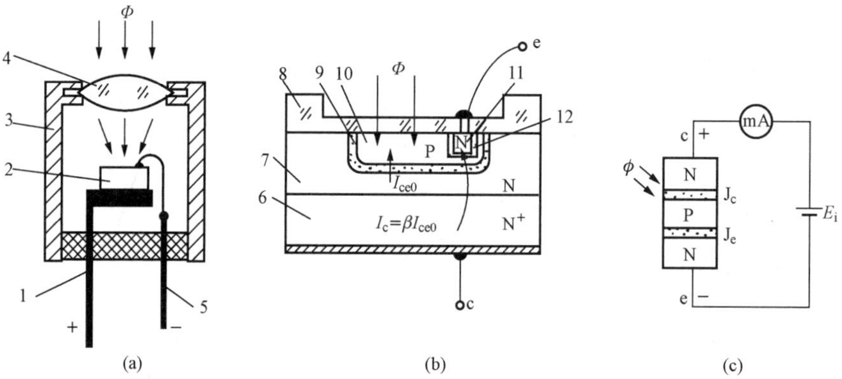


图 4.4.9 光敏三极管结构图

（a）内部组成；（b）管芯结构；（c）结构及工作电路图

1—集电极引脚；2—管芯；3—外壳；4—玻璃聚光镜；5—发射极引脚；6—$N^+$衬底；7—N 型集电区；8—$SiO_2$ 保护圈；9—集电结；10—P 型基区；11—N 型发射区；12—发射结

（1）伏安特性。光敏二极管的伏安特性相当于向下平移了的普通二极管，光敏三极管的伏安特性和光敏二极管的伏安特性类似，如图 4.4.10（a）、（b）所示。但光敏三极管的光电流比同类型的光敏二极管大好几十倍。零偏压时，光敏二极管有光电流输出，而光敏三极管则无光电流输出，原因是光敏二极管能产生光生电动势，但光电三极管的集电结在无反向偏压时没有放大作用，所以此时没有电流输出（或仅有的漏电流）。

（2）光电特性。某光敏二（三）极管的光电特性如图 4.4.11 所示。光敏二极管的光电特性呈良好线性，这是由于它的电流灵敏度一般为常数。由于光敏三极管对光电流的放大倍

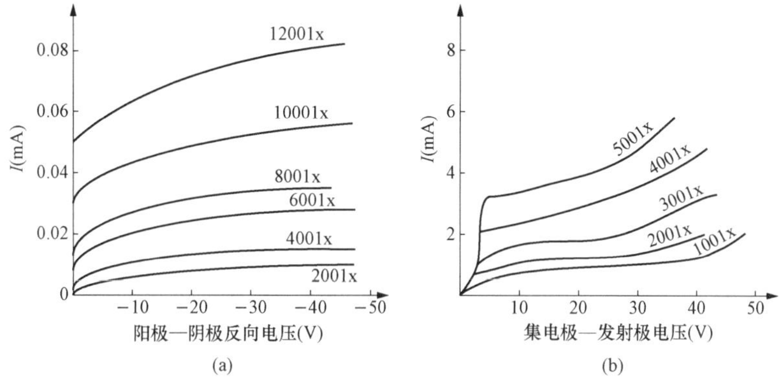


图 4.4.10 硅光敏管的伏安特性

(a) 硅光敏二极管；(b) 硅光敏三极管

数具有一定的非线性，不利于测量过强或过弱光，故一般在作线性检测元件时，可选择光敏二极管而不能用光敏三极管。

(3) 光谱特性。不同材料的光敏三极管有不同的光谱特性。即使是同一材料，如硅光敏三极管，只要控制其 PN 结的制造工艺，也能得到不同的光谱特性。例如，硅光敏元件的灵敏度峰值对应的可测光波长为 0.8μm 左右，但现在已生产出对红外光 1、可见光 2、蓝紫光 3 敏感的光敏三极管，光谱特性如图 4.4.12 所示。有时还可在光敏三极管的透光窗口配上不同颜色的滤光玻璃，以达到光谱修正的目的，使光谱峰值波长根据需要而改变，据此可制作色彩传感器。

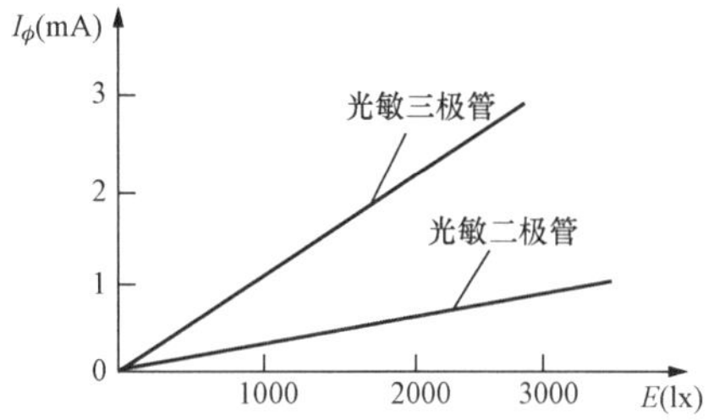


图 4.4.11 某光敏二（三）极管的光电特性

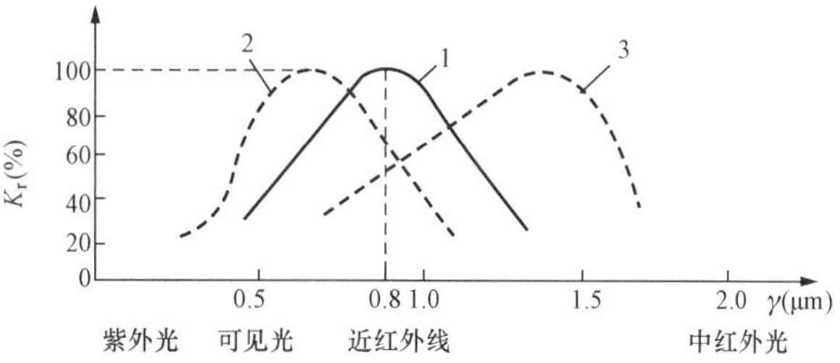


图 4.4.12 硅光敏三极管的光谱特性

3. 光电池

光电池基于光生伏特效应工作，是一种在光的照射下产生一定方向电动势的半导体元件。光电池的图形符号、基本工作电路及等效电路如图 4.4.13 所示。

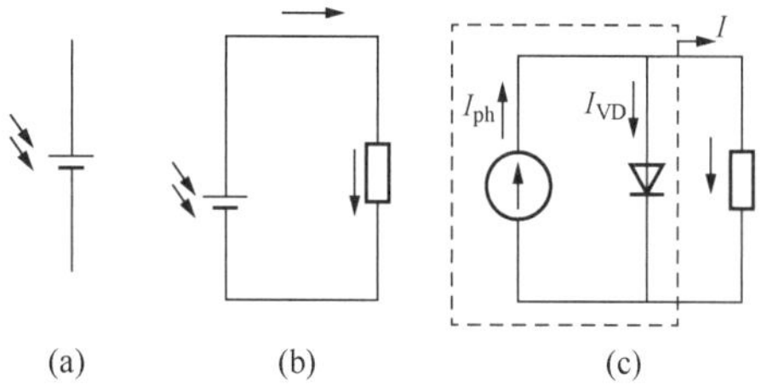


图 4.4.13 光电池符号和基本工作电路

(a) 符号；(b) 基本工作电路；(c) 等效电路

光电池是目前使用最为广泛的光探测器之一。它的特点是工作时不需要外加偏压，接收面积小，使用方便；缺点是响应时间长。图 4.4.14 为光电池的伏安特性曲线。在一定光照度下，光电池的伏安特性呈非线性。

当光照射光电池时，将产生一个由 N 区流向 P 区的光生电流 $I_{ph}$；同时由于 PN 结二极

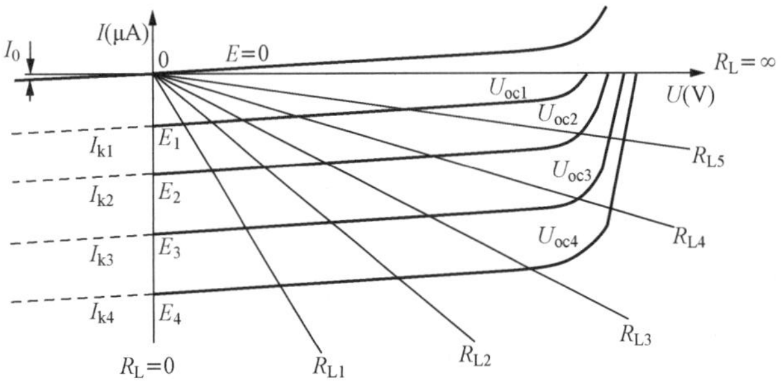

图 4.4.14　光电池伏安特性曲线

管的特性，存在正向二极管电流 $I_{VD}$，此电流方向与光生电流方向相反。所以，实际获得的电流为

$$\begin{aligned} I_k &= I_{ph} - I_{VD} \\ &= I_{ph} - I_0\left[\exp\left(\frac{eU}{nk_BT}\right) - 1\right] \end{aligned} \tag{4.4.2}$$

式中：$U$ 为结电压；$I_0$ 为二极管反向饱和电流；$n$ 为理想系数，表示 PN 结的特性，通常在 1 和 2 之间；$k_B$ 为玻尔兹曼常数；$T$ 为绝对温度。

短路电流是指光电池外接负载等效电阻远小于其自身内阻时的电流。在一定的光照度下，当光电池被短路时，结电压 $U$ 为 0，从而有

$$I_k = I_{ph} \tag{4.4.3}$$

负载电阻在 20Ω 以下时，短路电流与光照呈比较好的线性关系，负载电阻过大，则线性关系会变坏。

开路电压则是指负载电阻远大于光电池的内阻时光电池两端的电压。而当光电池的输出端开路时有 $I_k = 0$，由前两式可得开路电压为

$$U_{oc} = \frac{nk_BT}{q}\ln\left(\frac{I_{ph}}{I_0} + 1\right) \tag{4.4.4}$$

图 4.4.15 为光电池的光照特性曲线。开路电压与光照度之间为对数关系，因而具有饱和性。因此，把光电池作为敏感元件时，应该把它当作电流源的形式使用，即利用短路电流与光照度成线性的特点，这是光电池的主要优点。

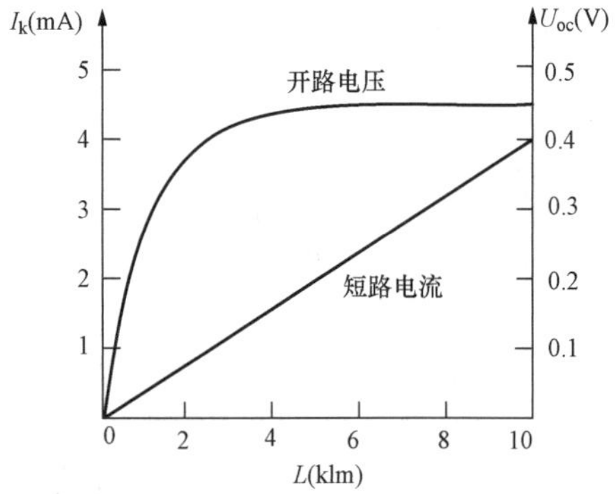

图 4.4.15　光电池光照特性曲线

### 4.4.3　光敏传感器的应用

微课 5
光敏传感器的应用

非接触式测量是光敏传感器的一大特点。根据被测物和光敏元件间物理关系，光敏传感器的应用通常具有以下形式：

（1）辐射式。光源本身是被测物，被测物发出的光投射到光敏元件上，光敏元件的输出反映了光源的某些物理参数，如图 4.4.16（a）所示。典型的例子有光电高温比色温度计、光照度计等。

（2）吸收式。恒光源发射的光通量穿过被测物，一部分由被测物吸收，剩余部分投射到光敏元件上，吸收量取决于被测物的某些参数，如图 4.4.16（b）所示。典型例子有透明度计、浊度计等。

（3）反射式。恒光源发出的光通量投射到被测物上，然后从被测物表面反射到光敏元件上，光敏元件的输出反映了被测物的某些参数，如图 4.4.16（c）所示。典型应用有测量转速、测量工件表面粗糙度和纸张的白度等。

（4）遮光式。恒光源发出的光通量在到达光敏元件的途中遇到被测物，照射到光敏元件

上的光通量被遮蔽掉一部分，光敏元件的输出反映了被测物的尺寸，如图 4.4.16（d）所示。典型的应用有振动测量、工件尺寸测量等。

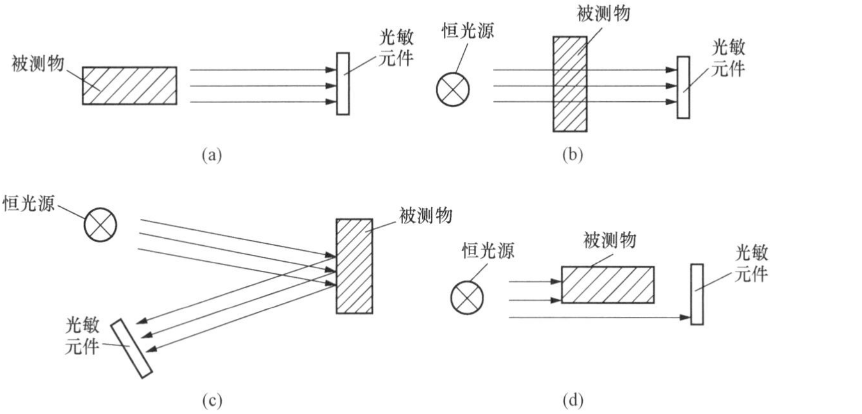


图 4.4.16　光敏传感器常见工作形式

（a）辐射式；（b）吸收式；（c）反射式；（d）遮光式

以下介绍光敏电阻、光敏二极管、光敏三极管、光电池等光敏元件的典型应用。

1. 光敏电阻的应用

根据光敏电阻的光谱特性，光敏电阻器可分为紫外光敏电阻、红外光敏电阻、可见光光敏电阻。光敏电阻受温度影响较大，响应速度不快，在毫秒到秒之间，延迟时间受入射光的光照度影响光敏电阻可广泛应用于各种光控电路，如对灯光的控制、调节等场合，也可用于光控开关。下面给出几个典型应用电路。

图 4.4.17 所示为典型的光控调光电路。其工作原理是：当周围光线变弱时引起光敏电阻 $R_L$ 的阻值增加，使加在电容 $C$ 上的分压上升，进而使晶闸管的导通角增大，达到增大照明灯两端电压的目的；反之，若周围的光线变亮，则 $R_L$ 的阻值下降，导致晶闸管的导通角变小，照明灯两端电压也同时下降，使灯光变暗，从而实现对灯光照度的控制。图中，上整流桥输出的必须是直流脉动电压，不能将其用电容滤波变成平滑直流电压，否则电路将无法正常工作。原因在于直流脉动电压既能给晶闸管提供过零关断的基本条件，又可使电容 $C$ 的充电在每个半周从零开始，准确完成对晶闸管的同步移相触发。

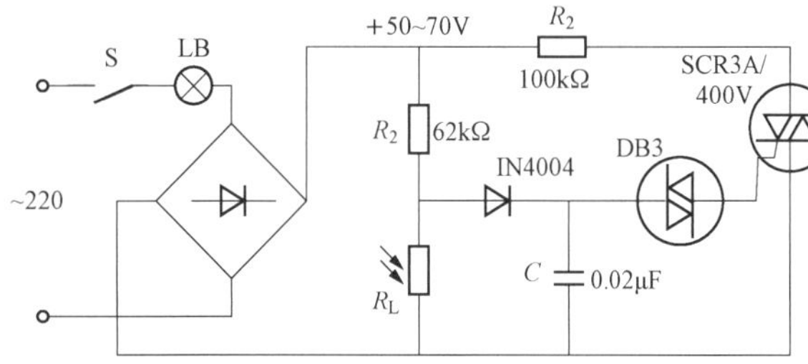


图 4.4.17　光控调光电路

图 4.4.18 所示为一种简单的暗激发（只有没有光的时候工作）继电器开关电路。其工作原理是：当照度下降到设置值时由于光敏电阻阻值上升激发 VT1 导通，VT2 的激励电流使继电器工作，动合触点闭合，动断触点断开，实现对外电路的控制。

图 4.4.19 所示为一种精密的暗激发时滞继电器开关电路。其工作原理是：当照度下降到设置值时，由于光敏电阻阻值上升使运放 IC 的反相端电位升高，其输出激发 VT 导通，VT 的激励电流使继电器工作，动合触点闭合，动断触点断开，实现对外电路的控制。

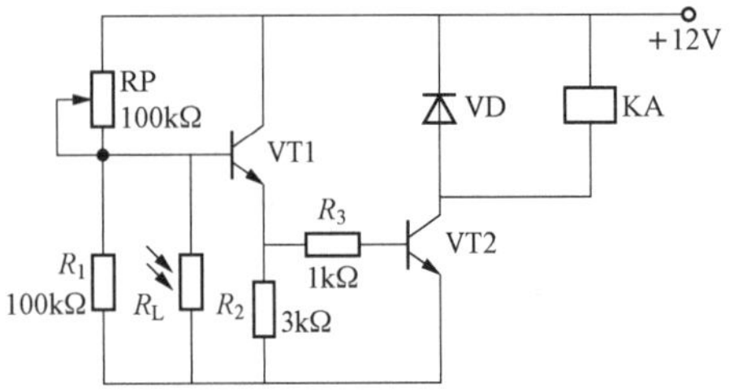

图 4.4.18　简单暗激发继电器开关电路

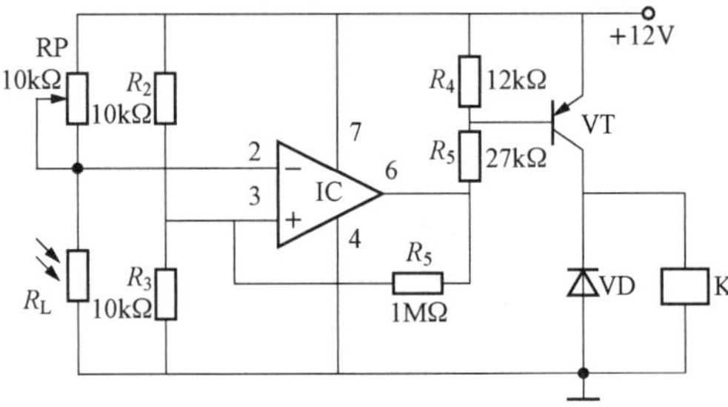

图 4.4.19　暗激发时滞继电器开关电路

2. 光敏二极管的应用

光敏二极管的使用和光敏电阻类似，但响应速度更快、温漂小，且频率特性好，适用于快速变化的光信号探测；缺点是灵敏度较低。

在实际使用时，光敏二极管通常采用反向偏置接法。图 4.4.20 所示为光敏二极管的典型应用电路。光照时，有很小的饱和反向漏电流，即暗电流，此时光敏二极管 VD 截止。当受到光照时，饱和反向漏电流大大增加，形成光电流，其值随入射光强度的变化而变化。

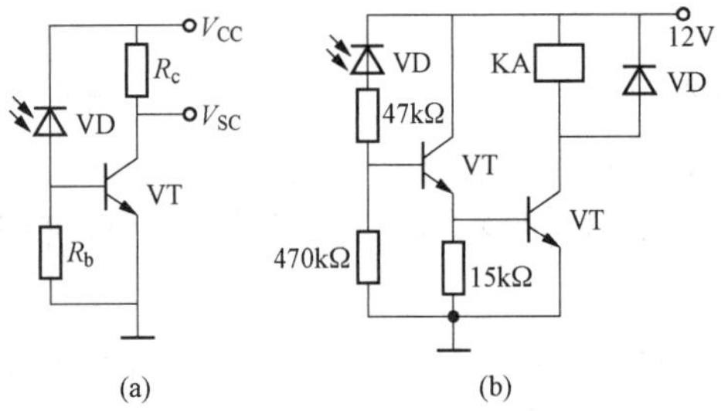

图 4.4.20　光敏二极管应用电路

（a）光信号放大电路；（b）开关电路

3. 光敏三极管的应用

光敏三极管和普通三极管的结构相似。不同之处是光敏三极管必须有一个对光敏感的 PN 结作为感光面，一般用集电结作为受光结，所以光敏二极管实质上是一种相当于在基极和集电极之间接有光敏二极管的普通二极管。因此，它具有普通光敏二极管的优点，且具有更高的灵敏度，但其响应速度略慢，受温度的影响程度更高。

光敏三极管在自动测试系统中有着广泛的应用。典型应用有光耦合器、光电式传感器等。光耦合器实现了电隔离，提高了抗干扰性能，并且由于它具有单向信号传递功能，因而有脉冲转换和直流电平转换功能。在逻辑电路中可作为不同逻辑电路间的接口；在逻辑信号驱动电路中，可以作为输入信号与高压间的隔离元件。光电式传感器可用于测速，这种测速方法具有结构简单、测量精确度高等优点。

如图 4.4.21 所示，光敏三极管的常用应用电路有射极输出和集电极输出两种形式。

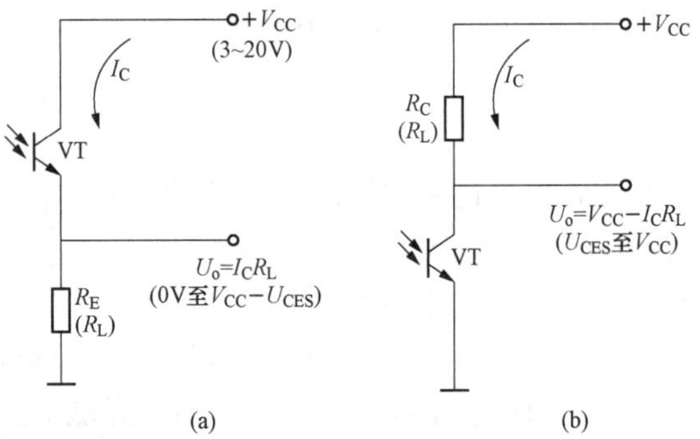

图 4.4.21　光敏三极管的两种常用电路

（a）射极输出电路；（b）集电极输出电路

图 4.4.22 所示为光控语音报警电路。它由光敏三极管、语音集成电路 IC 及其辅助电路组成。图中光敏三极管 VT1 和晶体三极管 VT2，电阻 $R_1$、$R_2$、$R_3$ 和电容 $C_1$、$C_2$ 等

构成光控开关电路。语音集成电路 IC 及三极管 VT3、电阻 $R_4$ 和 $R_5$ 等构成语音放大电路。平常在光源照射下，VT1 呈低阻状态，VT2 饱和导通，IC 触发端引脚 3 得不到正触发脉冲而不工作，扬声器无声。当 VT1 被物体遮挡时，便产生一负脉冲电压，并通过 $C_1$ 耦合到 VT2 的基极，导致 VT2 进入截止状态，IC 获得一正触发脉冲而工作，输出音频信号通过 VT3 放大，推动扬声器发出声响。声响内容可根据不同场合选择不同的语音电路来产生，例如高压电网可选用“高压重地，禁止入内”，配电室可选用“有电危险，请勿靠近”等。

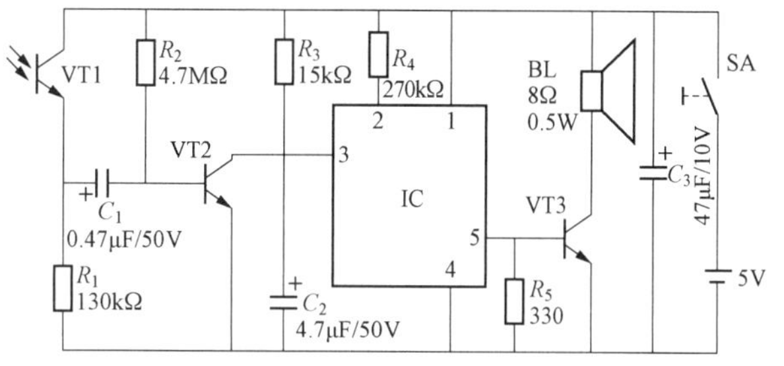


图 4.4.22 光控语音报警电路

4. 光电池的应用

光电池的应用主要分为两类：

一类是将光电池作为光伏器件使用，利用光伏作用直接将太阳能转换成电能，即太阳能电池。太阳能电池已在宇宙、航空、通信、日常生活中得到广泛应用。目前太阳能电池发电成本尚不能与常规能源竞争，但是随着太阳能电池技术不断发展，成本会逐渐下降，定会获得更广泛的应用。

另一类是将光电池作为光电转换器件应用，需要光电池具有灵敏度高、响应时间短等特性。这一类光电池需要特殊的工艺制造，主要用于光电监测和自动控制系统中。

图 4.4.23 所示为光电池用于测光时的典型应用电路。图中 $I/U$ 转换电路的输出电压 $U_{o1}$ 与光电流 $I$ 成正比。若光电池用于微光测量时，$I$ 可能较小，则应增加一级放大电路，并在第二级使用电位器 RP 微调总的放大倍数。

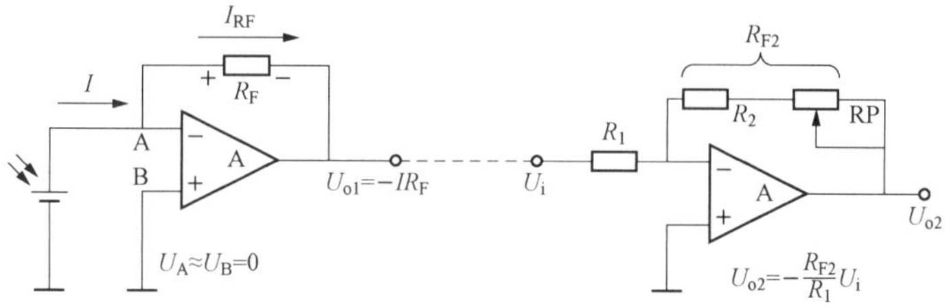


图 4.4.23 光电池测光电路

## 习 题

1. 光敏晶闸管用于路灯控制的电路见习题 1 图，分析填空：

(1) 图中的 VT1 是________敏晶闸管，VT2 是________（单/双）向晶闸管。220V 的 L 端为________（相线/中性线），N 端为________线。

(2) 当早晨光照度增加至一定值时，VT1 ________（导通/截止），220V 的 L 端经 VD、$R_1$ 再经 VT1 的 a、k 到 N 端，VT2 失去触发电压，路灯 HL ________。

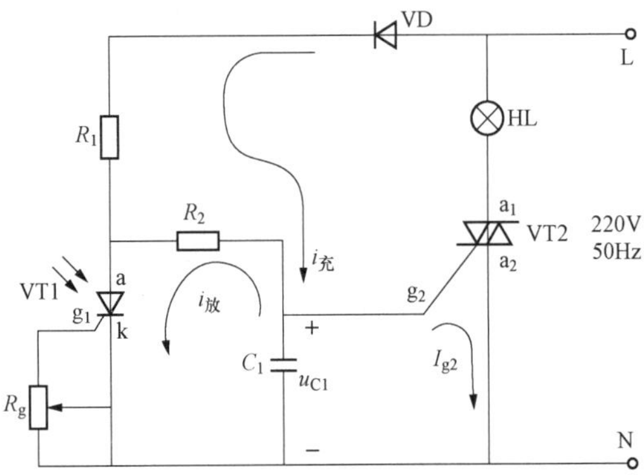


习题 1 图　路灯控制

傍晚，光照度逐渐减弱至一定值时，VT1 ________，220V 经 VD、$R_1$、$R_2$ 向 $C_1$ 充电，当 $C_1$ 的端电压超过 VT2 的触发电压时，VT2 ________，路灯 HL ________。

（3）设 HL 的电流为 10A，则 VT2 的额定电流应选取________（5/10/20）A，VT1、VT2 的反向击穿电压应高于________（220/$220\sqrt{2}$/$3300\sqrt{2}$）V 才能保证安全使用。

2. 试说明光敏二极管、光敏三极管的基本应用电路及其工作原理。

3. 试设计一种霍尔式液位控制器，要求：①当液位高于某一设定值时，水泵停止运转。②储液罐是密闭的，只允许在储液罐的玻璃连通器外壁和管腔内确定磁路和安装霍尔元件。③画出磁路和霍尔元件及水泵的设置图，画出控制电路原理框图，简要说明该检测、控制系统的工作过程。

4. 有关部门计划在街道十字路口的四处斑马线前 2～6m 处各安装 1 只传感器，用以检测四个方向的汽车流量，以控制交通灯的节奏，减少交通堵塞。试分别采用方形大尺寸电涡流线圈及磁敏电阻两种方案，来检测是否有汽车停在四个斑马线之前的右侧马路上。

5. 如习题 5 图所示，热导式气体传感器利用导热气敏材料对不同可燃性气体与空气导热系数的差异来测量气体浓度。通常导热系数的差异通过电路转化为电阻的变化，传统的检测方法是将待测气体送入气室，气室的中心是热敏元件，如热敏电阻、铂丝或钨丝，加热到一定温度。利用热导式气敏传感器原理，设计一真空检测仪表，并说明其工作原理。

6. 利用光敏器件制成的产品计数器，具有非接触、安全可靠的特点，可广泛应用于自动化生产线的产品计数，如机械零件加工、输送线产品、汽水、瓶装酒类等；还可以用来统计出入口人员的流动情况。请根据所学知识设计一产品计数器，画出原理图并简述工作原理。

7. 参考习题 7 图简述用笛簧接点元件传感器测量液面的工作原理。

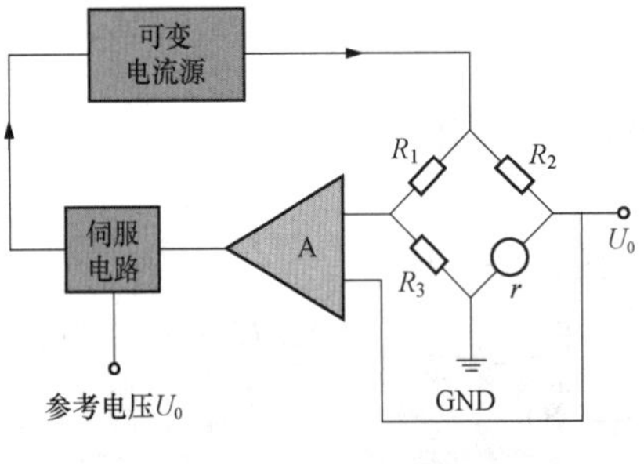


习题 5 图　热导式气体传感器工作原理

$R_1$、$R_2$、$R_3$—桥臂电阻；r—热电阻

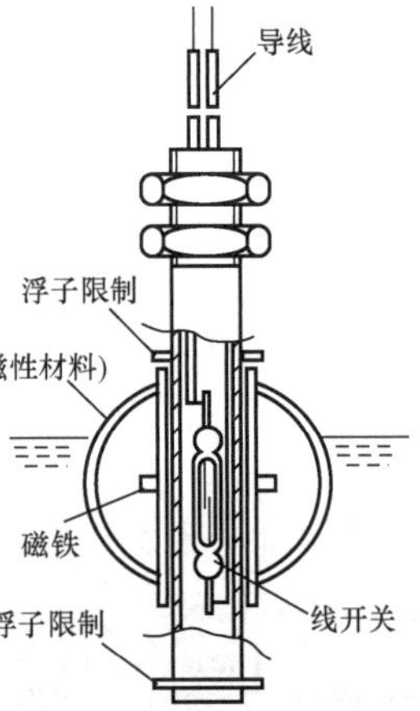


习题 7 图　笛簧接点元件传感器

# 5 位移与物位传感器

位移是物体上某一点在一定方向上的位置变动，因此位移是矢量。测量方向与位移方向重合才能真实地测量出位移量的大小。若测量方向与位移方向不重合，则测量结果仅是该位移量在测量方向上的分量。

位移测量，从被测量的角度，可分为线位移测量和角位移测量。从测量参数特性的角度，可分为静态位移测量和动态位移测量；许多动态参数，如力、扭矩、速度、加速度等，都是以位移测量为基础的。从测量原理的角度，可分为电位器式、电感式、电容式、超声波式。

**视野拓展**

在中国古代，度制是指衡量物体长度的标准。司马迁在《史记》中写到大禹治水时有这样一段话：“（禹）陆行乘车，水行乘舟，泥行乘橇。山行乘檋，左准绳，右规矩，载四行，以开九州，通九道”。在这里，司马迁给我们展现了禹带领测量队治水的生动画卷：禹带着测量人员，肩扛测量仪器，准、绳、规、矩样样具备。其中，“绳”是一种测量距离、引画直线和定平用的工具，是最早的长度度量和定平工具之一。禹治水时，“左准绳”就是用“准”和“绳”来测量地势的高低，比较地势之间高低的差别，体现了古代中国人民的无穷智慧。

## 5.1 电位器式传感器

电位器式传感器是人们常用的一种电子元件，它作为传感器可以将机械位移或其他能变换成位移的非电量变换为电阻值的变化，并容易转换成电压的变化。电位器式传感器具有结构简单，价格低廉，性能稳定，对环境条件要求不高，输出信号大，易于转换，便于维修的优点。其缺点是存在摩擦，分辨力有限，精确度不高，动态响应较差，仅适于测量变化较缓慢的量，常用作位置信号发生器。

### 5.1.1 电位器式传感器工作原理

电位器式传感器也称变阻器式传感器，其工作原理是将物体的位移转换为电阻的变化。其计算式为

$$R_x = \frac{R}{l}x = k_R x \tag{5.1.1}$$

式中：$k_R$ 为电位器的电阻灵敏度；$x$ 为电刷位移。

电刷位移 $x$ 的电压输出 $U_o$为

$$U_o = \frac{U}{l}x = k_U x \tag{5.1.2}$$

式中：$k_U$ 为电位器的电压灵敏度。

当电阻丝直径与材质一定时，则电阻 $R$ 随导线长度 $l$ 而变化。常用电位器式传感器有直线位移型、角位移型和非线性型等，如图 5.1.1 所示。

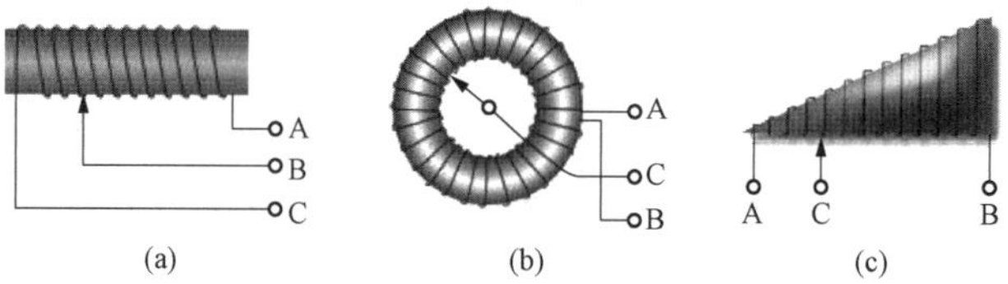


图 5.1.1　电位器式传感器

（a）直线位移型；（b）角位移型；（c）非线性型

### 5.1.2　电位器式传感器的优缺点

电位器式传感器的优点是：①结构简单、尺寸小、质量轻、价格低廉且性能稳定；②受环境因素（如温度、湿度、电磁场干扰等）影响小；③可以实现输出、输入间任意函数关系；④输出信号大，一般不需放大。它的缺点是：因为存在电刷与线圈或电阻膜之间摩擦，因此需要较大的输入能量；而且磨损不仅影响使用寿命和降低可靠性，还会降低测量精确度，所以分辨率较低；动态响应较差，适合于测量变化较缓慢的量。

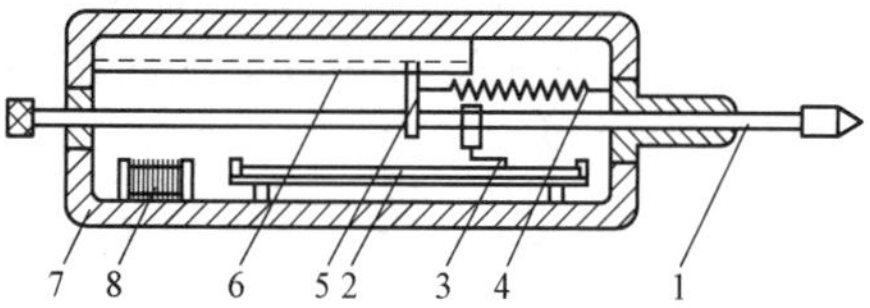


图 5.1.2　电位器式位移传感器

1—测量轴；2—滑线电阻；3—触头；4—弹簧；5—滑块；6—导轨；7—外壳；8—无感电阻

### 5.1.3　电位器式传感器的应用

根据结构形式不同，电位器式传感器常用来测量几毫米到几百毫米的位移测量，0°～360°角位移或速度、压力、加速度等参量。

图 5.1.2 是用电位器式位移传感器结构图。被测位移使测量轴沿导轨轴向移动时，带动电刷在滑线电阻上产生相同的位移，从而改变电位器的输出电阻，经电阻电桥等转换为电信号输出。

微课 6

电位器式传感器的应用

采用类似的结构和方法，电位器式传感器还可实现油箱液位、气缸压力、布料张力等参数的测量。

## 5.2　电感式传感器

利用电磁感应原理将被测非电量（如位移、压力、流量、振动等）转换成线圈自感量 $L$ 或互感量 $M$ 的变化，再由测量电路转换为电压或电流的变化量输出，这种装置称为电感式传感器。电感式传感器具有结构简单、工作可靠、测量精确度高、零点稳定、输出功率较大等一系列优点；其主要缺点是灵敏度、线性度和测量范围相互制约，传感器自身频率响应低，不适用于快速动态测量。这种传感器能实现信息的远距离传输、记录、显示和控制，在工业自动控制系统中被广泛采用。

电感式传感器种类很多，本节主要介绍自感式、互感式、电涡流式传感器。

### 5.2.1　自感式传感器

1. 自感式传感器的结构和工作原理

自感式传感器的结构如图 5.2.1 所示。它由线圈、铁芯和衔铁三部分组成。铁芯和衔铁由导磁材料如硅钢片或坡莫合金制成，在铁芯和衔铁之间有气隙，气隙厚度为$\delta$，传感器的运动部分与衔铁相连。当衔铁移动时，气隙厚度$\delta$发生改变，引起磁路中磁阻变化，从而导致电感线圈的电感值变化，因此只要能测出这种电感量的变化，就能确定衔铁位移量的大小和方向。

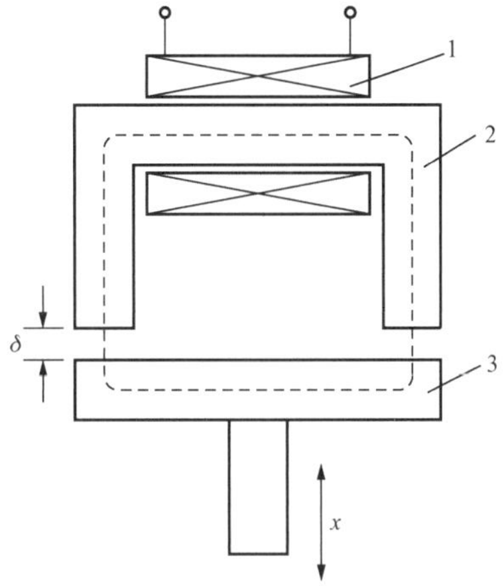


图 5.2.1 自感式传感器结构图
1—线圈；2—铁芯；3—衔铁

由于电感式传感器用的导磁材料一般都工作在非饱和状态下，其磁导率$\mu$远大于空气的磁导率$\mu_0$，因此导磁体的磁阻与空气隙的磁阻相比是很小的，计算时可忽略不计。这样，近似计算公式为

$$L=\frac{W^2\mu_0 S}{2\delta} \tag{5.2.1}$$

由式（5.2.1）可以看出，当线圈的匝数$W$确定以后，线圈的电感$L$与空气隙厚度$\delta$成反比，与空气隙截面积$S$成正比。

自感式传感器一般有三种类型：①改变气隙厚度$\delta$的自感式传感器，称为变气隙型自感式传感器；②改变气隙截面积$S$的自感式传感器，称为变截面型自感式传感器；③螺管型自感式传感器，这是一种开磁路的自感式传感器。

2. 自感式传感器的特性

(1) 变气隙型自感式传感器的特性。如图 5.2.1 所示，被测物体与衔铁相连，当被测物体上下移动时，衔铁随之上下移动，将使气隙厚度$\delta$发生变化，从而使线圈的电感量$L$发生变化。

由式（5.2.1）可得变气隙型自感式传感器的特性曲线$L=f(\delta)$，如图 5.2.2 所示。由图可以看出，$L=f(\delta)$不是线性的。

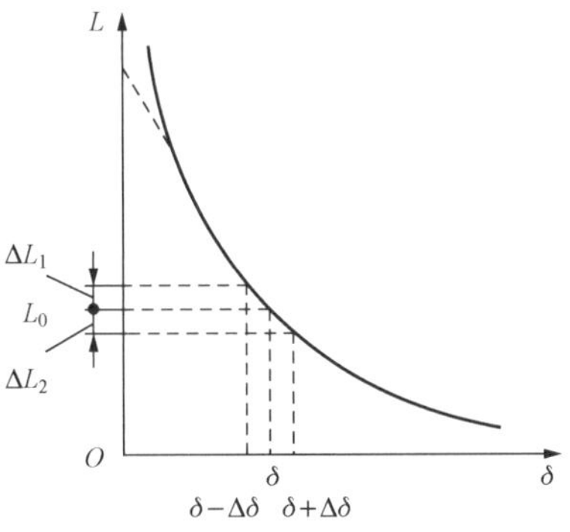


图 5.2.2 自感式传感器特性曲线图

变气隙型自感式传感器的灵敏度为

$$K=\frac{\Delta L/L_0}{\Delta\delta}\approx\frac{1}{\delta_0} \tag{5.2.2}$$

即无论衔铁随被测量向上移动或向下移动，变气隙型自感式传感器的灵敏度均近似地与初始气隙的厚度$\delta_0$成反比。

变气隙型自感式传感器的线性度（又称非线性误差）为

$$r_{NL}=\pm|\Delta\delta/\delta_0|\times 100\% \tag{5.2.3}$$

由式（5.2.3）可见，变气隙型自感式传感器的非线性误差与气隙厚度的相对变化量成比例，气隙厚度的相对变化量越大，非线性误差越大。

由于输出特性的非线性和衔铁上、下向移动时电感正、负变化量的不对称性，使得变气隙型传感器只能工作在很小的区域内，因而只能用于微小位移测量。对于变气隙型自感式传感器，提高灵敏度与减小非线性误差是矛盾的。

在实际工作中，为了提高测量灵敏度和减小非线性误差，通常采用差动式结构。图 5.2.3 所示为差动变气隙型自感式传感器，它由两个相同的线圈和铁芯以及一个共用的衔铁组成。

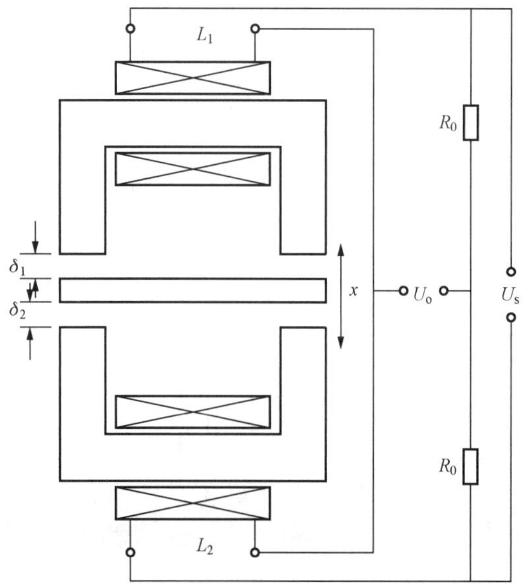


图 5.2.3 差动变气隙型自感式传感器

差动变气隙型自感式传感器的灵敏度为

$$K=\frac{\Delta L/L_0}{\Delta\delta}=\frac{2}{\delta_0} \tag{5.2.4}$$

将式（5.2.4）近似取到二次项，可得差动变气隙型自感式传感器的非线性度

$$r_{NL}=\pm(\Delta\delta/\delta_0)^2\times100\% \tag{5.2.5}$$

由以上分析可得：

1）无论是单线圈结构还是差动式结构，$\Delta L$ 与 $\Delta\delta$ 之间的关系都是非线性的，这是因为在其关系式中都包含有（$\Delta\delta/\delta$）的平方和高次项。

2）差动式结构的线性要比单线圈结构的线性好，非线性误差减小约一个数量级。

3）差动式结构的灵敏度比单线圈结构的灵敏度提高了约 1 倍。

在差动式结构中，由于上、下电感线圈对称放置，其工作条件基本相同，对衔铁的电磁吸力在很大程度上可以互相抵消，温度变化、电源波动、外界干扰的影响也可在很大程度上可相互抵消。由于差动式结构具有上述优点，因此得到了比较广泛的应用。

变气隙型自感式传感器的最大优点是灵敏度高；主要缺点是线性范围小、自由行程小、制造装配困难、互换性差。

（2）变截面型自感式传感器的特性。变截面型自感式传感器的结构如图 5.2.4 所示。衔铁上下移动时，气隙截面积 $S$ 发生变化，从而使线圈的电感量 $L$ 发生变化。

变截面型自感式传感器的特性曲线如图 5.2.5 所示。根据式（5.2.1）可知，$L=f(S)$ 的特性曲线为一条直线，但考虑到导磁体有一定的磁阻，当 $S=0$ 时，$L$ 并不等于零，而有一定的数值；当 $S$ 较大时，有一定的非线性。因此，其特性曲线在 $S$ 较小和较大时，如图中虚线所示。

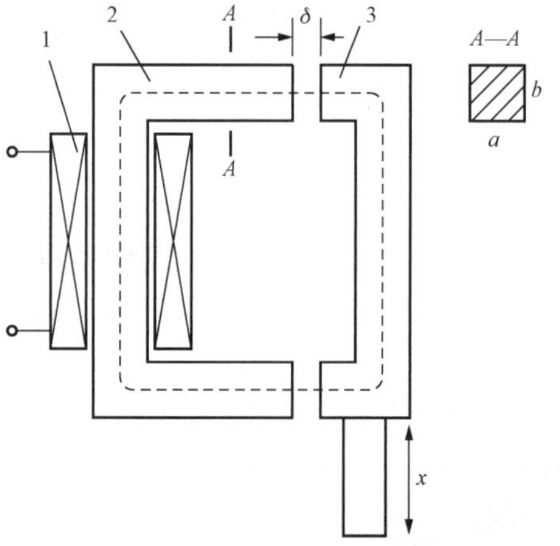


图 5.2.4 变截面型自感式传感器结构图

1—线圈；2—铁芯；3—衔铁

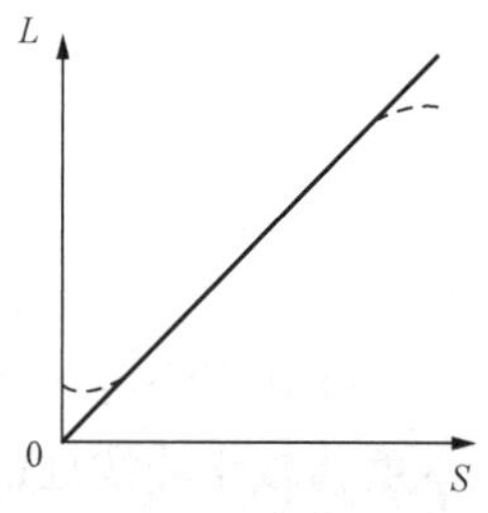


图 5.2.5 变截面型自感式传感器特性曲线图

设起始时衔铁与铁芯完全重合，则线圈起始电感

$$L_0=\frac{N^2\mu_0 S}{2\delta}=\frac{N^2\mu_0 ab}{2\delta} \tag{5.2.6}$$

式中：$a$ 为衔铁与铁芯的厚度；$b$ 为衔铁与铁芯完全重合的宽度。

变截面型自感式传感器的灵敏度为

$$K=-1/b \tag{5.2.7}$$

由式（5.2.7）可见，变截面型自感式传感器具有线性特性，灵敏度是一个常数。

变截面型自感式传感器也可制成差动式结构。图 5.2.6 所示为一种差动变截面型自感式传感器，铁芯 1 由上、下磁环组成，上、下线圈 2 也制成圆环形，磁芯 3（衔铁）插入其中。上、下线圈通电时在中段气隙部分产生的磁通，由于方向相反而基本抵消。在工作过程中，气隙厚度（即磁芯与磁环之间隙）$\delta$ 和气隙环的平均周长 $a$ 均为定值。当测杆 4 向上移动时，将引起气隙环的高度（即磁芯与磁环的覆盖宽度）$b$ 值改变，其结果使上磁环与磁芯之间的气隙磁通面积（$S=ab$）增大，而下磁环与磁芯之间的气隙通面积减小，从而使上线圈的电感量增大，而下线圈的电感量减小，构成差动结构。采用差动结构，可提高变截面型自感式传感器的灵敏度。

变截面型自感式传感器由于具有较好的线性，因而测量范围可取大些，自由行程可按需要安排；缺点是灵敏度较低。

（3）螺管型自感式传感器的特性。螺管型自感式传感器是一种开磁路的自感式传感器，其结构形式也可分为单线圈结构和差动结构。图 5.2.7 为单线圈结构螺管型自感式传感器的结构图。

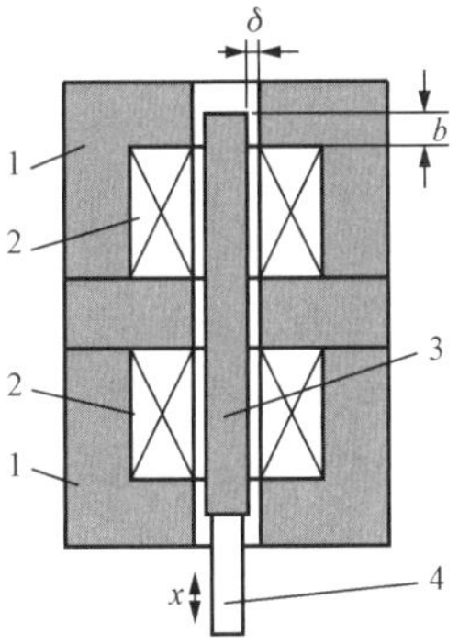


图 5.2.6 差动变截面型自感式传感器结构图

1—铁芯；2—线圈；3—磁芯；4—测杆

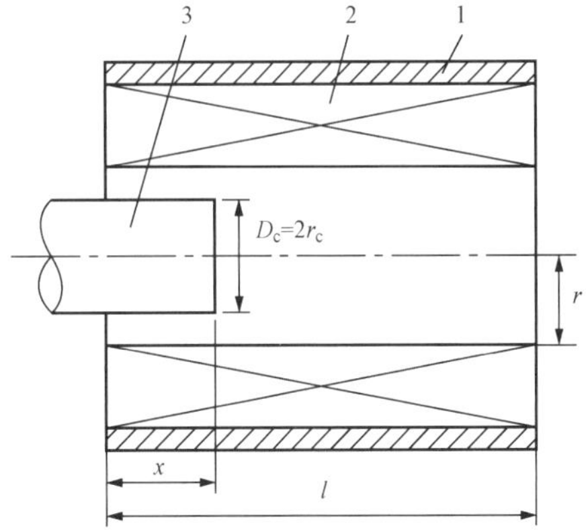


图 5.2.7 单线圈结构螺管型自感式传感器结构图

1—铁磁性套筒；2—螺管线圈；3—磁性活动衔铁

螺管型自感式传感器的基本组成部分是包在铁磁性套筒 1 内的螺管线圈 2 和磁性活动衔铁 3，活动衔铁与被测体连接。进行测量时，衔铁随被测体沿轴向移动，磁路的磁阻发生变化，从而使线圈的电感量发生变化。线圈的电感量取决于衔铁插入的深度 $x$，而且随着衔铁插入深度的增加而增大。

这种传感器的工作原理是以线圈磁力线泄漏路径上的磁阻变化为基础的。根据电磁学，带衔铁的螺管线圈的磁场由两部分组成，一部分是由线圈激励电流建立的激励磁场；另一部分是衔铁进入线圈后，由于衔铁被磁化而产生的附加磁场。附加磁场与激励磁场同相，故总

磁场是两者的叠加。由于螺管线圈的磁路是不封闭的，线圈的长度又不可能很长，因此当线圈通入电流后，产生的磁场是不均匀的，并且还要考虑活动衔铁产生的附加磁场，所以要精确计算线圈内的磁场非常困难。但是，实验与理论上都证明，若忽略次要因素，且满足螺管线圈长度远大于线圈直径，则线圈内部的磁场可以认为是均匀的。在此前提下，可求得螺管线圈的电感量 $L_0$ 为

$$L_0 = \mu_0 AW^2/l = \pi r^2 \mu_0 W^2/l \tag{5.2.8}$$

式中：$\mu_0$ 为空气的磁导率；$A$ 为线圈内孔截面积；$W$ 为线圈匝数；$r$ 为线圈内半径；$l$ 为线圈长度。

单线圈螺管型自感式传感器的灵敏度为

$$K = \frac{\Delta L}{\Delta l_c} = \frac{\pi \mu_r \mu_0 W^2 r_c^2}{l^2} \tag{5.2.9}$$

由式（5.2.9）可见，对于结构尺寸一定的螺管型自感式传感器，灵敏度 $K$ 为常数，电感量的增量 $\Delta L$ 与衔铁插入长度的增量 $\Delta l$ 呈线性关系。实际上由于线圈内部的磁场是不均匀的，电感量的增量 $\Delta L$ 与 $\Delta l_c$ 存在着非线性，但当衔铁的位移不大时，仍可将 $\Delta L$ 与 $\Delta l_c$ 的关系近似看作是线性的。

由式（5.2.9）可知，增加线圈匝数 $W$，增大衔铁的半径 $r_c$ 和相对磁导率 $\mu_r$，都可以使螺管型自感式传感器的灵敏度 $K$ 提高。

为提高灵敏度和线性度，螺管型自感式传感器常采用差动结构。差动螺管型自感式传感器的结构如图 5.2.8 所示。它是由两个完全相同的螺管线圈相接。衔铁初始状态处于对称位置上，使两边螺管线圈的初始电感值相等，即 $L_{10}=L_{20}=L_0$。当衔铁向线圈 1 移动 $\Delta l_c$ 时，将使线圈 1 的电感量增加 $\Delta L_1$，线圈 2 的电感量减小 $\Delta L_2$，且 $\Delta L_1=\Delta L_2$。

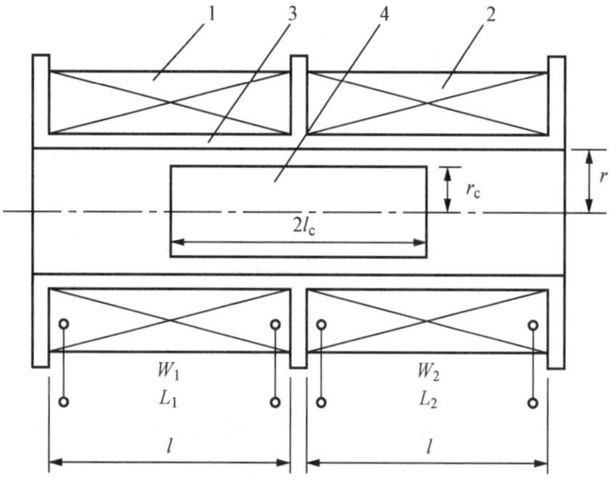

图 5.2.8　差动螺管型自感式传感器结构图

1、2—螺管线圈；3—铁芯；4—衔铁

差动螺管型自感式传感器的灵敏度要比单线圈螺管型自感式传感器高一倍。

螺管型自感式传感器的灵敏度比变截面型的灵敏度更低，但它具有自由行程大、测量范围大、线性度好、结构简单、制造装配方便、互换性强等优点，而灵敏度低的缺点可从放大电路方面解决，因此螺管型自感式传感器得到越来越广泛的应用。

3. 自感式传感器的转换电路

转换电路的作用是将电感量的变化转换为电压或电流信号输出。

（1）电感电桥。最基本的转换电路是交流电桥。应用于自感式传感器的交流电桥称为电感电桥，如图 1.6.4 所示。差动自感式传感器的两个线圈作为电桥相邻的两个工作桥臂，另外两个桥臂可以是纯电阻。

（2）相敏整流电桥。交流电桥的输出电压 $U_o$ 为交流电压，若采用一般的交流电压表测量，仅能反映衔铁位移的大小，不能反映衔铁位移的方向。这时需要采用如图 1.6.6 所示相敏整流电路。

无论电源电压 $U_s$ 处于正半周还是负半周，当衔铁处于中间平衡位置时，输出电压 $U_o$ 为零；当衔铁偏离中间平衡位置上移时，$U_o$ 为正；当衔铁偏离中间位置下移时，$U_o$ 为负。因此，带相敏整流的电桥电路，其输出电压不仅能反映衔铁位移的大小，还能反映衔铁位移的方向。

实际的相敏整流的电桥电路如图 5.2.9 所示，$L_1$ 和 $L_2$ 是差动自感式传感器的两个线圈，$L_1$ 和 $L_2$ 之间串接入电位器 RP1 以调零位；二极管 VD1～VD4 分别串接电阻 $R_1$～$R_4$，以减小因温度变化而引起相敏整流器特性变化所造成的误差；$C_1$、$C_2$ 为平衡电容，$C_3$ 为滤波电容；RP2 为调平衡电位器；桥路输入电压引自变压器 T 二次侧。

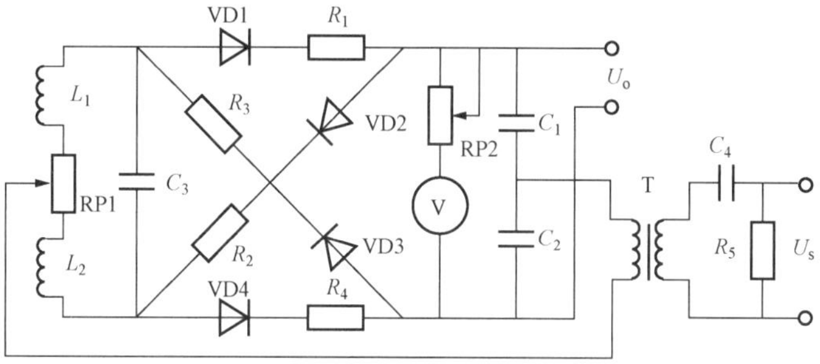


图 5.2.9　实际的相敏整流电桥电路

4. 自感式传感器的应用

自感式传感器具有结构简单可靠、测量准确度高、分辨率较高、输出功率较大等优点。其主要缺点是频率响应较低，不适宜于快速动态测量；自线圈流往负载的电流不可能等于零，衔铁一直承受吸引力；线圈电阻受温度影响，有温度误差等。

在变气隙型、变面积型、螺管型三种自感式传感器中，变气隙型自感式传感器由于其起始气隙 $\delta_0$ 一般取值很小（0.1～0.5mm），因而灵敏度最高，对电路的放大倍数要求很低；缺点是非线性严重。为了限制非线性误差，变气隙型自感式传感器测量范围只能很小，最大测量范围 $\Delta\delta_{max} < \delta/5$。衔铁在 $\Delta\delta$ 方向的移动受铁芯限制，自由行程小。此外，其还有一个严重的缺点就是制造装配困难。

变截面型自感式传感器的优点是具有较好的线性，测量范围较大，自由行程也较大。

螺管型自感式传感器的灵敏度低，但测量范围大，自由行程大，其主要优点是结构简单，制造装配容易；灵敏度低的缺点可以在放大电路中加以解决。

作为自感式传感器的应用实例，下面介绍变气隙型差动自感式压力传感器和螺管型差动自感式位移传感器。

（1）变气隙型差动自感式压力传感器。图 5.2.10 所示为变气隙型差动自感式压力传感器的结构与原理示意图。该压力传感器由 C 形弹簧管、铁芯、衔铁、线圈 1 和 2 等组成。调整

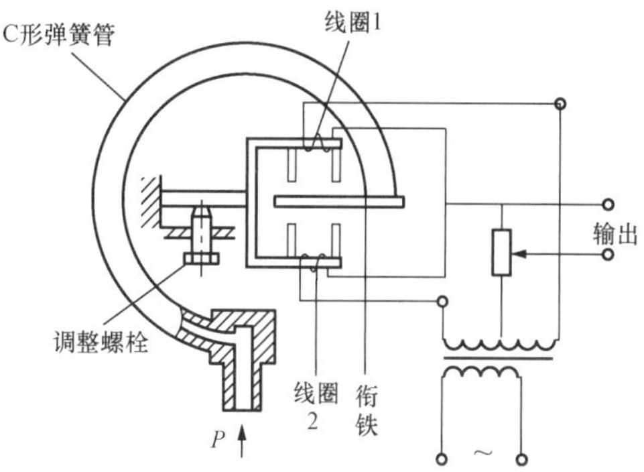


图 5.2.10　变气隙型差动自感式压力传感器结构与原理示意图

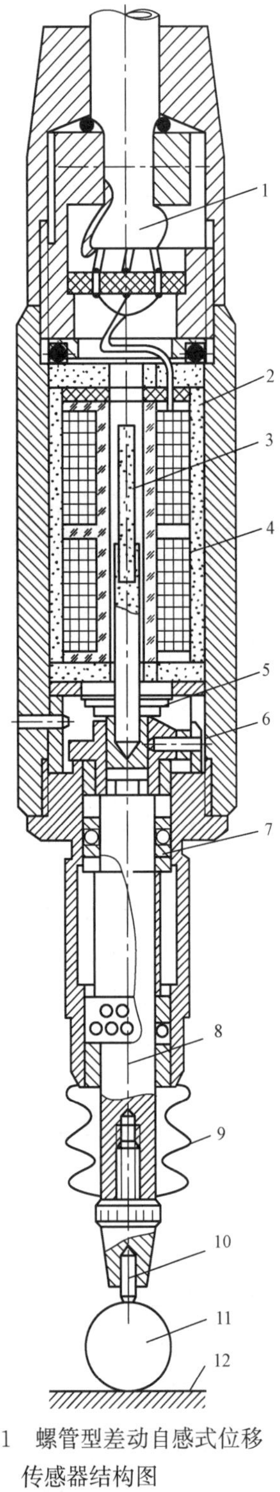


图 5.2.11　螺管型差动自感式位移传感器结构图

1—电缆；2—磁芯；3—衔铁；4—电感线圈；5—弹簧；6—防转销；7—钢球导轨；8—测杆；9—密封套；10—可换测头；11—被测物；12—基准面

螺栓来调整机械零点。整个传感器装在一个圆形的金属盒内。

当被测压力 $P$ 变化时，弹簧管的自由端产生位移，带动与自由端连接的自感传感器的衔铁移动，使传感器的线圈 1、2 中的电感量发生大小相等、符号相反的变化，再通过变压器电桥将电感量的变化转换成电压信号输出。传感器输出信号的大小取决于衔铁位移的大小，亦即被测压力 $P$ 的大小。

（2）螺管型差动自感式位移传感器。图 5.2.11 为螺管型差动自感式位移传感器的结构图。可换测头 10 用螺纹拧在测杆 8 上，测杆 8 可在钢球导轨 7 上作轴向移动。测杆上端固定着衔铁 3。当测杆移动时，带动衔铁 3 在电感线圈 4 中移动，线圈 4 放在圆筒形磁芯 2 中。衔铁和磁芯都用铁氧体做成。线圈配置成差动形式，即当衔铁 3 由中间位置向上移动时，上线圈的电感量增加，下线圈的电感量减少。两个线圈的线端和公共端用电缆 1 引出，以便接入测量电路。传感器的测量力由弹簧 5 产生。防转销 6 用来限制测杆 8 的转动，以减小测量的重复性误差。密封套 9 用来防止尘土进入测量头内。钢球导轨 7 可减小径向间隙，使测量准确度提高，并且使灵敏度和寿命能达到较高指标。

当被测物 11 相对于基准面 12 移动时，带动测头、测杆和衔铁一起移动，从而使差动自感式传感器的两线圈阻抗值发生大小相等、极性相反的变化，再经测量电路和指示仪表，指示被测位移的大小和方向。该传感器广泛应用于几何量测量领域，如测量位移、轴的振动、工件的尺寸、零件的变形等。

### 5.2.2　差动互感式传感器

互感式传感器是基于变压器原理将被测量转换为传感器线圈的互感变化，这类传感器常常采用差动结构，故称之为差动互感式传感器，又称差动变压器式传感器，简称差动变压器。

差动变压器的结构形式较多，主要有变气隙型、变截面型和螺管型，目前采用较普遍的是螺管型。本节就以螺管型差动变压器为例进行介绍。

*1. 螺管型差动变压器的结构*

如图 5.2.12 所示，螺管型差动变压器由圆筒形螺管线圈、衔铁、电感线圈、导磁外壳等组成。在圆筒形框架中间绕有一组线圈 1 作为一次线圈，在框架两端对称地绕两组线圈 2、3 作为二次线圈，两组二次线圈的结构尺寸和电气参数完全相同，并反向串接。在框架中心的圆柱孔中插入圆柱形衔铁 4。

螺管型差动变压器有多种结构形式，按线圈排列方式的不同，可分为如图 5.2.13 所示的二节式、三节式、四节式、五节式等类型。通常采用的是二节式和三节式两种类型，其中二节式灵敏度较高，三节式零点残余电压较小。

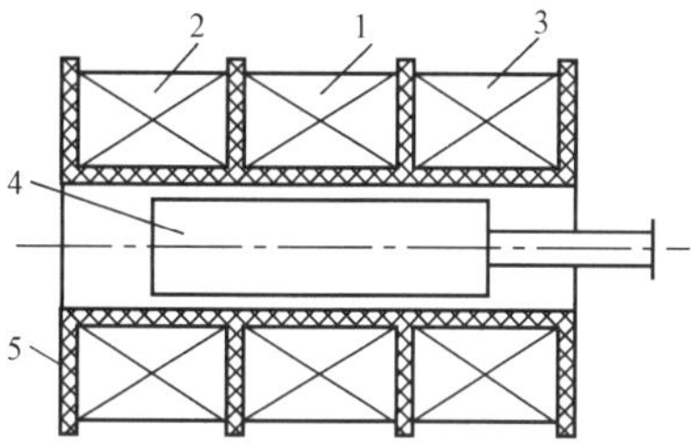


图 5.2.12 螺管型差动变压器基本结构图

1—一次线圈；2、3—二次线圈；

4—衔铁；5—线圈架

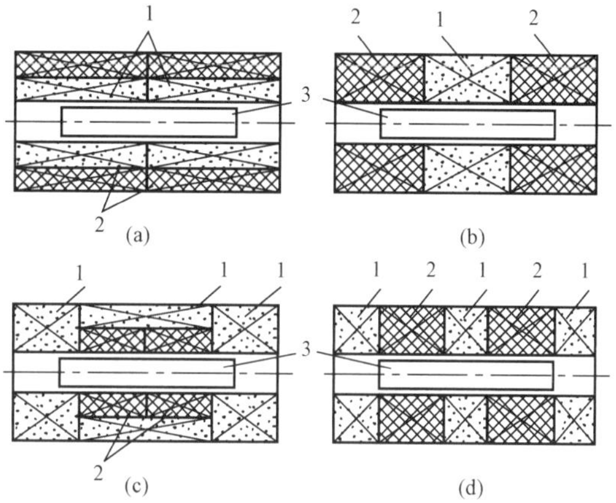


图 5.2.13 螺管型差动变压器结构型式

（a）二节式；（b）三节式；（c）四节式；（d）五节式

1—一次线圈；2—二次线圈；3—衔铁

差动变压器外面有导磁外壳，导磁外壳的功能是提供闭合磁回路和进行磁屏蔽与机械保护。导磁外壳与铁芯通常选用电阻率大、导磁率高、饱和磁感应强度大的同种材料制成。

线圈架通常是由绝缘材料制成的圆筒形，对其材料的主要要求是高频损耗小、抗潮湿、温度膨胀系数小等。

2. 差动变压器的工作原理

图 5.2.14 为差动变压器工作原理图。在一次线圈 P 中加以适当频率的励磁电源电压 $u_1$ 时，根据变压器的原理，在两个二次线圈 S1、S2 中就会产生感应电动势 $e_{21}$、$e_{22}$。当衔铁 C 处于中间位置时，两个二次线圈内所穿过的磁通相等，所以一次线圈与两个二次线圈的互感相等，两个二次线圈产生的感应电动势也就相等。由于两个二次线圈是反向串接的，因而传感器的输出电压 $u_2=e_{21}-e_{22}=0$。当衔铁向上移动时，在上边二次线圈内所穿过的磁通要比下边二次线圈内所穿过的磁通多，所以一次线圈与上边二次线圈的互感要比一次线圈与下边二次线圈的互感大，因而使上边二次线圈的感应电动势 $e_{21}$ 增加，下边二次线圈的感应电动势 $e_{22}$ 减小，传感器的输出电压 $u_2=e_{21}-e_{22}>0$。当衔铁向下移动时，在下边二次线圈内所穿过的磁通要比上边二次线圈内所穿过的磁通多，所以一次线圈与下边二次线圈的互感要比一次线圈与上边二次线圈的互感大，因而使下边二次线圈的感应电动势 $e_{22}$ 增加，上边二次线圈的感应电动势 $e_{21}$ 减小，传感器的输出电压 $u_2=e_{21}-e_{22}<0$。衔铁的位移越大，两二次线圈的感应电动势的差值就越大，输出电压的幅值也就越大。

差动变压器的输出电压值 $u_2$ 与衔铁位移 $x$ 的关系，即特性曲线如图 5.2.15 所示，具有 V 形特性。如果以适当方法测量 $u_2$，就可以得到反映位移 $x$ 大小的量值。

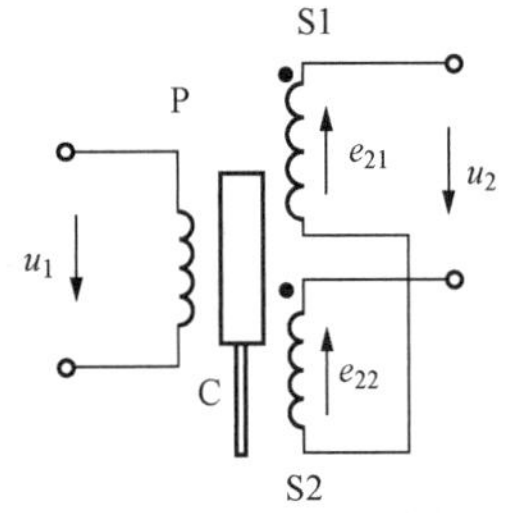


图 5.2.14　差动变压器工作原理图

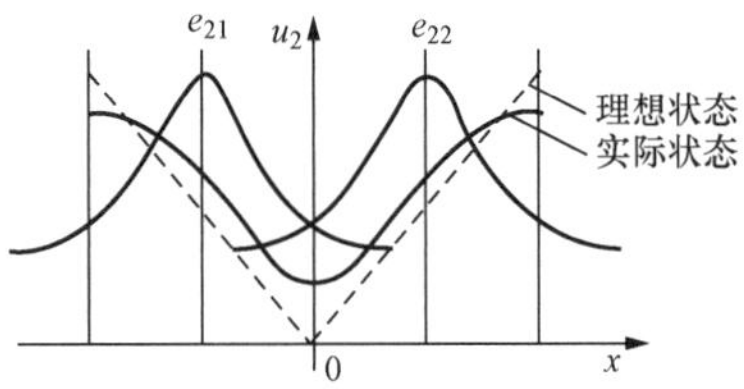


图 5.2.15　差动变压器特性曲线图

3. 差动变压器的输出特性

差动变压器的输出特性是指输出电压 $u_2$ 与衔铁位移 $x$ 的关系。

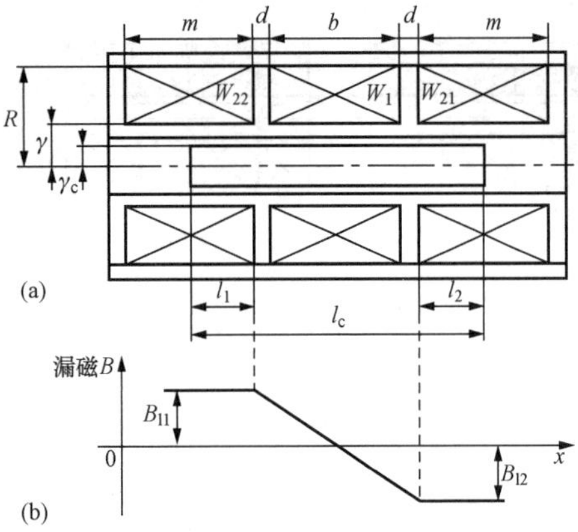


图 5.2.16　三节式螺管型差动变压器结构示意图和漏磁感应强度分布图

（a）结构示意图；（b）漏磁感应强度分布图

下面以三节式螺管型差动变压器为例进行分析。图 5.2.16（a）为三节式螺管型差动变压器的结构示意图。

当衔铁由初始平衡位置向二次线圈 S2 移动一个位移量 $x$ 时，有 $l_1=l_0-x$，$l_2=l_0+x$，整理后可得

$$U_2=-K_1x(1-K_2x^2) \tag{5.2.10}$$

其中，$K_1$ 为灵敏度因子，$K_2$ 为非线性因子，二者取值均与变压器结构有关。由式（5.2.10）可得差动变压器的输出特性曲线如图 5.2.15 所示。

4. 差动变压器的主要性能

（1）灵敏度。灵敏度 $K_E$ 是差动变压器在单位励磁电源电压下衔铁移动单位位移时输出电压的变化，单位为 mV/(mm·V)。

对于三节螺管型差动变压器，当 $K_2=\frac{1}{l_0(2d+b+l_0)}$时，有

$$K_E \approx \frac{4\pi^2\mu_0 fI_1W_1W_2l_0(2d+b+l_0)}{ml_c\ln(R/r)} \tag{5.2.11}$$

从式（5.2.11）可见，差动变压器的灵敏度 $K_E$ 与结构、尺寸、励磁电源频率与电压、铁芯材料等诸多因素有关。

一般取差动变压器的励磁电源频率为 400～110kHz 较为适当。频率太低时，差动变压器的灵敏度显著降低，温度误差和频率误差增加。频率太高时，铁损耗和耦合电容等的影响增大。

灵敏度 $K_E$ 与励磁电源电压 $U_1$ 具有线性关系。提高励磁电源电压，可使灵敏度线性增加。励磁电源电压一般取 3～8V。

（2）线性度与测量范围。差动变压器的输出特性存在非线性。对于三节螺管型差动变压器，当 $K_2x^2 \ll 1$ 时，有

$$U'_2=K_1x \tag{5.2.12}$$

以式（5.2.12）对应的直线作为参考直线求线性度，有

$$r_{NL}=\frac{|K_1x(1-K_2x^2)-K_1x|}{K_1x_{max}}\times 100\%=K_2x_{max}^2\times 100\% \tag{5.2.13}$$

由此可见，差动变压器的非线性误差与量程 $x_{max}$ 有关，$x_{max}$ 越大，非线性误差也越大。考虑到这种因素，差动变压器实际的测量范围约为线圈全长的 1/10。

（3）温度特性。环境温度的变化，将使差动变压器的机械部分热胀冷缩，由于机械结构的变化，对测量准确度的影响可达数微米到十几微米。

为了减小差动变压器的温度误差，可以采用以恒流源励磁代替恒压源励磁，适当提高线圈的品质因数和选择特殊的测量电路等措施。差动变压器的工作温度一般控制在 80℃以下，特别制造的高温型可以用到 150℃。

5. 零点残余电压及其消除方法

差动变压器的两组二次线圈由于反向串联，因此当衔铁处在中央平衡位置时，在理想状态下，输出信号电压应为零。但是，在实际情况中可发现，在所谓“零点”时，输出信号电压并不是零，而有一个电压值 $u_r$，这个电压值即为零点残余电压。

零点残余电压是评定差动变压器技术性能的主要指标之一，它的存在会造成传感器在零位附近的灵敏度降低、分辨率变差和测量误差增大。因此，必须采取相应措施来消除或减小零点残余电压。一般选用相敏检波电路和相敏整流电路作为转换电路或引入补偿电路来消除或减小零点残余电压。

6. 转换电路

差动变压器的输出是交流电压，若用交流电压表来测量，只能反映衔铁位移的大小，不能反映衔铁位移的方向。为了在反映衔铁位移的大小的同时，还能反映衔铁位移的方向，常采用图 1.6.17 所示相敏检波电路和图 1.6.18 所示差动整流电路作转换电路。

一般经相敏检波和差动整流输出的信号，还需通过低通滤波器，将调制时引入的高频信号衰减掉，只让衔铁移动所产生的有用信号通过。

图 5.2.17 所示为差动变压器的输出特性曲线，其中 1 为未加相敏检波或差动整流时的输出特性曲线，2 为经过相敏检波或差动整流后的输出特性曲线。由此可见，经相敏检波和差动整流后的输出特性曲线通过零点，输出的信号和位移近似呈线性关系。因此，差动变压器采用相敏检波电路或差动整流电路，输出信号能反映衔铁位移的大小和方向，而且还能较好地削弱和消除零点残余电压的影响。

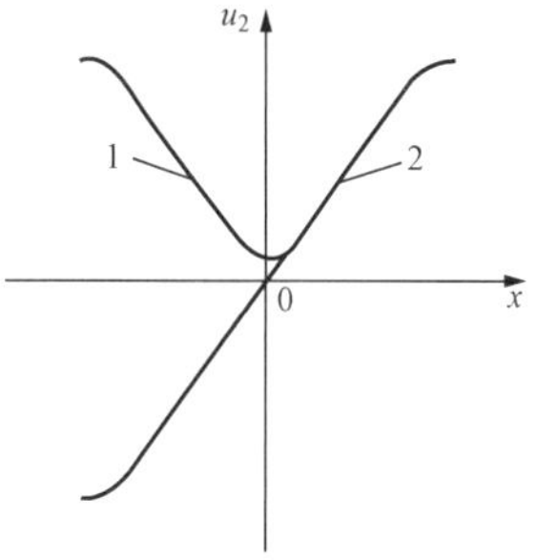

图 5.2.17 差动变压器输出特性曲线

7. 差动变压器的应用

差动变压器的应用特点基本上与自感式传感器相同，差动变压器的输出较自感式传感器稳定。应用自感式传感器的场合基本上都可用差动变压器来代替。

下面简要介绍差动变压器的几个应用实例。

（1）差动变压器式压力传感器。图 5.2.18 所示为差动变压器式压力传感器的结构示意图。在该传感器中采用波纹膜盒作为敏感元件，将压力转换为位移。当被测压力未导入传感器时，波纹膜盒无位移。这时，活动衔铁处在差动变压器线圈的中间位置，因而输出电压为

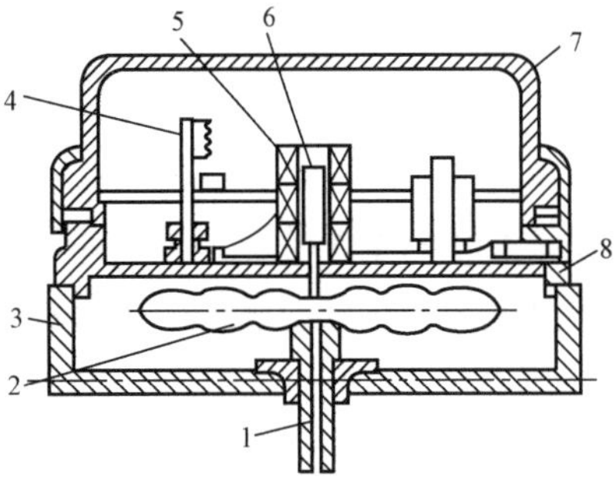


图 5.2.18 差动变压器式压力传感器结构示意图

1—压力输入接头；2—波纹膜盒；3—安装底座；4—印制电路板；5—差动线圈；6—衔铁；7—罩壳；8—指示灯

零。当被测压力从输入接头导入波纹膜盒时，波纹膜盒在被测压力作用下，其自由端产生一正比于被测压力的位移，通过测杆使衔铁向上位移，在差动变压器的二次线圈中产生的感应电动势发生变化，因而有电压输出。此电压经过安装在线路板上的电子线路处理后，正比于被测压力的信号通过接插件输出送给显示仪表加以显示。这种压力传感器适用于测量各种生产过程中液体、水蒸气及气体的微压力，测量范围为（$-4\sim+6$）$\times10^4$ Pa。

（2）CPC 型差压计。图 5.2.19 所示为 CPC 型差压计的原理结构图。CPC 型差压计由测压膜片、差动变压器和测量电路组成。作用于膜片两侧的压力 $p_1$ 和 $p_2$ 之间的差压 $\Delta p$ 变化时，膜片产生位移，从而带动固定在膜片上的差动变压器的衔铁移位，使差动变压器二次侧输出电压发生变化。输出电压的大小与衔铁的位移成正比，因而与所测差压正比。

（3）差动变压器式加速度传感器。图 5.2.20 所示为差动变压器式加速度传感器的结构原理图，其由悬臂梁和差动变压器组成。测量时，将悬臂梁底座及差动变压器的线圈骨架固定，将衔铁的 A 端与被测物体相连。当被测物体振动时，带动衔铁以同样的 $\Delta x(t)$ 振动，差动变压器的输出电压按相同的规律变化。

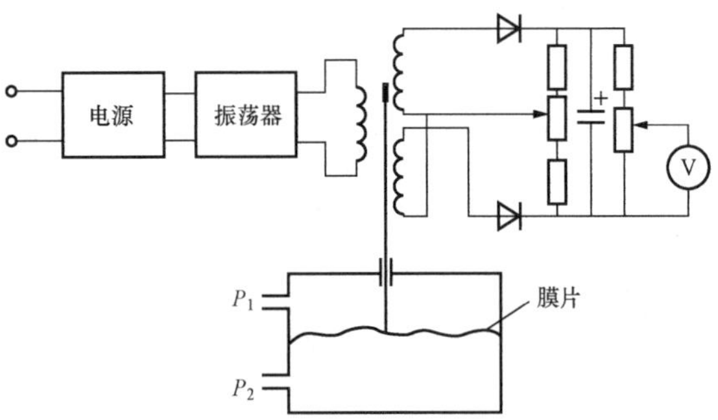


图 5.2.19 CPC 型差压计原理结构图

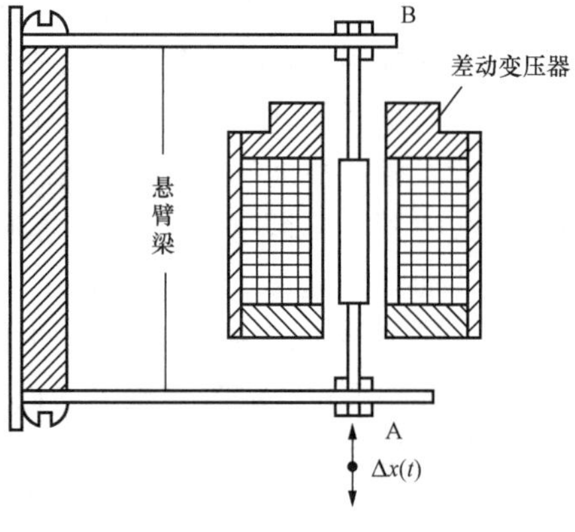


图 5.2.20 差动变压器式加速度传感器的原理结构图

### 5.2.3 电涡流式传感器

电涡流式传感器是基于电涡流效应而工作的传感器。电涡流传感器根据其励磁频率高低，可以分为高频反射型或低频透射型两大类。其中高频反射型电涡流式传感器应用较为广泛，本节重点介绍此类传感器。

1. 电涡流效应

当金属导体置于交变的磁场中时，导体内要产生感应电动势而形成电流，该电流的流线在导体内呈闭合回线，通常称之为电涡流。这种现象称为电涡流效应。

如图 5.2.21 所示，若在一只固定的线圈中通入交变电流 $I_1$，在线圈周围空间就会产生一交

变的电磁场 $\phi_1$，置于该交变电磁场作用范围内的金属导体中将产生与此磁场相交链的电涡流 $I_2$。

理论分析和实验都已证明，金属导体表面的电涡流强度 $I_2$ 随线圈与金属导体间的距离 $x$ 的变化而变化。根据线圈—金属导体系统的电磁作用，若不考虑电涡流分布的不均匀性，可以得到金属导体表面的电涡流强度为

$$I_2 = I_1\left(1 - x/\sqrt{x^2 + r_2^2}\right) \tag{5.2.14}$$

式中：$I_2$ 为金属导体表面的电涡流强度；$I_1$ 为传感器线圈的励磁电流；$r_2$ 为传感器线圈的外半径。

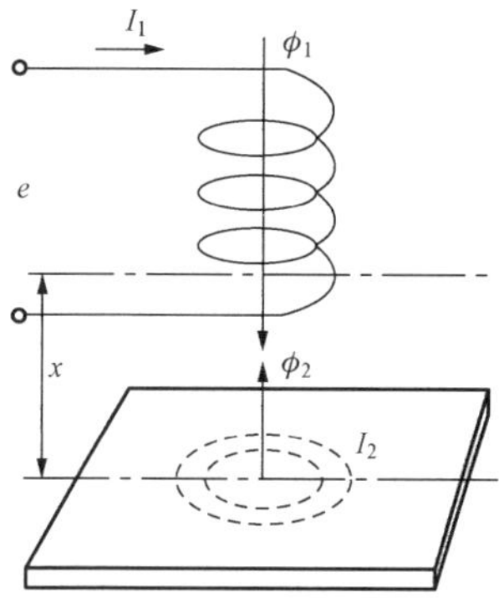


图 5.2.21 电涡流传感器工作原理示意图

由式（5.2.14）可知，电涡流强度 $I_2$ 与励磁电流 $I_1$ 成正比。

根据式（5.2.14）可得图 5.2.22 所示的曲线。该曲线表明，电涡流强度 $I_2$ 与激励电流 $I_1$ 之比，与线圈与金属导体间的距离 $x$ 呈非线性关系，且随着 $x/r_2$ 的增加，电涡流强度将迅速减小。当距离 $x$ 大于传感器线圈的外半径 $r_2$ 时，所产生的电涡流强度已很微弱。为了能得到较强的电涡流，应使 $x/r_2 \ll 1$，一般取 $x/r_2 = 0.05 \sim 0.15$。

由于集肤效应，电涡流只能在金属导体表面一定深度范围内形成。理论分析与实验同样证明，电涡流密度在金属导体内沿轴向的分布是按指数规律衰减的，可表示为

$$j_z = j_0 e^{-z/h} \tag{5.2.15}$$

式中：$z$ 为金属导体内某点与表面的轴向距离；$j_z$ 为金属导体内沿轴向离表面 $x$ 处的电涡流密度；$j_0$ 为金属导体表面上的电涡流密度，即电涡流密度最大值；$h$ 为电涡流轴向贯穿深度，亦称集肤深度。

图 5.2.23 所示为电涡流密度轴向分布曲线图。由图可见，电涡流主要分布在表面附近。

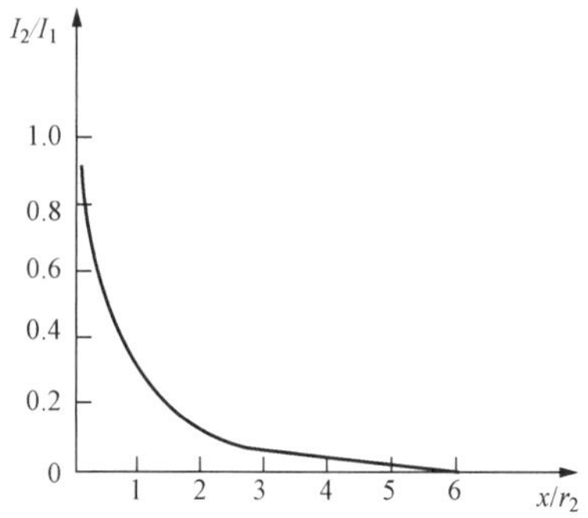


图 5.2.22 电涡流与励磁电流的关系曲线

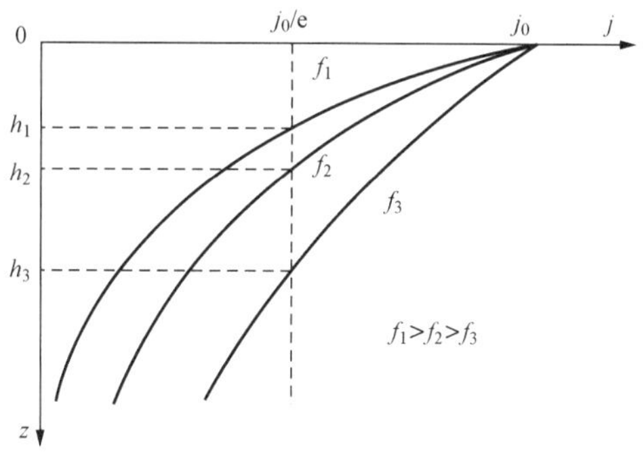


图 5.2.23 电涡流密度轴向分布曲线图

电涡流轴向贯穿深度 $h$ 定义为金属导体内电涡流密度等于 $j_0$ 的 1/e 处离表面的轴向距离。计算 $h$ 的经验公式为

$$h = \sqrt{\frac{\rho}{\pi \mu_0 \mu_r f}} \tag{5.2.16}$$

式中：$\rho$ 为被测导体的电阻率；$\mu_r$ 为被测导体的相对磁导率；$\mu_0$ 为空气的磁导率；$f$ 为传感器线圈的励磁电流频率。

由式（5.2.16）可以看出，被测体的电阻率 $\rho$ 越大，相对磁导率 $\mu_r$ 越小，则电涡流的轴向贯穿深度 $h$ 越大。例如，在励磁频率 $f=1\text{MHz}$ 的情况下，金属导体材料为铁时，电涡流的轴向贯穿深度 $h=1.78\mu\text{m}$；金属导体为铜时，$\delta=65.6\mu\text{m}$。

由式（5.2.16）还可以看出，线圈的励磁电流频率 $f$ 越高，则电涡流轴向贯穿深度 $h$ 越小，如图 5.2.23 所示。这是因为励磁电流频率越高，在导体中产生的涡流的集肤效应越显著，则涡流的渗透深度越小。

在导体中产生的电涡流的渗透深度和励磁电流频率有关，所以，根据其励磁频率的高低，电涡流传感器可以分为高频反射型或低频透射型两大类。

2. 高频反射型电涡流式传感器

高频反射型电涡流式传感器主要由一只固定在框架上的励磁扁平线圈和置于该线圈附近的金属导体构成，如图 5.2.24 所示。若在线圈中通入交变电流 $I_1$，在线圈周围空间就会产生一交变电磁场 $\phi_1$，置于该交变电磁场作用范围内的金属导体中将产生电涡流 $I_2$，电涡流 $I_2$ 又会产生一交变磁场 $\phi_2$。$\phi_2$ 的方向与 $\phi_1$ 相反，减弱线圈的原有磁场。除存在电涡流效应外，线圈与金属导体之间还存在磁效应，在金属导体中产生磁滞损耗，形成了交变磁场的能量损失。鉴于以上原因，线圈的等效电感 $L$、等效阻抗 $Z$ 和品质因数 $Q$ 值将发生变化。显然，线圈等效电感 $L$、等效阻抗 $Z$ 和品质因数 $Q$ 值的变化与电涡流效应及磁效应的大小有关，亦即与金属导体的电阻率 $\rho$、磁导率 $\mu$、厚度 $t$，以及产生交变磁场的线圈与金属导体间的距离 $x$、线圈励磁电流的大小和角频率 $\omega$、线圈的半径 $r$ 等参数有关。因此，线圈的等效阻抗 $Z$ 是一个多元函数，可表示为

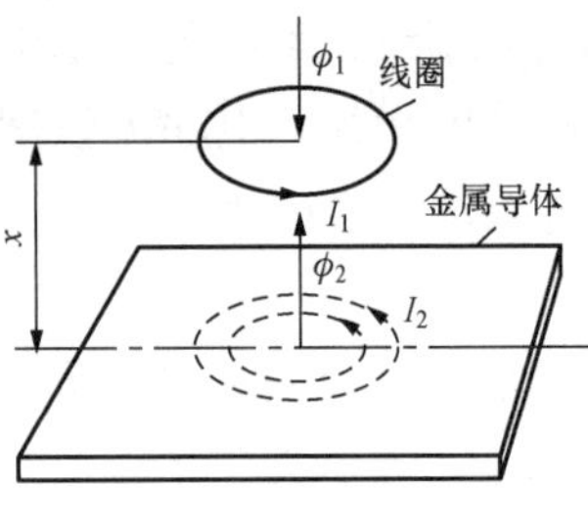

图 5.2.24 高频反射型电涡流式传感器

$$Z = F(\rho,\mu,t,x,I_1,\omega,r) \tag{5.2.17}$$

若固定其余参数，使线圈等效阻抗仅随其中某一参数变化，就能按线圈等效阻抗 $Z$ 的大小测量出该参数。例如，若线圈的尺寸和励磁电流、金属导体的材料和厚度等均已确定，则线圈的等效阻抗 $Z$ 就成为线圈与金属导体间的距离 $x$ 的单值函数，即 $Z=f(x)$，由 $Z$ 的大小即可测得 $x$。高频反射型电涡流式传感器就是基于以上原理工作的。

高频反射型电涡流式传感器结构比较简单，主要由一个安置在框架上的扁平圆形线圈构成。该线圈可以粘贴于框架上，或在框架上开一条槽沟，将导线绕在槽内。图 5.2.25 所示为 CZF1 型电涡流式传感器的原理结构图，它采用将导线绕在聚四氟乙烯框架的窄槽内形成线圈的结构方式。聚四氟乙烯框架通过衬套固定在支架上。线圈通过电缆和插头连接到测量电路。

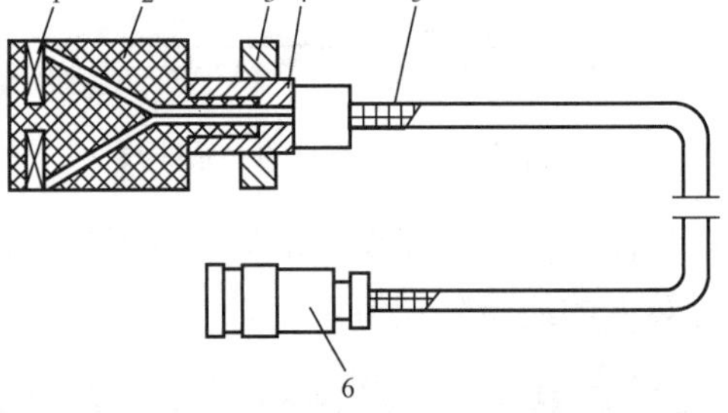

图 5.2.25 CZF1 型电涡流式传感器原理结构图

1—电涡流线圈；2—探头壳体；3—壳体上的位置调节螺纹；4—印制电路板；5—输出屏蔽电缆线；6—电缆插头

3. 低频透射型电涡流式传感器

低频透射型电涡流式传感器的励磁频率较低，电涡流轴向贯穿深度较大，主要用于测量金属导体的厚度，如图 5.2.26 所示。图中的发射线圈 $L_1$ 和接收线圈 $L_2$ 分

别位于被测金属导体 M 的两侧。低频励磁电压 $e_1$ 加到 $L_1$ 的两端后，线圈中即流过一个同频率的交流电流 $I_1$，并在其周围产生一个交变磁场。如果两线圈间不存在被测金属导体 M，$L_1$ 的磁场就能直接贯穿 $L_2$，于是 $L_2$ 的两端会感生出一交变电动势 $u_2$，它的大小与 $e_1$ 的幅值、频率以及 $L_1$、$L_2$ 的匝数、结构和两者间的相对位置有关。

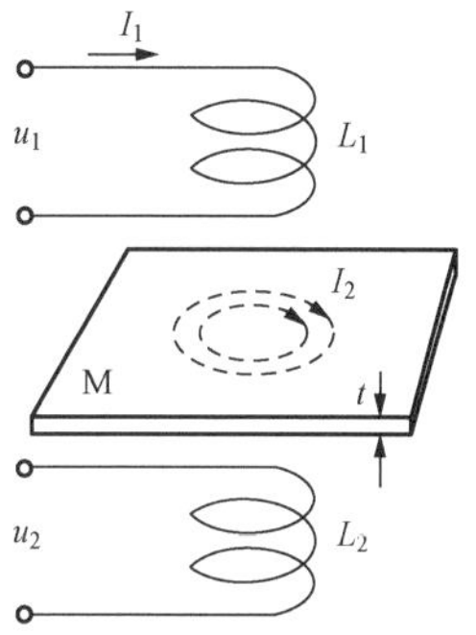

图 5.2.26　低频透射型电涡流式传感器测量金属导体厚度的原理图

在 $L_1$ 与 $L_2$ 间放置一金属片 M 后，$L_1$ 产生的磁力线必然透过 M，并在其中产生涡流 $I_2$。涡流 $I_2$ 损耗了部分磁场能量，使到达 $L_2$ 上的磁通量减少，从而引起感应电动势 $u_2$ 的下降。M 的厚度 $t$ 越大，涡流也就越大，$u_2$ 就越小。由此可知，$u_2$ 的大小间接反映了 M 的厚度 $t$，这就是低频透射型电涡流式传感器测量金属导体厚度的原理。

事实上，M 中电涡流 $I_2$ 的大小，除了与 M 的厚度 $t$ 有关外，还与 M 的电阻率 $\rho$ 以及 M 的化学成分和物理状态（特别是温度）有关，由此引起相应的误差，并限制了测厚的范围，但可以采用样块校正和恒温的办法进行补偿。

实践表明，测量 $\rho$ 值较小的材料（如紫铜）时，选用较低的频率（$f\approx500$Hz）；而测量 $\rho$ 值较大的材料（如黄铜、铝）时，则选用较高的频率（$f\approx2$kHz），从而保证传感器在测量不同材料的厚度时都得到较好的线性度和灵敏度。

4. 转换电路

根据电涡流式传感器的基本原理，传感器将被转换为传感器线圈的等效品质因数 $Q$、等效阻抗 $Z$ 和等效电感 $L$ 三个参数，再用相应的转换电路将三个参数中的一个变换为电压或电流信号输出。常用的转换电路有电桥转换电路和谐振式转换电路。电桥转换电路已做了详细的介绍，下面着重介绍谐振式测量电路。

在谐振式转换电路中，用已知电容 $C$ 与传感器线圈 $L$ 并联，构成 $LC$ 并联谐振回路。并联谐振回路的谐振频率为

$$f=\frac{1}{2\pi\sqrt{LC}} \tag{5.2.18}$$

被测量的变化，使传感器线圈的等效电感 $L$ 发生变化，从而使并联谐振回路的谐振频率 $f$ 发生变化，再通过转换电路将谐振频率的变化变换为电压或电流信号输出。

谐振式转换电路有高频载波调幅式和调频式两大类。高频载波调幅式又可分为定频率的载波调幅与频率变化的载波调幅两种。所以根据转换电路可以将电涡流式传感器分为三种类型，即定频调幅式、变频调幅式和调频式。

振荡器输出的频率信号通过高频放大器放大和限幅器限幅后，可以直接送到计算机计数，也可以通过鉴频器（频率—电压转换电路）转换为电压信号，再通过功率放大器放大后，送到显示器显示位移量，或由记录仪记录位移量。

5. 电涡流式传感器的应用

电涡流式传感器由于具有测量线性范围大，灵敏度高，结构简单，抗干扰能力强，不受油污等介质的影响以及可非接触测量等优点，所以被广泛地应用于工业生产和科学研究的各个领域，用来测量位移、振幅、尺寸、厚度、热膨胀系数、轴心轨迹、非铁磁材料导电率和

金属件探伤等。目前已研制和生产出多种测量位移、振幅、厚度、电导率和探伤等的电涡流式检测仪表。在化工、动力等行业，电涡流式传感器被广泛用于汽轮机、压缩机、发电机等大型机械的监控设备。

（1）位移测量。根据电涡流式传感器的工作原理，其最基本形式就是一只位移传感器，可用来测量各种形状被测件的位移。测量的最大位移可达数百毫米，一般的分辨率为满量程的 0.1％。

原则上凡是可以转换为位移量的参数，都可以用电涡流式传感器来测量。图 5.2.27 为电涡流式传感器几个典型应用实例。

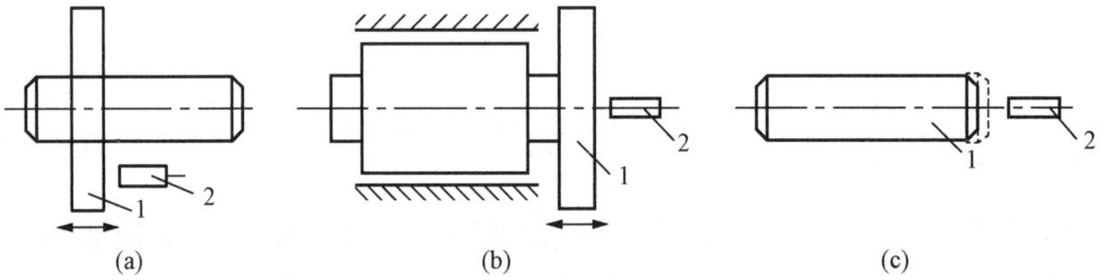


图 5.2.27　电涡流式传感器位移测量原理图

（a）测量汽轮机主轴的轴向位移；（b）测量磨床换向阀、先导阀的位移；（c）测量金属试件的热膨胀系数

1—被测件；2—电涡流式传感器

（2）振动测量。电涡流式传感器可无接触地测量旋转轴的径向振动。在汽轮机、空气压缩机中，常用电涡流式传感器监控主轴的径向振动，如图 5.2.28（a）所示；也可用电涡流式传感器测量汽轮机涡轮叶片的振幅，如图 5.2.28（b）所示。测量时除用仪表直接显示读数外，还可用记录仪器记录振动波形。轴振幅的测量范围可从几微米到几毫米，频率范围可从零到几十千赫。

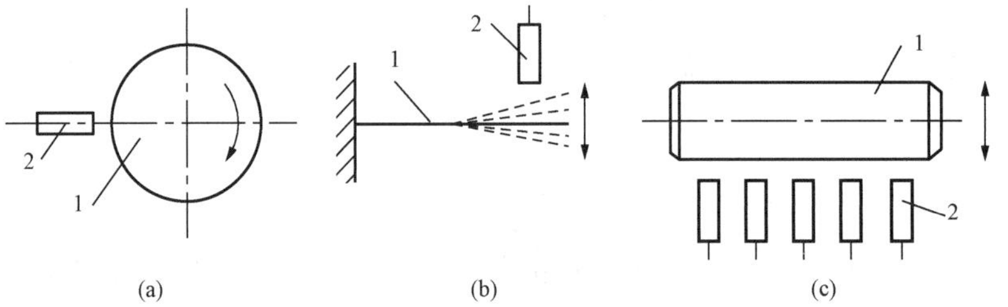


图 5.2.28　电涡流式传感器振动测量原理图

（a）监控主轴的径向振动；（b）测量汽轮机涡轮叶片的振幅；（c）轴振形图

1—振动体；2—传感器探头

在研究轴的振动时，常需要了解轴的振动形状，给出轴振形图。为此，可用数个电涡流式传感器探头并排地安置在轴附近，如图 5.2.28（c）所示，再将信号输出至多通道记录仪。在轴振动时，可以获得各个传感器所在位置轴的瞬时振幅，从而绘出轴振形图。

（3）厚度测量。电涡流式传感器可无接触地测量金属板的厚度和非金属板的金属镀层厚度。图 5.2.29（a）为金属板的厚度测量，当金属板 1 的厚度变化时，将使传感器探头 2 与金属板间的距离改变，从而引起输出电压的变化。

由于在工作过程中金属板会上下波动，这将影响厚度测量的精确度，因此常用比较的方

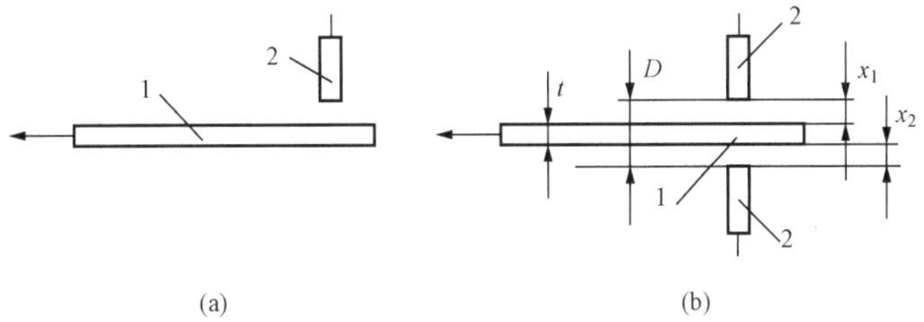


图 5.2.29　电涡流式传感器厚度测量原理图
1—金属板；2—传感器控头

法进行测量，如图 5.2.29（b）所示。在被测板 1 的上、下各装一只电涡流式传感器探头 2，其距离为 $D$，它们与板的上、下表面的距离分别为 $x_1$ 和 $x_2$，这样板厚 $t=D-(x_1+x_2)$。当两个传感器探头工作时，分别把测得的 $x_1$ 和 $x_2$ 转换成电压值后送加法器，相加后的电压值再与两传感器间距离 $D$ 相应的设定电压相减，则就得到与板厚度相对应的电压值。

（4）转速测量。在一个旋转体 2 上开数条槽或者做成齿轮状，如图 5.2.30 所示，旁边安装一个电涡流式传感器 1。当旋转体转动时，电涡流式传感器将周期性地改变输出信号，此电压信号经放大、整形后，可用频率计指示出频率值。频率值与槽（齿）数和转速的关系式为

$$n = 60f/Z \tag{5.2.18}$$

式中：$f$ 为频率值，Hz；$Z$ 为旋转体的槽（齿）数；$n$ 为被测轴的转速，r/min。

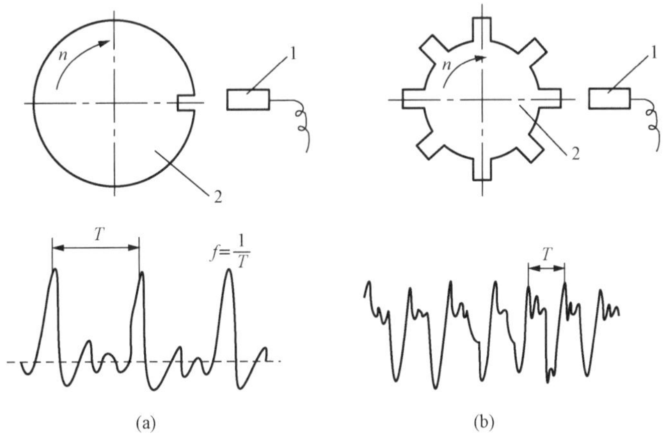


图 5.2.30　电涡流式传感器转速测量原理图
1—传感器探头；2—旋转体

（5）无损探伤。电涡流式传感器可以做成无损探伤仪，用于非破坏性探测金属材料的表面裂纹、热处理裂纹、焊缝裂纹等，如图 5.2.31 所示。探测时，传感器与被测物体的距离不变，保持平行相对移动。遇有裂纹时，金属的电导率、磁导率发生变化，结果引起传感器的等效阻抗发生变化，通过测量电路得到相关信号，达到探伤目的。

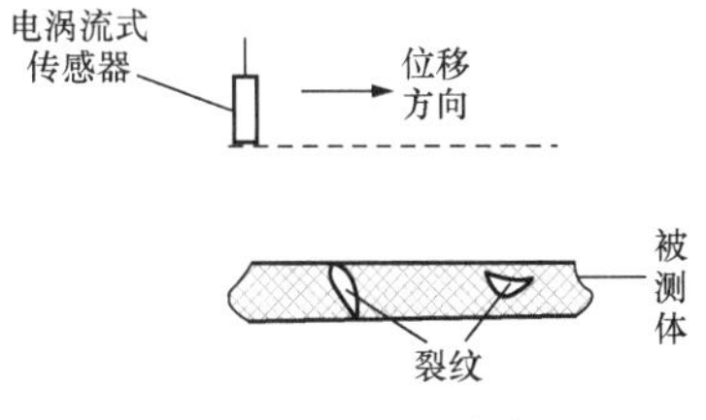


图 5.2.31　电涡流式传感器无损探伤原理图

# 5.3 电容式传感器

## 5.3.1 电容式传感器的工作原理和类型

由两平行极板组成一个电容器，如图 5.3.1 所示，若忽略其边缘效应，其电容量可表示为

$$C = \varepsilon S/d = \varepsilon_r \varepsilon_0 S/d \tag{5.3.1}$$

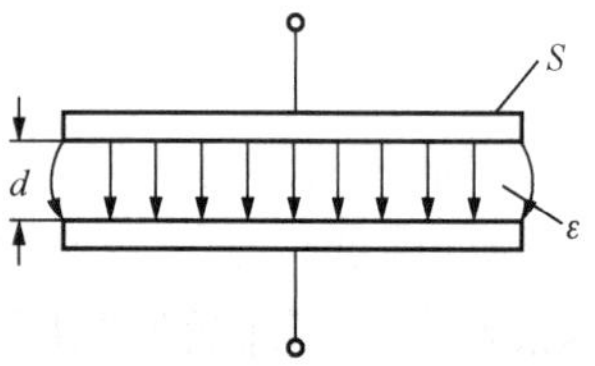

图 5.3.1 平行板电容器

式中：$S$ 为极板相互遮盖面积，$m^2$；$d$ 为两平行极板间的距离，m；ε 为极板间介质的介电常数，$\varepsilon=\varepsilon_r\varepsilon_0$；$\varepsilon_r$ 为极板间介质的相对介电常数；$\varepsilon_0$ 为真空的介电常数，$\varepsilon_0=8.85\times10^{-12}$F/m。

由式（5.3.1）可见，在 $\varepsilon_r$、$S$、$d$ 三个参量中，只要保持其中两个不变，而使另一个随被测量的改变而改变，则电容 $C$ 便随被测量的改变而改变，通过测量电容 $C$ 的变化量即可反映被测量的变化，这就是电容式传感器的工作原理。

电容式传感器在实际应用中有三种基本类型，即变极距型、变面积型和变介质型。

电容式传感器的结构形式多样，图 5.3.2 展示了一些典型的结构形式。

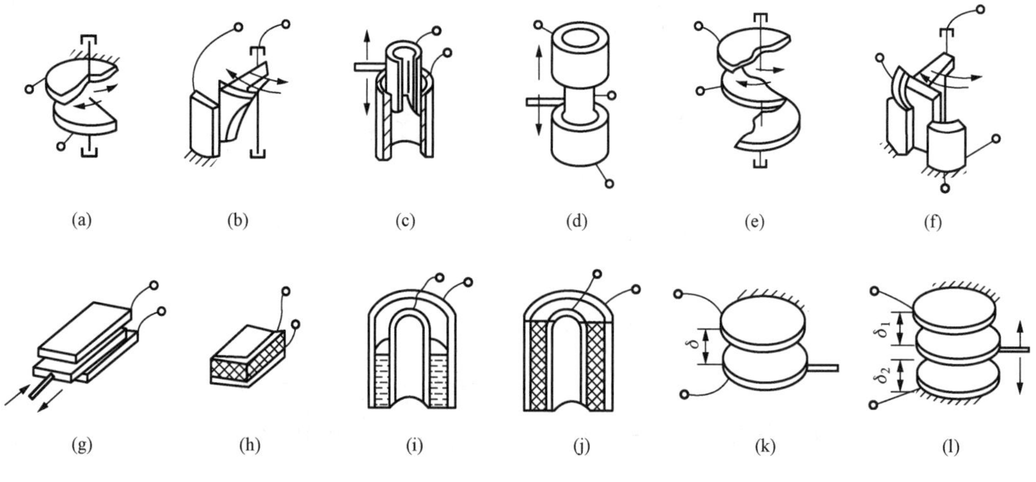

图 5.3.2 电容式传感器结构形式

（a）～（f）变面积型电容式传感器；（g）～（j）变介质型电容式传感器；（k）、（l）变极距型电容式传感器

## 5.3.2 电容式传感器的特性

电容式传感器的特性是指传感器的电容变化量与输入量之间的关系。不同类型的电容式传感器，它们的特性是不同的。

1. 变极距型电容式传感器的特性

（1）空气介质的变极距型电容式传感器。变极距型电容式传感器保持两极板遮盖面积 S 和极板间介质不变，而使极距 $d$ 随被测量改变。图 5.3.3 所示为变极距型电容式传感器的工作原理图。

变极距型的电容式传感器的两极板中，极板 1 是可动的，称为动极板；极板 2 是固定不变的，称为定极板。当动极板 1 随被测量的变化而引起移动时，就改变了两极板间的极距

$d$，从而使电容量发生变化。由式（5.3.1）可知，电容量 $C$ 与极距 $d$ 的关系曲线为一双曲线，如图 5.3.4 所示。

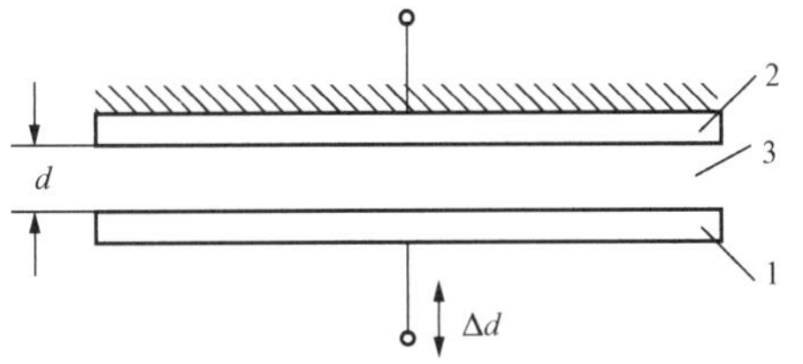


图 5.3.3　变极距型电容式传感器工作原理图
1—动极板；2—定极板；3—空气

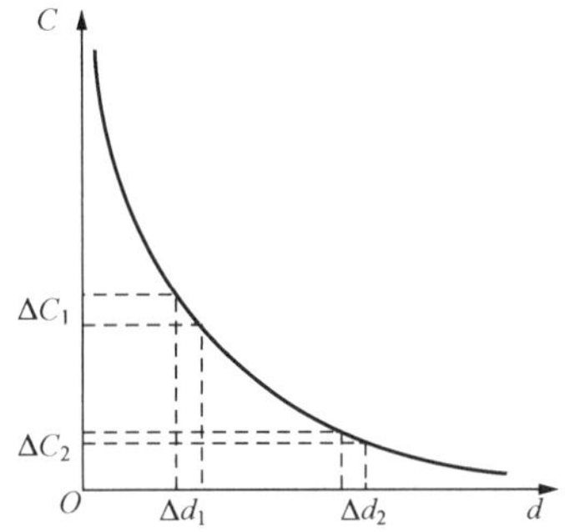


图 5.3.4　变极距型电容式传感器的特性曲线

设动极板未动时的起始电容量为

$$C_0 = S\varepsilon_0 / d_0 \tag{5.3.2}$$

式中：$d_0$ 为起始极距。

变极距型电容式传感器的灵敏度

$$K = \Delta C / C_0 / \Delta d = 1/d_0 \tag{5.3.3}$$

即变极距型电容式传感器的灵敏度 $K$ 与起始极距 $d_0$ 成反比，$d_0$ 越小，灵敏度越高。

以式（5.3.3）所表示的近似线性关系作为参考直线，可求得变极距型电容式传感器的非线性误差为

$$r_{NL} = \pm | \Delta d / d_0 | \times 100\% \tag{5.3.4}$$

式（5.3.4）表明，变极距型电容式传感器的非线性误差 $r_{NL}$ 与起始极距 $d_0$ 也成反比，$d_0$ 越小，非线性误差越大。

对比式（5.3.3）和式（5.3.4）可见，提高变极距型电容式传感器的灵敏度与减小非线性误差是相矛盾的。为保证传感器的灵敏度和线性度，起始位移和位移量程不能太大。一般取 $d_0 \leqslant 1\text{mm}$，$\Delta d / d_0 = 0.02 \sim 0.1$。

（2）差动变极距电容式传感器。在实际应用中，为了提高传感器的灵敏度，常常做成差动式结构的电容式传感器。差动变极距电容式传感器工作原理如图 5.3.5 所示，共有三片极板，中间一片为动极板，两边的两片为定极板。

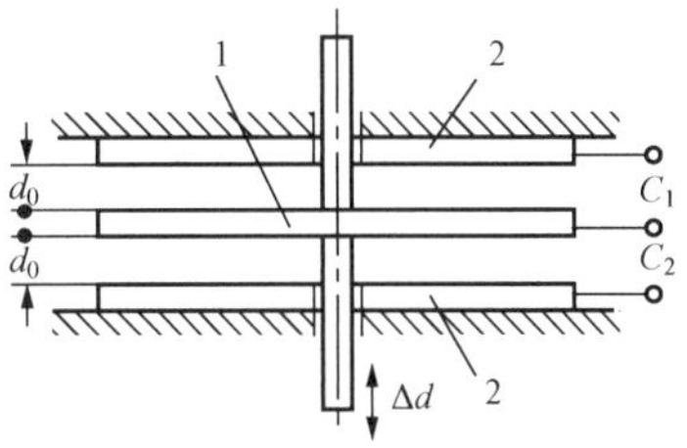


图 5.3.5　差动变极距电容式传感器工作原理图
1—动极板；2—定极板

差动变极距型电容式传感器的非线性误差为

$$r_{NL} = \pm (\Delta d / d_0)^2 \times 100\% \tag{5.3.5}$$

比较式（5.3.3）和式（5.3.4）可知，与单端结构相比，差动变极距型电容式传感器的非线性误差可减小一个数量级，同时，灵敏度可提高约一倍，即 $2/d_0$。

（3）具有部分固体介质的变极距型电容式传感器。由上述分析知，减小极距 $d$ 可使电容量加大，从而使灵敏度提高，但 $d$ 过小容易引起电容击穿。为此，可以在极板间放置一

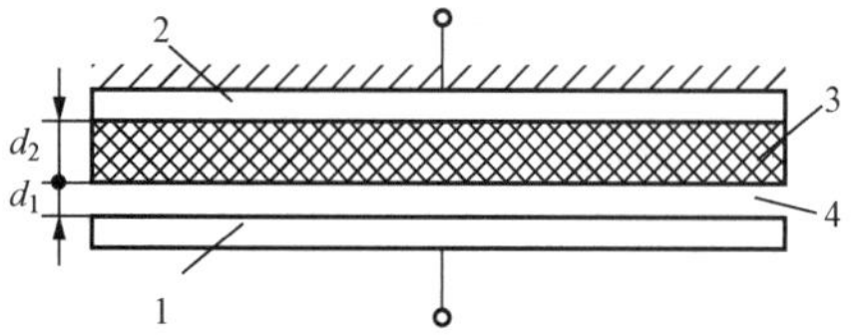


图 5.3.6 变极距型电容式传感器（含固体介质）
1—动极板；2—定极板；3—固体电介质；4—空气

层固体介质来改善电容式传感器的特性，如图 5.3.6 所示。

常用的固体介质为云母片或塑料膜。云母的介电系数为空气的 7 倍，云母的击穿电压不少于 $10^3$kV/mm（空气的击穿电压仅为 3kV/mm）。厚度仅为 0.01mm 的云母片，其击穿电压也不小于 10kV，因此极板之间的距离可大大减小，还能提高电容式传感器的灵敏度。

2. 变面积型电容式传感器的特性

变面积型电容式传感器保持极距 $d$ 和极板间介质不变，而使两极板遮盖面积 $S$ 随被测量改变。变面积型电容式传感器有多种结构型式。

图 5.3.7 是直线位移结构变面积型电容式传感器的工作原理图。设起始时两极板完全覆盖，极板面积 $S=ab$。当其中一块沿 $x$ 方向移动时，覆盖面积就发生变化，电容量 $C$ 也随之改变。

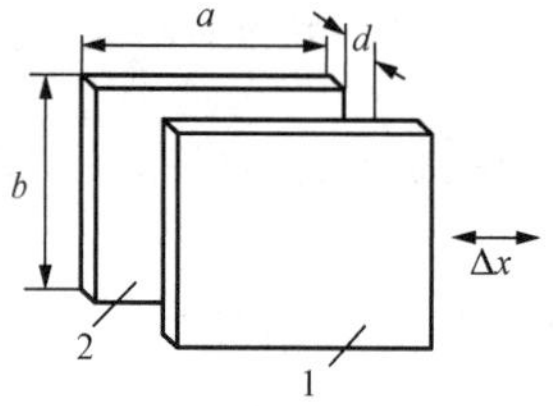


图 5.3.7 直线位移结构变面积型电容式传感器工作原理图
1—动极板；2—定极板

当位移 $\Delta x=0$ 时，起始电容量

$$C_0 = \varepsilon ba/d \tag{5.3.6}$$

传感器的灵敏度 $K$ 为

$$K = \Delta C/\Delta x = -C_0/a = -\varepsilon b/d \tag{5.3.7}$$

由式（5.3.7）可见，变面积型电容式传感器的灵敏度为常数。增大起始电容量 $C_0$，亦即增大 $b$ 或减小 $d$，皆可提高传感器的灵敏度。但是，在实际情况下，$b$ 值的增大要受结构的限制，而 $d$ 值的减小要受电场强度的限制，传感器的灵敏度不高。

图 5.3.8 为角位移结构变面积型电容式传感器的工作原理图。设起始时两极板完全覆盖。当动极板有一角位移 $\theta$ 时，两极板的覆盖面积改变，因而改变了两极板间的电容量 $C$。

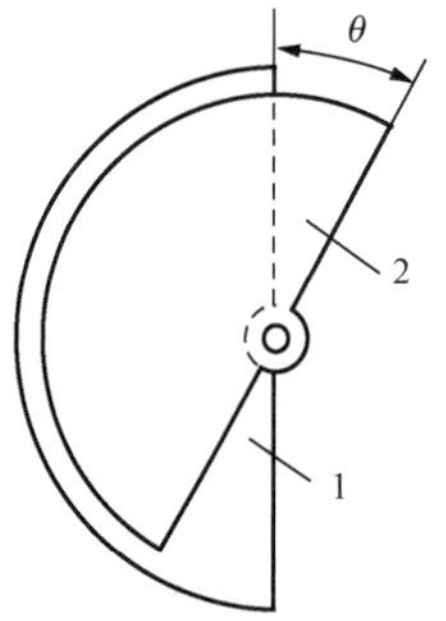


图 5.3.8 角位移结构变面积型电容式传感器工作原理图
1—动极板；2—定极板

当 $\theta=0$ 时，起始电容量

$$C_0 = \varepsilon A/d \tag{5.3.8}$$

式中：$A$ 为极板面积；$d$ 为极距。

传感器的灵敏度 $K$ 为

$$K = \Delta C/\theta = -C_0/\pi \tag{5.3.9}$$

综合对以上两种结构形式的变面积型电容式传感器的分析可知，变面积型电容式传感器具有线性特性，灵敏度为常数；传感器的灵敏度与起始电容量 $C_0$ 有关，增大起始电容量 $C_0$ 可提高传感器的灵敏度。变面积式电容传感器还可做成其他结构形式，它们的基本特性与这两种结构形式的基本特性类似。

变面积型电容式传感器也可做成差动结构。图 5.3.9 为圆筒形极片差动变面积型电容式传感器，其中上、下两个圆筒是定极片，而中间圆筒为动极片，当动极片向上移动时，与上极片的遮盖面积增加，而与下极片的遮盖面积减小，两者变化的数值相等，反之亦然。差动结构的变面积型电容式传感器，其灵敏度比单端结构的灵敏度提高一倍。

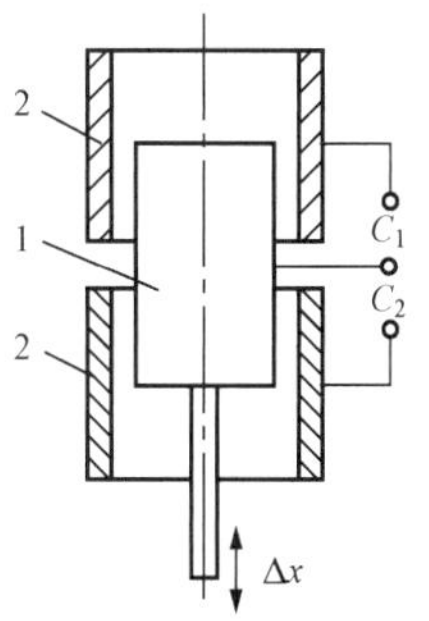

图 5.3.9 圆筒形极片差动变面积型电容式传感器

1—动极片；2—定极片

3. 变介质型电容式传感器的特性

在两电极间加以空气以外的其他介质，当介质或介质的介电常数发生变化时，电容量也随之改变。这种类型的电容式传感器称为变介质型电容式传感器。变介质型电容式传感器还可进一步分为变介电常数型电容式传感器和介质截面积变化型电容式传感器。

(1) 变介电常数型电容式传感器的特性。如图 5.3.10 所示，其电容量与两极板间介质的介电常数呈非线性关系。这类传感器常用来测量介质的介电常数和监测材料的性能变化等。

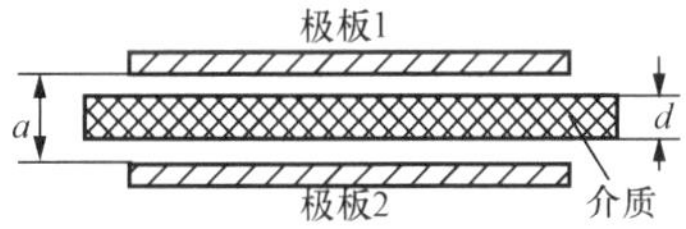

图 5.3.10 变介质型电容式传感器

(2) 变截面积型传感器的特性。介质层的厚度变化相当于介质截面积变化，变截面积型传感器的输出也具有非线性特性。这类传感器常用来监测介质厚度变化等。

### 5.3.3 电容式传感器的转换电路

电容式传感器的电容量十分微小，一般为几皮法至几十皮法，这样微小的电容量不便于直接测量、显示，更不便于传输。为此，必须借助于转换电路，检测出这一微小的电容变化量，并转换为与其成比例的电压、电流或频率信号。在实际应用中这种转换电路种类很多，下面仅就常用的几种典型转换电路予以介绍。

(1) 交流不平衡电桥。交流不平衡电桥是电容式传感器最基本的一种转换电路。应用于电容式传感器的交流电桥称为电容电桥。在电容电桥中，电容式传感器作为其中一个桥臂（差动电容式传感器则作为其中两个相邻桥臂），其余桥臂则由固定阻抗元件（固定电阻、固定电容或固定电感）构成。常见电容电桥的形式如图 5.3.11 所示，当采用差动电容式传感器时，图中 $C_1$、$C_2$ 代表传感器的两个差动电容；当采用单个电容式传感器时，图中 $C_1$ 代表传感器的电容，$C_2$ 为相匹配的固定电容。从灵敏度考虑，图 5.3.11 (f) 所示电桥的灵敏度最高，图 5.3.11 (d) 次之。在设计和选择电桥形式时，除了考虑电桥灵敏度外，还应考虑输出电压是否稳定，输出电压与电源电压间的相移大小，元件所允许的功耗，结构上是否容易实现等问题。在实际的电容电桥电路中，还应有零点平衡调整、灵敏度调整等附加电路。

除采用一般的交流不平衡电桥外，还常采用变压器电桥。图 5.3.12 所示为接有差动电容式传感器的变压器电桥，图中 $C_1$、$C_2$ 代表差动电容式传感器的两个差动电容。起始时 $C_1=C_2=C_0$，输出电压 $u_o$ 为零。当被测量发生变化时，$C_1 \neq C_2$，输出电压 $u_o \neq 0$。设 $C_1=C_0+\Delta C$，$C_2=C_0-\Delta C$，则输出电压为

$$u_o=\frac{C_1-C_2}{C_1+C_2}u_s=\frac{\Delta C}{C_0}u_s \tag{5.3.10}$$

式 (5.3.10) 表明，输出电压 $u_o$ 反映了电容式传感器的电容变化量，且与电容变化量呈线性关系。

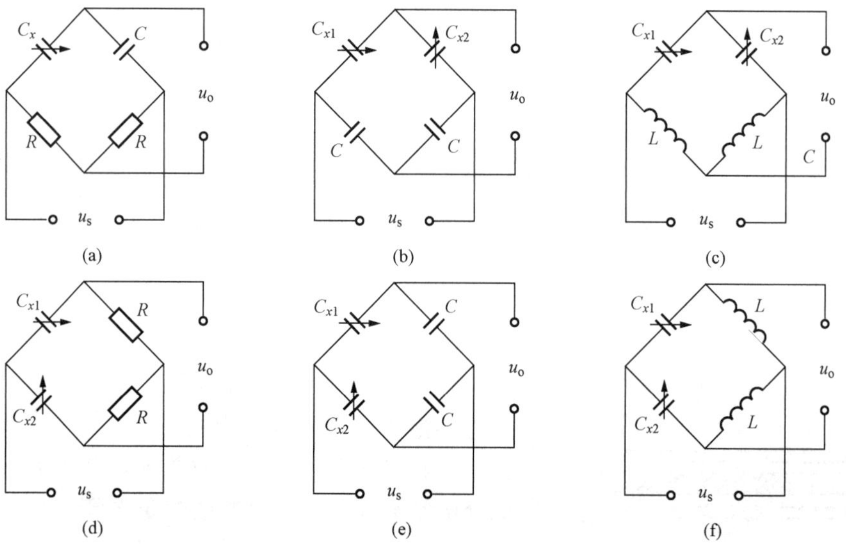


图 5.3.11　常见电容电桥形式

应该指出，上述各种电桥输出电压是在假设负载阻抗为无限大（即输出端开路）时得到的，实际上由于负载阻抗的存在而使输出电压偏小。同时因为电桥输出为交流信号，故不能判断信号的极性，只有将电桥输出信号经交流放大后，再采用相敏检波电路和低通滤波器，最后才能得到反映输入信号极性的直流输出信号。图 5.3.13 所示为一种实用的变压器电桥转换电路的原理图。

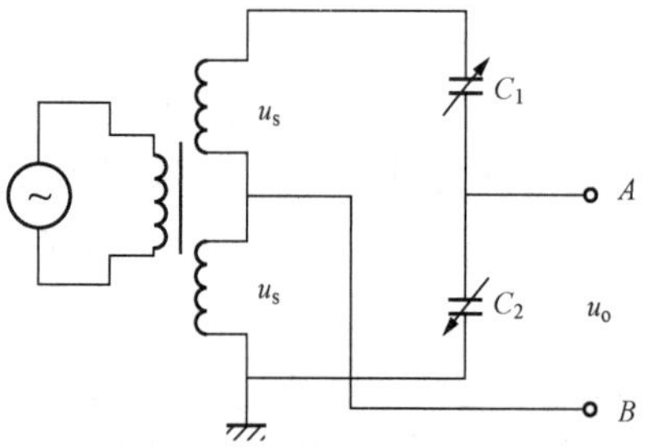


图 5.3.12　接有差动电容式传感器的变压器电桥

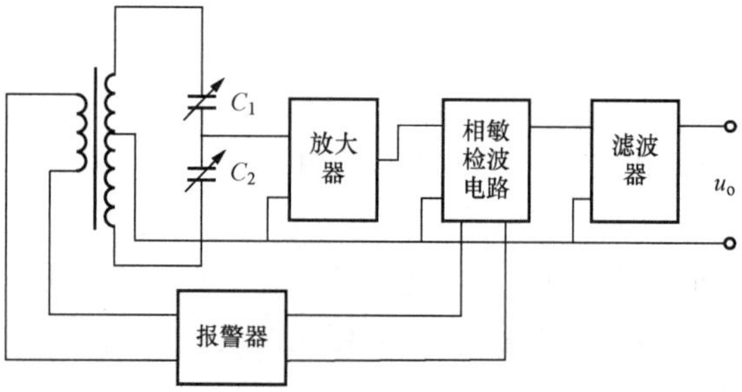


图 5.3.13　变压器电桥转换电路原理图

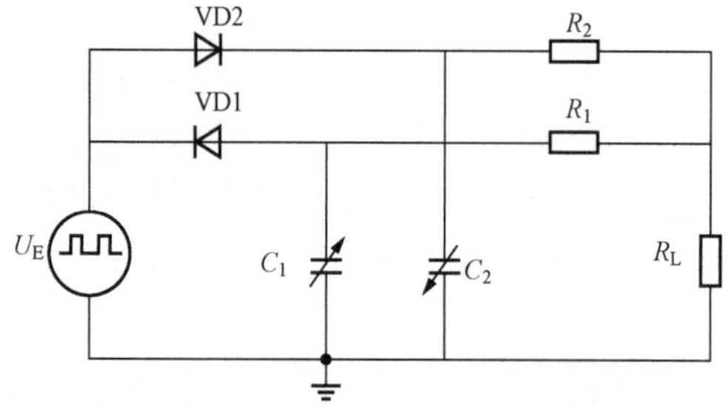


图 5.3.14　二极管双 T 电桥原理图

（2）二极管双 T 电桥。二极管双 T 电桥是利用电容器充放电原理构成的转换电路，图 5.3.14 是它的原理图。其中高频电源提供幅值电压为 $U_E$ 的对称方波；$C_1$ 和 $C_2$ 为差动电容式传感器；VD1 和 VD2 为两只特性相同的理想二极管；$R_1$ 和 $R_2$ 为固定电阻，且 $R_1=R_2=R$；$R_L$ 为负载电阻或后接仪器仪表的输入电阻。

适当选择电路中元件的参数以及电源频率 $f$，则负载 $R_L$ 上的输出电压的平均值为

$$\overline{U}_o \approx \frac{RR_L(R+2R_L)}{(R+R_L)^2}U_E f(C_1-C_2) = kU_E f(C_1-C_2) \tag{5.3.11}$$

$$k = \frac{RR_L(R+2R_L)}{(R+R_L)^2}$$

由式（5.3.11）可见，当双 T 电桥的结构确定（$R_1$、$R_2$、$R_L$ 一定，则 $k$ 为常数）和电源一定（$f$、$U_E$ 一定）时，输出电压的平均值与 $C_1-C_2$ 呈线性关系。

作动态测量时 $R_L$ 应取值小一些，如 $R_L=1\text{k}\Omega$ 时，上升时间为 $20\mu\text{s}$ 左右，因此它可以用来测量高速的机械运动。

如果 $C_1=C_2=C_0$，则在一个周期内流经 $R_L$ 的平均电流为零，输出电压的平均值为零。当 $C_1$ 和 $C_2$ 发生差动变化，即 $C_1=C_0+\Delta C$、$C_2=C_0-\Delta C$ 时，则在一个周期内流经 $R_L$ 上的平均电流不为零，因而有信号输出，输出电压的平均值为

$$\overline{U}_o \approx 2kU_E f\Delta C \tag{5.3.12}$$

（3）差动脉冲宽度调制电路。图 5.3.15 所示为差动脉冲宽度调制电路的原理图。它由比较器 A1、A2 和双稳态触发器 T 以及由差动电容传感器 $C_1$ 和 $C_2$、电阻器 $R_1$ 和 $R_2$、二极管 VD1 和 VD2 构成的充放电回路所组成。VD1 和 VD2 为特性相同的二极管，且工作在线性区，它们的作用是加快电容的放电过程。充电电阻 $R_1=R_2=R$。$U_r$ 为比较器的参考电压。工作电源 $U_E>U_r$。双稳态触发器的两个输出端 A、B 间的电压 $u_{AB}$ 经低通滤波后作为差动脉冲宽度调制电路的输出。

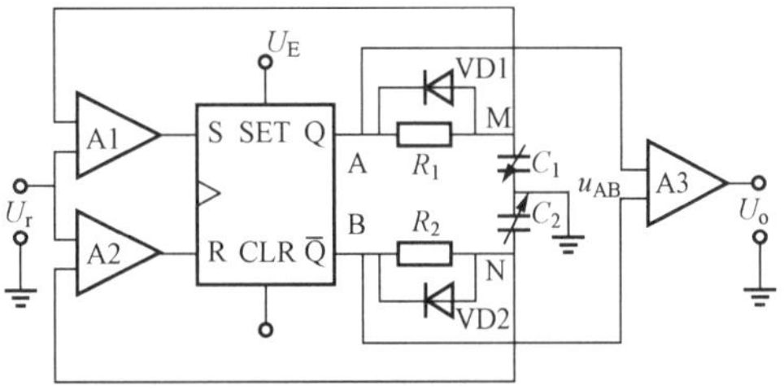

图 5.3.15 差动脉冲宽度调制电路原理图

设电源接通时，双稳态触发器的 A 端为高电位，B 端为低电位，因此 A 端通过 $R_1$ 对 $C_1$ 充电，直至 M 点的电位等于参考电压 $U_r$ 时，比较器 A1 产生一脉冲，触发双稳态触发器翻转，则 A 端呈低电位，B 端呈高电位。此时 $C_1$ 经二极管 VD1 迅速放电至接近零电位，而同时 B 端的高电位经 $R_2$ 向 $C_2$ 充电。当 N 点电位等于 $U_r$ 时，比较器 A2 产生一脉冲，使双稳态触发器又翻转一次，则 A 端呈高电位，B 端呈低电位。如此周而复始重复上述过程，在双稳态触发器的两输出端 A、B 各自产生一宽度受 $C_1$、$C_2$ 调制的方波脉冲。

输出直流电压 $U_o$ 由 A、B 两端间电压 $u_{AB}$（矩形方波）经放大和低通滤波后获得，它等于 A、B 两端电压的平均值 $U_{AP}$ 和 $U_{BP}$ 之差

$$U_o = \frac{C_1-C_2}{C_1+C_2}U_r \tag{5.3.13}$$

由式（5.3.13）可见，输出直流电压 $U_o$ 正比于电容 $C_1$ 和 $C_2$ 的差值。

对于差动变极距型电容式传感器，式（5.3.13）可写成

$$U_o = \frac{d_2-d_1}{d_2+d_1}U_r \tag{5.3.14}$$

式中：$d_1$、$d_2$ 分别为差动电容 $C_1$、$C_2$ 的极距。

设 $d_1=d_0-\Delta d$，$d_2=d_0+\Delta d$，则有

$$U_o = \frac{\Delta d}{d_0}U_r \tag{5.3.15}$$

对于差动变面积型电容式传感器，同样有

$$U_o=\frac{S_2-S_1}{S_2+S_1}U_r=\frac{\Delta S}{S_0}U_r \tag{5.3.16}$$

式中：$S_1$、$S_2$ 分别为差动电容 $C_1$、$C_2$ 的极板面积，并设 $S_1=S_0-\Delta S$，$S_2=S_0+\Delta S$。

（4）运算放大器转换电路。图 5.3.16 所示为运算放大器转换电路的原理图，它由传感器电容 $C_x$、固定电容 $C_0$ 以及运算放大器 A 组成。图中 $U_s$ 为信号源电压，$U_o$ 为输出电压。运算放大器的开环放大倍数为 $-K$，负号表示输出与输入反相。

由于图 5.3.16 所示电路输出电压的初始值不为零，为了实现零点迁移，可采用图 5.3.17 所示电路。图中 $C_x$ 为传感器电容，$C_0$ 为固定电容，$R_1$、$R_2$ 为平衡电阻，RP 为调零电位器。输出电压 $U_o$ 从电位器 RP 动点与地之间引出，即

$$U_0=-\frac{1}{2}\left(\frac{C_0}{C_x}-1\right)U_s \tag{5.3.17}$$

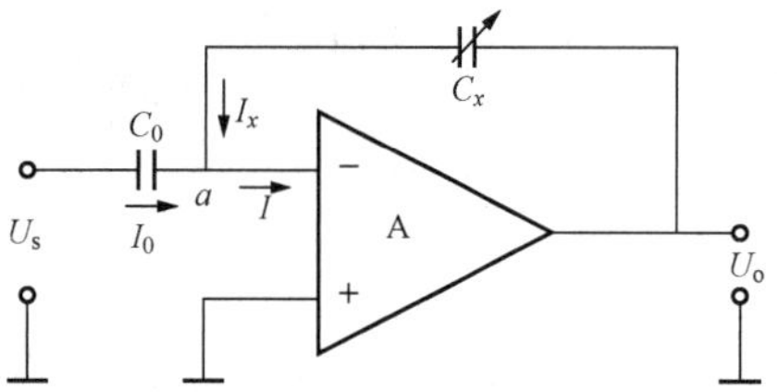


图 5.3.16 运算放大器转换电路原理图

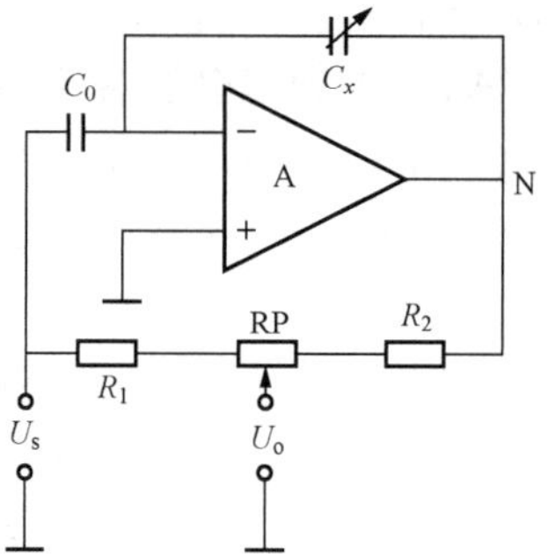


图 5.3.17 运算放大器转换电路（带零点调整）

选取 $C_0$ 等于传感器初始电容值 $C_{x0}$，则电路输出电压的初始值为零。

对于平板电容传感器，电容量 $C_x=\varepsilon_0 S/d$，代入式（5.3.17），得

$$U_o=-\frac{1}{2}\left(\frac{C_0 d}{\varepsilon_0 S}-1\right)U_s \tag{5.3.18}$$

上述运算放大器测量电路中，固定电容 $C_0$ 在测量过程中还起到了参比测量的作用，因而当 $C_0$ 和 $C_x$ 结构参数及材料完全相同时，其环境温度对测量的影响可以得到补偿。

对于变面积型电容式传感器，可将传感器电容 $C_x$ 和固定电容 $C_0$ 在电路中的位置对调，此时输出电压与极板面积呈线性关系。

（5）调频转换电路。调频转换电路的原理框图如图 5.3.18 所示。电容式传感器与电感元件相配合构成调频振荡器的谐振回路。

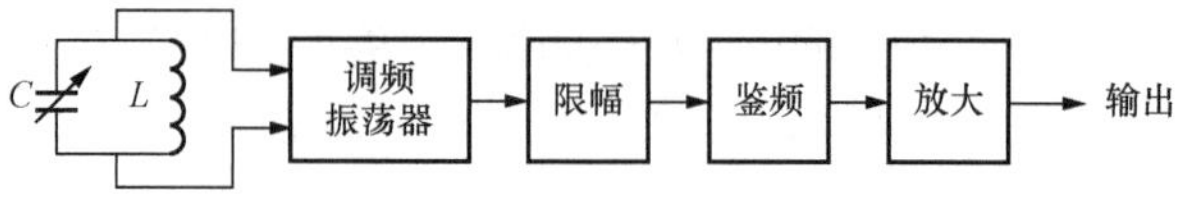


图 5.3.18 调频转换电路原理框图

谐振回路的总电容包括谐振回路的固有电容 $C_1$、连接电缆的分布电容 $C_C$ 和传感器电容 $C_0\pm\Delta C$，即 $C=C_1+C_C+C_0\pm\Delta C$。

起始时，$\Delta C=0$，$C=C_1+C_C+C_0$ 为一常数，振荡器的振荡频率为固定频率

$$f_0=\frac{1}{2\pi\sqrt{L(C_1+C_C+C_0)}} \tag{5.3.19}$$

当被测量改变时，$\Delta C\neq 0$，振荡器的振荡频率也就有一个相应的变化量 $\Delta f$，此时振荡频率为

$$f=\frac{1}{2\pi\sqrt{L(C_1+C_C+C_0\pm\Delta C)}}=f_0\mp\Delta f \tag{5.3.20}$$

由此可知，调频振荡器的输出信号是一个受被测量调制的调频波，其频率由式(5.3.20) 决定。该调频波可以直接送入计数器测定其频率值，也可以通过限幅、鉴频、放大电路后输出一个幅值随被测量变化的电压信号，再送入显示仪表指示。

### 5.3.4 电容式传感器的优缺点

电容式传感器与电阻式、电感式等传感器相比，具有以下优点：

(1) 测量范围大。金属应变丝由于应变极限的限制，$\Delta R/R$ 一般低于 1%，半导体应变片可达 20%，而电容式传感器相对变化量可大于 100%。

(2) 灵敏度高。如用变压器电桥作测量电路，可测出电容相对变化量达 $10^{-7}$。

(3) 动态响应好。由于电容式传感器带电极板间的静电吸引力很小（$10^{-5}$N），需要的作用能量极小；又由于其可动部分可以做得很小很薄，具有很小的可动质量，因此其固有频率很高，动态响应时间很短，可以在较高的频率下工作，因此特别适用于动态测量。

(4) 可实现非接触式测量，且具有平均效应。例如可利用电容式传感器非接触测量回转轴的振动和工件间的间隙等。当采用非接触式测量时，电容式传感器具有平均效应，可以减小由于传感器极板加工过程中局部误差较大而对整体测量准确度的影响。

(5) 结构简单，适应性强。电容式传感器一般用金属作电极，以无机材料（如玻璃、石英、陶瓷等）作绝缘支承，因此电容传感器能承受很大的温度变化和各种形式的强辐射作用，适合于在恶劣环境中工作。

然而，电容式传感器也有以下缺点：

(1) 输出阻抗高，负载能力差。无论何种类型的电容式传感器，由于受电极板几何尺寸的限制，其电容量都很小，一般为几十到几百皮法，因此使电容式传感器的输出阻抗很高，可达 $10^6\sim10^8\Omega$。由于输出阻抗很高，因而输出功率小，负载能力差，易受外界干扰影响而产生不稳定现象，严重时甚至无法工作。

(2) 寄生电容影响大。电容式传感器的初始电容量很小，而连接传感器和电子线路的引线电缆电容、电子线路的杂散电容以及电容极板与周围导体构成的电容等寄生电容却较大。寄生电容的存在不但降低了测量灵敏度，而且引起非线性输出。由于寄生电容是随机变化的，因而使传感器处于不稳定的工作状态，影响测量准确度。

### 5.3.5 电容式传感器的应用

近年来，由于材料、工艺，特别是在电子技术及集成电路技术等方面的发展，成功地解决了电容式传感器存在的技术问题，为电容式传感器的应用开辟了广阔的前景。它不但广泛地用于精确测量位移、厚度、振动等机械量，还用于测量力、压力、差压、流量、成分、液位等参数。

下面介绍电容式传感器的几个典型应用实例。

(1) 电容式差压传感器。图 5.3.19 是一种典型的电容式差压传感器的结构原理图。测

量膜片 3 与两个固定凹球面电极 4、5 构成差动式球—平面型电容器。固定凹球面电极是在绝缘体 6 的凹球表面上蒸镀一层金属膜（如金、铝）而成。绝缘体一般采用玻璃或陶瓷。测量膜片为圆形平膜片，并在圆周上加有预张力。隔离膜片 1、2 分别与测量膜片 3 构成左右两室，两室中充满灌充液——硅油。硅油是一种具有不可压缩性和流动性很好的传压介质。隔离膜片 1、2 分别与外壳 7 构成左右两个容室，称为高压容室 8 和低压容室 9。高、低压被测介质分别通过入口引进高压容室和低压容室，隔离膜片与被测介质直接接触。当隔离膜片 1、2 分别承受高压侧压力 $p_H$ 和低压侧压力 $p_L$ 的作用时，硅油便将压力传递到测量膜片的两面。

测量膜片与两个固定凹球面电极构成的差动式球—平面型电容器如图 5.3.20 所示，其中测量膜片与低压侧凹球面电极的电容为 $C_L$，与高压侧凹球面电极的电容为 $C_H$。

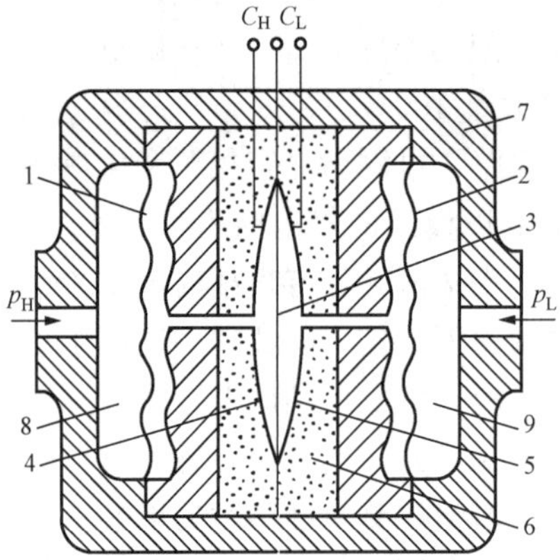


图 5.3.19 典型电容式差压传感器结构原理图

1、2—隔离膜片；3—测量膜片；4、5—固定凹球面电极；6—绝缘体；7—外壳；8—高压容室；9—低压容室

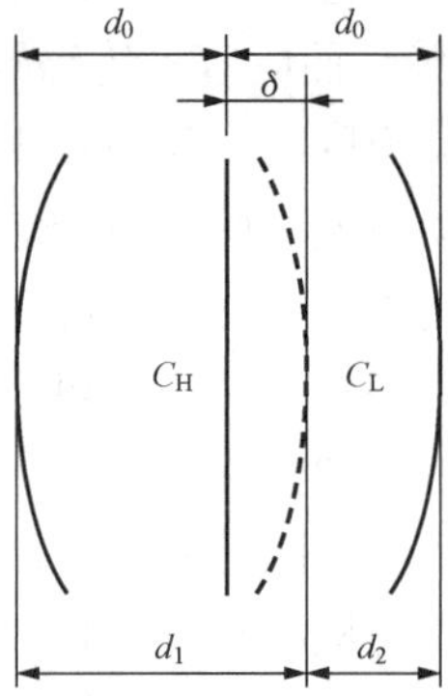


图 5.3.20 差动式球—平面型电容器

当 $p_H=p_L$，即差压 $\Delta p=p_H-p_L=0$ 时，测量膜片仍保持平整，测量膜片与两个固定凹球面电极的距离相等，均为 $d_0$，构成的两个电容 $C_H$ 和 $C_L$ 的电容量也完全相等，皆为初始电容 $C_0$，即 $C_H=C_L=C_0$。

当 $p_H>p_L$，即差压 $\Delta p=p_H-p_L>0$ 时，在差压 $\Delta p$ 作用下测量膜片产生挠曲变形向低压侧定极板靠近。设测量膜片变形到图 5.3.20 所示的虚线位置，膜片中心产生位移 $\delta$，则有 $d_1=d_0+\delta$，$d_2=d_0-\delta$。测量膜片的变形引起两侧电容变化，这时 $C_L$ 增大，$C_H$ 减小，即 $C_L>C_H$。

若不考虑边缘电场的影响，测量膜片与固定凹球面电极构成的两个电容器 $C_L$、$C_H$ 可近似地看作平板电容器，则

$$\frac{C_L-C_H}{C_L+C_H}=\frac{K_1}{d_0}\Delta p=K\Delta p \tag{5.3.21}$$

式中：$K_1$ 为由膜片预张力、材料特性和结构参数所确定的系数；$K$ 为比例系数，$K=K_1/d_0$ 为常数。

由式（5.3.21）可见，差动电容的相对变化值与被测差压呈线性关系，且与灌充液的介电常数无关。电容的相对变化值与介质的介电常数无关，就从原理上消除了介质的介电常数

变化给测量带来的误差。

电容式差压传感器与相应的测量电路一起构成电容式差压变送器，通过测量电路将差动电容的相对变化值成比例地转换成标准信号。电容式差压变送器具有构造简单、小型轻量、准确度高（可达0.25%）、互换性强等优点，目前已广泛应用于工业生产中。

（2）电容式液位计。电容式液位计由电容式液位传感器和测量电路组成，它可以连续测量水池、水塔、水井和江河湖海的水位以及各种容器的液位，被测介质可以是各种液体（如水、酒、醋、酱油、汽油等）。

图5.3.21所示为电容式液位传感器的结构原理图。在被测介质中放入两个同心圆柱状极板1和2，当容器中介质是非导电的液体时，电容式液位传感器实质上是一个介质截面积变化型电容式传感器，当容器内液面变化时，相当于两极板间的介质截面积发生变化，从而使电容量$C$发生变化。

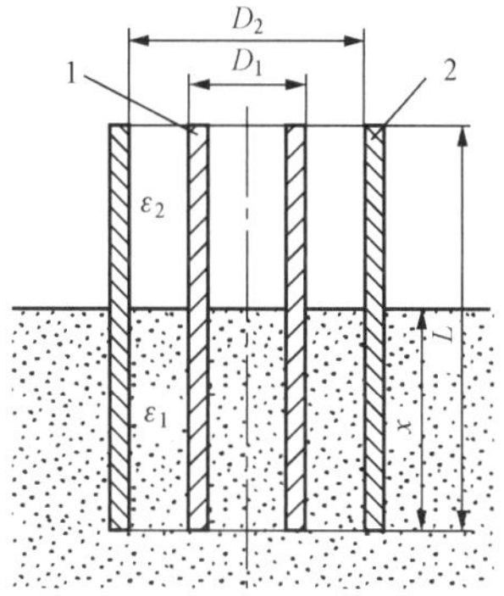

图5.3.21　电容式液位传感器结构原理图

1、2—极板

设容器内介质的介电常数为$\varepsilon_1$，容器介质上面的气体的介电常数为$\varepsilon_2$，容器中液体介质浸没电极的高度为$x$，这时总的电容$C$等于气体介质间的电容量与液体介质间电容量之和。

液体介质间的电容量$C_1$和气体介质间的电容量$C_2$分别为

$$C_1=\frac{2\pi\varepsilon_1 x}{\ln D_2/D_1},\quad C_1=\frac{2\pi\varepsilon_2(L-x)}{\ln D_2/D_1}\qquad(5.3.22)$$

式中：$L$为电极总长度；$D_1$为内圆筒电极外直径；$D_2$为外圆筒电极内直径。

总电容量为两电容并联，可得

$$C_x=C_1+C_2=\frac{2\pi\varepsilon_2 L}{\ln D_2/D_1}+\frac{2\pi(\varepsilon_1-\varepsilon_2)x}{\ln D_2/D_1}\qquad(5.3.23)$$

令$A=\frac{2\pi\varepsilon_2 L}{\ln(D_2/D_1)}$，$B=\frac{2\pi(\varepsilon_1-\varepsilon_2)}{\ln(D_2/D_1)}$，则式（5.3.23）可写成

$$C_x=A+Bx\qquad(5.3.24)$$

由式（5.3.24）可见，电容量$C_x$与被测液位$x$呈比例关系。

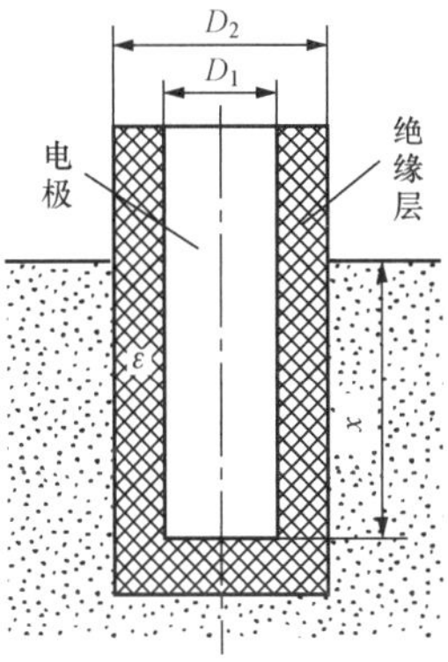

图5.3.22　外加绝缘层的电容式液位传感器结构原理图

如果液体是导电的，则需要采用外加绝缘层的电极，如图5.3.22所示。导电液体作为一个电极，与电极构成电容器，绝缘层即为电容器的介质。这种电容式液位传感器实质上是一个变面积型电容式传感器。当传感器浸入水或其他被测导电液体时，电极以绝缘层为介质与周围的水（或其他导电液体）形成圆柱形电容器。可求得其电容量为

$$C_x=\frac{2\pi\varepsilon x}{\ln D_2/D_1}\qquad(5.3.25)$$

式中：$\varepsilon$为绝缘层的介电常数；$x$为待测液位高度；$D_1$为电极直径；$D_2$为绝缘层外径。

由式（5.3.25）可见，电容量$C_x$与被测液位$x$成比例关系。

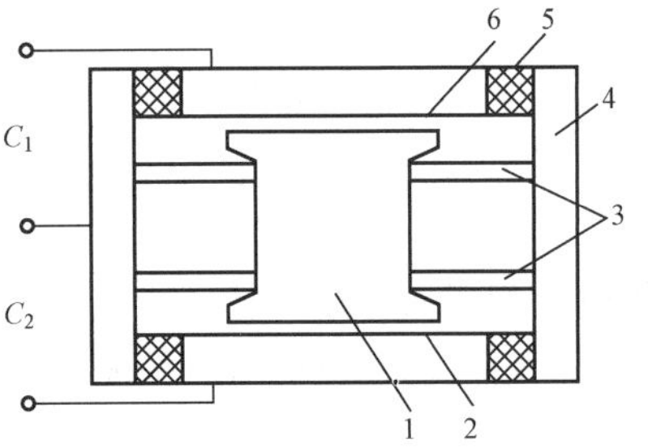


图 5.3.23　电容式加速度传感器结构原理图

1—质量块；2、6—固定极板；3—弹簧片；4—壳体；5—绝缘体

（3）电容式加速度传感器。电容式加速度传感器的结构原理如图 5.3.23 所示。敏感质量块由两根弹簧片支承置于壳体内，质量块的上下表面磨平抛光作为差动电容的活动极板。壳体的上、下部各有一固定极板，分别与活动极板构成差动电容 $C_1$、$C_2$。固定极板靠绝缘体与壳体绝缘。弹簧片较硬致使系统有较高的固有频率。传感器的壳体固定在被测振动体上。当被测振动体作垂直方向的振动时，产生垂直方向的加速度。传感器的壳体随被测振动体相对于质量块产生垂直方向上的运动，致使差动电容 $C_1$、$C_2$ 的电容量发生变化，一个增大，一个减小，它们的差值正比于被测加速度。由于采用空气作为阻尼，空气黏度的温度系数比液体的小得多，因此这种加速度传感器的精确度较高、频率响应范围宽、量程大，可以测量很高的加速度。

## 5.4 超声波位移传感器

超声波传感器是利用超声波的特性研制而成的。超声波是一种振动频率高于声波的机械波，由换能晶片在电压的激励下发生振动产生的，具有频率高、波长短、绕射现象小，特别是方向性好、能够成为射线而定向传播等特点。超声波对液体、固体的穿透本领很强，尤其是在阳光下不透明的固体中，可穿透几十米的深度。超声波碰到杂质或分界面会产生显著反射形成反射成回波，碰到活动物体能产生多普勒效应。因此，超声波检测被广泛应用在工业、国防、生物医学等方面。

### 5.4.1 超声波及其物理性质

声音是由物体振动所产生。在振动介质（空气、液体或固体）中某一质点沿中间轴来回发生振动，并带动周围的质点也发生振动，逐渐向各方向扩展，这就是声波。声波是一种机械波，它的传播不是介质分子的直接位移，而是能量以波动形式的扩展。声波的能量随扩展的距离逐渐消耗，最后声音消失。

如图 5.4.1 所示，根据频段的不同，声波可分为多类。振动频率在 20Hz～20kHz 的范围内，可为人耳所感觉到的称为可闻声波。振动频率在 20Hz 以下，人耳无法感知的为次声波。许多动物却能感受到次声波，如地震发生前的次声波就会引起许多动物的异常反应。振动频率高于 20kHz 的机械振动波为超声波。频率在 $3\times10^8\sim3\times10^{11}$ Hz 的波称为微波。

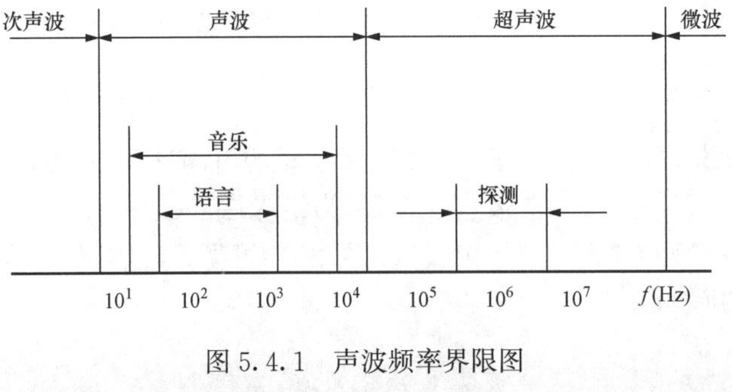


图 5.4.1　声波频率界限图

1. 超声波的波形及其转换

由于声源在介质中施力方向与波在介质中传播方向的不同，声波的波形也不同，通常有以下几种。

(1) 纵波 (Longitudinal Wave)：质点振动方向与波的传播方向一致的波。当介质质点受到交变拉压应力作用时，质点之间产生相应的伸缩形变，从而形成纵波；凡能承受拉伸或压缩应力的介质都能传播纵波。固体介质能承受拉伸或压缩应力；液体和气体虽不能承受拉伸应力，但能承受压应力产生容积变化。因此固体、液体和气体都能传播纵波。纵波一般应用于钢板、锻件探伤。为了测量各种状态下的物理量，应多采用纵波。纵波在液体介质中传播时，可在界面上产生强烈的冲击和空化现象。

(2) 横波 (Transverse Wave)：质点振动方向垂直于传播方向的波。当介质质点受到交变的剪切应力作用时，产生剪切形变，从而形成横波；只有固体介质才能承受剪切应力，液体和气体介质不能承受剪切应力，因此横波只能在固体介质中传播，不能在液体和气体介质中传播。横波一般应用于焊缝、钢管探伤作业中。

(3) 表面波 (Surface Acoustic Wave)：质点的振动介于横波与纵波之间，当介质表面受到交变应力作用时，沿着表面传播的波，又称瑞利波 (Rayleigh Wave)。表面波随深度增加衰减很快，只能在固体中传播。

(4) 板波 (Plate Wave)：又称兰姆波 (Lamb Wave)，当板较薄时，声波在板的两个自由边界上均会发生反射，叠加后形成板波。板波又分为对称型 (S 型) 和非对称型 (A 型)，指因物体两平行表面所限而形成的纵波与横波之组合的波，它在整个物体内传播，质点作椭圆轨迹运动。

2. 超声波波速

波动在单位时间内的传播距离就是波动传播的速度，声学中又可将波速称为声速。相位相同的相邻振动质点之间的距离称为波长，用字母 $\lambda$ 表示；质点在其平衡位置附近来回振动一次，超声波就向前传播了 $\lambda f$ 的距离 ($f$ 表示频率)，该距离就是每秒钟传播的距离，也就是波速，用 $C$ 表示。

上述定义表明，波速的表达式为

$$C = \lambda f \tag{5.4.1}$$

影响超声波波速的主要因素是波形、传播介质的弹性性能、工件的尺寸和温度等，而与频率无关。以水为例，当蒸馏水温度在 0～74℃时，超声波波速随温度的升高而增加，在 74℃时达到最大值，大于 74℃后，波速随温度的增加而减小。此外，水质、压强等也会引起波速的变化。

超声波在几种常用材料中的波速与密度、声阻抗的关系见表 5.4.1。

**表 5.4.1 超声波在几种常用材料中的波速与密度、声阻抗的关系 (环境温度为 0℃)**

| 材料 | 密度 $\rho$($10^3$kg·m$^{-3}$) | 声阻抗 $z$($10^6$kg·m$^{-2}$·s$^{-1}$) | 纵波波速 $c_L$(km·s$^{-1}$) | 横波波速 $c_S$(km·s$^{-1}$) |
|---|---|---|---|---|
| 钢 | 7.8 | 46 | 5.9 | 3.23 |
| 铝 | 2.7 | 17 | 6.3 | 3.1 |
| 铜 | 8.9 | 42 | 4.7 | 2.1 |
| 有机玻璃 | 1.18 | 3.2 | 2.7 | 1.2 |

续表

| 材料 | 密度 $\rho(10^3 kg \cdot m^{-3})$ | 声阻抗 $z(10^6 kg \cdot m^{-2} \cdot s^{-1})$ | 纵波波速 $c_L(km \cdot s^{-1})$ | 横波波速 $c_S(km \cdot s^{-1})$ |
|---|---|---|---|---|
| 甘油 | 1.26 | 2.4 | 1.9 | — |
| 水（20℃） | 1.0 | 1.48 | 1.48 | — |
| 油 | 0.9 | 1.28 | 1.4 | — |
| 空气 | 0.0012 | 0.0004 | 0.34 | — |

在固体中，纵波、横波及表面波三者的波速间有一定的关系。通常可认为横波波速为纵波的一半，表面波波速为横波波速的90%。气体中纵波波速为344m/s，液体中纵波波速为900～1900m/s。

超声波具有指向性好，能量集中，穿透本领大等特点，当超声波由一种介质入射到另一种介质时，由于在两种介质中传播速度不同，在介质分界面上会产生反射、折射和波形转换等现象。例如，当纵波以某一角度入射到第二介质（固体）的界面上时，除有纵波的反射、折射外，还发生横波的反射和折射，在某种情况下还能产生表面波。

3. 超声波的反射和折射

声波从一种介质传播到另一种介质，在两个介质的分界面上一部分声波被反射，另一部分透射过界面，在另一种介质内部继续传播。这样的两种情况称之为声波的反射和折射，如图5.4.2所示。

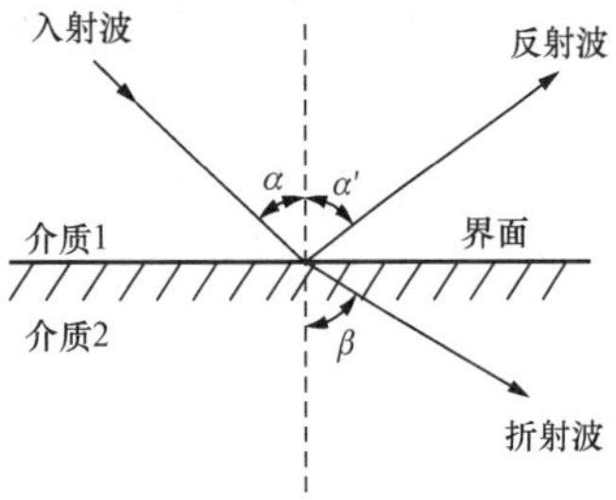


图5.4.2　超声波反射和折射的原理图

（1）反射定律。当波速一致时，有

$$\alpha = \alpha'$$

（2）折射定律

$$\frac{\sin\alpha}{\sin\beta} = \frac{c_1}{c_2} \tag{5.4.2}$$

式中：$c_1$ 为入射波波速；$c_2$ 为折射波波速。

声波的反射系数和透射系数可分别由如下两式求得

$$R = \frac{I_r}{I_0} = \left(\frac{\cos\beta}{\cos\alpha} - \frac{\rho_2 c_2}{\rho_1 c_1}\right)^2, \quad T = \frac{I_t}{I_0} = \frac{4\rho_1 c_1 \cdot \rho_2 c_2 \cdot \cos^2\alpha}{(\rho_1 c_1 \cos\beta + \rho_2 c_2)^2} \tag{5.4.3}$$

式中：$I_0$、$I_r$、$I_t$ 分别为入射波、反射波、透射波的声强；$\rho_1 c_1$、$\rho_2 c_2$ 分别为两介质的声阻抗。

当超声波垂直入射界面，即 $\alpha=\beta=0$ 时，有

$$R = \left(\frac{1-\dfrac{\rho_2 c_2}{\rho_1 c_1}}{1+\dfrac{\rho_2 c_2}{p_1 c_1}}\right), \quad T = \frac{4\rho_1 c_1 \cdot \rho_2 c_2}{(\rho_1 c_1 + \rho_2 c_2)^2}$$

若 $\rho_2 c_2 \approx \rho_1 c_1$，$R\approx 0$，$T\approx 1$，此时声波几乎没有反射，全部从第一介质透射入第二介质；$\rho_2 c_2 \gg \rho_1 c_1$，$R\approx 1$，则声波几乎全反射，透射极少。当 $\rho_2 c_2 \ll \rho_1 c_1$，$R\approx 1$，声波几乎全反射。在20℃水温时，故超声波从水介质中传播至水气界面时，将发生全反射。

4. 波形转换

如图5.4.3所示，当纵波以某一角度入射到第二介质（固体）的界面上时，除有纵波的

反射、折射以外，还会发生横波的反射和折射。若入射波为横波，也会有类似的现象发生。

如果第二介质为液体或气体，则仅有纵波，而不会产生横波和表面波。如果折射波中只有横波存在，称为纵波全反射；如果介质的分界面上只传播表面波，则称为横波全反射。

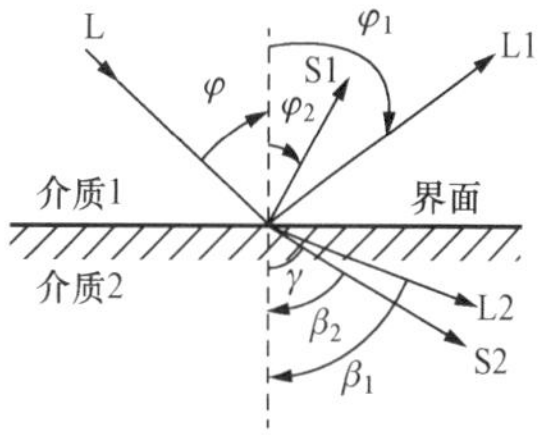


图 5.4.3　超声波波形转换原理图
L—入射纵波；L1—反射纵波；
L2—折射纵波；S1—反射横波；
S2—折射横波

5. 超声波的衰减

超声波在介质中传播时，随着传播距离的增加，能量逐渐衰减。其声压和声强的衰减规律为

$$P_x = P_0 e^{-\alpha x}, \quad I_x = I_0 e^{-2\alpha x} \qquad (5.4.4)$$

式中：$P_x$、$I_x$ 分别为距声源 $x$ 处的声压和声强；$x$ 为声波与声源间的距离；$\alpha$ 为衰减系数，Np/cm（奈培/厘米）。

超声波衰减原因主要源于以下几方面：

（1）扩散衰减。随超声波传播距离增加而引起声能的减弱。

（2）散射衰减。超声波在介质中传播时，固体介质中颗粒界面或流体介质中悬浮粒子使超声波产生散射，一部分声能不再沿原来传播方向运动，而形成散射。

（3）吸收衰减。由于介质黏滞性，使超声波在介质中传播时造成质点间的内摩擦，从而使一部分声能转换为热能，通过热传导进行热交换，导致声能的损耗。

### 5.4.2　超声波传感器结构及分类

利用超声波在超声场中的物理特性和各种效应而研制的装置可称为超声波传感器或超声波探测器。

超声波传感器按工作原理可分为压电式、磁致伸缩式、电磁式等，其中以压电式最为常用。压电式超声波传感器常用的材料是压电晶体和压电陶瓷。它是利用压电材料的压电效应来工作的。逆压电效应将高频电振动转换成高频机械振动，从而产生超声波，可作为发射探头；而利用正压电效应，将超声振动波转换成电信号，可用为接收探头。

压电式超声波传感器结构如图 5.4.4 所示，其主要由压电晶片、吸收块（阻尼块）、保护膜组成。压电晶片多为圆板形，厚度为 $\delta$。超声波频率 $f$ 与其厚度 $\delta$ 成反比。压电晶片的两面镀有银层，作导电的极板。阻尼块的作用是降低晶片的机械品质，吸收声能量。如果没有阻尼块，当激励的电脉冲信号停止时，晶片将会继续振荡，加长超声波的脉冲宽度，使分辨率变差。

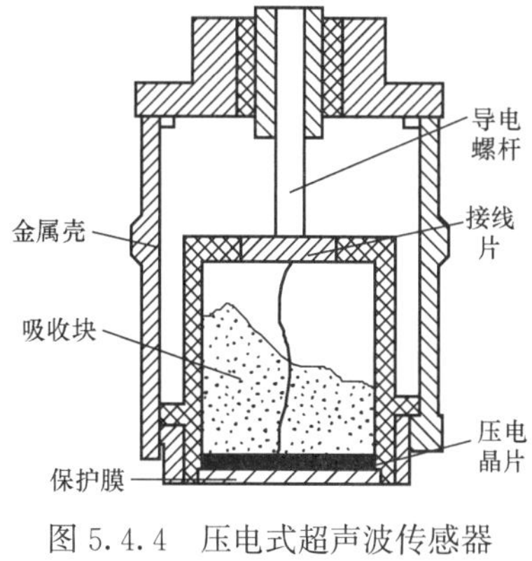


图 5.4.4　压电式超声波传感器结构图

磁致伸缩式超声波传感器如图 5.4.5 所示，是利用铁磁材料的磁致伸缩效应原理来工作的。磁致伸缩式超声波发生器是把铁磁材料置于交变磁场中，使它产生机械尺寸的交替变化即机械振动，从而产生出超声波。

磁致伸缩式超声波接收器的原理是：当超声波作用在磁致伸缩材料上时，引起材料伸缩，从而导致其内部磁场（即导磁特性）发生改变。由于电磁感应，磁致伸缩材料上所绕的线圈里便产生感应电动势。此电动势送到测量电路，最后记录或显示出来。

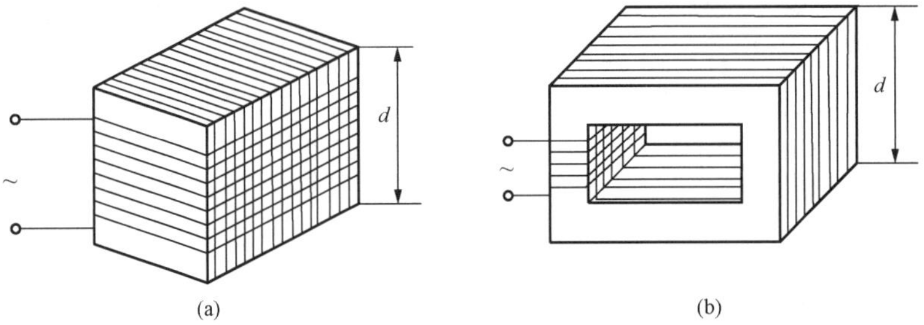


图 5.4.5　磁致伸缩超声波发生器结构示意图

（a）矩形；（b）窗型

超声波传感器有许多不同的结构，可分直探头（纵波）、斜探头（横波）、表面波探头（表面波）、兰姆波探头（兰姆波）、双探头（一探头反射、另一探头接收）等。

### 5.4.3　超声波振荡电路

以压电式超声波传感器为例，图 5.4.6 和图 5.4.7 分别给出了两种不同的超声波振荡电路。

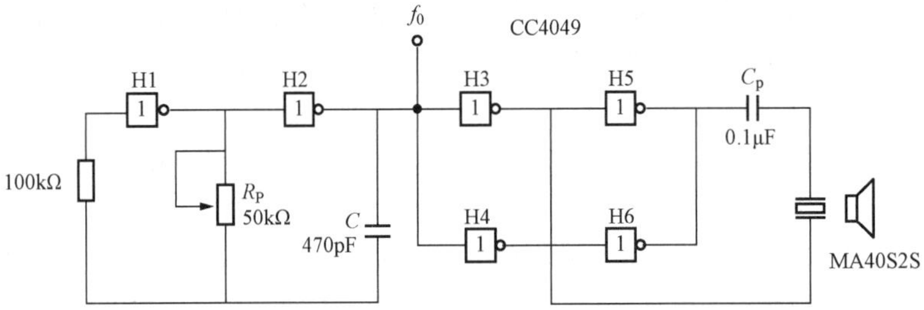


图 5.4.6　采用反相器的超声波振荡电路

图 5.4.6 所示电路，振荡器产生的高频电压通过耦合电容 $C_P$ 供给超声波振子 MA40S2S。六反相缓冲器 CC4049 的 H1 和 H2 产生与超声波频率相对应的高频电压信号，H3～H6 进行功率放大，再经过耦合电容 $C_P$ 传给超声波振子 MA40S2S。超声波振子若长时间加直流电压，会使传感器特性明显变差，因此一般用交流电压通过耦合电容 $C_P$ 供给传感器。该电路通过调节 $R_P$ 可改变振荡频率，表达式为

$$f_0 = \frac{1}{2.2R_PC} \quad (\text{Hz})$$

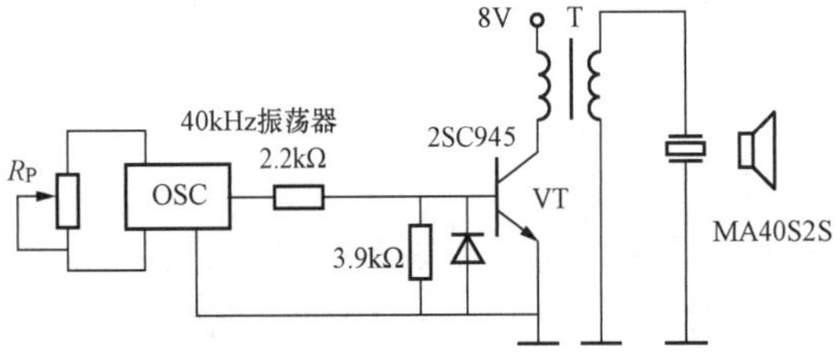


图 5.4.7　采用脉冲变压器的超声波振荡电路

图 5.4.7 所示为采用脉冲变压器的超声波振荡电路实例。电路中用 NPN 晶体管 VT 放大频率可调振荡器 OSC 的输出信号，放大的信号经脉冲变压器 T 升压为较高的交流电压供给超声波振子，进而产生 40kHz 频率的超声波。

### 5.4.4　耦合剂

使用耦合剂的目的首先是填充接触面之间的微小空隙，不使这些空隙间的微量空气影响超声的穿透；其次是通过耦合剂“过渡”作用，使探头与被测对象之间的声阻抗差减小，从

而减小超声能量在此界面的反射损失。另外，还起到“润滑”作用，减小探头面与被测物体表面间的摩擦，使探头能灵活地滑动探查。

常用的耦合剂有水、机油、甘油、硅酸钠、胶水、化学浆糊等。

影响声耦合的主要因素有耦合层的厚度、耦合剂的声阻抗、工件表面粗糙度和工件表面形状。

微课7

超声波传感器的应用

### 5.4.5　超声波传感器应用

超声效应已广泛用于实际，主要有如下几方面：

（1）超声检测。超声波的波长比一般声波要短，具有较好的方向性，而且能透过不透明物质，这一特性已被广泛用于超声波探伤、测厚、测距、遥控和超声成像技术等。

（2）超声处理。利用超声的机械作用、空化作用、热效应和化学效应，可进行超声焊接、钻孔、固体粉碎、乳化、脱气、除尘、去锅垢、清洗、灭菌，促进化学反应和进行生物学研究等，在工矿业、农业、医疗等各部门获得了广泛应用。

（3）基础研究。超声波作用于介质后，在介质中产生声弛豫过程，声弛豫过程伴随着能量在分子各自电度间的输运过程，并在宏观上表现出对声波的吸收（见声波）。通过物质对超声的吸收规律可探索物质的特性和结构，这方面的研究构成了分子声学这一声学分支。

下面以超声波传感器在物位、流量等工程上的典型应用为例，介绍其工作原理和过程。

1. 物位测量

超声波物位传感器是利用超声波在两种介质的分界面上的反射特性而制成的。如果从发射超声脉冲开始，到接收换能器接收到反射波为止的这个时间间隔为已知，就可以求出分界面的位置，利用这种方法可以对物位进行测量。

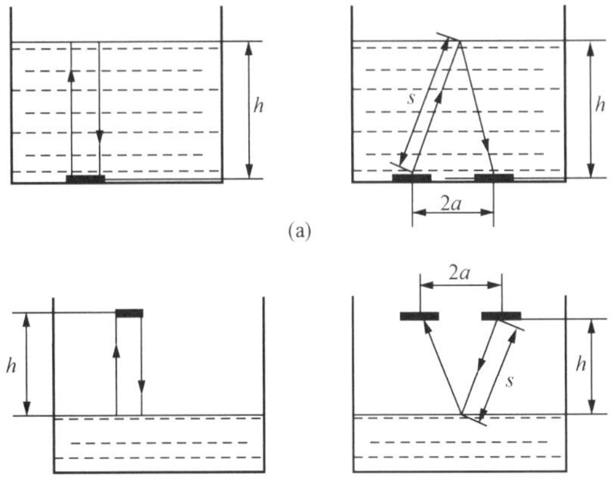


图 5.4.8　几种超声物位传感器的结构示意图

（a）超声波在液体中传播；（b）超声波在空气中传播

图 5.4.8 给出了几种超声物位传感器的结构示意图。超声波发射和接收换能器可设置液体中，让超声波在液体中传播。由于超声波在液体中衰减比较小，所以即使发生的超声脉冲幅度较小也可以传播。超声波发射和接收换能器也可以安装在液面的上方，让超声波在空气中传播，这种方式便于安装和维修，但超声波在空气中的衰减比较厉害。

对于单换能器来说，超声波从发射到液面，又从液面反射到换能器的时间为

$$t=\frac{2h}{c} \tag{5.4.5}$$

$$h=\frac{ct}{2}$$

式中：$h$ 为换能器距液面的距离；$c$ 为超声波在介质中传播的速度。

对于双换能器而言，超声波从发射到被接收经过的路程为 $2s$，而

$$s=ct/2 \tag{5.4.6}$$

因此液位高度为

$$h = \sqrt{s^2 - a^2} \tag{5.4.7}$$

式中：$s$ 为超声波反射点到换能器的距离；$a$ 为两换能器间距之半。

从以上公式中可以看出，只要测得超声波脉冲从发射到接收的间隔时间，便可以求得待测的物位。

**【例 5.4.1】** 超声波液位计原理如图 5.4.9 所示，从显示屏上测得 $t_0 = 2\text{ms}$，$t_{h1} = 5.6\text{ms}$。已知水底与超声探头的间距为 10m，反射小板与探头的间距为 0.34m，求液位 $h$。

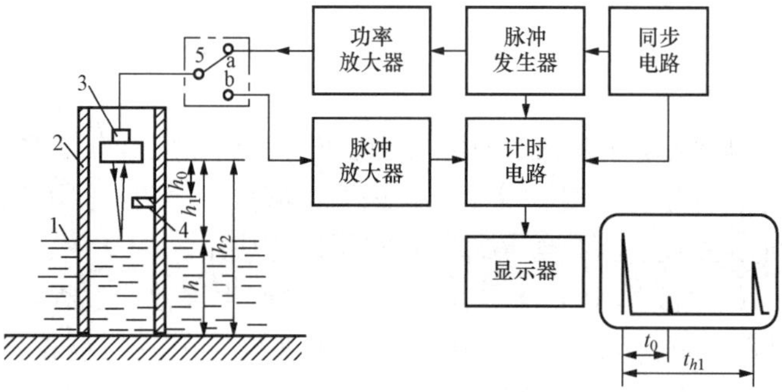


图 5.4.9 超声波液位计原理图

1—液面；2—直管；3—空气超声探头；4—反射小板；5—电子开关

**解：** 由于$\dfrac{h_0}{t_0}=\dfrac{h_1}{t_1}$，所以有

$$h_1 = \frac{h_0}{t_0} t_{h1} = \frac{0.34}{2} \times 5.6 = 0.95(\text{m})$$

可得液位高度

$$h = h_2 - h_1 = 10 - 0.95 = 9.05(\text{m})$$

由于空气中的声速随温度改变会造成温漂，所以在传送路径中还设置了一个反射性良好的小板作标准参照物，以便计算修正。上述方法除了可以测量液位外，也可以测量粉体和粒状体的物位。

超声物位传感器具有精确度高和使用寿命长的特点，但若液体中有气泡或液面发生波动，便会有较大的误差。在一般使用条件下，它的测量误差为±0.1%，检测物位的范围为 $10^2 \sim 10^4$m。

2. 流量测量

超声波流量传感器的测定原理是多样的，如传播速度变化法、波速移动法、多普勒效应法、流动听声法等。但目前应用较广的主要是超声波传输时间差法和频率法。

超声波在流体中传输时，在静止流体和流动流体中的传输速度是不同的，利用这一特点可以求出流体速度，再根据管道流体的截面积，便可知道流体流量。

超声波流量传感器具有不阻碍流体流动的特点，可测流体种类很多，不论是非导电的流体、高黏度的流体、浆状流体，只要能传输超声波的流体都可以进行测量。

3. 超声防盗报警

所谓的多普勒效应指物体辐射的波长因为波源和观测者的相对运动而产生变化。在运动的波源前面，波被压缩，波长变得较短，频率变得较高；当运动在波源后面时，会产生相反的效应，波长变得较长，频率变得较低。波源的速度越高，所产生的多普勒效应越显著。根据波长或频率变化的程度，可以计算出波源循着观测方向运动的速度。

超声防盗报警器基于多普勒效应制作而成，接收器接收到的频率与超声波源发射的频率产生的频偏$\pm\Delta f$与二者相对速度的大小及方向有关。图 5.4.10 为超声报警电路原理框图。发射部分和接收部分装在同一块线路板上。发射器发射出频率 $f$=40kHz 左右的连续超声波（空气超声探头选用 40kHz 工作频率可获得较高灵敏度，并可避开环境噪声干扰），如果有人进入信号的有效区域，相对速度为 $v$，从人体反射回接收器的超声波将由于多普勒效应，而发生频率偏移 $\Delta f$。

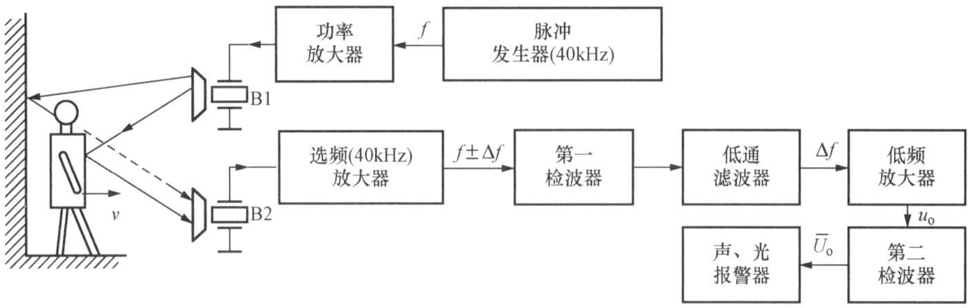


图 5.4.10　超声报警电路原理框图

下面介绍接收器的电路原理。压电喇叭收到两个不同频率所组成的差拍信号（40kHz 及偏移的频率 40kHz$\pm\Delta f$）。这些信号由 40kHz 选频放大器放大，并经检波器检波后，由低通滤波器滤去 40kHz 信号，而留下 $\Delta f$ 的多普勒信号。此信号经低频放大器放大后，由检波器转换为直流电压，去控制报警扬声器或指示器。

基于多普勒效应制作的超声防盗报警器可以有效排除墙壁、家具的影响（它们不会产生 $\Delta f$），只对运动的物体起作用。由于振动和气流也会产生多普勒效应，故该防盗报警器多用于室内。

根据本装置的工作原理，还能运用多普勒效应去测量运动物体的速度，液体、气体的流速以及汽车防碰、防追尾等。

4. 无损探伤

无损探伤一般有三种含义：

（1）无损检测（NDT，Nondestructive Testing）；

（2）无损检查（NDI，Nondestructive Inspection）；

（3）无损评价（NDE，Nondestructive Evaluation）。

NDT 仅仅是检测出缺陷，NDI 则以 NDT 结果为判定基础，而 NDE 是对被测对象的完整性、可靠性等进行综合评价。近年来，无损探伤已逐步从 NDT 向 NDE 过渡。

常见的无损检测方式包括磁粉检测（MT）、渗透检测（PT）、涡流检测（ET）、射线检测（RT）和超声检测（UT）五种，主要应用于金属材料制造的机械、器件等的原材料、零部件和焊缝，也可用于玻璃等其他制品。

磁粉检测适用于铁磁性材料制品及其零部件表面、近表面缺陷的检测，包括干磁粉、湿磁粉、荧光和非荧光磁粉检测方法。

渗透检测适用于金属制品及其零部件表面开口缺陷的检测，包括荧光和着色渗透检测。

涡流检测适用于金属导体管材检测，如圆形无缝钢管及焊接钢管、铝及铝合金拉薄壁管等。

磁粉检测、渗透检测和涡流检测统称为表面检测，主要用于物体表面及靠近表面的缺陷检测。

射线检测采用放射线（X射光、中子、δ射线等）照相检测法可以检测材料内部的缺陷，适用于碳素钢、低合金钢、铝及铝合金、钛及钛合金材料制机械、器件等的焊缝及钢管对接环缝。射线对人体不利，应尽量避免射线的直接照射和散射线的影响。

超声波探伤是目前应用十分广泛的无损探伤手段。它既可检测材料表面的缺陷，又可检测内部几米深的缺陷，这是X射光探伤所达不到的深度。

除此之外，还有红外、激光、声发射、微波、计算机断层成像技术（CT）探伤等。

（1）超声探伤分类。

1）按原理分类。超声波探伤方法按原理分类，可分为脉冲反射法、穿透法和共振法。

a. 脉冲反射法。超声波探头发射脉冲波到被检试件内，根据反射波的情况来检测试件缺陷的方法，称为脉冲反射法。脉冲反射法包括缺陷回波法、底波高度法和多次底波法。

b. 穿透法。穿透法是依据脉冲波或连续波穿透试件之后的能量变化来判断缺陷情况的一种方法。穿透法常采用两个探头，一收一发，分别放置在试件的两侧进行探测。

c. 共振法。若声波（频率可调的连续波）在被检工件内传播，当试件的厚度为超声波的半波长的整数倍时，将引起共振，仪器显示出共振频率。当试件内存在缺陷或工件厚度发生变化时，试件的共振频率会改变，依据试件的共振频率特性，来判断缺陷情况和工件厚度变化情况的方法称为共振法。共振法常用于试件测厚。

2）按波形分类。按探伤采用的波形分类，超声波探伤可分为纵波法、横波法、表面波法、板波法等。

a. 纵波法。使用直探头发射纵波进行探伤的方法，称为纵波法。此时波束垂直入射至试件探测面，以不变的波形和方向透入试件，所以又称为垂直入射法，简称垂直法。垂直法分为单晶探头反射法、双晶探头反射法和穿透法。常用单晶探头反射法。垂直法主要用于铸造、锻压、轧材及其制品的探伤，该法对与探测面平行的缺陷检出效果最佳。由于盲区和分辨力的限制，其中反射法只能发现试件内部离探测面一定距离以外的缺陷。在同一介质中传播时，纵波速度大于其他波形的速度，穿透能力强，晶界反射或散射的敏感性较差，所以可探测工件的厚度是所有波型中最大的，而且可用于粗晶材料的探伤。

b. 横波法。将纵波通过楔块、水等介质倾斜入射至试件探测面，利用波型转换得到横波进行探伤的方法，称为横波法。由于透入试件的横波束与探测面成锐角，所以又称斜射法。此方法主要用于管材、焊缝的探伤；其他试件探伤时，则作为一种有效的辅助手段，用以发现垂直法不易发现的缺陷。

c. 表面波法。使用表面波进行探伤的方法，称为表面波法。这种方法主要用于表面光滑的试件。表面波波长很短，衰减很大。同时，它仅沿表面传播，对于表面上的复层、油污、不光洁等，反应敏感，并被大量地衰减。利用此特点可通过手沾油在声束传播方向上进行触摸并观察缺陷回波高度的变化，对缺陷定位。

d. 板波法。板波又称兰姆波，它是板厚与波长相当的弹性薄板状固体中传播的声波。

在板波传播过程中，质点的振动遍及整个板厚，板波沿着板的两个表面和中部传播，按板中振动波节的型式可分为对称型（S 型）和非对称型（A 型）两种。使用板波进行探伤的方法，称为板波法。该法主要用于薄板、薄壁管等形状简单的试件探伤。探伤时板波充塞于整个试件，可以发现内部和表面的缺陷。

3）按探伤结果表示形式分类。根据探伤结果的表示形式，超声波探伤可分为 A、B、C 型三类。

a. A 型超声探伤。A 型探伤的结果以二维坐标图形式给出。它的横坐标为时间轴，纵坐标为反射波强度。可以从二维坐标图上分析出缺陷的深度、大致尺寸，但较难识别缺陷的性质、类型。

b. B 型超声探伤。B 型超声探伤的原理类似于医学上的 B 超。它将探头的扫描距离作为横坐标，探伤深度作为纵坐标，以屏幕的辉度（亮度）来反映反射波的强度。它可以绘制被测材料的纵截面图形。探头的扫描可以是机械式的，更多的是用计算机来控制一组发射晶片阵列（线阵）来完成与机械式移动探头相似的扫描动作，但扫描速度更快，定位更准确。

c. C 型超声探伤。目前发展最快的是 C 型探伤，它类似于医学上的 CT 扫描原理。计算机控制探头中的三维晶片阵列（面阵），使探头在材料的纵、深方向上扫描，因此可绘制出材料内部缺陷的横截面图，这个横截面与扫描声束相垂直。横截面图上各点的反射波强通过相对应的几十种颜色，在计算机的高分辨率彩色显示器上显示出来。经过复杂的算法，可以得到缺陷的立体图像和每一个断面的切片图像。

利用三维动画原理，分析员可以在屏幕上控制该立体图像，以任意角度来观察缺陷的大小和走向。

当需要观察缺陷的细节时，还可以对该缺陷图像进行放大（放大倍数可达几十倍），并显示出图像的各项数据，如缺陷的面积、尺寸和性质。对每一个横断面都可以作出相应的解释和评判其是否超出设定标准。

每一次扫描的原始数据都可记录并存储，可以在以后的任何时刻调用，并打印探伤结果下面以最常用的 A 型超声探伤为例，介绍超声探伤的工作原理和过程。

（2）A 型超声探伤工作原理。A 型超声探伤采用超声脉冲反射法，而脉冲反射法根据波形不同又可分为纵波探伤、横波探伤和表面波探伤等。A 型超声探伤仪外形如图 5.4.11 所示。下面以纵波探伤为例介绍 A 型超声探伤仪的工作。

测试前，先将探头插入探伤仪的连接插座上。探伤仪面板上有一个荧光屏，通过荧光屏可知工件中是否存在缺陷、缺陷大小及缺陷位置。工作时探头放于被测工件上，并在工件上来回移动进行检测。

探头发出的超声波，以一定速度向工件内部传播，如工件中没有缺陷，则超声波传到工件底部便产生反射，反射波到达表面后再次向下反射，周而复始，在荧光屏上出现始脉冲 $T$ 和一系列底部反射脉冲 $B_1$、$B_2$、$B_3$…（见图 5.4.11）。

$B$ 波的高度与材料对超声波的衰减有关，可以用于判断试件的材质、内部晶体粗细等微观缺陷。纵波探伤示意图如图 5.4.12 所示。

如图 5.4.12（b）所示，荧光屏上的水平亮线为扫描线（时间基线），其长度与工件的厚度成正比（可调整）。如缺陷面积大，则缺陷脉冲 $F$ 脉冲的幅度就高，而 $B$ 脉冲的幅度就

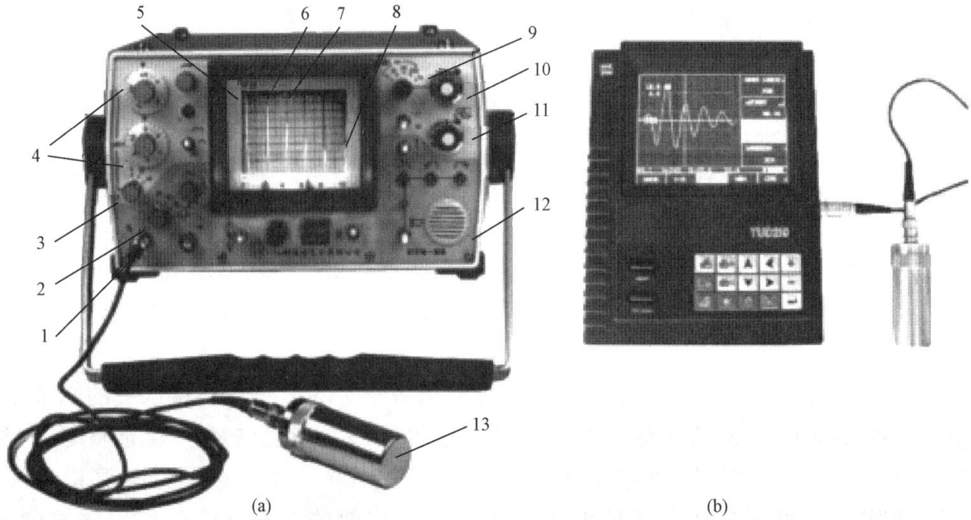


图 5.4.11　A 型超声波探伤仪外形图

(a) 台式 A 型探伤仪；(b) 便携式 A 型探伤仪

1—电缆插头座；2—工作方式选择；3—衰减细调；4—衰减粗调；5—始脉冲 $T$；6—第一次底部反射脉冲 $B_1$；7—第二次底部反射脉冲 $B_2$；8—第五次底部反射脉冲 $B_5$；9—扫描时间调节；10—扫描时间微调；11—脉冲 $X$ 轴移位；12—报警扬声器；13—直探头

低；如 $F$ 脉冲距离 $T$ 脉冲越近，缺陷距离表面就越近。

**【例 5.4.2】** 图 5.4.12 (b) 中，显示器的 $x$ 轴为 10μs/div（格），现测得 $B$ 波与 $T$ 波的距离为 10 格，$F$ 波与 $T$ 波的距离为 3.5 格。试求：(1) $t_\delta$ 及 $t_F$；(2) 钢板的厚度 $\delta$ 及缺陷与表面的距离 $x_F$。

**解：**(1) $t_\delta = 10\times10 = 100(\mu s)$

$= 0.1(ms)$

$t_F = 10\times3.5 = 35(\mu s) = 0.035(ms)$

(2) 查表 5.4.1 得到纵波在钢板中的声速 $c = 5.9\times10^3$m/s，则

$$\delta = t_\delta c_L/2 = 5.9\times10^3\times0.1\times10^{-3}/2 \approx 0.3(m)$$

$$x_F = t_\delta c_F/2 = 5.9\times10^3\times0.035\times10^{-3}/2 \approx 0.1(m)$$

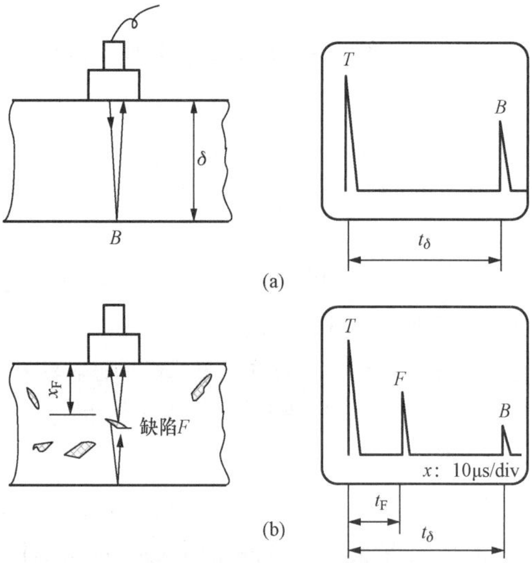


图 5.4.12　纵波探伤示意图

(a) 无缺陷时超声波的反射及显示波形；

(b) 有缺陷时超声波的反射及显示波形

## 5.5 数字式位移传感器

在生产过程中，位移的测量一般分为测量实物尺寸和机械位移两种。按被测变量变换的形式不同，位移传感器可分为模拟式和数字式两种。

模拟式位移传感器又可分为物性型和结构型两种。常用位移传感器以模拟式结构居多，如前述的电位器式位移传感器、自感式位移传感器、电容式位移传感器、电涡流式位移传感器等。

数字式位移传感器的一个重要优点是便于将信号直接送入计算机系统，其发展迅速，应用日益广泛。常见的数字式位移传感器有编码器、光栅传感器、磁栅传感器、感应同步器等。

### 5.5.1 编码器

编码器（Encoder）是将信号（如比特流）或数据进行编制、转换为可用以通信、传输和存储的信号形式的设备。编码器的应用范围广泛，主要用来侦测机械运动的速度、位置、角度、距离或计数；除了应用在产业机械外，许多的电动机控制如伺服电动机、BLDC 伺服电动机均需配备编码器以供电动机控制器作为换相、速度及位置的检出。

1. 编码器分类

编码器的分类方法很多，根据检测原理，可分为光学式、磁式、感应式和电容式。

按照读出方式，编码器可分为接触式和非接触式两种。接触式采用电刷输出，电刷接触导电区或绝缘区来表示代码的状态是“1”还是“0”；非接触式的接收敏感元件是光敏元件或磁敏元件，采用光敏元件时以透光区和不透光区来表示代码状态是“1”还是“0”。通过“1”和“0”的二进制编码来将采集来的物理信号转换为机器码可读取的电信号用以通信、传输和储存。

按照刻度方法及信号输出形式，编码器可分为增量式和绝对式两类。

（1）增量式编码器。增量式编码器转轴旋转时，有相应的脉冲输出，其计数起点任意设定，可实现多圈无限累加和测量。编码器轴每转一圈都会输出固定的脉冲，脉冲数由编码器光栅的线数决定。需要提高分辨率时，可利用 90°相位差的 A、B 两路信号进行倍频或更换高分辨率编码器。

增量式光电码盘结构示意图如图 5.5.1 所示。光电码盘与转轴连在一起。码盘可用玻璃材料制成，表面镀上一层不透光的金属铬，然后在边缘制成向心的透光狭缝。透光狭缝在码盘圆周上等分，数量从几百条到几千条不等。这样，整个码盘圆周上就被等分成 $n$ 个透光的槽。增量式光电码盘也可用不锈钢薄板制成，然后在圆周边缘切割出均匀分布的透光槽。

(a)

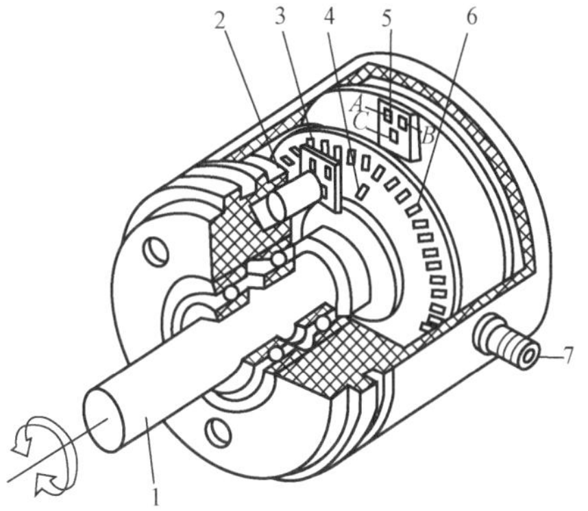


(b)

图 5.5.1 增量式光电码盘结构示意图

（a）外形；（b）内部结构

1— 转轴；2—发光二极管；3—光栏板；4—零位标志槽；5—光敏元件；6—光电码盘；7—电源及信号线连接座

光电码盘的光源最常用的是自身有聚光效果的发光二极管。当光电码盘随工作轴一起转动时，光线透过光电码盘和光栏板狭缝，形成忽明忽暗的光信号。光敏元件把光信号转换成电脉冲信号，通过信号处理电路后，向数控系统输出脉冲信号，也可由数码管直接显示位移量。

光电编码器的测量准确度与码盘圆周上的狭缝条纹数 $n$ 有关，它的分辨力，即能分辨的最小角度 $\alpha$ 为

$$\alpha = 360°/n \tag{5.5.1}$$

则

$$\text{分辨率} = 1/n \tag{5.5.2}$$

例如，码盘边缘的透光槽数为 1024 个，则能分辨的最小角度 $\alpha=360°/1024=0.352°$。

为了得到码盘转动的绝对位置，还需设置一个基准点，如图 5.5.1 中的“零位标志槽”。码盘每转一圈，零位标志槽对应的光敏元件产生一个脉冲。

为了判断码盘旋转的方向，必须在光栏板上设置两个狭缝，其距离是码盘上的两个狭缝距离的（$m+1/4$）倍，$m$ 为正整数；并设置了两组对应的光敏元件，如图 5.5.1 中的 A、B 光敏元件，有时也称为 cos、sin 元件。若 A 相脉冲在前，则码盘正转；否则，码盘反转。

（2）绝对式编码器。如图 5.5.2 和图 5.5.3 所示，绝对式编码器的每一个位置对应一个确定的数字码，通常为二进制码或 BCD 码，它的示值只与测量的起始和终止位置有关，而与测量的中间过程无关。从代码数大小的变化可以判别正反方向和位移所处的位置，绝对零位代码还可以用于停电位置记忆。

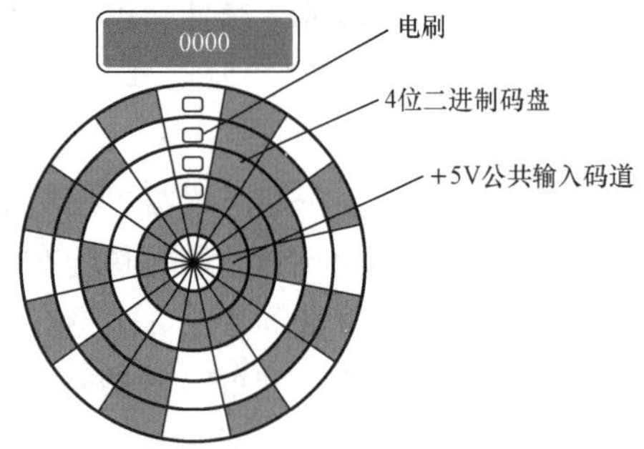

图 5.5.2　绝对式接触码盘

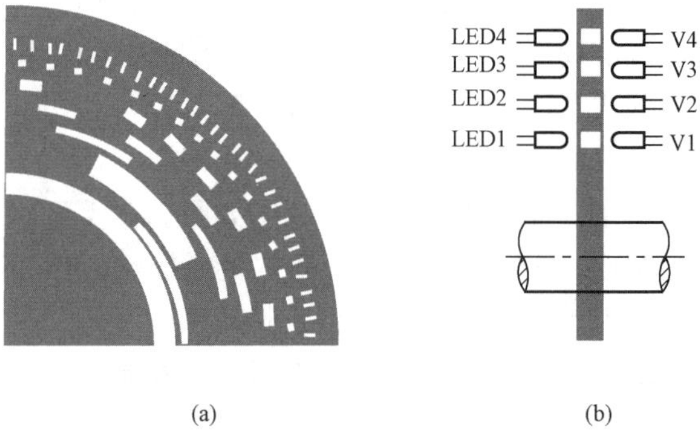

图 5.5.3　绝对式光电码盘

（a）光电码盘的平面结构（8 码道）；

（b）光电码盘与光源、光敏元件的对应关系（4 码道）

按照测量原理的不同，绝对式编码器通常可分为接触式、光电式和电磁式等类型。测量范围常规为 0°～360°，称为单圈绝对式编码器；如果要测量旋转超过 360°范围，就要用到多圈绝对式编码器。

绝对式编码器的测量精确度取决于其所能分辨的最小角度 $\alpha$，而这与码道数有关，即

$$\alpha = 360°/2^n \tag{5.5.3}$$

则

$$\text{分辨率} = 1/2^n \tag{5.5.4}$$

例如，某 12 码道的绝对式编码器，其每圈的位置数为 $2^{12}=4096$，能分辨的角度为 $\alpha=360°/2^{12}=5.27'$；若为 13 码道，则能分辨的角度为 $\alpha=360°/2^{13}=2.64'$。

2. 编码器的应用

编码器除了能直接测量角位移或间接测量直线位移外，还可用于数字测速和工位编码等。

（1）数字测速。由于增量式编码器的输出信号是脉冲形式，因此可以通过测量脉冲频率或周期的方法来测量转速。编码器可代替测速发电机的模拟测速，而成为数字测速装置。

在一定的时间间隔 $t_s$ 内（又称闸门时间，如 10、1、0.1s 等），用编码器所产生的脉冲数来确定速度的方法称为 $M$ 法测速。

若编码器每转产生 $N$ 个脉冲，在闸门时间间隔 $t_s$ 内得到 $m_1$ 个脉冲，则编码器所产生的脉冲频率 $f$ 为 $f=m_1/t_s$，则转速 $n$（r/min）

$$n=60f/N=60m_1/(t_sN) \tag{5.5.5}$$

用编码器所产生的相邻两个脉冲之间的时间来确定被测速度的方法称为 T 法测速。若编码器每转产生 $N$ 个脉冲，脉冲频率为 $f$，用标准频率 $f_c$（其周期 $T_c$）作为时钟，测出编码器输出的两个相邻脉冲上升沿（或下降沿）之间填充的标准时钟数 $m_2$，则转速 $n$ 为

$$\begin{aligned} n &= 60f/N=60/(TN)=60/(m_2T_c)N \\ &= 60/(m_2/f_c)N=60f_c/(Nm_2) \end{aligned} \tag{5.5.6}$$

**【例 5.5.1】** 某编码器的指标为 2048 个脉冲/r（即 $N=2048$P/r），在 0.2s 时间内测得 8K 脉冲（1K＝1024），即 $t_s=0.2$s，$m_1=8\text{K}=8192$ 个脉冲，$f=4096/0.2=20480$(Hz)，求转速 $n$。

**解：** 编码器轴的转速为 $n=\dfrac{60m_1}{t_sN}=60\times\dfrac{8192}{2048\times0.2}=1200(\text{r/min})$

（2）工位编码。由于绝对式编码器每一转角位置均有一个固定的编码输出，若编码器与转盘同轴相连，则转盘上每一工位安装的被加工工件均可以有一个编码相对应，转盘工位编码结构示意图如图 5.5.4 所示。当转盘上某一工位转到加工点时，该工位对应的编码由编码器输出给控制系统。

### 5.5.2　光栅位移传感器

光栅位移传感器，是利用光栅的光学原理工作的测量反馈装置。光栅位移传感器经常应用于机床与现代加工中心以及测量仪器等方面，可用作直线位移或者角位移的检测。其测量输出的信号为数字脉冲，具有检测范围大、检测精确度高、响应速度快的特点。例如，在数控机床中常用光栅位移传感器对刀具和工件的坐标进行检测，以观察和跟踪走刀误差，起到补偿刀具的运动误差的作用。

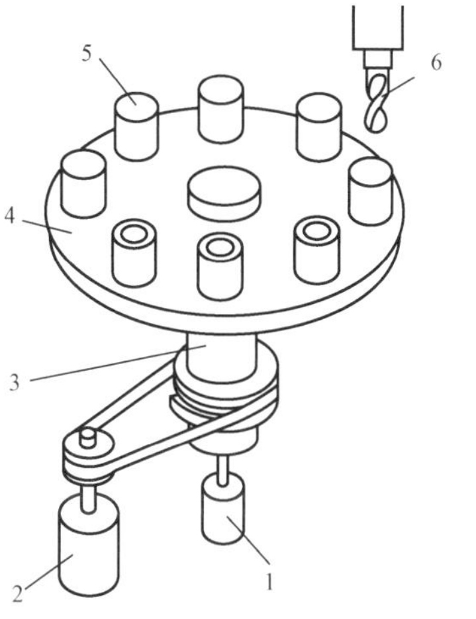

图 5.5.4　转盘工位编码结构
1—绝对式编码器；2—电动机；3—转轴；4—转盘；5—工件；6—刀具

1. 光栅的概念

在玻璃或者金属上进行刻画，可以得到一系列密集刻线，这种具有周期性的刻线分布的光学元件称为光栅。

光栅也称衍射光栅，它是一块刻有大量平行等宽、等距狭缝（刻线）的平面玻璃或金属片。光栅的狭缝数量很大，一般每毫米几十至几千条。单色平行光通过光栅每个

缝的衍射和各缝间的干涉，形成暗条纹很宽、明条纹很细的图样，这些锐细而明亮的条纹称作谱线。谱线的位置随波长而异，当复色光通过光栅后，不同波长的谱线在不同的位置出现而形成光谱。光通过光栅形成光谱是单缝衍射和多缝干涉的共同结果。

光栅位移传感器按用途不同，可分为长光栅（测线位移）和圆光栅（测角位移）；按照制造方法和光学原理的不同，分为透射光栅和反射光栅。一般情况下，透射光栅指玻璃光栅，反射光栅指金属光栅。

2. 结构及工作原理

光栅尺位移传感器由标尺光栅和光栅读数头两部分组成。标尺光栅一般固定在机床活动部件上，光栅读数头装在机床固定部件上。图 5.5.5 所示为光栅尺位移传感器结构示意图。

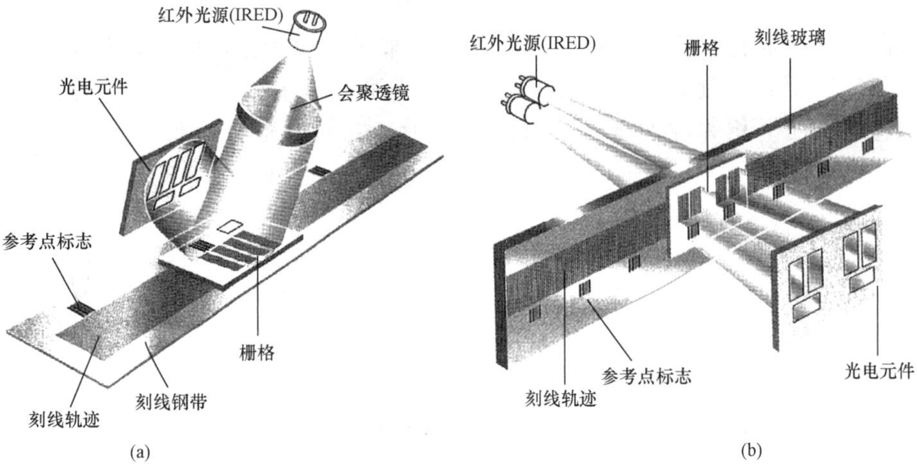


图 5.5.5 光栅尺位移传感器结构示意图

（a）反射式光栅；（b）透射式光栅

光栅检测装置的关键部分是光栅读数头，它由光源、会聚透镜、指示光栅、光电元件及调整机构等组成。光栅读数头结构形式很多，根据读数头结构特点和使用场合分为直接接收式读数头（或称硅光电池读数头）、镜像式读数头、分光镜式读数头、金属光栅反射式读数头。

常见光栅都是根据物理上莫尔条纹的形成原理进行工作的。当使指示光栅上的线纹与标尺光栅上的线纹成一角度来放置两光栅尺时，必然会造成两光栅尺上的线纹互相交叉。在光源的照射下，交叉点近旁的小区域内由于黑色线纹重叠，因而遮光面积最小，挡光效应最弱，光的累积作用使得这个区域出现亮带。相反，距交叉点较远的区域，因两光栅尺不透明的黑色线纹的重叠部分变得越来越少，不透明区域面积逐渐变大，即遮光面积逐渐变大，使得挡光效应变强，只有较少的光线能通过这个区域透过光栅，使这个区域出现暗带。

3. 莫尔条纹

光栅测量位移的实质是以光栅栅距为一把标准尺子对位移量进行测量。

以透射光栅为例，当指示光栅上的线纹和标尺光栅上的线纹之间形成一个小角度 $\theta$，并且两个光栅尺刻面相对平行放置时，在光源的照射下，位于几乎垂直的栅纹上，形成明暗相间的条纹。这种条纹称为“莫尔条纹”如图 5.5.6 所示。严格地说，莫尔条纹排列的方向与两片光栅线纹夹角的平分线相垂直。莫尔条纹中两条亮纹或两条暗纹之间的距离称为莫尔条纹的宽度，以 $L$ 表示。

莫尔条纹具有以下特征：

（1）莫尔条纹的变化规律。两片光栅相对移过一个栅距，莫尔条纹移过一个条纹距离。由于光的衍射与干涉作用，莫尔条纹的变化规律近似正（余）弦函数，变化周期数与光栅相对位移的栅距数同步。

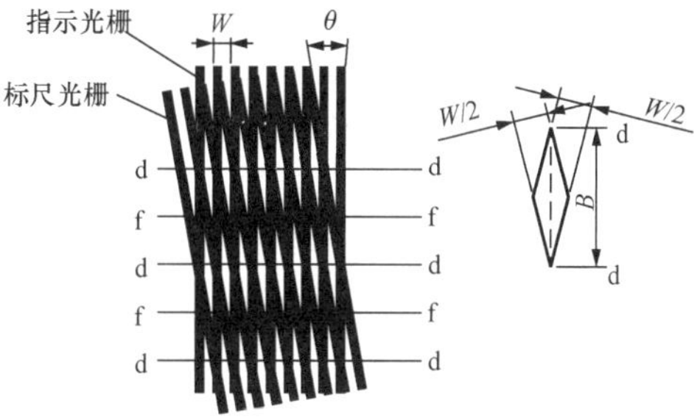

图 5.5.6　莫尔条纹

（2）放大作用。在两光栅栅线夹角较小的情况下，莫尔条纹宽度 $L$ 和光栅栅距 $W$、栅线角 $\theta$ 之间的关系为

$$L = W/[2 \times \sin(\theta/2)]$$

式中：$\theta$ 的单位为 rad；$W$ 的单位为 mm。

由于倾角很小，$\sin\theta$ 很小，则

$$L = W/[2 \times \sin(\theta/\lambda)] \approx W/\theta \tag{5.5.7}$$

若 $\omega=0.01\text{mm}$，$\theta=0.01\text{rad}$，则可得 $W=1$，即光栅放大了 100 倍。

（3）均化误差作用。莫尔条纹是由若干光栅条纹共用形成，如每毫米 100 线的光栅，10mm 宽度的莫尔条纹就有 1000 条线纹，这样栅距之间的相邻误差就被平均化了，消除了由于栅距不均匀、断裂等造成的误差。

4. 辨向与细分

（1）辨向原理。如果传感器只安装一套光电元件，则在实际应用中，无论光栅作正向移动还是反向移动，光敏元件都产生相同的正弦信号，是无法分辨移动方向的。为此，必须设置辨向电路。

通常可以在沿光栅线的 $y$ 方向上相距 $(m \pm 1/4)L$（相当于电相角 1/4 周期）的距离上设置正弦和余弦两套光电元件。这样就可以得到两个相位相差 $\pi/2$ 的电信号 $u_{os}$ 和 $u_{oc}$，经放大、整形后得到 $u'_{os}$ 和 $u'_{oc}$ 两个方波信号，分别送到计算机的两路接口，由计算机判断两路信号的相位差。当指示光栅向右移动时，$u_{os}$ 滞后于 $u_{oc}$；当指示光栅向左移动时，$u_{os}$ 超前于 $u_{oc}$，计算机据此判断指示光栅的移动方向。

（2）细分技术。细分技术又称倍频技术。

如将光敏元件的输出电信号直接计数，则光栅的分辨力只有一个间距 $W$ 的大小。为了能够分辨比 $W$ 更小的位移量，必须采用细分电路。

细分电路能在不增加光栅刻线数（线数越多，成本越昂贵）的情况下提高光栅的分辨力。该电路能在一个 $W$ 的距离内等间隔地给出 $n$ 个计数脉冲。

细分后计数脉冲的频率是原来的 $n$ 倍，传感器的分辨力会有较大的提高。

通常采用的细分方法有 4 倍频法、16 倍频法等，可通过专用集成电路来实现。

**【例 5.5.2】**　细分数 $n=4$，光栅刻线数 $N=100$ 根/mm，求细分后光栅的分辨力 $\Delta$。

**解：**

$$W=1/N=1/100=0.01\ (\text{mm})$$

$$\Delta=W/n=0.01/4=0.0025\ (\text{mm})\ =2.5\ (\mu\text{m})$$

由此可见，光栅通过 4 细分电路处理后，相当于将原光栅的分辨力提高了 3 倍。

（3）零位光栅。在增量式光栅中，为了寻找坐标原点、消除误差积累，在测量系统中需要有零位标记（位移的起始点），因此在光栅尺上除了主光栅刻线外，还必须刻有零位基准的零位光栅，以形成零位脉冲，又称参考脉冲。将整形后的零位信号作为计数开始的条件。

5. 安装及注意事项

光栅尺位移传感器的安装比较灵活，可安装在机床的不同部位。

一般将主尺安装在机床的工作台（滑板）上，随机床走刀而动，读数头固定在床身上，尽可能使读数头安装在主尺的下方。其安装方式的选择必须注意切屑、切削液及油液的溅落方向。如果由于安装位置限制必须采用读数头朝上的方式安装时，则必须增加辅助密封装置。另外，一般情况下，读数头应尽量安装在相对机床静止部件上，此时输出导线不移动易固定，而尺身则应安装在相对机床运动的部件上（如滑板）。

（1）安装基面。安装光栅尺位移传感器时，不能直接将传感器安装在粗糙不平的机床身上，更不能安装在打底涂漆的机床身上。光栅主尺及读数头分别安装在机床相对运动的两个部件上。用千分表检查机床工作台的主尺安装面与导轨运动的方向平行度。千分表固定在床身上，移动工作台，要求达到平行度为0.1mm/1000mm以内。如果不能达到这个要求，则需设计加工一件光栅尺基座。

基座要求做到：①应加一根与光栅尺尺身长度相等的基座（最好基座长出光栅尺50mm左右）；②该基座通过铣、磨工序加工，保证其平面平行度0.1mm/1000mm以内。另外，还需加工一件与尺身基座等高的读数头基座。读数头的基座与尺身的基座总共误差不得大于±0.2mm。安装时，调整读数头位置，达到读数头与光栅尺尺身的平行度为0.1mm左右，读数头与光栅尺尺身之间的间距为1～1.5mm。

（2）主尺安装。将光栅主尺用M4螺钉上在机床安装的工作台安装面上，但不要上紧，将千分表固定在床身上，移动工作台（主尺与工作台同时移动）。用千分表测量主尺平面与机床导轨运动方向的平行度，调整主尺M4螺钉位置，使主尺平行度满足0.1mm/1000mm以内时，把M2螺钉彻底上紧。

在安装光栅主尺时，应注意如下三点：①在装主尺时，如安装超过1.5m的光栅时，不能像桥梁式只安装两端头，尚需在整个主尺尺身中有支撑；②在有基座情况下安装好后，最好用一个卡子卡住尺身中点（或几点）；③不能安装卡子时，最好用玻璃胶粘住光栅尺身，使基尺与主尺固定好。

（3）读数头安装。在安装读数头时，如果发现安装条件非常的有限，可以考虑使用附件（如角钢、直板）。首先应保证读数头的基面达到安装要求；然后再安装读数头，其安装方法与主尺相似；最后调整读数头，使读数头与光栅主尺平行度保证在0.1mm之内，其读数头与主尺的间隙控制在1～1.5mm以内。安装完毕后，可以用大拇指接触读数头与光栅尺尺身表面是否平滑、平整。

（4）限位装置。光栅尺位移传感器全部安装完以后，一定要在机床导轨上安装限位装置，以免机床加工产品移动时读数头冲撞到主尺两端，从而损坏光栅尺。另外，用户在选购光栅尺位移传感器时，应尽量选用超出机床加工尺寸100mm左右的光栅尺，以留有余量。

（5）传感器检查。光栅尺位移传感器安装完毕后，可接通数显表，移动工作台，观察数显表计数是否正常。

在机床上选取一个参考位置，来回移动工作点至该选取的位置。数显表读数应相同（或回零）。另外也可使用千分表（或百分表），使千分表与数显表同时调至零（或记忆起始数据），往返多次后回到初始位置，观察数显表与千分表的数据是否一致。

通过以上工作，光栅尺线位移传感器的安装就完成了。但对于一般的机床加工环境来讲，铁屑、切削液及油污较多。因此，传感器应附带加装护罩。护罩的设计是按照传感器的外形截面放大留一定的空间尺寸确定。护罩通常采用橡皮密封，使其具备一定的防水防油能力。

光栅尺位移传感器在使用中的注意事项如下：

（1）光栅尺位移传感器与数显表插头座插拔时应在关闭电源后进行。

（2）尽可能外加保护罩，并及时清理溅落在尺上的切屑和油液，严格防止任何异物进入光栅尺位移传感器壳体内部。

（3）定期检查各安装连接螺栓是否松动。

（4）为延长防尘密封条的寿命，可在密封条上均匀涂上一薄层硅油，注意勿溅落在玻璃光栅刻画面上。

（5）为保证光栅尺位移传感器使用的可靠性，可每隔一定时间用乙醇混合液清洗擦拭光栅尺面及指示光栅面，保持玻璃光栅尺面清洁。

（6）光栅尺位移传感器严禁剧烈振动及摔打，以免破坏光栅尺，如光栅尺断裂，光栅尺位移传感器即失效了。

（7）不要自行拆开光栅尺位移传感器，更不能任意改动主栅尺与副栅尺的相对间距，否则一方面可能破坏光栅尺传感器的精确度；另一方面还可能造成主栅尺与副栅尺的相对摩擦，损坏铬层也就损坏了栅线，从而导致光栅尺报废。

（8）应注意防止油污及水污染光栅尺面，以免破坏光栅尺线条纹分布，引起测量误差。

（9）光栅尺位移传感器应尽量避免在有严重腐蚀作用的环境中工作，以免腐蚀光栅铬层及光栅尺表面，破坏光栅尺质量。

### 5.5.3 磁栅传感器

磁栅与其他类型的位置检测元件相比，结构简单，录磁方便，价格低于光栅，测量范围宽（从几十毫米到数十米），不需接长，易安装和调整，抗干扰能力强，但要定期更换磁头，并注意防止退磁。

1. 磁栅组成及类型

按测量参数的不同，磁栅可分为长磁栅和圆磁栅。长磁栅用于直线位移测量，圆磁栅主要用于角位移测量。

图 5.5.7 所示的磁栅传感器是由磁栅（磁尺）、磁头等组成。

（1）磁栅。磁栅按基体形状分为带型磁栅、尺型磁栅（又称同轴型）和圆形磁栅。采用不同磁栅的传感器如图 5.5.8 所示。

磁栅采用非导磁性材料做尺基，在尺基的上面镀一层均匀的磁性薄膜，通过录磁磁头在磁尺上录制出节距严格相等的磁信号作为计数信号。磁信号的波长（周期）又称节距，用 $W$ 表示。节距（栅距）$W$ 通常为 0.05、0.1、0.2mm。磁信号的极性是首尾相接，在相邻磁极 N 与 N、S 与 S 重叠处磁感应强度最强，但两者极性相反。

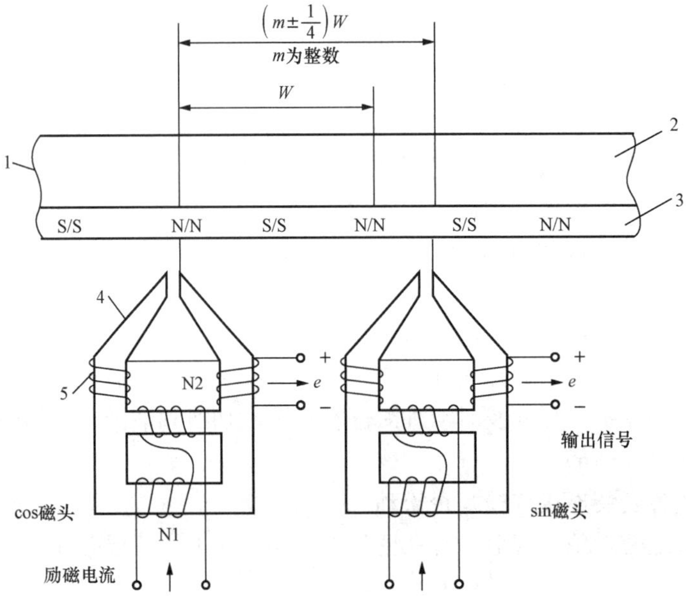


图 5.5.7 磁栅传感器结构原理图

1—磁栅；2—尺基；3—磁性薄膜；4—铁芯；5—输出绕组

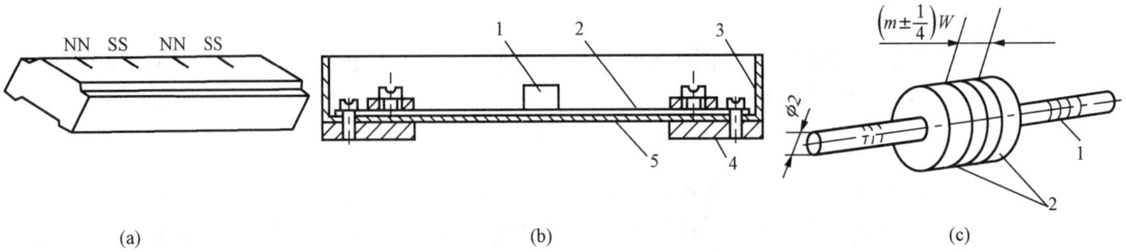


图 5.5.8 常见磁栅传感器示意图

（a）尺型传感器；（b）带型磁栅传感器；（c）同轴型磁栅传感器

1—磁头；2—磁栅；3—屏蔽罩；4—基座；5—软垫

（2）磁头。下面以静态磁头为例，简要说明磁栅传感器的工作原理。静态磁头的结构如图 5.5.7 所示，它有两组绕组 N1 和 N2。其中，N1 为励磁绕组，N2 为感应输出绕组。在励磁绕组中通入交变的励磁电流，一般频率为 5kHz 或 25kHz，幅值约为 200mA。励磁电流使磁芯的可饱和部分（截面较小）在每周期内发生两次磁饱和。磁饱和时磁芯的磁阻很大，磁栅上的漏磁通不能通过铁芯，输出绕组不产生感应电动势。只有在励磁电流每周两次过零时，可饱和磁芯才能导磁，磁栅上的漏磁通使输出绕组产生感应电动势 $e$。可见，感应电动势的频率为励磁电流频率的两倍，而 $e$ 的包络线反映了磁头与磁尺的位置关系，其幅值与磁栅到磁芯漏磁通的大小成正比。

磁头输出的电动势信号经检波保留其基波成分，可表示为

$$E = E_{\mathrm{m}}\cos\left(\frac{2\pi x}{W}\right)\sin\omega t \tag{5.5.8}$$

式中：$E_m$ 为感应电动势的幅值；$W$ 为磁栅信号的节距；$x$ 为机械位移量。

为了辨别磁头运动的方向，采用两只磁头（sin、cos 磁头）来拾取信号。它们相互距离为（$m \pm 1/4)W$，$m$ 为整数。为了保证距离的准确性，通常将两个磁头做成一体。

为增大输出，实际使用时常采用多间隙磁头。多间隙磁头的输出是许多个间隙磁头所取得信号的平均值，有平均效应作用，因而可提高测量精确度。

2. 信号处理

磁栅传感器的信号处理方式有鉴相式、鉴幅式等。下面以鉴相式为例介绍其信号处理过程。

将图 5.5.1 中右侧的电压读出信号移相 90°，两磁头的输出信号则变为

$$\left.\begin{aligned} E'_1 &= E_m \cos\left(\frac{2\pi x}{W}\right)\sin\omega t \\ E'_2 &= E_m \cos\left(\frac{2\pi x}{W}\right)\cos\omega t \end{aligned}\right\}$$

将两路输出相加，则获得总输出为

$$E = E_m \sin\left(\omega t + \frac{2\pi x}{W}\right) \tag{5.5.9}$$

式（5.5.9）表明，鉴相处理后，电动势的幅值为常数，其载波相位正比于位移量。用电子线路判断相位角，即可获知位移量和位移的方向。

### 5.5.4 其他电磁感应式位移传感器

除磁栅传感器外，常见的基于电磁感应原理检测位移的传感器还有旋转变压器、感应同步器等。

1. 旋转变压器

如图 5.5.9 所示，旋转变压器是一种输出电压随转子转角变化的信号元件。当励磁绕组中通入交流电时，输出绕组的电压幅值与转子转角成正弦、余弦函数关系，或保持某一比例关系，或在一定转角范围内与转角呈线性关系。它主要用于坐标变换、三角运算和数据传输，也可以作为两相移作用在角度—数字转换装置中。

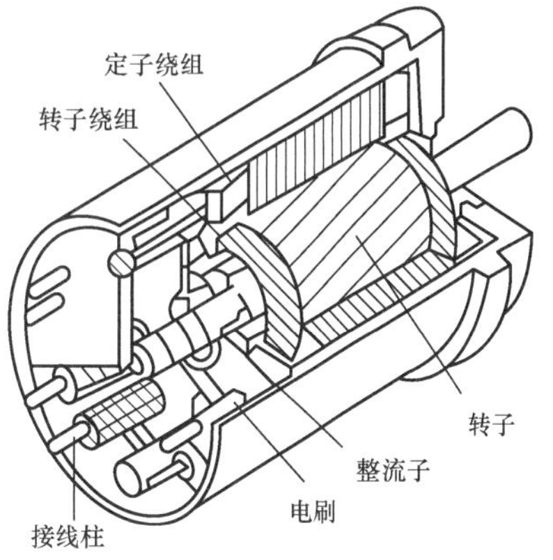

图 5.5.9 旋转变压器结构图

2. 感应同步器

感应同步器是一种将角度或直线位移信号变换为交流电压的位移传感器。它有圆盘式和直线式两种。在高精确度数字显示系统或数控闭环系统中，圆盘式感应同步器用以检测角位移信号，直线式感应同步器用以检测线位移。感应同步器广泛应用于高精确度伺服转台、雷达天线、火炮和无线电望远镜的定位跟踪、精密数控机床及高精确度位置检测系统中。

图 5.5.10 所示为直线式感应同步器，其主要部件包括定尺和滑尺，分别安装在设备的固定和运动部件上，利用两个平面形绕组的互感随位置不同而变化的原理制成。与磁栅传感器相同，感应同步器输出信号也可采用不同的处理方式。从励磁形式来说一般可分为两大类：一类是以滑尺（或转子）励磁，由定尺（或定子）取出感应电动势；另一类则相反。目

前较多采用的是前一类形式激励。依信号处理方式而言，一般可分为鉴相型、鉴幅型和脉冲调宽型三种。而脉冲调宽型本质上也是一种鉴幅型信号处理方式。

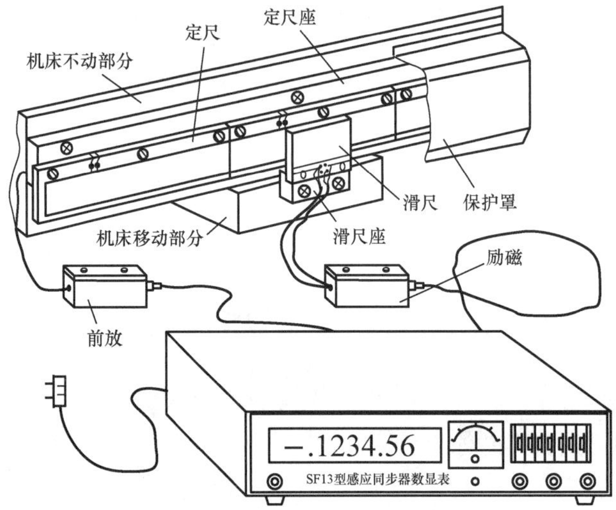


图 5.5.10　直线式感应同步器结构图

## 5.6 接　近　开　关

接近开关又称无触点行程开关，是一种非接触式开关型位移传感器。它除了具有体积小、频率响应快、电压范围宽、抗干扰能力强、耐腐蚀、耐振动等特点外，还有使用过程中无摩擦、不会增加各被感应元件的力矩等优点，可用于变频计数器、变频脉冲发生器、液面控制和加工程序的自动衔接等场合。

### 5.6.1　接近开关的类型及工作原理

因为接近开关可以根据不同的原理和不同的方法做成，而不同的接近开关对物体的“感知”方法也不同，所以常见的接近开关有以下几种。

1. 涡流式接近开关

这种开关有时也叫电感式接近开关。它是利用导电物体在接近这个能产生电磁场接近开关时，使物体内部产生涡流。这个涡流反作用到接近开关，使开关内部电路参数发生变化，由此识别出有无导电物体移近，进而控制开关的通或断。这种接近开关所能检测的物体必须是导电体。

由于高频振荡线圈产生的交变磁场是散射的，这样当金属物件不断接近感测器的前端时，会触发感测器状态的变化，而且在感测器的周围出现金属物件时感测器也会发出信号。对检测正确性要求较高的场合或感测器安装周围有金属物件的情况下，需要选用屏蔽式电感性接近传感器，因为这种类型的感测器事先已经将振荡线圈周围的磁场进行了屏蔽，只有当金属物件处于感测器前端时才触发感测器状态的变化。

另外，电感式接近开关的检测距离会因被测物件的尺寸、金属材料，甚至金属材料表面镀层的种类和厚度不同而不同；因此，选用时应查阅相关的参考手册。

2. 电容式接近开关

这种开关的测量通常是构成电容器的一个极板，而另一个极板是开关的外壳。这个外壳在测量过程中通常是接地或与设备的机壳相连接。当有物体移向接近开关时，不论它是否为导体，由于它的接近，总要使电容的介电常数发生变化，从而使电容量发生变化，使得和测量头相连的电路状态也随之发生变化，由此便可控制开关的接通或断开。这种接近开关检测的物件，不限于导体，可以绝缘的液体或粉状物等。

3. 霍尔接近开关

霍尔元件是一种磁敏元件。利用霍尔元件做成的开关，称为霍尔开关。当磁性物件移近霍尔开关时，开关检测面上的霍尔元件因产生霍尔效应而使开关内部电路状态发生变化，由此识别附近有磁性物体存在，进而控制开关的通或断。这种接近开关的检测物件必须是磁性物体。霍尔接近开关的原理和磁簧开关原理相同，感测器内磁簧管是由两片铁性簧片，平行放置重叠形成一间隙，这两片细长扁平簧片会镀上贵金属以确保其最佳功能，贵金属一般是使用铑或金，这两片簧片是被完全密封在一支充入惰性气体之玻璃管上，当有磁场接近时（一般是用永久磁铁），磁性足够大时就会相吸，触点将从 OFF 至 ON，此磁簧管构造上没有机械式零件或电子零件，因此不会有卡住或电路损坏等不良发生，触点寿命可每次精确且高速作动达数百万次。此类型感测器通常为一组（感测器与磁铁），常用于门窗开关检测。

4. 光电式接近开关

利用光电效应做成的开关称为光电开关。将发光器件与光电器件按一定方向装在同一个检测头内。当有反光面（被检测物体）接近时，光电器件接收到反射光后便在信号输出，由此便可“感知”有物体接近。

5. 热释电式接近开关

用能感知温度变化的元件做成的开关称为热释电式接近开关。这种开关是将热释电器件安装在开关的检测面上，当有与环境温度不同的物体接近时，热释电器件的输出便变化，由此便可检测出有物体接近。

6. 其他形式的接近开关

当观察者或系统对波源的距离发生改变时，接近到的波的频率会发生偏移，这种现象称为多普勒效应。声呐和雷达就是利用这个效应的原理制成的。利用多普勒效应可制成超声波接近开关、微波接近开关等。当有物体移近时，接近开关接收到的反射信号会产生多普勒频移，由此可以识别出有无物体接近。

### 5.6.2 接近开关的特点及主要性能指标

与机械开关相比，接近开关具有如下特点：①非接触检测，不影响被测物的运行工况；②不产生机械磨损和疲劳损伤，工作寿命长；③响应快，一般响应时间可达几毫秒或十几毫秒；④采用全密封结构，防潮、防尘性能较好，工作可靠性强；⑤无触点、无火花、无噪声，所以适用于要求防爆的场合（防爆型）；⑥输出信号大，易于与计算机或 PLC 等连接；⑦体积小，安装、调整方便。它的缺点是“触点”容量较小，输出短路时易烧毁。

接近开关的主要性能指标有：

（1）额定动作距离。在规定的条件下所测定到的接近开关的动作距离（单位为 mm）。

（2）工作距离。接近开关在实际使用中被设定的安装距离。在此距离内，不产生误动作。

（3）动作滞差。动作滞差是指动作距离与复位距离之差的绝对值。滞差大，对外界的干扰以及被测物的抖动等的抗干扰能力就强。

（4）重复定位精确度（重复性）。它表征多次测量动作距离。其数值的离散性的大小一般为动作距离的1%～5%。离散性越小，重复定位精确度越高。

（5）动作频率。它是指每秒连续不断地进入接近开关的动作距离后又离开的被测物个数或次数。

### 5.6.3 接近开关的选型及应用

微课 8

接近开关的应用

接近开关在日常生活、工业生产、航空航天等场合中都有广泛的应用。在日常生活中，如宾馆、饭店、车库的自动门，自动热风机上都有应用；在安全防盗方面，如资料档案、财会、金融、博物馆、金库等重地，通常都装有由各种接近开关组成的防盗装置；在测量技术中，如长度，位置的测量；在控制技术中，如位移、速度、加速度的测量和控制，也都使用了大量的接近开关。

在一般的工业生产场所，通常都选用涡流式接近开关和电容式接近开关。因为这两种接近开关对环境的要求条件较低。当被测物件是导电物体或可以固定在一块金属物上的物体时，一般都选用涡流式接近开关，因为它的动作频率高、抗环境干扰性能好、应用范围广、价格较低。

若所测物体是非金属（或金属）、液位元高度、粉状物高度、塑胶、烟草等，则应选用电容式接近开关。这种开关的动作频率低，但稳定性好。安装时应考虑环境因素的影响。

若被测物体为导磁材料或者为了区别和它在一同运动的物体而把磁钢埋在被测物体内时，应选用霍尔接近开关，它的价格最低。

在环境条件比较好、无粉尘污染的场合，可采用光电接近开关。光电接近开关工作时对被测物件几乎无任何影响。因此，在要求较高的传真机、烟草机械上都被广泛使用。

在防盗系统中，自动门通常使用热释电接近开关、超声波接近开关、微波接近开关。有时为了提高识别的可靠性，上述几种接近开关往往被复合使用。

无论选用哪种接近开关，都应注意对工作电压、负载电流、回应频率、检测距离等各项指标的要求。接近开关作为一种输出电子开关量的传感器，其接线方式可参考1.7节内容。

## 习 题

1. 现有一电容式油量仪，如习题1图所示，试分析其工作原理。

2. 根据已学过的知识设计一个超声波探伤实用装置（画出原理框图），并简要说明其探伤的工作过程。

3. 如果要求监测钻井过程的进尺和机械钻速，你认为采用何种检测原理（或传感器）较合适，并简述其完成非电量转换成电量的变换链（变换流程或原理）。

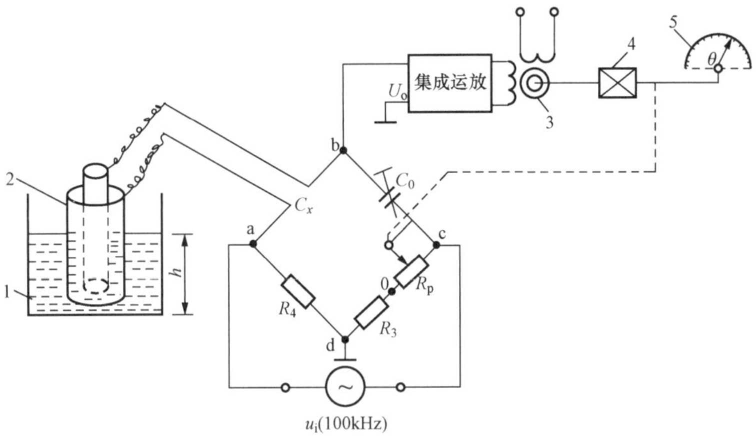


习题 1 图 电容式油量仪

1—油箱；2—圆柱形电容器；3—伺服电动机；4—减速箱；5—油量表

# 6 流量传感器

**视野拓展**

我国古代从大禹时起就开始重视对水文状况的观测和分析，《尚书·禹贡》记载："禹别九州，随山浚川，任土作贡。禹敷土，随山刊木，奠高山大川。"其意为：禹测量土地，划分疆界，命名山川，带领众人行走于高山，砍削树木作为路标，以高山大河奠定界域。我国很早就有关于流量测量的记载。北魏孝昌三年（527 年）前，郦道元著《水经注》，元代李好文（1290～1360 年）著《长安图志》，清康熙十六年（1677 年）靳辅著《河防术要》，其中均有这方面的叙述。

在工业自动化生产中，流量是需要经常监测和控制的重要参数之一。流量传感器主要应用于工业、生活、商业、军事等领域中油、汽、水等流体的计量，是实现过程的自动监测和控制的重要环节，是发展生产、节约能源、提高经济效益和管理水平的重要工具。

流量传感器的种类繁多，分类方法也很多。截至目前，仅工业使用的流量传感器就有六十多种，且每种都有其适用性和局限性。本章主要介绍流量的基本概念，以及常用流量传感器如差压式流量传感器、振动流量传感器、速度流量传感器、质量流量传感器、容积式流量传感器等的主要组成、工作原理和测量方法。

## 6.1 流量的基本概念

流量传感器是指示被测流体瞬时流量和（或）在选定的时间间隔内流体总量的仪表，简单来说，就是用于测量管道或明渠中流体流量的一种仪表。

### 6.1.1 流量及其表示方法

液体和气体统称为流体，单位时间内流过管道内某一截面的流体数量，称为瞬时流量。而在某一段时间间隔内流过管道某一截面的流体量的总和，即瞬时流量在某一段时间内的累积值，称为总量或累积流量。该总量可以用在该段时间间隔内的瞬时流量对时间的积分而得到，所以也叫积分流量。如用户的水表、气表等。累积流量除以流体流过的时间间隔，即为平均流量。工程上讲的流量常指瞬时流量，下面若无特别说明均指瞬时流量。瞬时流量有体积流量和质量流量之分。

（1）体积流量 $q_V$。体积流量 $q_V$ 是指单位时间内通过某截面的流体的体积，单位为 $m^3/s$。

根据定义，体积流量可表示为

$$q_V = \frac{\mathrm{d}V}{\mathrm{d}t} = vA \tag{6.1.1}$$

式中：$A$ 为管道截面面积，$m^2$；$v$ 为管道内平均流速，m/s；$V$ 为流体体积，$m^3$；$t$ 为时间，s。

流体的体积受流体的工作状态影响，在用体积表示流量时，必须同时给出流体的压力和温度。对于流体，压力和温度的变化实际上会引起流体密度的改变。对于液体，压力变化对密度的影响非常小，一般可以忽略不计。温度对密度的影响要大一些。对于气体，密度受温度、压力的变化影响较大。因此，对于气体流量检测，为便于比较，常将在工作状态下测得的体积流量转换成标准状态下（20℃，760mmHg）的体积流量。

（2）质量流量 $q_m$。质量流量 $q_m$是指单位时间内通过某截面的流体的质量。

根据定义，质量流量可表示为

$$q_m = \frac{\mathrm{d}m}{\mathrm{d}t} = \rho v A \tag{6.1.2}$$

式中：$\rho$ 为流体的密度，$kg/m^3$；$m$ 为流体的质量，kg；$v$ 为管道内平均流速，m/s。

### 6.1.2 流量的测量方法及分类

生产过程中各种流体的性质各不相同，流体的工作状态（如介质的温度、压力等）及流体的黏度、腐蚀性、导电性也不同，很难用一种原理或方法测量不同流体的流量。尤其工业生产过程的情况复杂，某些场合的流体是高温、高压，有时是气液两相或液固两相的混合流体。所以目前流量测量的方法很多，测量原理和流量传感器（或称流量传感器）也各不相同，从测量方法上，流量传感器一般可分为速度式、容积式和质量式三大类。

（1）速度式流量传感器。速度式流量传感器大多是通过测量流体在管路内已知截面流过的流速大小 $v$ 实现流量测量的。它是利用管道中流量敏感元件（如孔板、转子、涡轮、靶子、非线性物体等）将流体的流速变换成压差、位移、转速、冲力、频率等对应的信号来间接测量流量的。差压式、转子、涡轮、电磁、旋涡和超声波等流量传感器都属于此类。

（2）容积式流量传感器。容积式流量传感器是根据已知容积的容室在单位时间内所排出流体的次数来测量流体的瞬时流量和总量的。常用的容积式流量传感器有椭圆齿轮式、旋转活塞式和刮板式等。

（3）质量式流量传感器。质量式流量传感器有两种，一种是根据质量流量与体积流量的关系，测出体积流量再乘以被测流体的密度的间接质量流量传感器，如工程上常用的补偿式质量流量传感器，它采取温度、压力自动补偿；另一种是直接式质量流量传感器，如热电式、惯性力式、动量矩式质量流量传感器等。直接法测量具有不受流体的压力、温度、黏度等变化影响的优点。

## 6.2 差压式流量传感器

差压式流量传感器又称节流式流量传感器，是使用最为广泛的速度式流量传感器。它利用管路内的节流装置，将管道中流体的瞬时流量转换成节流装置前后的压力差，然后用差压传感器将差压信号转换成电信号，或直接用差压变送器把差压信号转换为与流量对应的标准电流信号或电压信号，以供测量、显示、记录或控制。在气动控制中，还可以转换成气动信号，然后用于显示、记录或控制。

### 6.2.1 节流式流量传感器的结构

节流式流量传感器由节流装置、引压导管、三阀组和差压计（或差压变送器）组成，如图 6.2.1 所示。

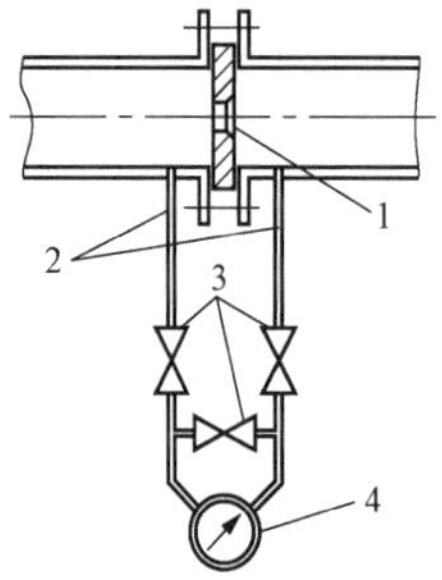


图 6.2.1 节流式流量传感器的结构
1—节流装置；2—引压导管；
3—三阀组；4—差压计

节流装置是差压式流量传感器的流量敏感检测元件，是安装在流体流动的管道中的阻力元件，它产生差压，此压力差与流体流量之间有确定的数值关系，通过测量压力差值可以求得流体的流量。

引压导管将节流装置前后产生的差压传送给差压变送器。差压变送器将节流装置前后产生的差压转换成标准的电信号（4～20mA）。

节流式流量传感器的优点：①结构简单，无可动部件；②可靠性较高，复现性较好；③适应性较广，适用于各种工况下的单项流体；④适用的管道直径范围宽，可以配用通用的差压计；⑤装置已标准化。缺点是：①测量的重复性、精确度在流量传感器中属于中等水平，由于众多因素的影响错综复杂，精确度难以提高；②范围度窄，由于仪表信号（差压）与流量为平方关系，一般范围度仅 3∶1～4∶1；③现场安装条件要求较高，如需较长的直管段（指孔板、喷嘴），一般难以满足；④检测件与差压显示仪表之间引压管线为薄弱环节，易产生泄漏、堵塞、冻结及信号失真等故障；⑤压损大（指孔板、喷嘴）。

### 6.2.2 节流装置的工作原理

微课 9
差压式流量传感器原理

如果在管道中安置一个固定的阻力件，它的中间是一个比管道截面小的孔，当流体通过该阻力件的小孔时，由于流体流束的收缩而使流速加快、静压力降低，其结果是在阻力件前后产生一个较大的压力差。它与流量（流速）的大小有关，流量越大，压差也越大，因此只要测出压差就可以推算出流量。把流体通过阻力件时流束的收缩造成压力变化的过程称节流过程，其中的阻力件称为节流件。

1. 节流装置

节流装置由节流元件、取压装置和上下游测量导管三部分组成。几种常见的节流装置有孔板、喷嘴和文丘里管，如图 6.2.2 所示。

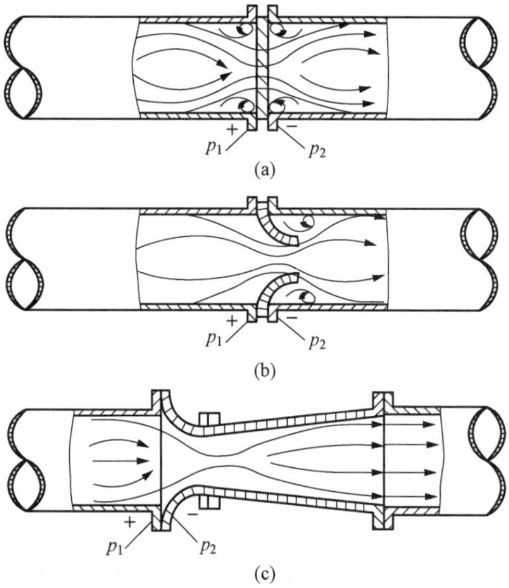


图 6.2.2 几种常用的节流装置
(a) 孔板；(b) 喷嘴；(c) 文丘里管

作为流量检测用的节流件有标准型和特殊型两种。标准节流件包括标准孔板、标准喷嘴和标准文丘里管。对于标准化的节流件，在设计计算时都有统一标准的规定、要求和计算所需的有关数据、图及程序；可直接按照标准制造、安装和使用，不必进行标定。标准节流装置仅适用于测量管道直径大于 50mm，雷诺数在 104 以上的流体，而且流体应当清洁，充满全部管道，不发生相变。

特殊节流件也称非标准节流件，可以利用已有实验数据进行估算，但必须用实验方法单独标定。特殊节流件主要用于特殊介质或特殊工况条件的流量检测。

三种节流装置的优缺点对比见表 6.2.1。

**表 6.2.1　　三种节流装置的特点比较**

| 装置 | 优点 | 缺点 |
|---|---|---|
| 标准孔板 | 应用广泛，结构简单，安装方便，适用于大流量的测量 | 流体经过孔板后压力损失大，当工艺管道上不允许有较大的压力损失时，便不宜采用 |
| 标准喷嘴和标准文丘里管 | 压力损失较孔板小 | 结构比较复杂，不易加工 |

最常用的节流装置是孔板，其次是喷嘴，而文丘里管应用得更少一些。下面以标准孔板和喷嘴为例介绍节流式流量传感器的工作原理。

2. 测量原理

当充满管道的流体流经管道内的节流件时，如图 6.2.2（a）所示，流束将在节流件处形成局部收缩，因而流速增加，静压力降低，于是在节流装置前后产生压力差 $\Delta p(\Delta p = p_1 - p_2)$，且流过的流量越大，节流装置前后的压差也越大，流量与压差之间存在一定关系，这就是差压式流量传感器测量原理。这种测量方法是以流体连续性方程（质量守恒定律）和伯努利方程（能量守恒定律）为基础的。压差的大小不仅与流量有关，还与其他许多因素有关，如节流装置形式、管道内流体的物理性质（密度、黏度）不同时在同样大小的流量下产生的压差也是不同的。

3. 标准节流装置的适用条件

（1）节流装置只适于测量圆形截面管道内的流体，流体必须充满圆管，连续地流过管道。在紧邻节流装置的上游管道内流体的流动状态接近典型的充分发展的紊流状态。

（2）流束应与管轴平行，不得有旋转流或旋涡。在进行流量测量时，管道内流体的流动应是稳定的。

（3）流体流量基本上不随时间而变化，或者变化是非常缓慢的。

（4）流体可以是可压缩的气体或不可压缩的流体，但不适于脉动流与临界流。

（5）流体必须是牛顿流体，在物理学和热力学上是单相的，均匀的或者可认为是单相的，且流经节流装置时不发生相变。具有高分散程度的胶质溶液例如牛奶，可以认为是单相流体。

（6）节流装置的制造和使用条件超出国家标准的极限时，必须标定后才能安装使用。

### 6.2.3　节流式流量传感器的选用及安装

在选用节流式流量传感器时，应尽可能选择标准节流装置。从使用的角度看，选型时主要考虑以下方面：管径、直径比和雷诺数范围的限制条件；测量精确度；允许的压力损失；要求的最短直管段长度；对被测介质侵蚀、磨损和脏污的敏感性；结构的复杂程度和价格；安装的方便性；使用的长期稳定性。

节流式流量传感器不仅需要合理选型、精确设计计算和加工制造，还应注意正确安装、使用和维护，方能获得足够的实际测量准确度。使用时应注意被测流体参数与设计条件不符、原始数据不正确、节流装置安装不正确、维护工作疏忽等问题，以免产生额外误差。

针对不同的问题，常见减少误差的改进方法如下：

（1）被测流体参数的变化（流量修正）。当实际使用时的流体参数（密度、温度、压力等）偏离设计的参数时，流量传感器的显示值与实际值之间产生偏差，此时须对显示值进行修正。当流体参数偏离不大时，对流量方程式中系数 $C$（或 $\alpha$）、$\varepsilon$、$d$ 的影响小，可只考虑密度的变化；当流体密度直接测量有困难时，可根据流体密度与温度、压力的关系，通过测量其温度、压力的变化代替密度的变化进行修正。

（2）原始数据不正确。在节流装置设计计算时，必须按被测对象的实际情况提出原始数据，例如被测流体最大流量、常用流量、最小流量、流体的物理参数（温度、压力、密度与成分等）、管道实际内径、允许压头损失等。这些原始数据提供得正确与否，将影响设计出来的节流装置的测量准确度，甚至决定能否使用的问题。

（3）节流装置安装不正确。例如节流件上下游直管段长度不够，孔板的方向倒装，节流件开孔与管道轴线不同心，垫圈凸出等都可能造成难以估计的测量误差。

（4）维护工作疏忽。节流装置使用日久，由于受到流体的冲击、磨损和腐蚀，致使开孔边缘变钝，几何形状变化，从而引起测量误差。例如孔板入口边缘变钝，会使仪表示值偏低。此外，导压管路泄漏或阻塞，节流件附近积垢等，也会造成测量不准确。因此，应该定期维护检查，检定周期一般不超过两年，对超过国家标准规定误差的节流装置应予更换。

## 6.3 速度式流量传感器

微课 10

速度式流量传感器原理

由于通过测量流体的流速来计算流量，故有速度式流量传感器之称，常用的速度式流量传感器除 6.2 节所述的差压式流量传感器外，还有涡轮流量传感器、电磁流量传感器和超声波流量传感器等。

### 6.3.1 测量方法

速度式流量测量方法以直接测量管道内流体流速 $v$ 作为流量测量的依据。若测得的是管道截面上的平均流速 $\overline{v}$，则流体的体积流量 $q_V=\overline{v}A$，$A$ 为管道截面面积。若测得的是管道截面上的某一点流速 $v$，则流体体积量 $q_V=kvA$，$k$ 为截面上的平均流速与被测点流速的比值，它与管道内流速分布有关。在典型的层流或紊流分布的情况下，圆管截面上流速的分布是有规律的，$k$ 为确定值，但在阀门、弯头等局部阻力后流速分布变得非常不规则，$k$ 值很难确定，而且通常是不稳定的。因此速度式流量测量方法的一个共同特点是：测量结果的准确度不但取决于仪表本身的准确度，而且与流速在管道截面上的分布有关。为了使测量时的流速分布与仪表分度时的流速分布相一致，要求在仪表前后有足够长的直管段或加装整流器，以使流体进入仪表前速度分度就达到典型的层流或紊流分布。

由于速度式测量方法是通过测量流速而测得体积流量的，因此了解被测流体的流速分布及其对测量的影响是十分重要的。

### 6.3.2 涡轮流量传感器

涡轮流量传感器实质上为一零功率输出的涡轮机，其结构如图 6.3.1 所示。当被测流体通过时，冲击涡轮叶片，使涡轮旋转，在一定的流量范围内、一定的流体黏度下，涡轮转速与流速成正比。当涡轮转动时，涡轮上由导磁不锈钢制成的螺旋形叶片顺次接近处于管壁上的检测线圈，周期性地改变检测线圈磁电回路的磁阻，使通过线圈的磁通量发生周期性变化，检测线圈产生与流量成正比的脉冲信号。此信号经前置放大器放大后，可远距离传送至显示仪表。在显示仪表中对输入脉冲进行整形，然后一方面对脉冲信号进行积算以显示总量，另一方面将脉冲信号转换为电流输出指示瞬时流量。

将涡轮的转速转换为电脉冲信号的方法，除上述磁阻方法外，还有电磁感应法。这时转子用非导磁材料制成，将一小块磁钢埋在涡轮的内腔，当磁钢在涡轮带动下旋转时，固定于壳体上的检测线圈中感应出电脉冲信号。磁阻放大比较简单，并可提高输出电脉冲频率，有利于提高测量准确度。图 6.3.1 中导流器用于导直流体的流束以及作涡轮的轴承支架用，导流器和仪表壳体均由非导磁不锈钢制成。使用中，轴承的性能好坏是涡轮流量传感器使用寿命长短的关键。

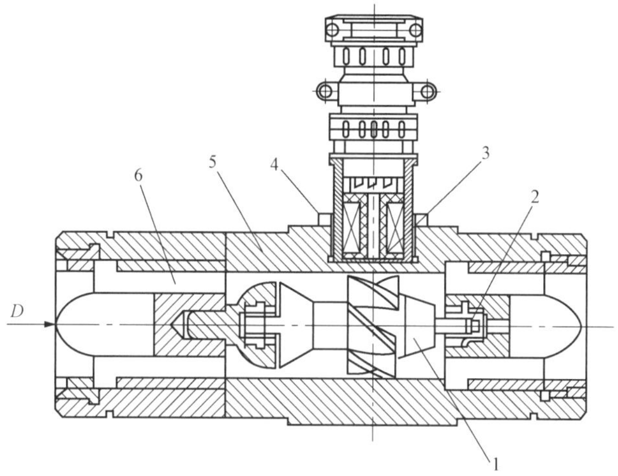


图 6.3.1 涡轮流量传感器结构

1—涡轮；2—支承；3—磁钢；4—感应线圈；5—壳体；6—导流器

涡轮流量传感器优点：测量精确度高，复现性和稳定性均好；流量量程范围宽，下限流速低，量程比范围 10∶1～20∶1，刻度线性；耐高压，压力损失小；对流量变化反应迅速，可测脉动流量；抗干扰能力强，信号便于远传及与计算机相连。其缺点主要是结构复杂，制造困难，成本高。

通常涡轮流量传感器可以应用于大口径管道源水、循环水、净水等测量液体的体积瞬时流量和体积总量，水平、倾斜管道均可使用，特别适用于测量精确度要求高、流量变化快的场合，还可用作标定其他流量的标准仪表。

### 6.3.3 电磁流量传感器

电磁流量传感器的基本原理是法拉第电磁感应定律，即导体在磁场中切割磁力线运动时在其两端产生感应电动势。导电性液体在垂直于磁场的非磁性测量管内流动，与流动方向垂直的方向上产生与流量成比例的感应电动势，电动势的方向按“弗莱明右手规则”来判定。

1. 电磁流量传感器的工作原理

当导电流体以平均速度通过直径为 $D$ 的测量管道时切割磁力线，于是在电极上产生感应电动势 $E$，电动势方向可由右手定则判断。如磁场的磁感应强度为 $B$，则电动势

$$E = C_1 BD\overline{v} \tag{6.3.1}$$

式中：$C_1$ 为常数。

因此结合仪表的体积流量 $q_V = \frac{1}{4}\pi D^2\,\overline{v}$，则

$$E = 4C_1 \frac{B}{\pi D} q_V = Kq_V \tag{6.3.2}$$

式中：$K$ 为电磁流量传感器的仪表常数，$K=4C_1 \frac{B}{\pi D}$。

当仪表口径 $D$ 和磁感应强度 $B$ 一定时，$K$ 为定值，感应电动势与流体体积流量存在线性关系。

为了避免极化作用，以及导体与电解质之间通过直流电后产生的吸热或放热反应，工业用电磁流量传感器通常采用交变磁场，缺点是干扰较大。采用直流磁场对于真实地反映流量的急剧变化有利，故适用于实验室等特殊场合或用来测量不致引起极化现象的非电解性液体，如液体金属之类。

2. 电磁流量传感器的构成

电磁流量传感器的典型结构如图 6.3.2 所示，测量管上下装有励磁线圈，通励磁电流后产生磁场穿过测量管，一对电极装在测量管内壁，与液体相接触，引出感应电动势，送到转换器。励磁电流则由转换器提供。

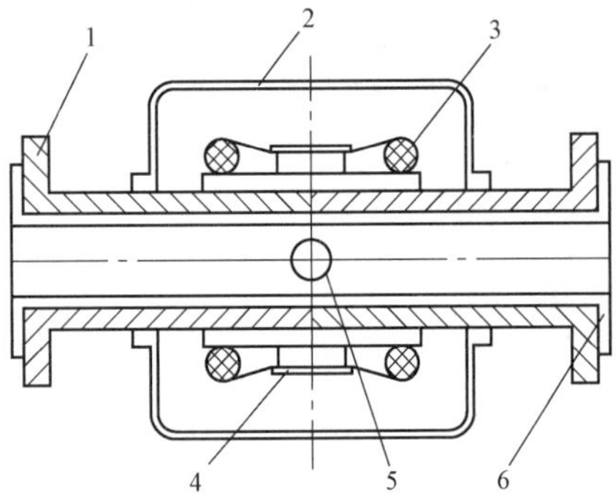


图 6.3.2　电磁流量传感器的感受件结构

1—导管和法兰；2—外壳；3—马鞍形励磁线圈；4—磁轭；5—电极；6—内衬

为了避免磁力线被管道壁短路和降低涡流损耗，测量导管应由非导磁的高阻材料制成，一般为不锈钢、玻璃钢或某种具有高电阻率的铝合金。在用不锈钢等导电材料做导管时，测量导管内部及内壁与电极之间必须有绝缘衬里，以防止感应电动势被短路。衬里材料视工作温度而异，常用耐酸搪瓷、橡胶、聚四氯乙烯等。电极与管内衬平齐，电极材料常用非导磁不锈钢制成，也用铂、金或镀铂、铂金的不锈钢制成。产生交变磁场的励磁线圈结构根据导管口径不同而有所不同，图 6.3.2 所示的适合大口径导管（100mm 以上），将励磁线圈分成多段，每段匝数的分配按余弦分布，并弯成马鞍形驼伏在导管上下两边，在导管和线圈外边再放一个磁轭，以便得到较大的磁通量，并提高导管中磁场的均匀性。

采用交变磁场时，磁感应强度 $B$ 为

$$B = B_m \sin\omega t \tag{6.3.3}$$

式中：$B_m$为磁感应强度的幅值；$\omega$ 为交变磁场的角频率。

由于交变磁通总有可能穿过由被测导电液体、电极引线和感应电动测量仪表等所形成的回路，并在此回路中产生一个干扰电动势 $E_t$，其大小为

$$E_t = -C_2 \frac{dB}{dt} \tag{6.3.4}$$

结合式（6.3.3），可得干扰电动势

$$E_t = C_2 B_m \left(\omega t - \frac{\pi}{2}\right) \tag{6.3.5}$$

可见，信号电动势 $E$ 和干扰电动势 $E_t$的频率相同而相位差 90°，故称此干扰为正交干扰，严重时其值可与信号电动势大小相当，甚至超过，所以测量时必须消除此干扰。消除的

方法主要有：①尽可能使电极引线等所形成回路的平面与磁力线平行，以免磁力线穿过此闭合回路外；②设调零电位器，从一个电极引出两条引线，形成两个闭合回路，而磁力线穿过这两个回路所产生的干扰电动势方向相反，因此通过调节调零电位器，可使它们相互抵消，从而减少了正交干扰；③采用低频（约 1/8 频）的等值矩形波磁场。由于磁场存在期间的 $dB/dt=0$，因而交变磁场励磁时存在的正交干扰可以消减或大为减少，同时采用低频间断建立磁场的方式，在磁场没有建立或磁场反向期间，足以消除直流励磁时将产生的极化电位。要达到这两个目的，需要一个时间控制开关，按所需的低频断续地将直流电流与励磁线圈正、反向接通，并将电极与测量回路断续接通。

3. 电磁流量传感器的特点

电磁流量传感器的主要优点：

（1）无可动部件和插入管道的阻流件，不产生因检测流量所形成的压力损失，仪表的阻力仅是同一长度管道的沿程阻力，节能效果显著，对于要求低阻力损失的大管径供水管道最为适合。

（2）电磁流量传感器所测得的体积流量，实际上不受流体密度、黏度、温度、压力和电导率（只要在某阈值以上）变化明显的影响。

（3）电磁流量传感器测量范围度大，通常为 20∶1～50∶1，可选流量范围宽。满度值液体流速可在 0.5～10m/s 内选定。有些型号仪表可在现场根据需要通过改变仪表参数来调节流量范围，不必取下作离线实流标定。

（4）电磁流量传感器的口径范围比其他品种流量仪表宽，从几毫米到 3m。可测正反双向流量，也可测脉动流量，只要脉动频率低于励磁频率很多。仪表输出本质上是线性的。

（5）测量通道是一段无阻流检测件的光滑直管，因不易阻塞适用于测量含有固体颗粒或纤维的液固两种流体，如纸浆、煤水浆、矿浆、泥浆和污水等。易于选择与流体接触件的材料品种，可应用于腐蚀性流体。

（6）仪表准确度通常为 0.2%～2.5%，高准确度仪表应不大于 1%。

电磁流量传感器的主要缺点是：

（1）电磁流量传感器不能测量电导率很低的液体，如石油制品和有机溶剂等。不能测量气体、蒸汽和含有较多较大气泡的液体。

（2）电磁流量传感器由于衬里材料和电气绝缘材料限制，不能用于较高温度的液体，最高不应超过 200℃；有些型号仪表用于过低于室温的液体，因测量管外凝露（或霜）也会破坏绝缘。

（3）电磁式传感器使用压力不能过高，安装地点应远离强磁场和振动源。使用中还应注意，测量的准确度会受测量导管内壁，特别是电极附近积垢的影响。由于电磁流量传感器价格昂贵，这影响了它的推广使用。

### 6.3.4 超声波流量传感器

当超声波在流体中传播时，会载带流体流速的信息。因此，根据对接收到的超声波信号进行分析计算，可以检测到流体的流速，进而可以得到流量值。

1. 超声波流量测量方法

超声波流量测量方法有很多，这里主要介绍传播速度差法和多普勒法的基本原理与流量方程。

（1）传播速度差法。传播速度差法的基本原理为：测量超声波脉冲在顺流和逆流传播过程中的速度之差来得到被测流体的流速。根据测量的物理量的不同，可以分为时差法、相差法、频差法。频差法是目前常用的测量方法，它是在前两种测量方法的基础上发展起来的。

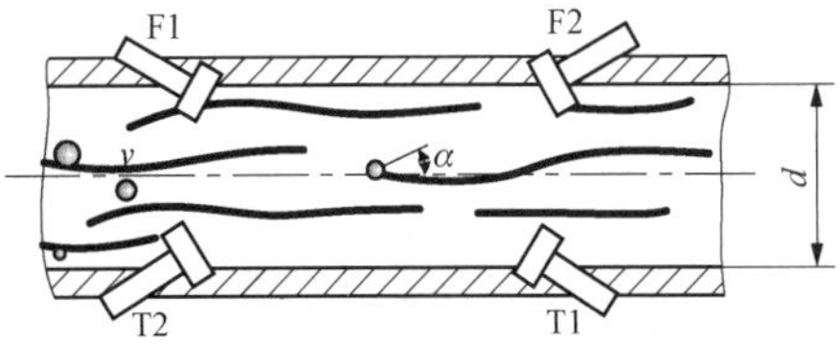


图 6.3.3 时差法测流量原理图
F1、F2—发送器；T1、T2—接收器

1）时差法。所谓时差法，即通过测量声波脉冲顺流和逆流时传播的时间差来计算流速。如图 6.3.3 所示，设静止流体中的声速为 $c$，流体流速为 $v$，发送器（F1、F2）与接收器（T1、T2）之间的距离为 $L$，则传播时间差为

$$\Delta t = \frac{L}{c-v} - \frac{L}{c+v} = \frac{2Lv}{c^2-v^2} \quad (6.3.6)$$

当 $c \gg v$ 时

$$\Delta t = \frac{L}{c-v\cos\alpha} - \frac{L}{c+v\cos\alpha} = \frac{2Lv\cos\alpha}{c^2-v^2\cos\alpha^2}$$

2）相差法。所谓相差法，即通过测量超声波在顺流和逆流时传播的相位差来得到流速。如发送器发出的是连续正弦波，则顺流和逆流接收到的波的相位差为

$$\Delta\varphi = \omega\Delta T = \frac{2\omega Lv}{c^2} \quad (6.3.7)$$

式中：$\omega$ 为超声波的角频率。

由式（6.3.6）和式（6.3.7）看出，测得 $\Delta t$ 或 $\Delta\psi$ 就能求得流速 $v$。但是，流体中声速 $c$ 是随流体温度变化而改变，水中声速 $c$ 的温度系数约为 0.2%/℃。因此在流速一定时，$\Delta t$ 和 $\Delta\psi$ 的温度系数约为 0.4%/℃，造成测量误差。一般需采用流体温度补偿装置。

3）频差法。如图 6.3.4 所示，频差法是通过测量顺流和逆流时超声脉冲的重复频率差 $\Delta f$ 去测量流速，即

$$\Delta f = \frac{c+v\cos\theta}{L} - \frac{c-v\cos\theta}{L} = \frac{2v\cos\theta}{L} \quad (6.3.8)$$

可见，在频率法中，频率差与声速 $c$ 无关，即顺流和逆流接收到的超声波的频率之差 $\Delta f$ 不受因环境温度变化而带来的声速变化的影响，因此工业上常用频差法测量流体流速。

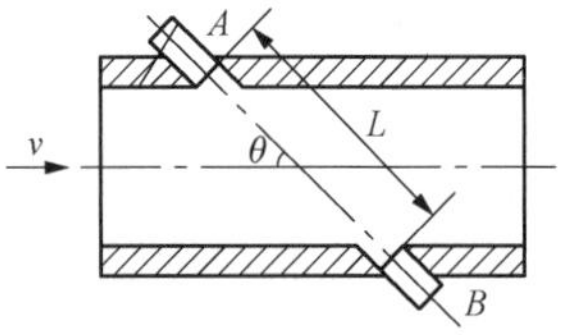


图 6.3.4 频率法测流量原理图

（2）多普勒法。多普勒法是利用声学多普勒效应确定流体流量的。多普勒效应是当声源和目标之间有相对运动，会引起声波在频率上的变化，这种频率变化正比于运动的目标和静止的换能器之间的相对速度。

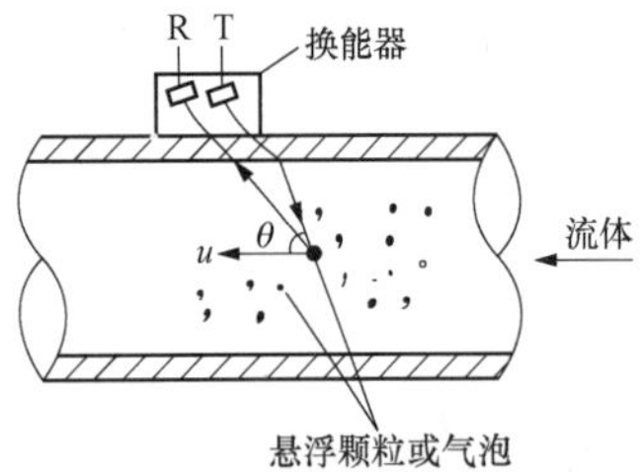


图 6.3.5 超声多普勒流量传感器示意图
T—超声发射模块；R—超声接收模块

图 6.3.5 为超声多普勒流量传感器示意图。超声换能器安装在管外。从发射晶体 $T$ 发射的超声波束遇到流体中运动着颗粒或气泡，再反射回来由接收晶体 R 接收。发射信号与接收信号的多普勒频率偏移与流体流速成正比。如忽略管壁影响，并假设流体没有速度梯度，以及粒子是均匀分布的，可得

$$\Delta f = f_1 - f_2 = \frac{2v\cos\theta}{c} f_1 \quad (6.3.9)$$

$$q_V = \frac{Ac}{2f_1\cos\theta}\Delta f \quad (6.3.10)$$

由上两式可知，当流量传感器、管道条件及被测介质确定以后，多普勒频移与体积流量成正比，测出频移 $\Delta f$ 就可以得到流体流量 $q_V$。

2. 超声波流量传感器组成

超声波流量传感器由超声波换能器、电子线路及流量显示系统组成。超声波流量传感器的组成如图 6.3.6 所示。在管壁的斜对面固定两个超声波振子 TR1、TR2，兼作为超声波的发生和接收元件。由一侧的振子产生的超声波脉冲穿过管壁—流体—管壁，为另一侧的振子所接收，并转换为电脉冲，经放大后再用此电脉冲来激发对面的发送振子，形成所谓单环自激振荡，振荡周期由超声波在流体中的顺流传播速度决定，周期的倒数即单环频率 $f_1$。如此循环交替地测出 $f_1$、$f_2$。

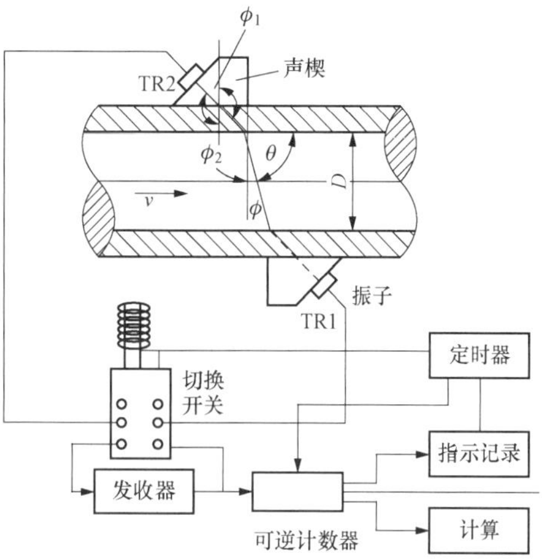

图 6.3.6　超声波流量传感器

3. 超声波流量传感器的特点

超声波流量传感器的优点主要有：①对介质适应性强；②是一种理想的节能型流量传感器；③性价比高，超声波流量传感器仪表造价基本上与被测管道口径大小无关；④测量准确度几乎不受被测流体参数影响，且测量范围度较宽；⑤仪表的安装及检修均可不影响生产管线运行。

超声波流量传感器的缺点主要是：①用传播速度差法只能测量清洁流体，不能测量含杂质或气泡超过某一范围的流体；②多普勒法只能用于测量含有一定悬浮粒子或气泡的液体，且多数情况下测量精确度不高，如管道结垢太厚、锈蚀严重或衬里与内管壁剥离则不能测量；③超声波流量传感器结构复杂，成本较高。

## 6.4　振动流量传感器

微课 11

振动流量传感器原理

振动流量传感器发展于 20 世纪 60 年代末期。它具有如下特点：可得到与流量成正比的频率输出信号；被测流体本身就是振动体，无机械可动部件，几乎不受流体组成、密度、黏度、压力等因素的影响。因此，该测量方法越来越受到人们的重视，振动流量传感器主要分为两种：一种是基于自然振荡的卡门旋涡列原理而制成的旋涡流量传感器，另一种是基于强迫振荡的旋涡旋进原理而制成的称为旋进式旋涡流量传感器。

### 6.4.1　旋涡流量传感器

1. 工作原理

旋涡流量传感器也称为涡街流量传感器。如图 6.4.1 所示，流体在流动过程中，遇到障碍物必然产生回流而形成旋涡。在流体中垂直插入一根圆柱体（或三角柱体、方柱体等）作为旋涡发生体，流体流过柱体，当流速高于一定值时，在柱体两侧就会产生两排交替出现的旋涡列，两侧旋涡的旋转方向相反，并轮流地从柱体上分离出来。这两排平行的非对称的旋涡列称为卡门涡街，简称涡街。当管道内径和圆柱体的几何尺寸确定后，单列旋涡产生的频

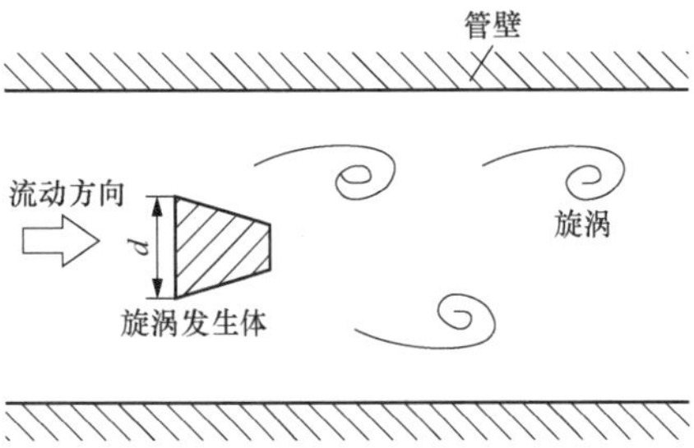


图 6.4.1　旋涡发生原理

率 $f$ 与流体体积流量成正比。故通过测量旋涡即可测得流量。

旋涡发生体是旋涡流量传感器的核心。旋涡发生体的形状主要有圆柱形、方柱形和三角柱形，也有组合式的。

由于旋涡之间的相互影响，其状态通常是不稳定的。冯·卡门对旋涡列的稳定条件进行了研究，于 1911 年得到结论：只有当两旋涡列之间的距离 $h$ 和同列的两旋涡之间的距离 $L$ 之比满足 $h/L=0.281$ 时，非对称的旋涡列才能保持稳定。

对于圆柱形旋涡发生器，根据卡门涡街形成原理，单列旋涡产生的频率 $f$ 为

$$f=S_t\frac{v_1}{d}=S_t\frac{v}{md} \tag{6.4.1}$$

式中：$v_1$、$v$ 分别为圆柱体两侧的流体速度和管道流体的平均流速，m/s；$d$ 为圆柱体直径，m；$m$ 为流速比，$m=v/v_1$；$S_t$ 为斯特劳尔数，与旋涡发生体形状及流体雷诺数有关，在 $Re_D=5\times10^2\sim15\times10^4$ 范围内，$S_t\approx$常数；

设管道直径为 $D$，管道截面积为 $A_0$，令 $\beta=d/D$。当 $\beta\leqslant0.35$ 时，$m=1-1.27\beta$，则流体的体积流量 $q$ 为

$$q=\frac{A_0d(1-1.27\beta)}{S_t}f \tag{6.4.2}$$

当管道内径和圆柱体的几何尺寸确定后，体积流量只与涡街产生的频率成正比，而与流体的物理性质（温度、压力、密度、成分等）无关，于是得

$$q=Kf \tag{6.4.3}$$

如采用三角柱体作为旋涡发生体，其迎流面的边长或宽度为 $l$，流体的体积流量 $q$ 为

$$q=\frac{A_0l(1-1.5\beta)}{S_t}f \tag{6.4.4}$$

2. 旋涡频率的测量

旋涡频率检测的方法较多，一般与旋涡发生体形状有关，主要方法如下：

（1）热电丝检测法。圆柱形旋涡检测器如图 6.4.2 所示。

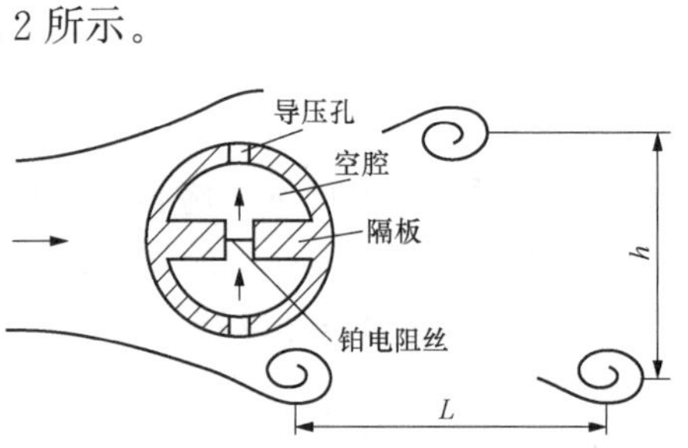


图 6.4.2　圆柱形旋涡检测器

圆柱体表面开有导压孔，与圆柱体内部空腔相通，空腔由隔板分成两部分，在隔板的中央部分有一小孔，在小孔中装有检测流体流动的铂电阻丝。当旋涡在圆柱体下方产生时，出于升力的作用，圆柱体下方的压力比上方高一些，圆柱体下方的流体在上下压力差的作用下，从圆柱体下方导压孔进入空腔，通过隔板中央部分的小孔，流过铂电阻丝，从上方导压孔流出。如果将铂电阻丝加热到高于流体温度的某温度值，则当流体流过铂电阻丝时，就会带走热量，改变其温度，也即改变其电阻值。当圆柱体上方产生一个旋涡时，则流体从上导压孔进入，由下导压孔流出，又一次通

过铂电阻丝，又改变一次它的电阻值。由此可知，电阻值变化与流动变化相对应，也即与旋涡的频率相对应。所以，可由检测铂电阻丝电阻变化频率得到涡频率，进而得到流量值。

(2) 热敏电阻检测法。如图 6.4.3 所示，在三角柱体的迎流面对称地嵌入两个热敏电阻组成桥路的两臂，以恒定电流加热使其温度稍高于流体，在交替产生的旋涡的作用下，两个电阻被周期性地冷却，使其阻值改变，阻值的变化由桥路测出，即可测得旋涡产生频率，从而测出流量。

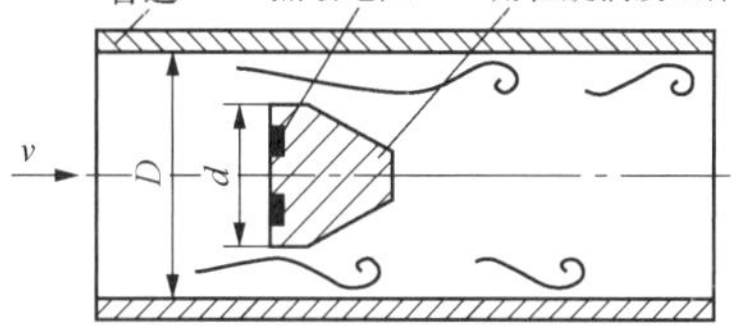

图 6.4.3 三角柱旋涡检测器

(3) 超声波检测法。在柱体后设置横穿流体的超声波束，流体出现旋涡将使超声波由于介质密度变化而折射或散射，使收到的声信号产生周期起伏，经放大得到相应于流量变化的脉冲信号。

(4) 压力检测法。在三角柱中央或其后部插入嵌有压电陶瓷的杆，杆端为扁平片，产生旋涡引起的压力变化，作用在杆端而形成弯矩，使压电元件出现相应的电荷。此方法在技术上比较成熟，应用较多。

### 6.4.2 旋进式旋涡流量传感器

如图 6.4.4 所示，旋进式旋涡流量传感器的流通剖面类似文丘利管的型线。在入口侧安放一组旋涡发生体，它是由一定角度的螺旋型导流叶片组成，当流体进入流量传感器时，导流叶片迫使流体产生剧烈的旋涡流。当流体进入扩散段时，旋涡流受到回流的作用，开始作二次旋转，形成陀螺式的涡流进动现象。该进动频率与流量大小成正比，不受流体物理性质和密度的影响，检测元件测得流体二次旋转进动频率就能在较宽的流量范围内获得良好的线性度。信号经前置放大器放大、滤波、整形转换为与流速成正比的脉冲信号，然后再与温度、压力等检测信号一起被送往微处理器进行积算处理，最后在液晶显示屏上显示出测量结果（瞬时流量、累积流量及温度、压力数据）。

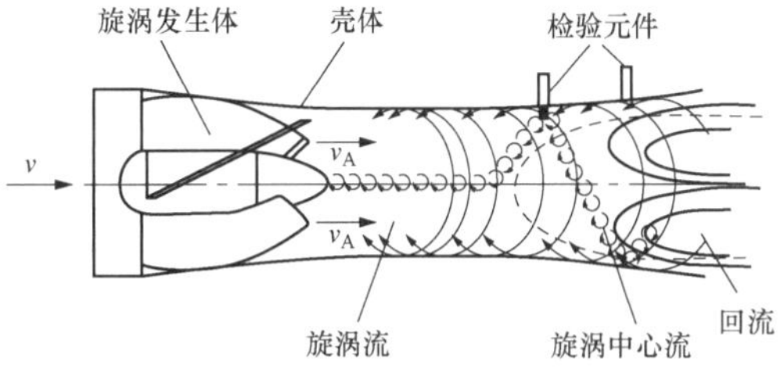

图 6.4.4 旋进式旋涡流量传感器

进动频率可采用热敏元件或压敏元件检测。为了使元件不受污染、腐蚀和振动，元件表面挂有薄玻璃层，一般采用珠状热敏电阻，并用恒流源加热，通常其温度高于被测流体的温度。当进动涡流扫过时，将使热敏电阻冷却。这样，便将进动频率转变为热敏电阻阻值的交替变化，使变化频率和进动频率相等。

通常热敏电阻作为电桥的一个臂使用，由恒流源加热。然后，当电阻的变化变成电桥的不平衡输出后，送至放大器放大，以后的处理与卡门旋涡流量传感器相同。

涡街流量传感器具有如下优点：测量精确度较高；量程比宽，可达 30∶1；使用寿命长，压力损失小，安装与维护比较方便；测量几乎不受流体参数变化的影响，用水或空气标定后的流量传感器无须校正即可用于其他介质的测量；易与数字仪表或计算机接口，对气体、液体和蒸汽介质均适用。

由于流体流速分布情况和脉动情况将影响测量准确度，因此涡街流量传感器适用于紊流流速分布变化小的场合，并要求其前后有足够长的直管段。

## 6.5 容积式流量传感器

微课12

容积式流量传感器原理

采用容积法测量流体流量的仪表，称为容积式流量传感器。容积式流量传感器内部设计有一个已标定容积的计量室，该容积在仪表壳体与旋转体之间形成。随着转子的转动，使流体从流入口流向排出口，当流体经过仪表时，利用仪表入口和出口之间产生的压力差，推动旋转体转动，将流体从计量室中以容积 $V_0$ 为单位一份一份地推送出去。如果设计好该空间的体积，测量转子的转动次数，就能得出该空间给出的体积量，所推送出的流体流量为 $Q=nV_0$ ［$n$ 为转动的次数，r/s（转/秒）］。

根据其结构不同，这类仪表通常分为椭圆齿轮流量传感器、腰轮流量传感器、刮板式流量传感器等。

### 6.5.1 椭圆齿轮流量传感器

1. 结构和工作原理

椭圆齿轮流量传感器的测量本体由一对相互啮合的椭圆齿轮和壳体组成，这对椭圆齿轮在流量传感器进出口两端流体差压作用下，交替地相互驱动并各自绕轴作非匀角速度的旋转。在流体差压（$p_1-p_2$）作用下，推动椭圆齿轮 A 和 B 反方向旋转，不断地将充满半月形固定容积中的流体推出去，其转动与充液排液过程如图 6.5.1 所示。

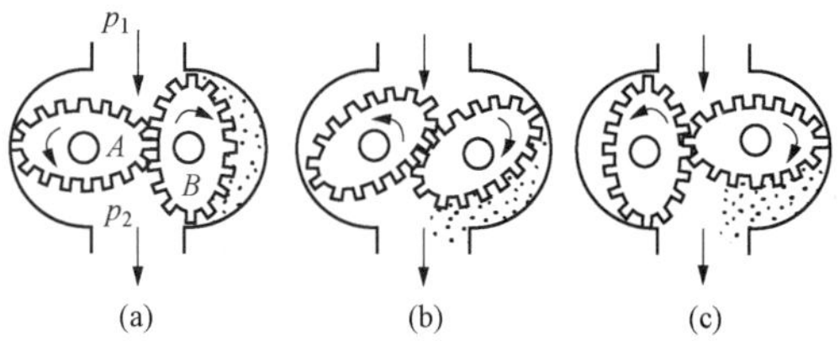


图 6.5.1　椭圆齿轮流量传感器的工作原理

齿轮每转一周就推出四个半月形容积的流体，从齿轮的转数可计算出排出流体的总流量。椭圆齿轮的转动通过减速传动机构带动指针与机械计数器，仪表盘中间的大指针指示流体的瞬时流量，经过齿轮计数器显示体积总流量。只要测量椭圆齿轮的转数 $N$ 和转速 $n$，便可知累积流量 $Q=4NV$ 和单位时间内的流量，即瞬时流量 $q_V=4nV$。

另外还有一种卵形流量传感器，它将椭圆齿轮变成卵形齿轮，其工作原理与椭圆齿轮流量传感器基本一致。

2. 工作特点

椭圆齿轮流量传感器借助于固定的容积来计量流量，与流体的流动状态及黏度无关。黏度变化会引起泄漏量的变化，影响测量精确度。若保证加工精确度，且各运动部件的配合紧密，使用中不腐蚀和磨损，测量精确度可很高，一般为 0.5%～1%，较好时可达 0.2%。

流量恒定时，椭圆齿轮在一周的转速是变化的，但每周的平均角速度不变。椭圆齿轮的短轴与长轴之比为 0.5 时，转动角速度的脉动率接近 0.65。由于角速度的脉动，测量瞬时转速并不能表示瞬时流量，而只能测量整数圈的平均转速来确定平均流量。大多数椭圆齿轮流量传感器的外伸轴都带有测速发电机或光电测速盘。同二次仪表相连，可准确地显示出平均流量和累积流量。

椭圆齿轮流量传感器在使用时是对流体的清洁度要求较高。另外，其齿轮容易磨损，特别是在超负荷运行时，磨损加剧，导致精确度下降。

### 6.5.2 腰轮流量传感器

1. 结构和工作原理

腰轮流量传感器又称罗茨流量传感器，如图 6.5.2 所示。其工作原理与椭圆齿轮流量传感器相同。腰轮流量传感器的转子是一对不带齿的腰形轮，在转动过程中依靠套在壳体外的与腰轮同轴上的啮合齿轮来完成驱动。通过腰轮（转子）与壳体之间所形成的固定计量室来实现，腰轮转过一圈，排出四个固定计量体积的流体，只要记下腰轮的转动转数，就可得到被测流体的体积流量。其流量的计算公式与椭圆齿轮流量传感器相同。根据腰轮所处的位置，腰轮流量传感器可分为立式和卧式结构。

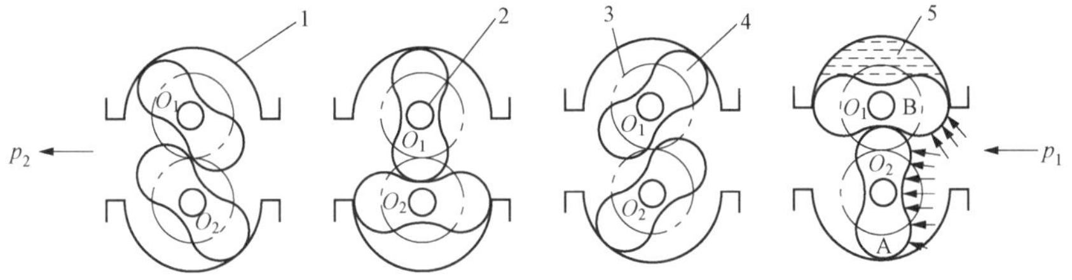


图 6.5.2 腰轮流量传感器

1—壳体；2—轴；3—驱动齿轮；4—腰轮；5—计量室

2. 工作特性

腰轮转子流量传感器中，两个腰轮转子的加工精确度和表面粗糙度要求较高，安装时必须要保证两腰轮轴线的平行度要求。普通腰轮流量传感器，随着流量的增大，转子角速度的波动现象较严重，脉冲率约为 0.22。对大流量的计量，往往都采用 45°角组合腰轮，可大大减小转子角速度的波动，脉冲率可减小到 0.027 左右。

由于腰轮流量传感器的驱动是由专门的驱动齿轮担任，其磨损不影响测量精确度，而与测量密切相关的只是腰轮，由于腰轮没有齿，不易被流体中尘灰夹杂卡死，同时腰轮的磨损也较椭圆齿轮轻一些，因此使用寿命较长，准确度较高，可作标准表使用。因此这种流量传感器具有结构简单、使用寿命长、适用性强等特点，对于不同黏度的流体，均能够保证精确的计量，一般精确度可达±0.2%。

### 6.5.3 刮板式流量传感器

刮板式流量传感器有凸轮和凹线式两种形式如图 6.5.3（a）、（b）所示。如图 6.5.3（c）所示，刮板式流量传感器工作原理是，转子在流量传感器进、出口差压作用下转动，转子上有两对可以内外滑动的刮板，每当相邻两刮板进入计量区时均伸出至壳体内壁且只随转子旋转而不滑动，形成具有固定容积的测量室，当离开计量区时，刮板缩入槽内，流体从出口排出，同时后一刮板又与其另一相邻刮板形成测量室。转子旋转一周，排出 4 份固定体积的流体，由转子的转数就可以求得被测流体的流量。

凸轮式和凹线式工作原理基本相同。区别在于凸轮式刮板的滑动是靠凸轮控制转子按顺时针方向转动的，而凹线式滑板的滑动是靠具有凹线的壳体来实现转子的逆时针方向转动的。

刮板式流量传感器适用于计量液体流量，能计量含杂质的液体；准确度较高，可达 0.2

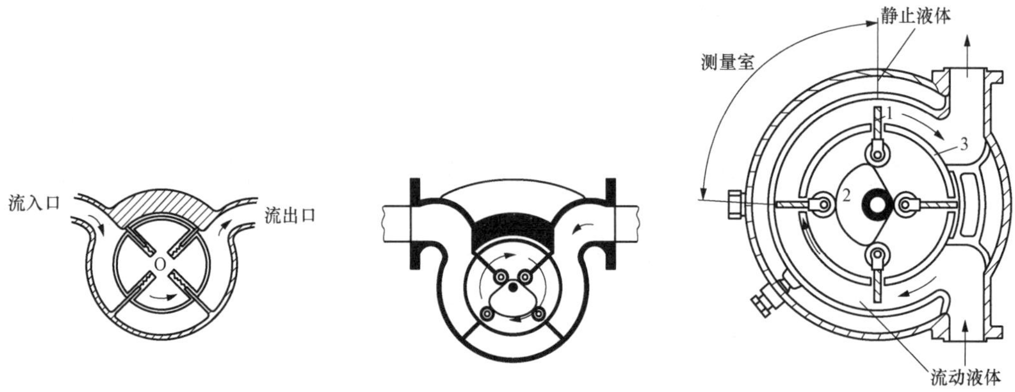


(a) (b) (c)

图 6.5.3 刮板式流量传感器

（a）凹线式；（b）凸轮式；（c）结构原理图

1—刮板；2—凸轮；3—转子

级；振动和噪声小；因采用了双壳体，故不受管道应力影响，检查维修方便；但其结构较复杂，制造精确度要求高。

### 6.5.4 容积式流量传感器的特点

从原理上讲，容积式流量传感器的优点主要有：①准确度受流量大小、流体黏性的影响很小，测量准确度高，在测量总量时，这类仪表的准确度很高，一般可达±（0.1～0.5）%；②测量过程与雷诺系数无关，尤其适用于小口径管道流量和高黏度流体的流量测量（因泄漏误差随黏度增大而减小）；③流量传感器的量程比较宽，一般为 10∶1；④安装仪表的直管段长度无严格要求。

容积式流量传感器缺点主要有：①仪表有可动部分，惯性较大，动态特性不好；②对于前三种形式的容积式流量传感器，由于齿轮等运动部件与壳体之间存在间隙，在仪表进出口差压作用下，存在着通过间隙的滑漏量，从而引起测量误差；③结构较复杂，运动部件易磨损，对于大口径管道的流量测量，流量传感器的体积大而笨重，维护不够方便，成本也较高。

## 6.6 质量流量传感器

微课 13

质量流量传感器原理

在工业生产中，由于物料平衡、热平衡以及储存、经济核算等所需要的都是质量，并非体积，所以在测量工作中，常需将测出的体积流量乘以密度换算成质量流量 $M$，即单位时间内所流过的介质的质量。一般情况下，液体的密度受温度的影响不大，通常不需要进行温度修正。而气体的密度受温度和压力的影响则不能忽略，所以在测量其体积流量时，要同时测量流体的压力和密度，进而求出质量流量。在温度、压力变化比较频繁的情况下，难以利用体积流量传感器达到测量的目的，这样便希望用质量流量传感器来测量质量流量，而无须再人工进行上述换算。

质量流量传感器大致分为三大类：①直接式，即直接检测与质量流量成比例的量，检测结果直接反映出质量流量；②推导式，即用体积流量传感器和密度计组合的仪表来测量质量流量，同时检测出体积流量和流体密度，通过运算得出与质量流量有关的输出信号；③补偿式，同时检测流体的体积流量和流体的温度、压力值，再根据流体密度与温度、压力的关系，由计算单元计算得到该状态下流体的密度值，最后再计算得到流体的质量流量值。目前工业上普遍采用补偿式质量流量测量方法。

### 6.6.1 直接式质量流量传感器（科里奥利质量流量传感器）

科里奥利质量流量传感器（简称 CMF）是利用流体在直线运动的同时，处于一个旋转系中，产生与质量流量成正比的科里奥利力而制成的一种直接式质量流量传感器。然而，通过旋转运动产生科里奥利力实现起来比较困难，目前的传感器均采用振动的方式来产生。由于它实现了真正意义上的高精确度的直接流量测量，具有抗磨损、抗腐蚀、可测量多种介质及多个参数等诸多优点，现已在石油化工、制药、食品及其他工业过程中广泛应用。

1. 科里奥利质量流量传感器构成及工作原理

如图 6.6.1 所示，科里奥利流量传感器主要由分流器、测量管、驱动、检测线圈和驱动、检测磁钢和测量转换电路等构成。

此类流量传感器通常人为地建立一个旋转体系，以双“U”形测量管传感器为例，用电磁驱动的方法使“U”形测量管的回弯部分作周期性的微小振动。这相当于使“U”形管绕一个固定轴（OO 轴）作周期性时上时下的旋转，其旋转方向周期性变化，像钟摆一样运动。“U”形管的出入口段被固定，这样就建立一个以“U”形管出入口段为固定轴的旋转体系。

科里奥利质量流量传感器力学分析图如图 6.6.2 所示。设测量管左右对称 $r_1=r_2=r$，$F_c=F_c'$，管的直腿段长度为 $L$，管的回弯宽度为 $2r$，流体单位质量为 $m$，流速为 $v$，流过单边直腿段的时间为 $\Delta t$，则流体瞬时质量流量为 $q_m$ 为

$$q_m=(K_s/8r^2)\Delta t \tag{6.6.1}$$

式中：$K_s$ 为 U 形管的扭转弹性模量。

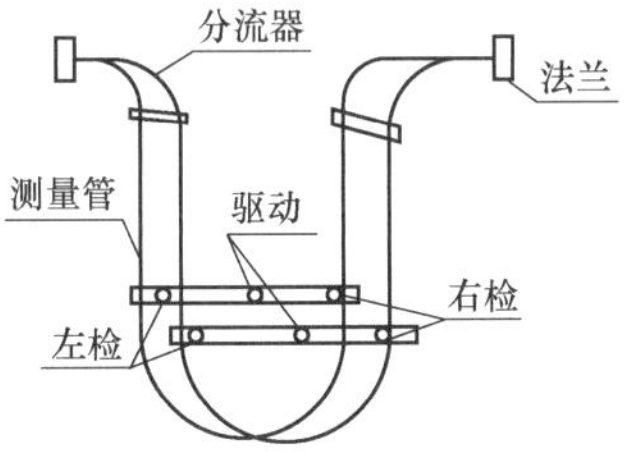


图 6.6.1 流量传感器结构示意图

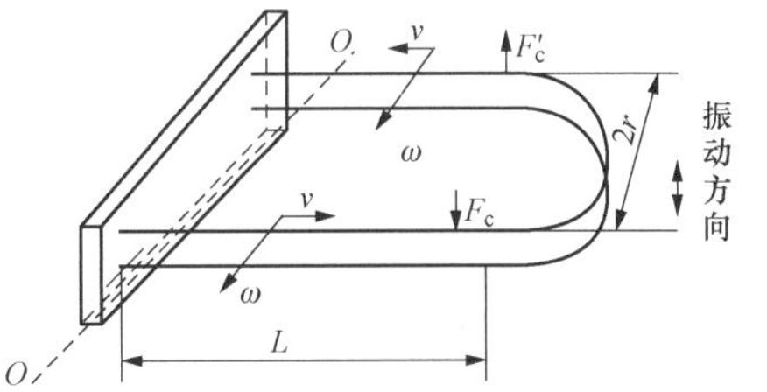


图 6.6.2 传感器力学分析图

式（6.6.1）中 $\Delta t$ 为流体流过传感器左右检测器时产生的时间差，也就是两组检测信号的相位差。由式（6.6.1）可知，质量流量 $q_m$ 与两组电磁检测器检出信号的时间差 $\Delta t$ 成正比，而与振动的频率及角速度等均无关。根据这一原理，质量流量传感器将 $\Delta t$ 转换成脉冲信号（0～10kHz）或电流信号（DC4～20mA）、电压信号（DC1～5V）输出并显示流体质量，从而解决了质量流量的直接测量问题。

2. 科里奥利质量流量传感器的特点

由于科里奥利质量流量传感器是一种直接式质量流量传感器，具有以下优点：

（1）可直接测得质量流量的信号，不受被测介质物理参数的影响，实现了真正的、高精确度的直接质量流量测量。精确度一般为 0.1%～0.2%，重复性优于 0.1%。

（2）可以测量多种介质，如油品、化工介质、造纸黑液、浆体及天然气等，也可用于多相流的测量。

（3）流体的介质密度、黏度、温度、压力、导电率、流速分布等特性对测量结果影响较小。因此，对流量传感器前后直管段要求不高。

（4）无可动部件，流量管内无障碍物，便于维护。

其缺点主要是：对振动较为敏感，故对传感器的防震、抗扰要求较高，运行中由于两根测量管的平衡破坏而引起零点漂移；不适用于低密度介质和低压气体；不适用于大管道目前局限于直径 150（或 200）mm 以下；测量管内壁磨损、腐蚀和结垢时，测量精确度受影响较大。

科里奥利流量传感器的选择一般主要考虑其性能和可靠性。性能指标包括准确度、量程利用率、压力损失和量程能力等，其可靠性需要实践的检验。

### 6.6.2 热式质量流量传感器

热式质量流量传感器，又称量热式流量传感器，是利用流动中的流体与热源（流体中加热的物体或测量管外加热体）之间热量交换关系来测量流体质量流量的一种流量仪表，一般用来测量气体的质量流量。它具有压损低、流量范围度大、精确度高、重复性和可靠性高、无可动部件以及可用于极低气体流量监测和控制等特点。

1. 分类

热式质量流量传感器根据热源及测温方式的不同可分为接触式和非接触式两种。

（1）接触式热式质量流量传感器。这种质量流量传感器的加热元件和测温元件都置于被测流体的管道内，与流体直接接触，常被称为托马斯流量传感器，适于测量气体的较大质量流量。由于加热及测量元件与被测流体直接接触，因此元件易受流体腐蚀和磨损，影响仪表的测量灵敏度和使用寿命。测量高流速、有腐蚀性的流体时不宜选用，这是接触式的缺点。

（2）非接触式热式质量流量传感器。这种流量传感器的加热及测温元件都置于流体管道外，与被测流体不直接接触，克服了接触式的缺点。

2. 工作原理

热式质量流量传感器是根据介质热传递原理制成的一种流量仪表，一般用来测量气体的质量流量。根据被测物理量的不同可以有以下三种测量关系：①利用流体流过加热管道时产生的温度场变化与流体质量流量的关系；②利用加热流体时流体温度上升某一值所需要的能量与流体质量流量之间的关系；③利用流体流过加热探头时带走的热量与流体质量流量的关系。根据上述三种测量关系可以分成两种测量方法，一种是给流体加入必要的热量，热能随流体流动，可以通过检测相应点的热量变化来求出流量；另一种是在流动的流体中放置发热元件，其温度随流速变化，可以通过检测发热元件被冷却程度来测量流量。前者称为热量式，属于这种测量方法的仪表有早期的托马斯流量传感器、非接触式的边界层流量传感器和热分布型流量传感器；后者称为热导式，属于这种测量方法的仪表有热线风速仪，浸入型流量传感器等。目前得到商用化的热式流量传感器，从原理上主要可以分成浸入型和热分布型两大类。前者测量范围较大，后者测量范围有限。

3. 浸入型热式质量流量传感器

浸入型热式质量流量传感器是根据金氏定律(King's Law)，即热丝热散失效应的原理工作的。其测量原理如图 6.6.3 所示。它有两个探头浸入到被测流体中，一个速度探头监测质量流速向，一个温度探头监测气体温度 $T$，并自动对温度的变化进行修正。现代工业用的浸入型热式质量流量传感器探头是采用标准级铅电阻温度探头（$R_T$）铀丝绕在一陶瓷芯棒上插入一坚固的不锈钢套管（或温度计套管）中组成的。速度探头的电阻 $R_v$ 比温度探头的电阻 $R_T$ 低得多，并由电子设备供电产生热量。

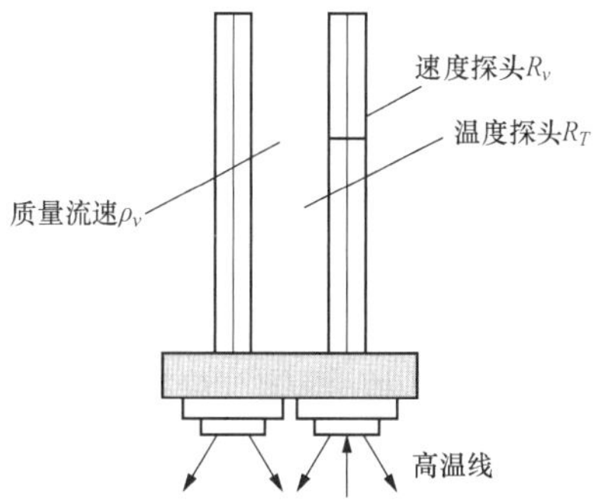


图 6.6.3 浸入型质量流量传感器原理图

浸入型热式质量流量传感器传感器的工作原理基于热力学第一定律，即电子设备提供给速度探头的电功率（$E_v^2/R_v$）应等于流动的气体对流换热所带走的热量，即

$$\frac{E_v^2}{R_v}=hA_s(T_v-T) \tag{6.6.2}$$

式中：$E_v$ 为单位时间内输给流量传感器的电动势；$R_v$ 为速度探头的电阻；$h$ 为对流换热系数；$A_s$ 为圆柱形探头表面积；$T_v$ 为速度探头的温度；$T$ 为温度探头测得的气体温度。

参与速度探头周围的热边界层换热的是流动气体的分子（即质量），因此，浸入型热式质量流量传感器检测到的是流体的质量流量。由传热理论可知，乘积 $hA_s$ 常可表示为

$$hA_s=a_1+a_2(\rho v)^m \tag{6.6.3}$$

式中：$a_1$、$a_2$ 和 $m$ 为经验确定的常数，取决于被测气体的热传导系数、黏度和热容量等特性；$\rho$ 为密度，$kg/m^3$；$v$ 为流体的流速，m/h。

求解式（6.6.2）得气体质量流速（$\rho v$）为

$$\rho v=\frac{1}{a_2}\left(\frac{E_v^2/R_v}{T_v-T}\right)-\frac{a_1}{a_2} \tag{6.6.4}$$

可以保持温差 $T_v-T$ 为常数，通过测量（$E_v^2/R_v$）来测量质量流速，这种方式称为等温型热式质量流量传感器；也可以保持电功率（$E_v^2/R_v$）为常数，通过测量温差（$T_v-T$）来测量质量流速 $\rho v$，这种方式称为等功率型热式质量流量传感器。等温型的特点是对流速变化的反应速度快（约 2s），而等功率型的响应速度就要慢得多。

显然，从式（6.6.4）可以看出，等温型热式质量流量传感器的输出是一非线性输出信号。对应 0～60N·m/s 的流速大约有 0.5～8W 的输出。热式质量流量传感器典型测量范围是 0.1～100N·m/s（标准工况 20℃，101.33kPa），它具有测量范围度宽（1000∶1）和低速（约 0.06N·m/s）测量可靠等优点。

### 6.6.3 推导式质量流量传感器

推导式质量流量传感器是采用测量体积的流量传感器与密度计的结合，并加以运算得出质量流量。推导式质量流量传感器主要有三种：①$\rho q_V^2$ 检流器与密度计组合的质量流量传感器；②体积流量传感器与密度计组合的质量流量传感器；③$\rho q_V^2$ 检流器与体积流量传感器组合的质量流量传感器。

1. $\rho q_V^2$ 检测器与密度计的组合

利用能测量 $\rho q_V^2$ 的靶式流量传感器或差压流量传感器与连续测量密度的密度计组合测量

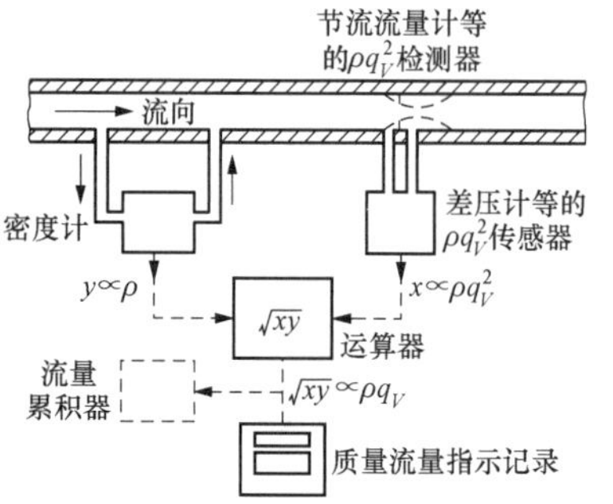


图 6.6.4　$\rho q_V^2$ 检测器与密度计组合的质量流量传感器

质量流量的组成原理如图 6.6.4 所示。流量传感器检测出与管道中的流体的 $\rho q_V^2$ 成正比的信号 $x$，由密度计检测出与 $\rho$ 成正比的信号 $y$。

由于差压式流量传感器测得的信号 $x$ 正比于介质的差压 $\Delta p$，密度计测量的信号 $y$ 正比于介质的密度。将 $x$、$y$ 同时送到乘法器运算，可得到 $xy\propto \rho^2 q_V^2$，再将其送至开平方运算器后得质量流量。质量流量表达式为

$$q_m = \sqrt{xy} = K\sqrt{\rho^2 q_V^2} = K\rho q_V \quad (6.6.5)$$

将 $q_m$ 信号送至流量累积器即可得到总质量流量。

2. 体积流量传感器与密度计的组合

容积、旋涡、电磁式等流量传感器可测量管道中的测量管道中的体积流量传感器可测得管道中的体积流量 $q_V$，将它与密度计组合可构成质量流量传感器。目前，实际使用的种类很多，如由体积流量传感器和浮子式密度计组合、涡轮流量传感器和浮子式密度计组合、电磁流量传感器与核辐射密度计组合等。

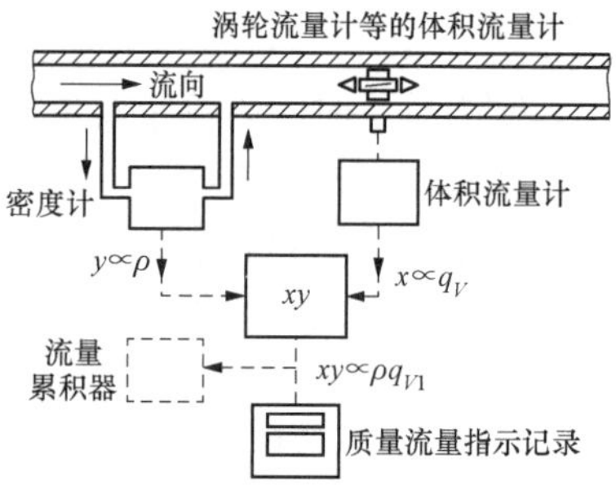


图 6.6.5　体积流量传感器与密度计的组合的质量流量传感器

现以涡轮流量传感器与密度计组合而成的质量流量传感器为例来说明此类流量传感器的工作原理，如图 6.6.5 所示。涡轮流量传感器检测出与管道内流体的体积 $q_V$ 成正比的信号 $x$，由密度计检测出与流体的密度 $\rho$ 成正比的信号 $y$，经乘法器后得质量流量

$$q_m = xy = K\rho q_V \quad (6.6.6)$$

若求 $t$ 时间内流过的质量流量，需将 $q_m$ 信号送至流量累积器即得累积流量

$$\sum q_m = \int_0^t q_V \mathrm{d}t \quad (6.6.7)$$

3. $\rho q_V^2$ 检测器与体积流量传感器的组合

将测量 $\rho q_V^2$ 的差压式流量传感器与测量体积流量 $q_V$ 的涡轮、电磁、容积或旋涡式等流量传感器组合，通过乘除器进行 $\rho q_V^2$ 运算而得出的质量流量，现以涡轮流量传感器与差压式流量传感器组合为例来说明其工作原理。

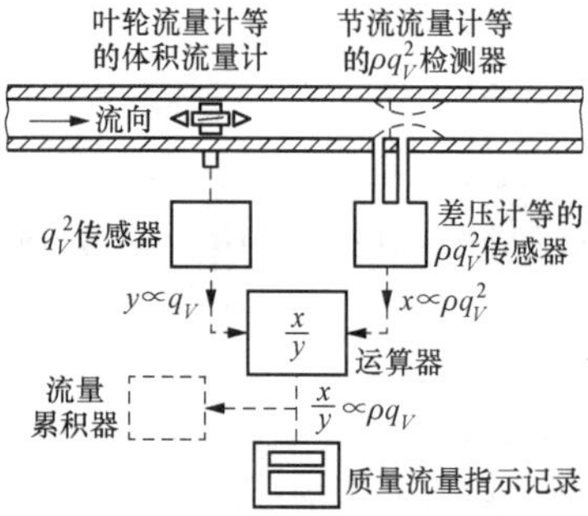


图 6.6.6　$\rho q_V^2$ 检测器与体积流量传感器组合的质量流量传感器

$\rho q_V^2$ 检测器与体积流量传感器组合的质量流量传感器如图 6.6.6 所示，从差压式流量传感器检测到的量 $x$ 与 $\rho q_V^2$ 成正比，从涡轮流量传感器检测到的量 $y$ 与 $q_V$ 成正比。两者之比为质量流量，即

$$q_m = \frac{x}{y} = K\frac{\rho q_V^2}{q_V} = K\rho q_V \quad (6.6.8)$$

输出信号一路送指示器或记录器显示质量流量，一路送流量累积器即得累积流量。

### 6.6.4 温度、压力补偿式流量传感器

温度、压力补偿式质量流量传感器的基本原理是，测量流体的体积流量、温度和压力值，根据已知的被测流体密度与温度、压力之间的关系，通过运算，把测得的体积流量数值自动换算到标准状态下的体积流量数值。由于被测流体种类一定后，其标准状态下的密度是定值，所以标准状态下的体积流量值就代表了流体的质量流量值。连续测量温度、压力比连续测量密度容易。因此，目前工业上所用的质量流量传感器多采用这种原理。

当被测流体为液体时，可只考虑温度对流体密度的影响。在温度变化范围不宽时，密度与温度之间的关系为

$$\rho=\rho_0[1+\beta(T_0-T)] \tag{6.6.9}$$

式中：$\rho$ 为工作温度 $T$ 下的流体密度；$\rho_0$ 为标准状态（或仪表标准状态）温度 $T$ 下流体的密度；$\beta$ 为被测流体的体积膨胀系数。

因此，对于用容积式流量传感器或速度式流量传感器测得的液体体积流量 $q_V$ 和温度变化（$T_0-T$），进行自动运算即可获得质量流量 $q_m$。对于水和油类，当温度在±40℃以内变化时，式（6.6.9）计算结果的准确度可达 0.2%。

当用差压计流量传感器来测量液体体积流量时，输出差压信号与体积流量之间的关系为

$$q_V=\sqrt{\Delta p/\rho} \tag{6.6.10}$$

此时实现温度补偿的计算公式为

$$q_m=\rho q_V=K\sqrt{\Delta p\rho}\approx K\sqrt{\Delta p\rho[1+\beta(T_0-T)]} \tag{6.6.11}$$

可见，只要在差压式流量传感器输出信号上加上一项与输出成正比的补偿量，然后开方就可求得质量流量。

若被测流体为低压范围内的气体，则可用理想气体密度方程，即

$$\frac{p}{\rho T}=\frac{p_0}{\rho_0 T_0} \tag{6.6.12}$$

对于体积式流量传感器或速度式流量传感器测得的体积流量可进行温度压力补偿后得到质量流量，即

$$q_m=\rho q_V=\frac{p}{p_0}\times\frac{T_0}{T}\rho_0 q_V=C_1\frac{T_0}{p_0}\rho_0 \tag{6.6.13}$$

对于测量的差压式流量传感器，质量流量为

$$q_m=\rho q_V=\rho K\sqrt{\frac{\Delta p}{\rho}}=K\sqrt{\Delta p\rho}=K\sqrt{\Delta p\rho_0\frac{p}{p_0}\frac{T_0}{T}}=C_2\sqrt{\Delta p\frac{p}{T}} \tag{6.6.14}$$

$$C_2=K\sqrt{\frac{\rho_0 T_0}{p_0}}$$

由式（6.6.14）可知，只要获得差压流量传感器的差压值和测得温度、压力就能求取质量流量值。

## 习 题

1. 填空题

（1）流量测量仪表大致分为________、________、________三类。

（2）一般情况下，管道内流体速度在________处的流速最大，在________处流速等于零。

（3）转子流量计必须________安装，其中流体的流动方向为________。在其流量基本方程式中流量系数主要和流体的________有关。

（4）涡街旋涡流量计是利用________的原理制成的一种旋涡分离型流量计，而旋进式旋涡流量计是利用________原理制成的一种旋涡进动型流量计。

2. 在工艺介质为液体的水平管道上，垂直安装一套差压式流量测量系统，差压变送器是经过校验后安装上去的。工艺反映仪表指示偏低，若孔板及管道设计均无问题，请问如何处理?

3. 热蒸气的质量流量 $q_m=100\mathrm{t/h}$，选用的管道内径 $d=200\mathrm{mm}$。若蒸气的密度 $\rho=38\mathrm{kg/m^3}$，则蒸气在管道的平均流速为多少?

4. 用孔板测量流量，孔板应装在调节阀前还是阀后，为什么?

# 7　智能传感器与虚拟仪器

**视野拓展**

恩格斯指出，“每一个时代的理论思维，都是一种历史的产物，它们在不同的时代具有完全不同的形式，同时具有完全不同的内容。”理论思维是不断发展的，传感器技术也是如此，在不同的时代呈现不同的形式和内容。

传统仪器是由生产厂家定义制造的，具有固定的外观和功能，它侧重的是使用材料技术、工艺技术以及元器件技术等硬件制造技术来实现仪器功能和性能，因而其技术进步体现的是新材料、新工艺、新技术和新硬件结构原理等的进步，多数涉及制造技术、电子技术、材料技术等基础工业体系。

随着电子技术、计算机技术等的发展，测试技术与仪器领域中出现了智能传感器技术和虚拟仪器技术等重要的创新技术，在该领域得到广泛应用。

## 7.1　智能传感器

智能传感器（Intelligent Sensor，Smart Sensor）是指具有信息检测、信息处理、信息记忆、逻辑思维和判断功能的传感器。它不仅具有传统传感器的各种功能，而且还具有数据处理、故障诊断、非线性处理、自校正、自调整以及人机通信等多种功能。它是微电子技术、微型电子计算机技术与检测技术相结合的产物。

早期的智能传感器是将传感器的输出信号经处理和转化后由接口送到微处理机部分进行运算处理。20 世纪 80 年代，智能传感器主要以微处理器为核心，将传感器信号调节电路、微电子计算机存储器及接口电路集成到一块芯片上，使传感器具有一定的人工智能。20 世纪 90 年代，智能化测量技术有了进一步的提高，使传感器实现了微型化、结构一体化、阵列式、数字式，使用方便和操作简单，具有自诊断功能、记忆与信息处理功能、数据存储功能、多参量测量功能、联网通信功能、逻辑思维以及判断功能。

智能传感器是传感器技术未来发展的主要方向。在今后的发展中，智能传感器无疑将会进一步扩展到化学、电磁、光学和核物理等研究领域。

### 7.1.1　智能传感器的构成及功能

1. 智能传感器的构成

如图 7.1.1 所示，智能传感器由传感器、微处理器及其外围电路相结合而构成。它充分利用微处理器的计算和存储能力，对传感器的数据进行处理，并对它的内部行为进行调节。

微处理器是智能传感器的核心，它不但可以对传感器测量数据进行计算、存储、数据处理，还可以通过反馈回路对传感器进行调节。微处理器充分发挥各种软件的功能，可以完成硬件难以完成的任务，从而能有效降低制造难度，提高传感器性能，降低成本。

智能传感器的信号感知器件往往由主传感器和辅助传感器组成。以智能压力传感器为

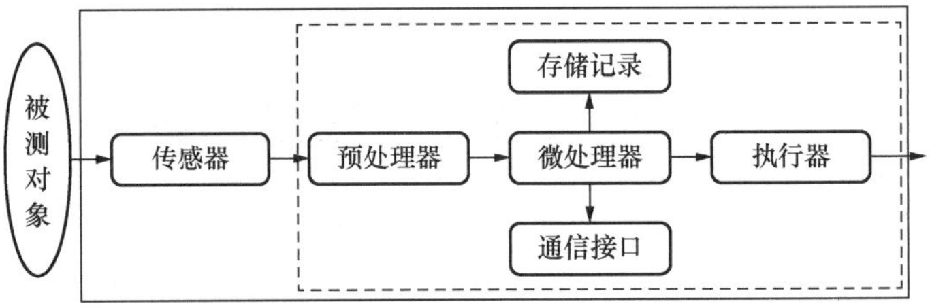


图 7.1.1　智能传感器基本原理框图

例，主传感器是压力传感器，测量被测压力参数；辅助传感器是温度传感器和环境压力传感器。温度传感器检测主传感器工作，根据环境温度变化或被测介质温度变化给主传感器带来的温度变化，并根据温度变化修正和补偿由于温度变化对测量带来的误差。环境压力传感器则测量工作环境大气压变化，以修正其影响。微机硬件系统对传感器输出的微弱信号进行放大、处理、存储和与计算机通信。

2. 智能传感器的功能

概括而言，除了具备传统传感器的信号采集与转换功能外，智能传感器的主要功能有：

（1）自动调零、自校准、自标定功能。智能传感器不仅能够自动检测各种被测参数，还能进行自动调零、自动调平衡、自动校准，某些智能传感器还能自动完成标定工作。

（2）逻辑判断和信息处理能力。智能传感器能对被测量进行信号调理和信号处理，如对信号进行预处理、线性化、或对温度、静压力等参数进行自动补偿等。

（3）自诊断功能。智能传感器通过自检软件，能对传感器和系统的工作状态进行定期或不定期的检测，诊断出故障的原因和位置并做出必要的响应。

（4）组态功能，使用灵活。在智能传感器系统中可设置多种模块化的硬件和软件，用户可通过微处理器发出指令，改变智能传感器的硬件模块和软件模块的组合状态，完成不同的测量功能。

（5）数据存储和记忆功能。智能传感器能随时存取、检测数据。

（6）双向通信功能。智能传感器能通过各种标准总线接口、无线协议等直接与微型计算机及其他传感器、执行器通信。

### 7.1.2　智能传感器的实现途径

通过结构设计、集成、材料、软件、信息融合等方式，可有效地实现传感器的智能化。

1. 智能传感器的结构实现

从实现结构来看，智能传感器通常有非集成化、集成化、混合化等方式。

（1）非集成化实现。非集成化智能传感器是将传统的经典传感器（采用非集成化工艺制作的传感器，仅具有获取信号的功能）、信号调理电路、带数字总线接口的微处理器组合为一整体而构成的一个智能传感器系统。

信号调理电路用来调理传感器的输出信号，即将传感器输出信号进行放大并转换为数字信号后输入微处理器，再由微处理器通过数字总线接口挂接在现场数字总线上，是一种实现智能传感器系统的最快途径与方式。例如美国罗斯蒙特公司、SMART公司生产的电容式智能压力（差）变送器系列产品，就是在原有传统式非集成化电容式变送器基础上附加一块带数字总线接口的微处理器插板后组装而成。同时，开发配备可进行通信、控制、自校正、自补偿、自诊断等智能化软件，从而形成智能传感器。

（2）集成化实现。这种智能化传感器系统是采用微机械加工技术和大规模集成电路工艺技术，利用硅作为基本材料来制作敏感元件、信号调理电路、微处理器单元，并把它们集成在一块芯片上而构成，故又可称为集成智能传感器（Integrated Smart/Intelligent Sensor)。敏感元件构成阵列后，配合相应图像处理软件，可以实现图形成像且构成多维图像传感器。这时的智能传感器就达到了它的最高级形式。

集成智能传感器是利用集成电路工艺和微机械技术将传感器敏感元件与功能强大的电子线路集成在一个芯片上（或二次集成在同一外壳内），通常具有信号提取、信号处理、逻辑判断、双向通信等功能。和经典的传感器相比，集成化使得智能传感器具有体积小、成本低、功耗小、速度快、可靠性高、准确度高以及功能强大等优点。

（3）混合实现。根据需要与可能，将系统各个集成化环节，如敏感单元、信号调理电路、微处理器单元、数字总线接口，以不同的组合方式集成在两块或三块芯片上，并装在一个外壳里。集成化敏感单元包括弹性敏感元件及变换器。信号调理电路包括多路开关、放大器、基准、模/数转换器（ADC）等。微处理器单元包括数字存储器（EEPROM、ROM、RAM)、I/O 接口、微处理器、数模转换器（DAC）等。

加工工艺设计新型结构，使之能真实地反映被测对象的完整信息，这也是传感器智能化的重要技术途径之一。例如多振动智能传感器，就是利用这种方式实现传感器智能化的。工程中的振动通常是多种振动模式的综合效应，常用频谱分析方法分析解析振动。由于传感器在不同频率下灵敏度不同，势必造成分析上的失真。采用微机械加工技术，可在硅片上制作出极其精细的沟、槽、孔、膜、悬臂梁、共振腔等，构成性能优异的微型多振动传感器。目前，已能在 2mm×4mm 的硅片上制成具有 50 条振动板、谐振频率为 4～14kHz 的多振动智能传感器。

2. 智能传感器的材料实现

利用人工智能材料的自适应、自诊断、自修复、自完善、自调节和自学习特性，制造智能传感器。人工智能材料具有感知环境条件变化（普通传感器的功能），自我判断（处理器功能）及发出指令和自我采取行动（执行器功能）。因此，利用人工智能材料就能实现智能传感器所要求的对环境检测和反馈信息调节与转换的功能。人工智能材料种类繁多，例如半导体陶瓷、记忆合金、氧化物薄膜等。

3. 智能传感器的软件实现

传感器与微处理器相结合的智能传感器，传感器的数据经过 A/D 转换后，利用计算机软件编程的优势，实现对测量数据的信息处理功能主要包括以下方面：运用软件计算实现非线性校正、自补偿、自校准等，提高传感器的准确度、重复性等；用软件实现信号滤波，如快速傅里叶变换、短时傅里叶变换、小波变换等技术，简化硬件、提高信噪比、改善传感器动态特性；运用人工智能、神经网络、模糊理论等，使传感器具有更高智能，即分析、判断、自学习的功能。

4. 多传感器信息融合技术

单个传感器在某一采样时刻只能获取一组数据，单个传感器瞬时获得的信息量有限，经过处理得到的信息只能用来描述环境的局部特征，且存在着交叉敏感度的问题，即传感器的输出值不单单取决于一个参量，当其他参量变化时也要发生变化。例如，一个压力（差）传感器，当压力（差）参量恒定而温度或静压参量变化时，其输出值也发生改变，那么这个压力（差）传感器就存在对温度或对静压参量的交叉灵敏度。这样传感器在单个使用时，就存在性能不稳定的问题。

多传感器信息融合技术就是通过对多个参数的监测，在一定准则下进行分析、综合、支配和使用，通过它们之间的协调和性能互补的优势，克服单个传感器的不确定性和局限性，经过处理得到多种信息能够对对象和环境进行更加全面和准确的描述。例如在矿井环境监测过程中，将温度传感器、湿度传感器、氧气传感器及风速传感器等组合起来，就可以得到煤矿井下环境的气候状况；将一氧化碳传感器、二氧化碳传感器、煤尘及瓦斯传感器等合起来，就可以监测矿井自然发火状况、煤尘、瓦斯含量等安全信息。

融合处理是将多维输入数据根据信息融合的功能，在不同融合层次上采用不同的数学方法，对数据进行综合处理，最终实现融合。多传感器信息融合的数学方法很多，常用的方法可概括为概率统计方法和人工智能方法两大类。与概率统计有关的方法有估计理论、卡尔曼滤波、假设检验、贝叶斯方法、统计决策理论以及其他变形的方法等；而人工智能类则有模糊逻辑理论、神经网络、粗集理论、专家系统等。

5. 智能传感器的网络化

独立的智能传感器，虽然能够做到快速准确地检测环境信息，但随着测量和控制范围的不断扩大，单节点、被动的信息获取方式已经不能满足人们对分布式测控的要求，智能传感器与通信网络技术相结合，形成网络化智能传感器。

网络化智能传感器一般由信号采集单元、数据处理单元和网络接口单元组成。这三个单元可以是采用不同芯片构成合成式的，也可能是单片式结构信号经过采集、调理、A/D 转换成数字量后，再送给微处理器进行数据处理，最后将测量结果传输给网络，以便实现各个传感器节点之间、传感器与执行器之间、传感器与系统之间的数据交换及资源共享，在更换传感器时无须进行标定和校准，做到“即插即用（Plug&Play）”。

将所有的传感器连接在一个公共的网络上。网络的选择可以是传感器总线、现场总线，也可以是企业内部的 Ethernet，也可以直接是 Internet。为保证所有的传感器节点和控制节点能够实现即插即用，必须保证网络中所有的节点能够满足共同的协议。无论是硬件还是软件都必须满足一定的要求，只要符合协议标准的节点都能够接入系统。

网络化智能传感器研究的关键技术是网络接口技术。网络化传感器必须符合某种网络协议，使现场测控数据能直接进入网络。由于目前工业现场存在多种网络标准，因此也随之发展起来了多种网络化智能传感器，具有各自不同的网络接口单元类型。目前主要有基于现场总线的智能传感器和基于以太网协议的智能传感器两大类。

智能传感器的网络化使传感器由单一功能、单一检测向多功能和多点检测发展；从被动检测向主动进行信息处理方向发展；从就地测量向远距离实时在线测控发展。传感器可以就近接入网络，与测控设备间无须点对点连接，大大简化了连接线路，节省投资，也方便了系统的维护和扩充。

### 7.1.3 常见智能传感器

随着微电子技术、计算机技术、网络技术、通信技术等的不断发展，各种类型的智能传感器不断涌现。

1. 智能压力传感器

世界上第一个智能传感器是霍尼韦尔（Honeywell）公司在 1983 年开发的 ST3000 系列

智能压力传感器。它具有的多参数传感（差压、静压和温度）与智能化的信号调理功能。在此基础上，霍尼韦尔（Honeywell）公司又推出了 PPT 和 PPT－R 两种系列智能压力传感器。其中，PPT 系列适用于干性气体；而 PPT－R 系列则带有不锈钢隔膜，适用于对腐蚀性介质的测量。测量引用误差为－0.05％～0.05％，比传统压力传感器大约提高了一个数量级。

PPT、PPT－R 系列智能压力传感器的内部电路框图如图 7.1.2 所示，将压敏电阻传感器、温度传感器、A/D 转换器、微处理器、存储器（RAM，$E^2$PROM）和接口电路集于一身。PPT 系列智能传感器的核心部件是一个硅压阻性传感器，内含对压力和温度敏感的元件。代表温度和压力的数字信号送至微处理器（μP）中进行处理，可在－40～＋85℃范围内获得经过温度补偿和压力校准后的输出。在测量快速变化的压力时，可选择跟踪输入模式，预先设定好采样速率的阈值，当被测压力在阈值范围内波动时，采样速率就自动提高一倍。一旦压力趋于稳定，又恢复正常采样速率。PPT 系列智能传感器还具有空闲计数功能，在测量稳定或缓慢变化的压力时，可自动跳过 255 个中间读数，延长两次输出的时间间隔。此外，它还可设定成仅当压力超过规定值时才输出或者等主机查询时才输出的工作模式。为适应不同环境，提高 PPT 系列智能传感器的抗干扰能力，A/D 转化器的积分时间可在 8ms～10s 范围内设定。

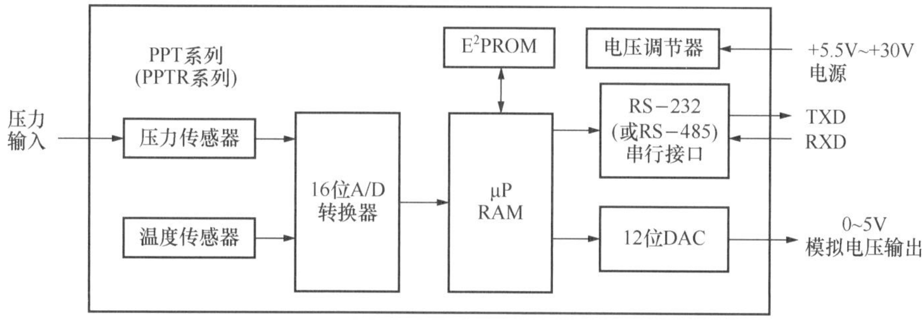


图 7.1.2 PPT/PPT-R 系列智能压力传感器的内部电路框图

PPT 系列智能压力传感器具有优异的重复性和稳定性；其压力信号可由单片机设置为数字输出模式，也可以设置为模拟输出模式。这些特点使得 PPT 系列智能压力传感器可作为一个高准确度的标准模拟装置而不需要连接数字通信线路；作为一个用户可组态的模拟传感器，用户可通过 RS-232 总线为 PPT 组态，然后在现场作为模拟传感器使用；而作为一个智能型且具有地址的数字输出传感器，它可进行双向通信。该压力传感器可单独工作，也可作为传感器网络上的一点，广泛用于工业、环境监测，自动控制，医疗设备等领域。

重庆川仪横河生产的 EJA 系列变送器采用单晶硅谐振式传感器技术测量液体、气体或蒸汽的液位、密度与压力，然后将其转变成 4～20mA DC 的电流信号输出。单晶硅对于压力或温度的变化不存在滞后现象，是非常理想的材料。单晶硅谐振式传感器将过压、温度变化和静压影响降为最低，从而保证长期稳定性和可靠性。软件方面，EJA 系列变送器采用两个 AI 功能块计算差压和静压，从而实现灵活的仪表配置。由于采用 ASIC 放大器设计使包装变小，以及膜盒构造和法兰的小型化，这款机型的质量降到了原有机型的一半。ASIC

设计不仅减少了零件数量，而且提高了放大器的可靠性。EJA 系列变送器准确度高，一般为−0.065%～0.065%；支持 BRAIN/HART/FF/PROFIBUS 现场总线四种通信协议。

2. 智能温湿度传感器

如图 7.1.3 所示，Sensirion 公司推出的 SHT11/15 型温湿度传感器将温湿度传感器、信号放大调理、A/D 转换、$I^2C$ 总线接口全部集成于一芯片（CMOS ensTM 技术），可给出全校准相对湿度及温度值输出，带有工业标准的 $I^2C$ 总线数字输出接口，湿度值输出分辨率为 14 位，温度值输出分辨率为 12 位，并可编程为 12 位和 8 位，具有可靠的 CRC 数据传输校验功能，可广泛用于工农业生产、环境监测，医疗、通风及空调设备等领域。

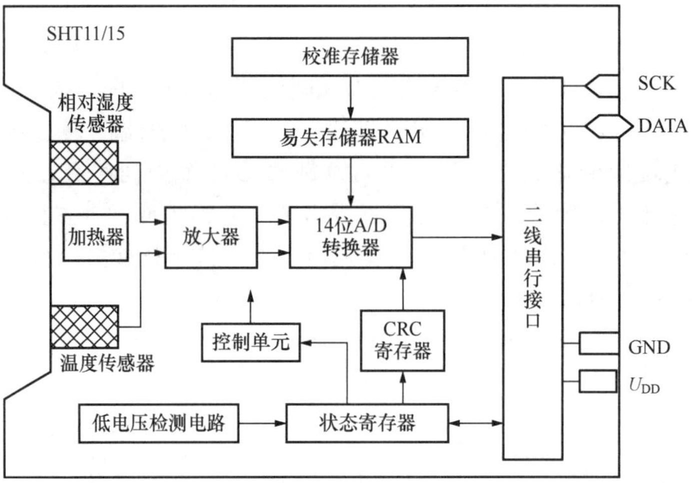


图 7.1.3　SHT11/15 温湿度传感器内部电路框图

3. 智能浑浊度传感器

Honeywell 公司推出的 APMS10G 型带微处理器和单线接口的智能化混浊度传感器系统能同时测量液体的浑浊度、电导和温度，构成多参数在线检测系统，可广泛用于水质净化，清洗设备及化工、食品、医疗卫生等部门。如图 7.1.4 所示，该传感器片内有微处理器，以标准串口通信的方式与主控制器通信，通过测量液体对红外线的散射率透射率及导电率来综合检测液体的浑浊度。

4. 智能陀螺仪

ADI 公司推出的 ADXRS300 型单片偏航角速度陀螺仪（简称 ADXRS300 陀螺仪）基于“音叉陀螺仪”的原理，采用表面显微机械加工工艺和 Bi - CMOS 半导体工艺而制成的。在科里奥利力的作用下，角速度传感器的转动方向不变，而旋转方向可以是顺时针，也可以是逆时针，由转动物体而定。

如图 7.1.5 所示，ADXRS300 陀螺仪通过电容对偏航角速度进行采样，再依次经过能产生 180°相移的 II 形解调器、低通滤波器和输出放大器对信号进行调理，最终获得与 $Z$ 轴方向的角速度成正比的电压信号。ADXRS 系列陀螺仪是由美国模拟器件公司制造，采用集成微电子机械系统（iMEMS）专利工艺和 BIMOS 工艺的角速度传感器，内部同时集成有角速率传感器和信号处理电路。ADXRS 系列陀螺仪具有尺寸小、功耗低、抗冲击和振动性好的优点。

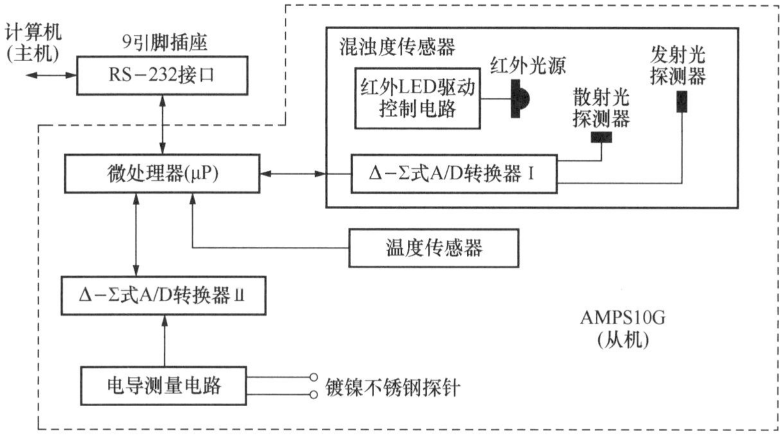


图 7.1.4　APMS10G 的内部电路框图

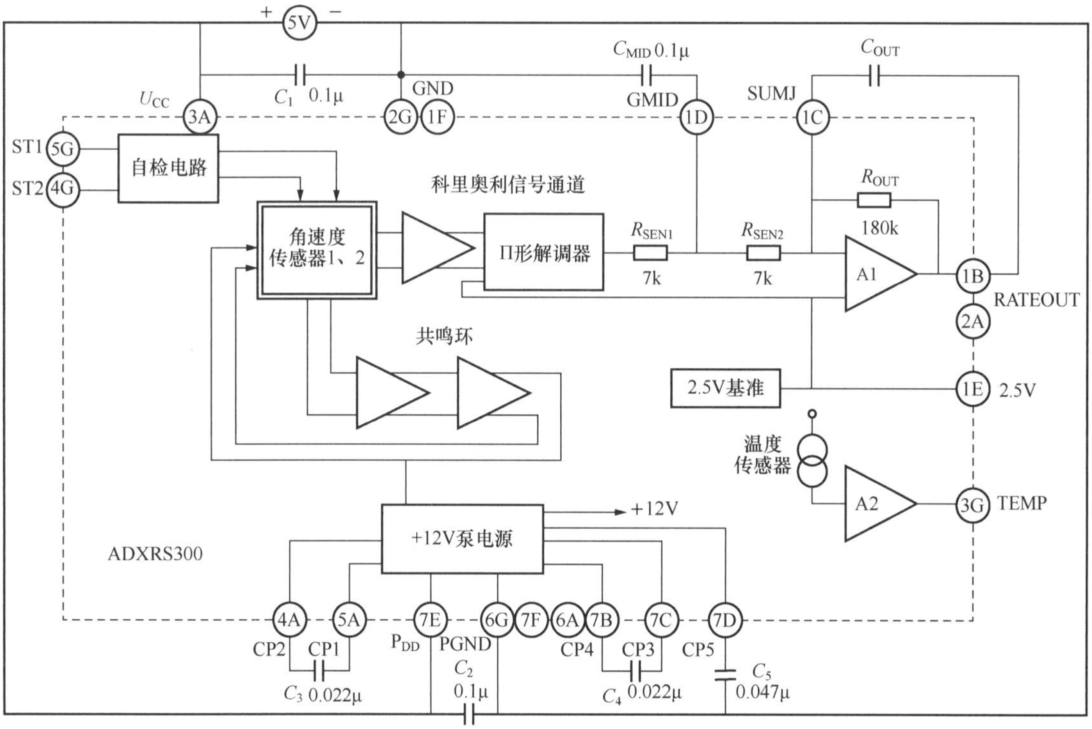


图 7.1.5　ADXRS300 陀螺仪的内部电路框图

5. 其他智能传感器

基恩士（Keyence）公司推出的超小型彩色激光同轴位移计 CL - 3000 系列可高准确度测量目标物。它采用“多彩共焦方式”，对应曲面、凹坑、高低差能力强，测量范围宽广且强力支持多重反射，可高准确测量各种形状及材质。传感头内部不含电子部件，而是由镜头构成的，不存在因发热、干扰导致的变形、光轴偏移等误差因素影响，有效提高品质检测的可靠性。

此外，常见的还有歌尔声学的 MEMS 麦克风、华润微电子的光电传感器、中航电测的金属传感器、高德红外的热成像仪、博世（Bosch）的气体传感器、意法半导体（ST）的陀螺仪等。

## 7.2 虚 拟 仪 器

相较于智能传感器，虚拟仪器（Virtual Instrument，VI）是传感器技术与测量技术结合的另一种方式。它是在以计算机为核心的硬件平台上，根据用户对仪器的设计定义，用软件实现虚拟控制面板设计和测试功能的一种计算机仪器系统。虚拟仪器侧重的是使用通用的软件平台，以软件手段，按固定的数学模型与硬件技术组合起来，最终实现仪器功能和性能，较多体现的是数学理论、信息理论及信息技术的应用。

虚拟仪器的实质是利用计算机显示器的显示功能来模拟传统仪器的控制面板，以多种形式表达输出检测结果；利用计算机强大的软件功能实现信号的运算、分析、处理；利用I/O接口设备完成信号的采集与调理，从而完成各种测试功能的计算机测试系统。使用者可以通过鼠标、键盘或触摸屏来操作虚拟面板，就如同使用一台专用测量仪器一样，实现所需要的测量目的。

软件是虚拟仪器的核心，在其硬件确定后，它的测量功能是通过软件编程来实现的。融合计算机强大的硬件资源，虚拟仪器将信号分析、显示、存储、打印等集中交给计算机处理，充分利用了计算机的数据处理、传输和发布能力，使得组建系统变得更加灵活、简单，丰富和增强了传统仪器的功能。虚拟仪器硬件和软件都制定了开放的工业标准，因此用户可以将仪器的设计、使用和管理统一到虚拟标准，使资源的可重复利用率得以提高，功能易于扩展，管理规范，生产、维护和修护费用降低。

### 7.2.1 虚拟仪器的构成

如图 7.2.1 所示，从组成结构上看，虚拟仪器可分为通用仪器硬件平台（简称硬件平台）和应用软件两大部分。

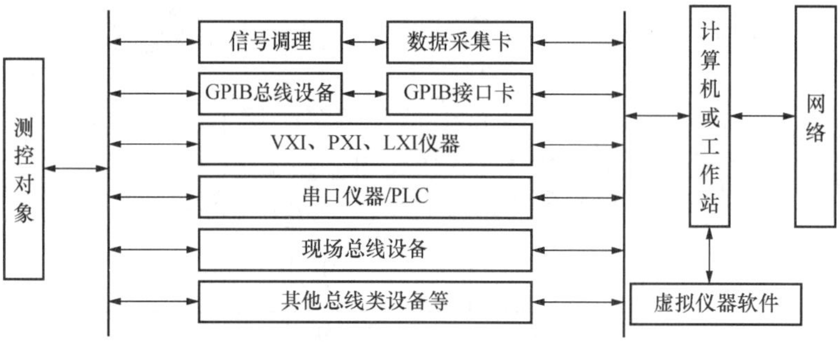


图 7.2.1 虚拟仪器构成图

1. 硬件平台

其作用是获取测试对象的被测信号，由计算机和 I/O 接口设备组成。

（1）计算机是虚拟仪器硬件平台的核心，一般为 PC 或者工作站。计算机管理虚拟仪器的软硬件资源，是虚拟仪器的硬件基础。

（2）I/O 接口设备是为计算机配置的电子测量仪器硬件模块，主要包括各种传感器、信号调理器、AD/DA 转换器、数据采集卡（DAQ）、GPIB 接口等。它们的主要功能是完成对实测信号的采集、传输和显示测量的结果。

2. 应用软件

虚拟仪器应用软件控制实现数据采集、分析、处理、显示等功能，包括接口软件、仪器驱动软件和应用程序。

(1) 接口软件是为虚拟仪器驱动层提供信息传递的底层软件，是实现开放、灵活的虚拟仪器的基础。接口软件的功能是直接对仪器进行控制，完成数据读写。

(2) 仪器驱动程序是连接虚拟仪器应用软件与接口软件的纽带和桥梁，其功能是为虚拟仪器应用软件层提供抽象的仪器操作集。

(3) 虚拟仪器应用软件直接面对操作用户，提供了快捷、友好的测控操作界面，以及图形、图表等数据显示方式。

### 7.2.2 虚拟仪器的分类

虚拟仪器有多种分类方法，既可以按应用领域分，也可以按测量功能分，但最常用的还是按照构成虚拟仪器的接口总线不同来分，因此虚拟仪器系统可以分为 PC－DAQ 系统、GPIB 系统、VXI/PXI/LXI 系统、串口系统、现场总线系统等。

1. PC - DAQ 系统

PC - DAQ 系统是以数据采集卡、信号调理电路和计算机为仪器硬件平台组成的插卡式虚拟仪器系统。它采用 PCI 或 ISA 计算机总线，故将数据采集卡插入计算机的 PCI 槽即可。

2. GPIB 系统

GPIB 系统是以 GPIB 标准总线仪器与计算机为仪器硬件平台组成的虚拟仪器测试系统。一个典型的 GPIB 测试系统包括 1 台计算机、1 块 GPIB 接口卡和若干台 GPIB 仪器，每台 GPIB 仪器有单独的地址，有计算机控制操作。1 块 GPIB 接口卡通常最多可连接 15 台 GPIB 仪器。

3. VXI/PXI/LXI 系统

这是一类模块化的仪器系统，其硬件结构与工控机类似。每种仪器都是一个计算机插件，每种仪器都没有硬件构成的仪器面板，而由计算机显示屏替代。

VXI (VME bus eXtensions for Instrumentation) 总线是一种高速计算机总线在仪器领域的扩展。VXI 总线系统由一个 VXI 总线主机箱、若干 VXI 总线器件、一个 VXI 总线资源管理器和主控制器组成。

PXI (PCI eXtensions for Instrumentation，面向仪器系统的 PCI 扩展) 是一种坚固的基于 PC 的测量和自动化平台。一个 PXI 系统包含了一个机箱、一个 PXI 背板、系统控制器以及数个外设模块。PXI 总线目前已成为搭建虚拟仪器的首选硬件平台。

LXI (LAN eXtensions for Instrumentation) 总线技术是基于以太网络 LAN 的自动测试系统模块化构架平台标准。以太网的错误检测、故障定位、长距离互联、树状拓扑结构以及网络传输速率等都比现有的总线技术优越。因此，LXI 系统可能成为虚拟仪器系统发展的主流方向。

4. 串口系统

串口系统以 Serial 标准总线仪器与计算机为仪器硬件平台组成的虚拟仪器测试系统。RS－232 总线是 PC 通用串行总线，适合于单台仪器与计算机的连接。当今 PC 已更多地采用 USB 和 IEEE1394 总线。目前最有发展前景的是采用 IEEE1394 高速串行总线，因为它的传输速度最高已达到 100Mbit/s。

5. 现场总线系统

现场总线系统是以现场总线（Field Bus）为纽带，将多个分散的智能仪表、控制设备（包括智能传感器）连接成可以相互沟通信息、共同完成自控任务的网络与控制系统。用于现场总线系统的智能传感器、变送器、仪表等统称现场总线仪表。各种现场总线仪表采用标准化的开放式通信协议，使系统具有可操作性。因此，现场总线系统具有可靠性高、稳定性好、抗干扰能力强、通信速率快、造价及维护成本低等优点。

### 7.2.3 虚拟仪器软件及其开发平台

1. 虚拟仪器软件开发平台

目前，已有多种虚拟仪器的软件开发工具，主要分为以下两类：

第一类是基于传统语言的 C、Visual Basic、Visual C++、C++ Builder 等，这类开发语言具有适用面广、开发灵活的特点。但要求开发者具备较高的软件编程技术，同时对虚拟仪器技术也相当了解。因此，用这种文本语言开发测试工程软件难度大、工作量大、周期长、可扩展性差。

第二类是基于图形化编程语言，如 NI 公司的 LabVIEW 和 Lab Windows/CVI、HP 公司的 Agilent VEE 等、东方所（北京东方振动和噪声技术研究所）的 DASP 测试分析平台软件和 INV 数据采集系统等。这类软件的特点是：①源程序完全是图形化的框图，而不是文本代码；②它把复杂、繁琐、费时的语言编程简化为利用线条把各种不同的图形化功能模块连接起来的图形编程；③编程过程就像程序流程框图的绘制。

采用图形化编程软件的优势是软件开发周期短、编程简单、编程效率高，非常适合于具有专业知识但并没有太多编程知识的仪器工程师。

2. LABVIEW 软件

近年来，世界各国的许多大型自动测控和仪器公司均相继研制了为数不少的虚拟仪器开发平台，但最早和最具影响力的还是 NI 公司的图形化开发平台 LabVIEW。虚拟仪器编程语言 LabVIEW 是一种图形化的程序语言，又称为“G”语言（Graphics Language）。使用这种语言编程时，基本上不写程序代码，取而代之的是流程图。它尽可能利用了技术人员、科学家、工程师所熟悉的术语、图标和概念，因此，使用 LabVIEW 进行原理研究、设计、测试并实现仪器系统时，可以大大提高工作效率。

G 语言与传统文本编程语言的主要区别在于：传统文本编程语言是根据语句和指令的先后顺序执行，而 LabVIEW 则采用数据流编程方式，程序框图中节点之间的数据流向决定了程序的执行顺序。G 语言用图标表示函数，用连线表示数据流向。G 语言编写的程序称为虚拟仪器（Virtual Instrument），都以“.vi”为后缀。G 语言定义了数据模型、结构类型和模块调用语法规则等编程语言的基本要素，在功能完整性和应用灵活性上不逊于任何高级编程语言。同时，G 语言有丰富的扩展函数库。

### 7.2.4 虚拟仪器的性能指标和评价方法

由于虚拟仪器包括硬件平台和软件平台两部分，所以其评价应包括系统的硬件性能和软件性能两部分。

1. 硬件性能指标

虚拟仪器的硬件系统包括传感器及其信号的采集和传输，该过程通常要经过运算、放大、滤波、整形、转换和协议通信等步骤，与传统测试系统区别不大。因此，虚拟仪器系统的硬件性能指标和传统测试系统一致，包括静态特性、动态特性、稳定性和可靠性指标等，可由灵敏度、准确度、线性度、响应时间等参数来衡量。

2. 软件性能指标

在虚拟仪器系统中，硬件部分通常只对信号进行简单处理，大部分的功能模块（如滤波、自诊断、校正等）都由软件编程实现，系统功能部分也是如此。一般而言，影响软件性能的主要因素包括硬件设施、网络环境、并发用户数、系统数据量、中间件、模型算法等，常见软件性能指标包括响应时间或运算速度、运算误差或不确定度、并发用户数、吞吐量、资源利用率等。

3. 虚拟仪器性能的整体评价

相较于常规仪器，虚拟仪器集成了许多功能。如前所述，虚拟仪器的评价应包含硬件评价和软件两大部分。具体而言，评价虚拟仪器的最常用指标包括频率准确度与误差，幅值准确度与误差，工作频率范围和动态范围，阻尼比，相位差，失真度，灵敏度，抗混滤波衰减陡度，响应时间（测量分析时间），模态参数和振型等。

工程上，若对每种特定功能，如频率准确度、幅值准确度、失真测量等都按照常规仪器方式进行评价，这样的工作量将是十分庞大的。由于测试系统最基本的功能是准确获得物理量，因此在评价虚拟仪器性能时，可以优先考虑该系统获取信号的准确度和正确性。这些评价指标可以选用传统仪器所用指标，如评价静态特性的迟滞性、重复性、线性度、准确度、灵敏度等；评定动态特性的响应时间、工作频带等。

测试虚拟仪器系统单个功能是在基本功能实现的基础上，依据相应的测试原理、数学模型和算法，通过软件编程获得的。因此，若系统基本性能满足要求，影响其他功能的正确性和准确度的主要因素为数学模型和算法。此时，对这些功能的评价应该是对所采用的数学模型和算法的正确性、复杂性（时间复杂度和空间复杂度）、稳定性（鲁棒性）和可读性等。

### 7.2.5 虚拟仪器的应用及发展趋势

以图 7.2.2 所示的虚拟温湿度监控系统为例，用户完全可根据实际环境温湿度的需要，调用不同功能的软件模块，改变设定的参数，就可在同一台计算机中对采样信号进行在线或离线分析，准确地判断当前温湿度是否超出规定的范围，从而对温湿度进行精确的监控。

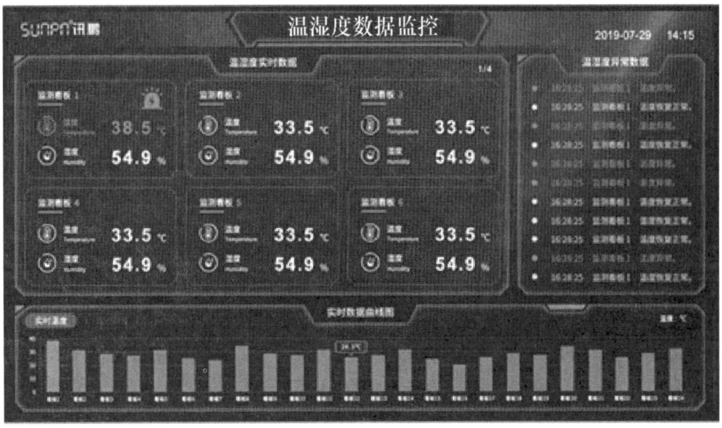


图 7.2.2 虚拟温湿度监控系统

随着科学研究的深入，需要设计、生产检测和诊断维修一体化、标准化的测试系统。在虚拟仪器技术中，应用计算机软件代替传统仪器的某些硬件，并且计算机直接参与测试信号的产生和测量特征的分析，将使虚拟仪器技术智能化、网络化。借助于总线技术的虚拟仪器技术是未来测试技术发展的基本方向，开放式的数据采集标准将使虚拟仪器走上标准化、通用化和模块化道路。虚拟仪器的发展依靠计算机技术、通信技术、电子技术等的发展，被广泛应用在远程教育、工业控制、电力系统、航空航天等领域，可有效提高企事业单位的工作效率、减少投资成本。例如，学生在电工电子基础实验过程中，完全可以在教师的指导下，根据实验步骤，通过虚拟仪器在计算机中进行实验，并且能取得与真实实验相同的实验数据等实验效果，减少了不必要的耗材，从而在一定程度上减少了高校的硬件投资。

**视野拓展**

经过多年的发展，目前虚拟仪器平台及其应用相关的国内外公司众多，存在局部过热现象。“以史为鉴，可以知兴替”。我们应该清醒地看到，在中关村，人人来造计算机、装计算机的时代已经过去；在汽车界，人人都来装汽车和造汽车的时代正在消逝；在工业界，人人都用一块卡、一个驱动软件来编造虚拟仪器的状态也终将过去。虚拟仪器专业化、企业化的时代正在到来，工业世界终将迈向高智能、高精度、高速度、高集成和高技术的虚拟仪器时代。

面对虚拟仪器等数字平台发展所带来的社会分工的多主体化、社会竞争的时空无边界化，个体只有不断地重新学习和掌握新的知识和技能，强化自身特性，才能确保自身的社会价值，在激烈的竞争中不被替代与抛弃。

## 习　题

1. 什么是智能传感器系统？简述系统的基本组成形式及相互关系。
2. 智能传感器的硬件实现方法有哪些？软件实现方法有哪些？
3. 简述多传感器信息融合的作用及几种典型的多传感器信息融合算法。
4. 查阅资料，试论述一种智能传感器的工作原理、结构及其应用。
5. 智能传感器网络化的意义何在？网络化智能传感器在硬件结构上和传统传感器的显著区别是什么？
6. 什么叫虚拟仪器？虚拟仪器的关键技术有哪些？
7. 创建一个 VI 程序，每秒测量一次温度，并显示。如果温度高出或低于设定范围，VI 程序点亮前面板的 2 个 LED。
8. 设计一温度采集与显示装置，要求：每隔一定时间测量一次温度，显示当前的测量温度值和已运行时间，同时显示实时温度测量曲线。
9. 设计一个简易的仿真多波形发生器，可产生频率、幅值和直流偏值可调的正弦、方波、三角波、锯齿波信号，还可叠加高斯噪声信号，并且采样率和采样点可选，显示波形。

# 8 传感器综合应用

随着现代科学技术的高速发展，人们生活水平的迅速提高，传感器技术越来越受到人们的重视，它的应用已渗透到国民经济的各个领域，如工业生产、环境保护、医学诊断等。本章以其在智能机器人、智能家居及智能汽车等中的应用等为例，介绍传感器在检测与控制系统中的综合应用。

## 8.1 传感器与智能机器人

人们一直梦想能制造一种像人一样的机器，以便代替人类完成各种工作。在古希腊、古代中国和古代日本的历史文献中，都有自动玩偶和自动作业机的记载，记录了古人设计自动机械代替人工劳动或从事娱乐的实践活动，展示了古代人的智慧，在不同程度上体现了人类拓展自身能力，甚至是自我复制的原始思想。

随着信息技术和人工智能的飞速发展，机器人在功能和技术层次上有了很大的提高，推动了机器人概念的延伸。20 世纪 80 年代，将具有感觉、思考、决策和动作能力的系统称为智能机器人，这是一个概括的、含义广泛的概念。与众多学科高度交叉综合的智能机器人技术扩散和渗透到各个领域，形成了各式各样的机器人化的机器和系统——智能化机器、智能化系统；与多媒体和网络技术的交互和融合又产生了“软件机器人”“网络机器人”。近年来，各类教育、娱乐机器人相继诞生，机器人正在一步步地融入我们的生活，必将对未来社会产生深远的影响。

自机器人诞生的那天起，关于其定义的问题一直争议颇多，原因在于其随着社会的进步而不断更新扩展新的功能，且更涉及人类的问题，因此对其定义一直模糊。1987 年国际标准化组织对工业机器人进行了定义：工业机器人是一种具有自动控制的操作和移动功能，能完成各种作业的可编程操作机。我国科学家对机器人的定义是：机器人是一种自动化的机器，所不同的是这种机器具备一些与人或生物相似的智能能力，如感知能力、规划能力、动作能力和协同能力，是一种具有高度灵活性的自动化机器。

传感器是机器人完成感觉的必要手段。通过传感器的感觉作用，将机器人自身的相关特性或相关物体的特性转化为机器人执行某项功能时所需的信息。根据传感器在机器人上应用的目的和使用范围不同，可分为内部传感器和外部传感器。

内部传感器用于检测机器人自身状态。常见的检测对象有关节的线位移、角位移等几何量，速度、角速度、加速度等运动量，倾斜角、方位角、振动等物理量等。内部传感器常用于控制系统中，用作反馈元件，检测机器人自身的状态参数；外部传感器用于检测机器人所处的外部环境和对象状况等，如抓取对象的形状、空间位置、有没有障碍、物体是否滑落等。常见的机器人传感器见表 8.1.1。

表 8.1.1 常见的机器人传感器分类

| 传感器种类 | 检测内容 | 检测器件 | 应用 |
| --- | --- | --- | --- |
| 位置 | 位置、角度 | 电位器、直线感应同步器<br>角度式电位器、光电编码器 | 位置移动检测<br>角度变化检测 |
| 速度 | 速度 | 测速发电机、增量式码盘 | 速度检测 |
| 加速度 | 加速度 | 压电式加速度传感器<br>压阻式加速度传感器 | 加速度检测 |
| 触觉 | 接触<br>把握力<br>荷重<br>分布压力<br>多元力<br>力矩<br>滑动 | 限制开关<br>应变计、半导体感压元件<br>弹簧变位测量器<br>导电橡胶、感压高分子材料<br>应变计、半导体感压元件<br>压阻元件、电动机电流计<br>光学旋转检测器、光纤 | 动作顺序控制<br>把握力控制<br>张力控制、指压控制<br>姿势、形状判别<br>装配力控制<br>协调控制<br>滑动判定、力控制 |
| 接近觉 | 接近<br>间隔<br>倾斜 | 光电开关、LED 红外、激光<br>光电晶体管、光电二极管<br>电磁线圈、超声波传感器 | 动作顺序控制<br>障碍物躲避<br>轨迹移动控制、探索 |
| 视觉 | 平面位置<br>距离<br>形状<br>缺陷 | 摄像机、位置传感器<br>测距仪<br>线图像传感器<br>画图像传感器 | 位置决定、控制<br>移动控制<br>物体识别、判别<br>检查，异常检测 |
| 听觉 | 声音<br>超声波 | 麦克风<br>超声波传感器 | 语言控制（人机接口）<br>导航 |
| 嗅觉 | 气体成分 | 气体传感器、射线传感器 | 化学成分探测 |
| 味觉 | 味道 | 离子敏感器、pH 计 | |

机器人传感器的选择取决于机器人的工作需要和应用特点，对机器人感知系统的要求是选择传感器的基本依据。

机器人传感器选择的一般要求是精确度高、重复性好，稳定性、可靠性好，抗干扰能力强，质量轻、体积小、安装方便。

机器人自 20 世纪 60 年代初问世以来，已取得长足进步，社会各行各业皆可见其身影。从 1986 年日本东京消防厅首次在灭火中采用了“彩虹 5 号”机器人后，消防机器人就逐渐在灭火救灾领域得到广泛的应用，消防机器人技术也得到快速的发展。截至目前，消防机器人已经稳步向第三代高端智能机器人前进。下面以灭火机器人为例介绍传感器在智能机器人中的使用。

### 8.1.1 硬件电路的总体结构

微课14
小车寻迹
项目教学

智能机器人灭火比赛是全球规模最大、普及程度最高的全自主智能机器人大赛之一。灭火比赛的任务是在一封闭房间模型中，随机在其中一个房间里放置蜡烛代替的火源，要求机器人在尽可能短的时间里无碰撞地找到火源并完成灭火。灭火机器人的总体结构如图 8.1.1 所示。硬件电路是智能灭火机器人整体的核心骨架，其参数性能及设计的合理性直接决定了智能灭火机器人的性能。

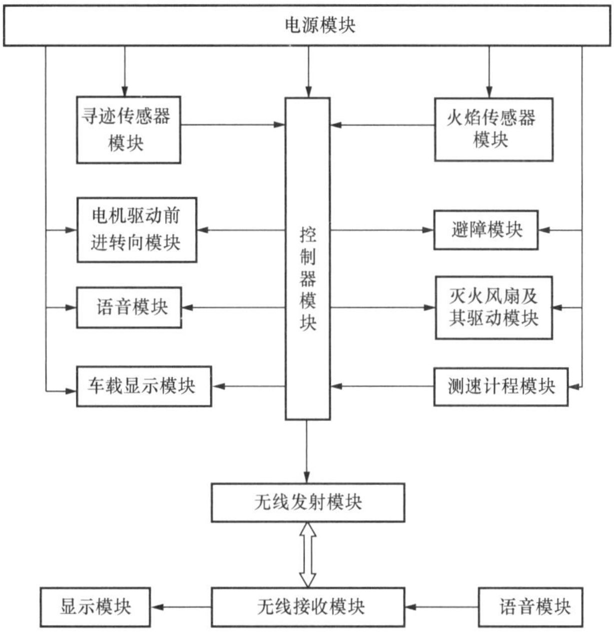

图 8.1.1 灭火机器人整体结构图

电源是保证机器人稳定、可靠运行的关键部件，它直接影响着机器人性能的好坏。电源通常要根据电机、控制器、传感器等工作的需要设计。

传感器是检测环境信息、感知机器人与环境相互关系的器官。为获取周围环境信息（如火焰、地面状况等），机器人使用了红外测距、远红外火焰及地面灰度等传感器。

为实现机器人高速精确地按照规定路径行走，要求机器人控制器模块的 CPU 能够实时迅速地读取多个传感器端口数值，并在较短的时间内完成对各端口数值的存储、运算和输出等多种任务。由于嵌入式微处理器对实时任务具有很强的支持能力，能够完成多任务并且具有较短的中断响应，因此在设计过程中可选用如嵌入式微处理器 ARM9 为核心的控制器，其内部采用哈佛结构，每秒可执行一亿一千万条机器指令。

在控制器模块做出决策后，驱动输出模块根据所给控制信号驱动电机、风扇等运转实施寻迹、避障、追光、灭火等操作。

### 8.1.2 红外传感器

红外测距传感器是机器人的“视觉器官”，通过不断读取其数值并进行判断，才能确定机器人所处位置环境，以确定机器人下一步该执行的控制指令实施避障，并按照理想的路线行走。

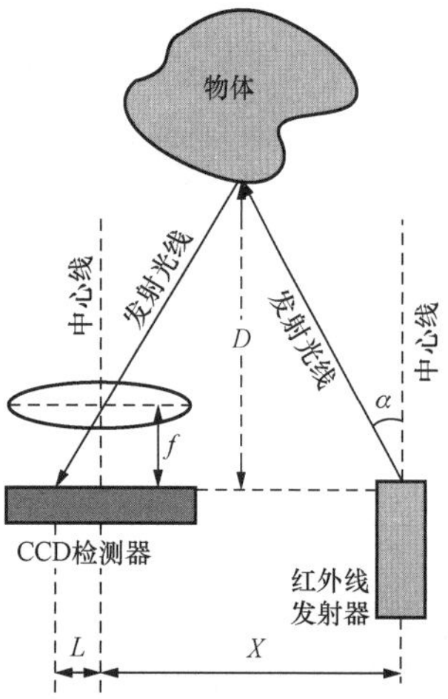


图 8.1.2 三角测量原理

该传感器通常采用三角测量的原理，如图 8.1.2 所示，红外发光二极管发出红外线光束，当红外光束遇到前方的障碍物时，一部分反射回来，通过透镜聚焦到后面的线性电性耦合器件（CCD，Charge Coupled Device）上，根据红外光线在 CCD 上聚焦的位置，会获得一个偏移值 $L$。利用三角关系，在确定了发射角度 $\alpha$、偏移距 $L$、中心矩 $X$，以及滤镜的焦距 $f$ 之后，传感器到物体的距离 $D$ 就可以通过几何关系计算出来。

图 8.1.3 为红外发射传感器电路原理图。用户可以调节红外发射传感器上的电位器来改变其灵敏度。在使用中，红外发射传感器对于不同颜色与粗糙程度的障碍物的灵敏度不一样。当障碍物颜色是黑色或深色时，会吸收大部分的红外光，只反射回一小部分，有时会使红外接收传感器接收到的红外光强度不够，不足以产生有障碍的信号；当障碍物颜色是白色或浅色时，正好相反。

基于红外线测量的光电检测及转换整体电路如图 8.1.4 所示。图中，$R_1$ 起限流电阻的作用，亦可用图 8.1.3 所示的可调电阻与固定电阻串联来替代。当有光反射回来时，光电管中的光敏三极管导通，$R_2$ 的上端变为高电平，可调电阻 $R_3$ 用于调节比较器的门限电压，经示波器观察，输出波形完整规则后，可供单片机等数字处理装置直接查询使用。

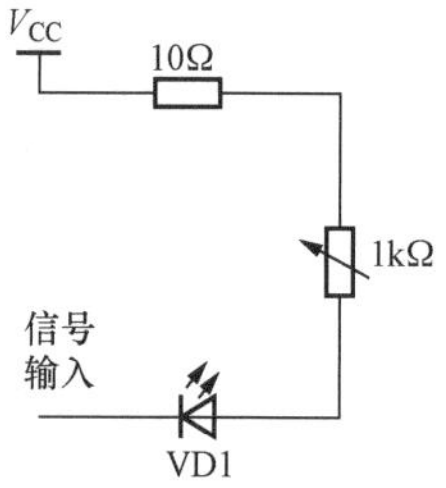


图 8.1.3 红外发射传感器电路原理图

### 8.1.3 远红外火焰传感器

远红外火焰传感器主要用于检测自然光、红外光和火焰等的光线强弱。

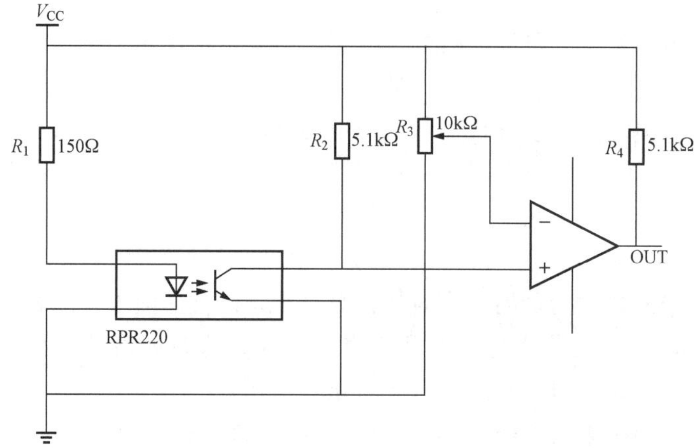


图 8.1.4 基于红外线测量的光电检测及转换整体电路图

图 8.1.5 所示为火焰传感器电路原理图。在该电路中，当火焰传感器没有检测到火焰时，火焰传感器不导通而使得火焰传感器的阳极上拉电阻 $R_1$ 上拉为高电平，经比较器滤波整形后输出高电平；当检测到火焰时，火焰传感器导通，比较器输出低电平。其中的比较器部分也可用三极管放大电路来替代，此时远红外火焰传感器将外界红外光的变化转化为电流

的变化，之后通过 A/D 转换器转换为相应的数值。

远红外火焰传感器工作温度为－25～85℃，超过以上温度范围，远红外火焰传感器可能会出现工作失常甚至损坏，所以在使用过程中应注意火焰探头离热源的距离不能太近，以免造成损坏。为获取火焰的准确位置，通常需要采用多个传感器来配合检测。

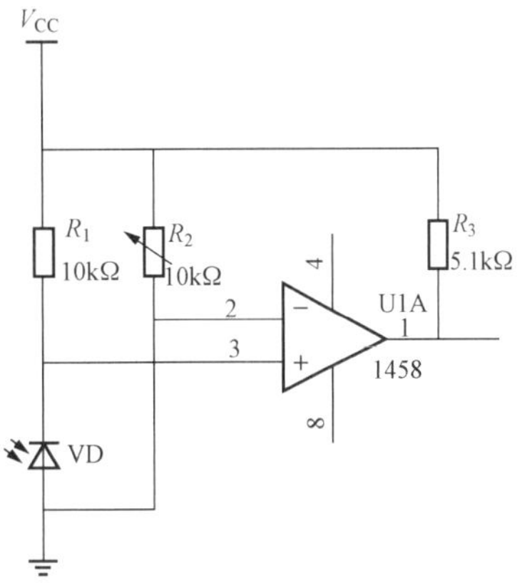


图 8.1.5 火焰传感器电路原理图

### 8.1.4 地面灰度传感器

地面灰度传感器主要用于检测地面不同颜色的灰度值。例如在灭火比赛中判断门口白线，在足球比赛中判断机器人在场地中的位置，在各种轨迹比赛中沿黑线行走等。

如图 8.1.6 所示，地面灰度传感器主要由一个发光二极管和一个光敏二极管电阻（或光敏电阻、光敏三极管）组成。光敏二极管与半导体二极管在结构上是类似的，其管芯是一个具有光敏特征的 PN 结，具有单向导电性，因此工作时需加上反向电压。无光照时，有很小的饱和反向漏电流，即暗电流，此时光敏二极管截止。当受到光照时，饱和反向漏电流大大增加，形成光电流，它随入射光强度的变化而变化。

灰度检测传感器利用光电流会随着光照强弱的变化而变化的这一特性，通过发光二极管照亮地面，地面的反射光线被光敏二极管接收，光电流根据反射光线的强弱而改变。然后光电流通过机器人主板上的模拟口输入到机器人微控制器，再由微控制器中的 A/D 转换器将电信号转换成相应的值。

### 8.1.5 声音检测传感器

声音检测传感器外形如图 8.1.7 所示，它主要用于检测环境声音音量的强弱，例如在机器人灭火和擂台比赛中做声音启动。

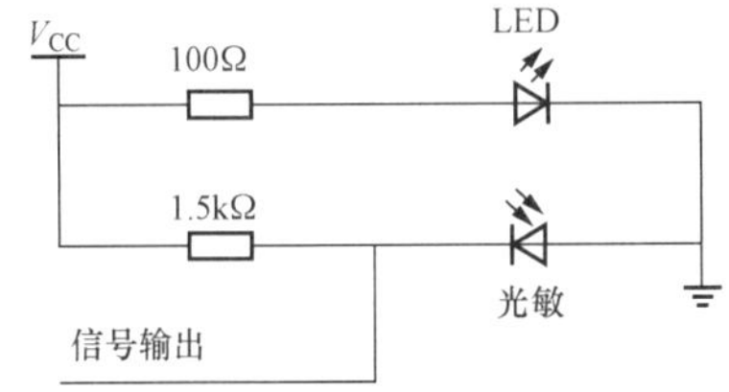


图 8.1.6 地面灰度传感器原理电路图

图 8.1.7 声音检测传感器外形图

部分控制器如凌阳的 SPCE061A 单片机自带强大的语音处理功能和在线仿真，但价格略高。此外，可用一个麦克风来采集环境中的声音信号，通过电路对信号进行放大滤波，然后将处理后的信号接至机器人主板相应端口，由微处理器进行处理输出。

图 8.1.8 为声音检测传感器的原理电路图。

语音播放和语音辨识的电路如图 8.1.9 所示。

为弥补单片机外放音量不足的缺陷，通常需要对语音输出作放大处理，如采用 BA532、LM386 芯片等。LM386 是一种音频集成功放，具有自身功耗低、电压增益可调整、电源电压范围大、外接元件少和总谐波失真小等优点，广泛应用于录音机和收音机之中，音频放大电路如图 8.1.10 所示。

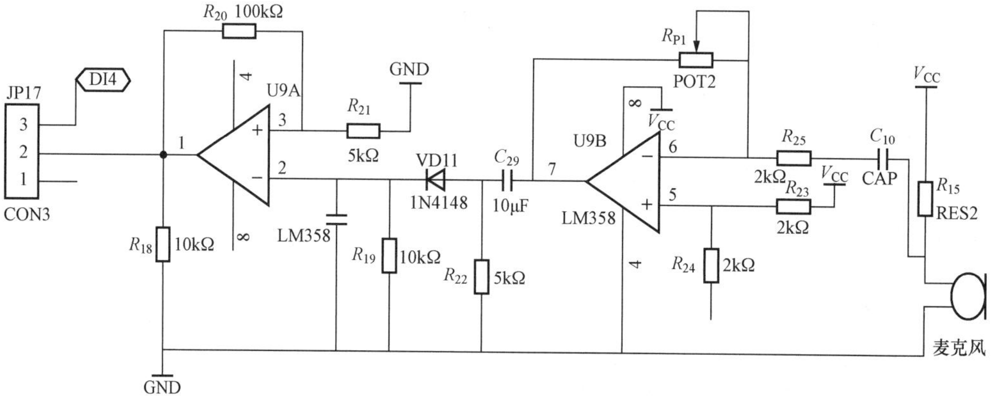


图 8.1.8　声音检测传感器原理电路图

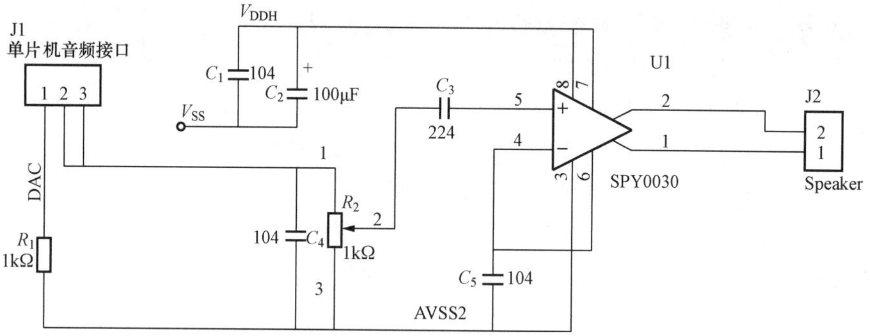


图 8.1.9　语音播放与语言辨识电路图

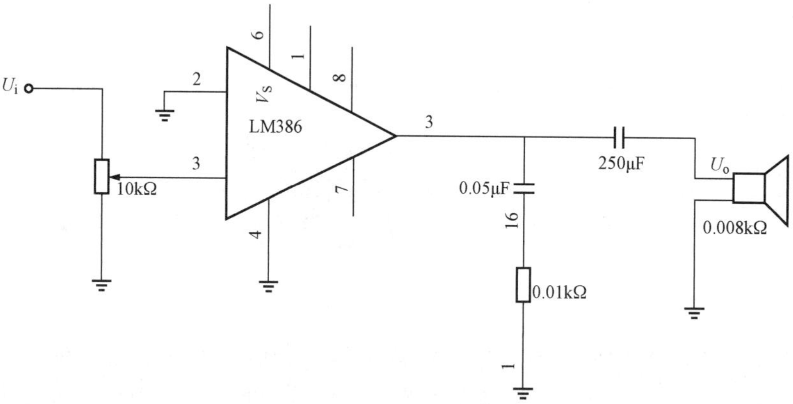


图 8.1.10　音频放大电路

## 8.2　传感器与智能家居

智能家居通过采用先进的计算机、通信和控制技术（3C），建立一个由家庭安全防护系统、网络服务系统和家庭自动化系统组成的家庭综合服务与管理集成系统，从而实现全面的安全防护、便利的通信网络以及舒适的居住环境的家庭住宅。智能家居是 IT 技术（特别是计算机技术)、网络技术、控制技术向传统家电产业渗透发展的必然结果。

### 8.2.1　智能家居的定义

那么到底什么是智能家居呢？智能家居并没有一个精确的定义，大家通常所说的智能家居是以住宅为平台，兼备建筑、网络通信、信息家电、设备自动化，集系统、结构、服务、管理为一体的高效、舒适、安全、便利、环保的居住环境。智能家居系统可以提供家电控制、照明控制、窗帘控制、电话远程控制、室内外遥控、防盗报警以及可编程定时控制等多种功能和手段，使人们的生活更加舒适、便利、安全和环保节能。

智能家居既有温湿度检测、有害气体检测等功能，又有火灾报警、防盗报警等控制与报警功能，是一个典型的多传感器融合的测控系统。

### 8.2.2　智能家居防盗报警系统传感器设计

本小节以智能家居防盗报警系统和火灾报警系统所用传感器应用作为传感器综合设计实例，介绍传感器应用系统设计过程中如何选择、计算以及安装传感器，同时介绍部分传感器的实际应用电路。

防盗报警系统是指在防范现场探测到有入侵者时能发出相应报警信号的专用电子系统。它通过相关信号探测传感器，在建筑物中进行周界或定方位的探测和保护。

1. 常用防盗报警器的种类及特点

(1) 门磁传感器。门磁传感器是一种在保安监控、安全防范系统中常用的器件。其优点是体积小，工作可靠，可以通过无线工作，使用起来非常方便。门磁是接近开关的一种，可以是光电的，也可以是永磁的。门磁传感器通常安装在居室门窗上，当门窗紧闭时，门磁传感器不报警，当门窗无论何种原因被打开时，门磁传感器立即报警。

(2) 超声波传感器。超声波传感器是利用超声波的特性研制而成的传感器。超声波报警装置的有效性取决于能量在保安区域内多次反射后的能量大小。墙壁、桌子和文件柜等硬表面物体对声波有很好的反射作用，而地毯、窗帘和布等软质材料则是声波的不良反射体。因此在充满软质材料的区域应该避免使用超声波传感器。

(3) 微波雷达传感器。微波雷达探测器是一种将微波收、发设备合置的探测器，采用多普勒雷达的原理，将微波发射天线与接收天线装在一起，通过检测活动目标产生的反射波频差进行报警。微波入侵探测器的主要缺点是安装要求高，微波段的电磁波由于波长较短，故穿透力强，所以在安装时不要面对室外。另外金属物体对微波反射较强，因而在探测器防范区域内不要有大面积（或体积较大）物体存在，如铁柜等，否则其后面的阴影部分会形成探测盲区，造成防范漏洞。其另一个缺点是会发出对人体有害的微量能量，因此使用时必须将能量控制在对人体无害的水平。

(4) 玻璃破碎探测器。利用压电陶瓷片的压电效应（压电陶瓷片在外力作用下产生变形时将会在其表面产生电荷），可以制成玻璃破碎入侵探测器。对高频的玻璃破碎声音（10～15kHz）进行有效检测，而对 10kHz 以下的声音信号（如说话、走路声）则有较强的抑制作用。但该产品灵敏度非常难调，灵敏度过高，则室外的风吹雨打所也能导致报警；灵敏度过低，则会因盗贼轻轻拉开窗户力度过轻而未感测到振动而产生漏报警。

(5) 主动式红外发射/接收传感器。主动式红外发射/接收传感器由主动红外光发射器和接收器两部分组成。红外光在人眼看不见的光谱范围，经过光束聚焦，在收发器之间形成红外光束，当有人经过这条无形的封锁线时，必然全部或部分遮挡红外光束。接收端由于红外光束产生变化将自动识别是否报警。

（6）被动式热释电红外传感器。被动式热释电红外传感器采用热释电红外探测元件来探测移动目标。只要物体的温度高于绝对零度，就会不停地向四周辐射红外线。其利用移动目标（如人、畜、车）自身辐射的红外线进行探测。

与其他类型的保安设备相比，被动式红外入侵探测器具有以下特点：

1）不需要在保安区域内安装任何设备，可实现远距离控制；

2）由于是被动式工作，不产生任何类型的辐射，故保密性强，能有效执行保安任务；

3）与环境照度无关，可以昼夜工作，特别适宜在夜间或黑暗条件下工作；

4）由于无能量发射，没有容易磨损的活动部件，因而功耗低、结构牢固、寿命长、维护简便、可靠性高。

2. 基于分离元件的被动式热释电红外传感器报警系统设计

存在于自然界的物体，如人体、火焰、冰块等物都会发射红外线，但波长各不相同。人体温度为 36～37℃，所发射的红外线波长为 9～10μm，属远红外区；400～700℃的发热体，所放射出的红外线波长为 3～5μm，属中红外区。

热释电红外传感器可把波长 10μm 左右的红外信号转化为电信号，当没有人体移动时，感应器检测到的只是场所的背景温度；如果有人体进入探测区，通过菲涅耳透镜，感应器探测到的是人体温度和背景温度的差异值。

BISS0001 是一款具有较高性能的传感信号处理集成电路，它配以热释电红外传感器（DSG）和少量外接元器件可构成如图 8.2.1 所示的被动式热释电红外传感器。图中，RG3 为光敏电阻，用来检测环境照度。当作为照明控制时，若环境较明亮，$R_3$ 的电阻值会降低，使 9 脚的输入保持为低电平，从而封锁触发信号 $V_s$。SW1 是工作方式选择开关，当 SW1 与 1 端连通时，芯片处于可重复触发工作方式；当 SW1 与 2 端连通时，芯片则处于不可重复触发工作方式。图中 $R_6$ 可以调节放大器增益的大小，实际使用时可以用 3kΩ，可以提高电路增益改善电路性能。输出延迟时间 $T_x$ 由外部的 $R_9$ 和 $C_7$ 的大小调整，触发封锁时间 $T_i$ 由外部的 $R_{10}$ 和 $C_6$ 的大小调整，$R_9/R_{10}$ 可以用 470Ω，$C_6/C_7$ 可以选 0.1μF。它能自动快速开启各类白炽灯、荧光灯、蜂鸣器、自动门、电风扇、烘干机和自动洗手池等装置，特别适用于企业、宾馆、商场、库房及家庭的过道、走廊等敏感区域，或用于安全区域的自动灯光、照明和报警系统。

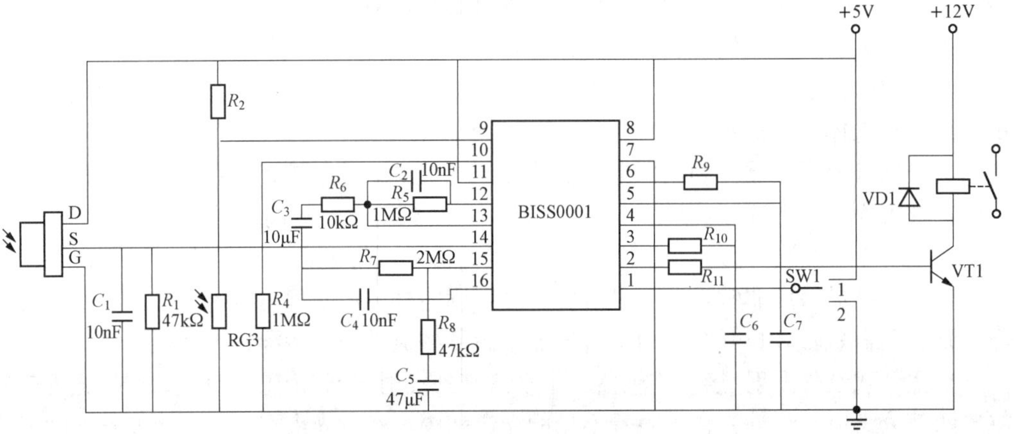


图 8.2.1 被动式热释电红外传感器

被动式热释电红外传感器的安装时要注意以下事项：①不能安装在室外；②红外线热释电传感器应离地面 2～2.4m，向下倾斜 15°；③红外线热释电传感器远离空调、冰箱、火炉等空气温度变化敏感的地方；④红外线热释电传感器和被探测的人体之间不得间隔家具、大型盆景、玻璃、窗帘等其他物体；⑤红外线热释电传感器不能直对门窗及有阳光直射的地方，否则窗外的热气流扰动和人员走动会引起误报，有条件的最好把窗帘拉上，红外线热释电传感器也不要安装在有强气流活动的地方；⑥安装探测器的天花板或墙要坚固，不能有晃动或震动。

### 8.2.3 智能家居火灾报警系统设计

火灾自动报警系统（Fire Alarm System，FAS）探测火灾隐患，肩负安全防范重任，是智能建筑中建筑设备自动化系统的重要组成部分。它是为了及早发现和通报火灾，并及时采取有效措施控制和扑灭火灾，设置在建筑物中或其他场所的一种自动消防设施。

火灾自动报警系统除具备火灾初起自动报警功能外，在消防中心的报警器上附设有直接通往消防部门的电话、自动灭火控制柜、火警广播系统等。当发生火灾时，立即在本区域火灾报警器上发出报警信号，同时在总服务台或消防中心的报警设备上发出报警信号，并显示发生火灾的楼层、房号或区域的代号，开启火警广播，组织人员安全疏散和启动消防电梯。而后，报警联动信号驱动自动灭火控制柜工作，首先启动防火门，封闭火灾区域，并在火灾区域自动喷洒水或灭火剂灭火；其次开动消防泵和自动排烟装置。在计算机程序的控制下，根据火警探测器提供的现场火势信息，随机采取各种有效的自动灭火措施。消防人员可根据火灾发生的情况，采取人工直接灭火或人工操作固定式灭火设备灭火。

广义上的火灾自动报警系统通常由火灾探测器、区域报警控制器和集中报警控制器，以及联动模块与控制装置等组成。探测器对火灾进行有效探测，控制器进行火灾信息处理和报警控制，联动控制装置实施消防控制和灭火操作。

区域报警控制器用于对火灾探测器的监测、巡检供电与备电，接收监测区域内火灾探测器的报警信号，并转换为声、光报警输出，显示火灾部位等。区域报警控制器的主要功能有火灾信号处理与判断，声、光报警，故障检测，模拟检查，报警计时，备电切换和联动控制等。集中报警控制器用于接收区域控制器火灾信号，显示火灾部位，记录火灾信息，协调联动控制和构成终端显示等，主要功能包括报警显示、控制显示计时、联动控制、信息传输处理等。

火灾发生时伴随着伴随有烟、光、热的化学反应过程。在物质燃烧过程中，一般有以下现象产生：

（1）燃烧气体与烟雾。由于普通可燃物质在燃烧过程所产生的燃烧气体和烟雾具有流动性和毒害性，能潜入建筑物的任何空间，因此构成物质燃烧过程的又一特征。根据统计数据，火灾中约有 70%的人员死亡是燃烧气体或烟雾中毒、窒息、挤压作用造成的，所以物质燃烧过程所产生的燃烧气体和烟雾是重要的火灾探测参数。

普通可燃物质在燃烧开始时，往往先释放出燃烧气体。燃烧气体一般由单分子的一氧化碳、二氧化碳等气体，较大的分子团，悬浮在空气中的未燃烧物质微粒等组成，粒径一般为 0.01～10μm，通常称作气溶胶。而烟雾一般是指人眼可见的燃烧生成物，通常粒径在 0.03～10μm的液体或固体微粒。根据光散射定律，一个悬浮在空气中的小粒子，当其粒径大于被反射光的波长时，它才能产生反射光。由于可见光范围在 0.3～0.7μm，因而只有粒径大于 0.3$\mu$m 的轻度着色微粒才能反射可见光，即被人眼看到。

（2）热。凡是物质燃烧，必有热量释放，使得环境温度升高，这是物质燃烧的基本特征之一。因此，物质燃烧过程所产生的温度变化是重要的火灾特征参数之一。但是，普通可燃物质在燃烧速度非常缓慢的情况下，物质燃烧所产生的热（温度）不易被鉴别出来。

（3）火焰。火焰是物质燃烧产生的灼热发光的气体部分。物质燃烧到发光阶段，一般是物质的全燃阶段。这时，物质燃烧反应的放热提高了燃烧产物的温度，并引起燃烧产物分子内部电子能级跃迁，从而放出各种波长的光。所以，火焰光作为燃烧的鉴别特征之一，也是重要的火灾探测参数。

火灾探测器是火灾自动报警控制系统中的主要检测元件。根据探测对象的不同，火灾探测器可分为感烟火灾探测器、感温火灾探测器、感光火灾烟温复合式火灾探测器及气体火灾探测器等；按其测控范围，又可分为点型火灾探测器和线型火灾探测器两大类。点型火灾探测器只能对警戒范围中某一点周围的温度、烟等参数进行控制，如点型离子感、点型紫光火焰火灾探测器、点型感温火灾探测器等。线型火灾探测器则可以对警戒范围中某一线路周围烟雾、温度进行探测，如红外光束线型火灾探测器、激光线型火灾探测器、缆式线型感温火灾探测器等。常见火灾探测器的性能特点和适用范围见表 8.2.1。智能建筑中应以感烟火灾探测器选用为主，个别不宜选用感烟火灾探测器的场所，应该选用感温火灾探测器。

**表 8.2.1　　常用火灾探测器的性能特点和适用范围**

| 探测器型 | | 性能特点 | 适用范围 | 备注 |
|---|---|---|---|---|
| 感烟探测器 | 点型离子感烟探测器 | 灵敏度高，技术成熟，性能稳定，对阻燃火的反应最灵敏 | 宾馆客房、办公楼、图书馆、影剧院、邮政大楼等公共场所 | 不适合安装在湿度较高或风速过大的场合 |
| | 点型光电感烟探测器 | 灵敏度高，对湿热气流扰动大的场所适应性好 | | 易受电磁干扰，散射光型黑烟不灵敏 |
| | 红外光束（激光）线型感烟探测器 | 探测范围大，可靠性、环境适应性好 | 会展中心、演播大厅、大会堂、体育馆、影剧院等无遮挡大空间 | 易受红外、紫外光干扰；探测视线易被遮挡 |
| 感温探测器 | 点型感温探测器 | 性能稳定，可靠性、环境适应性好 | 厨房、锅炉间、地下车库、吸烟室等 | 造价较高，安装维护不便 |
| | 缆式线型感温探测器 | 性能稳定，可靠性、环境适应性好 | 电气电缆井、变配电装置、各种带式传送机构等 | 造价较高，安装维护不便 |
| 火焰探测器 | | 对明火反应迅速，探测范围宽广 | 各种燃油机房，油料储藏库等火灾时有强烈火焰和少量烟热场所 | 易受阳光和其他光源干扰；探测被遮挡，镜头易被污染 |

续表

| 探测器型 | 性能特点 | 适用范围 | 备注 |
|---|---|---|---|
| 复合探测器 | 综合探测火灾时的烟雾温度信号，探测准确，可靠性高 | 装有联动装置系统等单一探测器不能确认火灾的场所 | 价格贵，成本高 |

1. 烟雾报警器

普通可燃物质燃烧的表现形式是：物质受热源作用先产生燃烧气体和发生阴燃并产生烟雾，在氧气供应充足的条件下逐步达到完全燃烧，产生火焰并发出一些可见光与不可见光，同时释放大量的热，使得环境温度升高。

普通可燃物在火灾初起和阴燃阶段尽管产生了烟雾气溶胶，并且大量的烟雾气溶胶可能已经充满建筑内空间，但是环境温度不高，火势尚未达到蔓延发展的程度。如果在此阶段能将重要的火灾信息——烟浓度有效地探测出来，就可以将火灾损失控制在最低限度。

烟雾报警器是能够检测环境中的烟雾浓度，并具有报警功能的仪器。其常规外形如图 8.2.2 所示。它通常由电源电路、烟雾检测电路和声光报警电路等部分组成。

(1) 烟雾传感器。烟雾报警器的信号采集由烟雾传感器负责，它是火灾自动报警系统的首要环节。烟雾传感器能够将气体的种类及其浓度有关的信息转换为电信号，根据这些电信号的强弱就获得与待测气体在环境中存在的情况有关的信息，从而达到检测、监控、报警的功能。烟雾传感器作为烟雾报警器中不可缺少的核心器件，决定了所采集的烟雾浓度信号的准确性和可靠性。

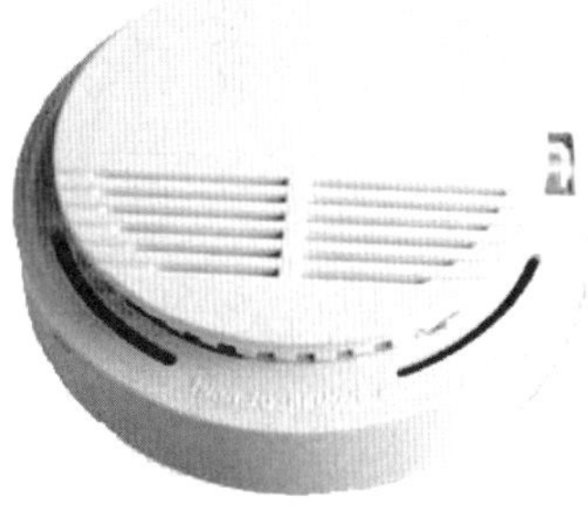
图 8.2.2 烟雾报警器外形图

根据烟雾报警器检测烟雾种类的不同要求，很多场合都会选择使用半导体烟雾传感器。半导体烟雾传感器具有灵敏度高、响应快、体积小、结构简单、使用方便、价格便宜等优点，且不会发生探头阻缓及中毒现象，维护成本较低，因而得到广泛应用。这里以 QM-N5 型半导体气体烟雾传感器为例进行介绍。

QM-N5 型半导体传感器结构及基本测量转换电路如图 4.1.4 所示。它由微型 $AL_2O_3$ 陶瓷管、$SnO_2$ 敏感层、测量电极和加热器构成的敏感元件固定在塑料或不锈钢制成的腔体内，加热器为气敏元件提供了必要的工作条件。封装好的气敏元件有 6 只针状引脚，其中 4 个用于信号取出，2 个用于提供加热电流。它是以清洁空气中电导率较低的金属氧化物——二氧化锡（$SnO_2$）为主体的 N 型半导体气敏元件。当传感器所处环境中存在可燃气体时，传感器的电导率随空气中可燃气体浓度的增加而增大。在设计报警器时只使用简单的电路即可将电导率的变化转换为与该气体浓度相对应的输出信号。该传感器具备一般半导体烟雾传感器灵敏度高、电导率变化大、响应和恢复时间短、抗干扰能力强、输出信号大、寿命长和工作稳定等优点，在市面上应用十分广泛。

QM-N5 型半导体气体烟雾传感器适用于天然气、煤气、氢气、烷类气体、汽油、煤油、乙炔、氨气、烟雾等的检测，对可燃性气体的（$CH_4$、$C_4H_{10}$、$H_2$ 等）的检测很理想。这种传感器，是一款便携式气体检测器，在较宽的浓度范围内对可燃气体有良好的灵敏度，能够检测多种可燃性气体，十分适合应用在家庭的气体泄漏报警器中。其技术指标见

表 8.2.2。

**表 8.2.2　QM-N5 型半导体气体烟雾传感器的技术指标**

| | | | |
|---|---|---|---|
| 加热电压（$V_h$） | AC 或 DC 5±0.2V | 响应时间 | ≤10s |
| 回路电压（$V_{cc}$） | 最大 DC 24V | 恢复时间 | ≤30s |
| 负载电阻（$R_L$） | 2kΩ | 元件功耗 | ≤0.7W |
| 清洁空气中电阻（$R_a$） | ≤2000kΩ | 检测范围 | 0.005%～1% |
| 灵敏度（$S=R_a/R_{dg}$） | ≥4（在 0.1%$C_4H_{10}$中） | 使用寿命 | 2 年 |

使用 QM-N5 型气体传感器时应注意，气敏元件开机通电时，其内阻很小，只有经过一段时间后才能恢复到原来的稳定状态；另外，它也需要加热器工作，以去除其表面的油污等杂质。因此，其需开机预热几分钟，才可投入使用，以免造成误报。

（2）气敏式烟雾报警器。该报警器电路如图 8.2.3 所示，分为电源电路、烟雾检测电路和语音电路三部分。

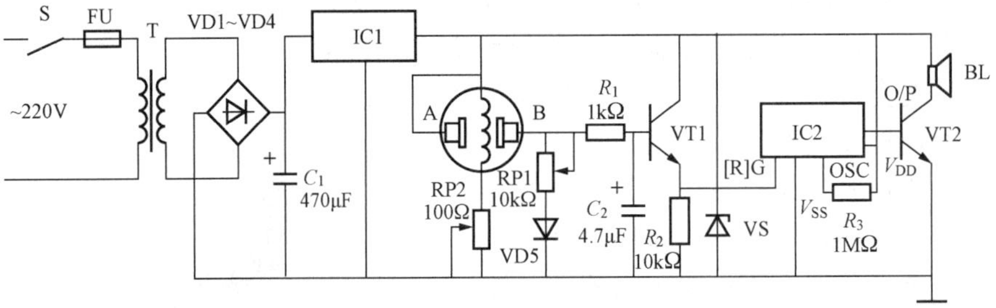


图 8.2.3　气敏式烟雾报警器电路图

电源电路由电源变压器 T、整流二极管 VD1～VD4、滤波电容器 $C_1$ 和三端集成稳压器 IC1、稳压二极管 VS 等组成。烟雾检测电路由气敏传感器、晶体管 VT1 和有关外围元器件组成。语音电路由语音集成电路 IC2（内部存储有“危险！起火……”的语音提示声）、音频放大管 VT2 和扬声器 BL 组成。

交流 220V 电压经 T 降压、VD1～VD4 整流、$C_1$ 滤波和 IC1 稳压后，产生直流 5V 电压，供给气敏传感器、IC2 和 VT1、VT2 等。气敏传感器在未检测到烟雾时，其 A、B 两端之间的电阻很大，B 点电压较低，VT1 处于截止状态，扬声器不发声。当气敏传感器检测到烟雾时，其 A、B 两端之间的电阻变小，使 B 点电压升高，VT1 导通，其发射极输出触发高电平，使 IC2 工作，扬声器 BL 中发出响亮的“危险！起火……”的语言警告声。当烟雾散尽后，气敏传感器 A、B 之间恢复高阻值，使 VT1 因基极电压低于 1.4V 而截止，报警声停止。

使用时先将电位器 RP2 的阻值调至最大处，通电后再调节 RP2 的阻值，使气敏传感器的加热电流为 130mA 左右。预热 10min 后，电路才可进行正常工作。烟雾出现后，若能触发语音电路动作而发出语音告警声，则说明电路的灵敏度较高；若不能及时触发语音电路动作，则可通过调节电位器 RP1 的阻值来提高灵敏度。

烟雾报警器可适用于居室或影剧院、客运站、公共汽车、会议室等公共场所，也可用于吸烟检测，当该报警器检测到有人吸烟时，通过 IC2 内置的声音由 BL 发出“不要再抽烟了”的语音警告声。

烟雾报警器的电路元器件清单见表 8.2.3。

**表 8.2.3　烟雾报警器电路元器件清单**

| 编号 | 名　称 | 型号或参数 | 数量 |
|---|---|---|---|
| $R_1$、$R_2$、$R_3$ | 1/4W 碳膜电阻 | 1kΩ，10kΩ，1MΩ | 3 |
| RP1、RP2 | 小型电位器或微调电阻器 | 10kΩ，100Ω | 2 |
| $C_1$、$C_2$ | 耐压值为 16V 的电解电容器 | 470μF，4.7μF | 1 |
| VS | 稳压二极管 | 5.1V，1W | 1 |
| VD1～VD5 | 硅整流二极管 | 1N4007 | 5 |
| BL | 电动式扬声器 | 81′2，0.25～0.5W | 1 |
| VT1 | 达林顿晶体管 | U850 或 D850 | 1 |
| VT2 | NPN 型晶体管 | S8050 或 C8050 | 1 |
| IC1 | 三端集成稳压器 | LM7805 | 1 |
| T | 电源变压器 | 220/9V，5W | 1 |
| IC2 | 语音集成电路 | LH-169A | 1 |

(3) 光电感烟探测器。物质在燃烧初期会产生大量的烟雾颗粒和一氧化碳等大量有害气体。烟雾颗粒的大小（以直径计）一般在 0.01～9μm 之间。这些烟雾颗粒分布界面极大、性质也不稳定，容易使光产生散射。光电式烟雾传感器将烟雾颗粒作为被测对象，通过进入烟室内的烟雾颗粒对发光元件发出的红外光的散射作用，从而引起接收元件端产生电量的变化，通过判断电量的变化确定烟雾报警状态。

图 8.2.4 所示为由 MC145010 为核心构成的光电感烟探测器，它通过接收微小的烟雾颗粒所散射的光来达到检测烟雾的目的。MC145010 是包含感烟探测器组件的超低功耗的模拟和数字电路。当检测到烟雾时，该电路中的推挽式输出电路会驱动外围的蜂鸣器发出报警声。$R_2$、$C_3$ 分别为振荡电阻与振荡电容，时钟周期计算式为

$$T_0 = 0.693(R_1C_3 + R_2C_3)$$

2. 感温探测器

普通可燃物经过火灾初期和阴燃阶段后，足够的蓄积热量会使着火物质温度升高，并且在物质的着火点开始加速，发展成火焰燃烧，形成火焰扩散，火势开始蔓延，环境温度不断升高，燃烧不断扩大，形成火灾。普通可燃物在此阶段产生的烟雾量相对减少并趋于饱和，但火灾发展所产生的足够热量会引起环境温度的较大变化。如果能将火灾引起的明显的温度变化这一火灾特征参数有效探测出来，也能较及时地控制火灾。

单限温度报警器的电路原理如图 8.2.5 所示。此电路是一个受开关三极管控制的温度报警器，开关三极管由热敏电阻 $R_3$ 和电位器 RP1 分压提供基极电压，三极管集电极接了一个发光二极管，电位器 RP2 和固定电阻 $R_1$，$R_1$ 和 RP2 能够起到保护电路的作用，将 $R_1$ 和 $R_3$ 中间接到直流电压源的正极上，三极管的发射集接到直流电压源的负极上。为能使开关三极管很好地工作在截止区和饱和区，在常温下，需要热敏电阻的阻值远远大于 $R_1$ 的阻值，而当温度升高时，热敏电阻的阻值降低，这时要求 $R_1$ 的阻值要大于 $R_3$ 的阻值。

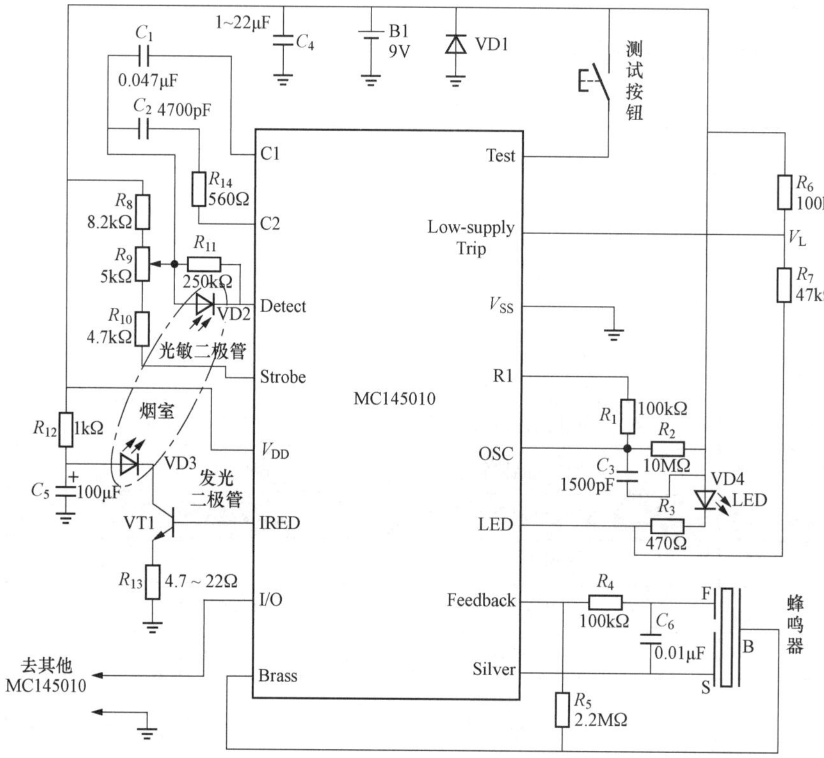


图 8.2.4　光电感烟探测器

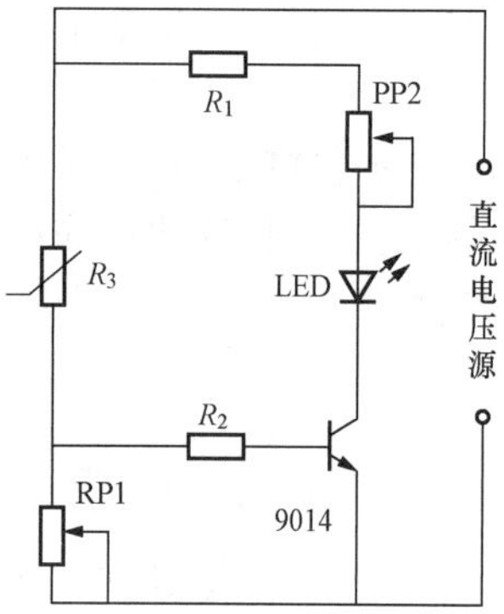


图 8.2.5　单限温度报警器电路原理图

双限温度报警电路如图 8.2.6 所示。它采用一块施密特集成电路，具有反应灵敏且声光显示，体积小、功耗低、成本低等特点。该电路分两部分，由 A、B 及 $R_4$、$C_1$ 组成上限报警功能，而由 C、D 及 $R_3$、$C_2$ 构成下限报警功能。

平时 RP1、RP2 分别设置上限和下限两个报警点，使 A 和 C 输入端都为高电平，输出都为低电平而使振荡器都停振。当温度过高时，热敏电阻 $R_1$ 阻值减小，使 A 输出高电平，B 起振，压电片 YD 发出高音调的蜂鸣声。同时，发光二极管 LED1 亮，显示温度过高；温度过低时，热敏电阻 $R_2$ 阻值增大使 C 输出高电平，与非门 D 起振，压电片 YD 发出低音调蜂鸣声。发光二极管 LED 灯亮，显示温度过低。

由于 CMOS 电路静态功耗极小，电流仅在微安级，故静态时的电源消耗主要在 RP1、RP2 和热敏电阻上。若能采用阻值在几百千欧的专用测温电阻，RP1、RP2 也相应地按图 8.2.6 中比例加大，则静态时的电源消耗可控制得很小，这对延长电池使用寿命极为有利。

温度报警器电路元器件清单见表 8.2.4。该报警器使用的元器件都不大，可做得像火柴盒那样小巧。若用光敏电阻代替热敏电阻，可作光照强度报警器；也可将施密特触发器的另一输入端利用下来，作光照、温度的双功能双向报警。从 LED 引出控制信号控制补光、加湿（如超声波加湿器）便组成自动补光、恒湿控制器。

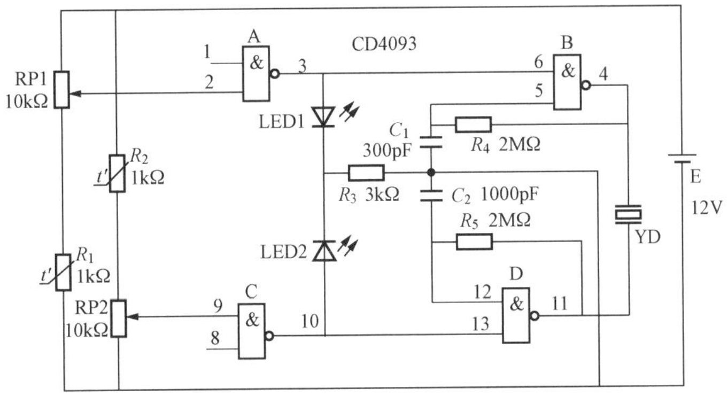


图 8.2.6 双限温度报警器电路原理图

表 8.2.4 **温度报警器电路元器件清单**

| 编 号 | 名 称 | 型 号 | 数量 |
|---|---|---|---|
| $R_1$、$R_2$ | 热敏电阻 | 1kΩ | 2 |
| $R_3$ | 电阻 | 3kΩ | 1 |
| $R_4$、$R_5$ | 电阻 | 2MΩ | 2 |
| RP1、RP2 | 可调电阻 | 10kΩ，线性 | 2 |
| $C_1$ | 涤纶电容 | 300pF | 1 |
| $C_2$ | 涤纶电容 | 1000pF | 1 |
| LED1、LED2 | 发光二极管 | $\phi$3mm | 2 |
| IC | 施密特集成电路 | CD4093 或 MC14093 | 1 |
| YD | 压电蜂鸣器 | $\phi$20mm HTD20A-1 型 | 1 |
| E | 电池 | 12V | 1 |

3. 火焰探测器

火焰是物质燃烧产生的灼热发光的气体部分。物质燃烧到发光阶段，一般是物质的全燃阶段。处于全燃阶段的普通可燃物质燃烧会产生各种波长的火焰光，使火焰热辐射含有大量的红外线和紫外线。因此，对火灾形成的红外和紫外光辐射进行有效探测也是实现火灾探测的基本方法之一。但是，对于有较长阴燃阶段的普通可燃物火灾而言，由于普通可燃物在燃烧过程产生有大量烟雾，降低了光的可见度，因此会影响火焰光探测的效果。

（1）制作材料。常用制作材料为硫化镉，另外还有硒、硫化铝、硫化铅和硫化铋等。这些制作材料具有在特定波长的光照射下，随光照增强其阻值迅速减小的特性。这是由于光照产生的载流子都参与导电，在外加电场的作用下作漂移运动，电子奔向电源的正极，空穴奔向电源的负极，从而使光敏电阻器的阻值迅速下降。

在实际应用光敏电阻时，可以加直流偏压，也可以加交流偏压，其电流随电压呈线性变化。

（2）电路原理。光敏电阻是基于内光电效应的光电导效应工作的。这里介绍采用硫化铅光敏电阻实现火焰探测报警。硫化铅光敏电阻的暗电阻为 1MΩ，亮电阻为 0.2MΩ（光照度 0.01W/m$^2$ 下测试的），峰值响应波长为 2.2μm。硫化铅光敏电阻处于 VT1 管组成的恒压偏置电路，其偏置电压约为 6V，电流约为 6μA。

火焰探测器电路原理如图 8.2.7 所示，所用元器件清单见表 8.2.5。VT2 管集电极电阻两端并联 68μF 的电容，可以抑制 100Hz 以上的高频，使其成为只有几十赫兹的窄带放大器。VT2、VT3 构成二级负反馈互补放大器，火焰的闪动信号经两级放大后送给中心控制站进行报警处理。采用恒压偏置电路是为了在更换光敏电阻或长时间使用后，器件阻值的变化不至于影响输出信号的幅度，保证火焰探测器能长期稳定地工作。

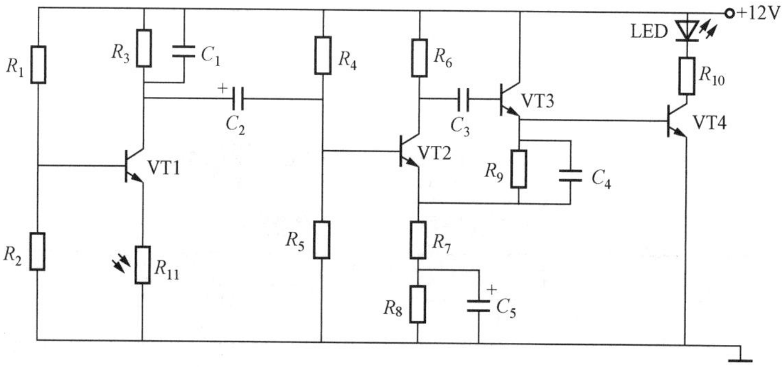


图 8.2.7　火焰探测器原理电路图

**表 8.2.5　　火焰探测器电路元器件清单**

| 编号 | 名　称 | 型　号 | 数量 |
|---|---|---|---|
| $R_1$、$R_2$ | 电阻 | 120kΩ | 2 |
| $R_3$、$R_4$、$R_5$ | 电阻 | 5kΩ，3.9MΩ，820kΩ | 3 |
| $R_6$ | 电阻 | 3.9kΩ | 1 |
| $R_7$、$R_8$、$R_9$、$R_{10}$ | 电阻 | 1kΩ，32kΩ，150kΩ，5kΩ | 4 |
| $R_{11}$ | 光敏电阻 | PbS | 1 |
| VT1、VT2、VT3、VT4 | NPN 型晶体管 | 9013 | 4 |
| $C_1$ | 电容 | 0.1μF | 1 |
| $C_2$、$C_3$ | 电解电容 | 47μF，0.01μF | 2 |
| $C_4$ | 电容 | 4.7μF | 1 |
| $C_5$ | 电解电容 | 100μF | 1 |
| LED | 发光二极管 | ϕ3mm | 1 |

## 8.3　传感器与智能汽车

智能汽车是一个集环境感知、规划决策、多等级辅助驾驶等功能于一体的综合系统，它集中运用了计算机、现代传感、信息融合、通信、人工智能及自动控制等技术，是典型的高新技术综合体。目前对智能汽车的研究主要致力于提高汽车的安全性、舒适性，以及提供优良的人车交互界面。近年来，智能汽车已经成为世界汽车工程领域研究的热点和汽车工业增长的新动力，很多国家都将其纳入到各自重点发展的智能交通系统中。

20 世纪 80 年代以来，汽车上应用的传感器越来越多，表 8.3.1 列出了汽车常用传感器的种类和检测对象。各类传感器主要应用于发动机电子控制系统、底盘电子控制系统和车身电子控制系统中，汽车电子控制系统常用传感器见表 8.3.2。

**表 8.3.1 汽车传感器种类及检测对象**

| | |
|---|---|
| 温度传感器 | 冷却水，吸气，排气，车内外空气，发动机机油等 |
| 流量传感器 | 吸入空气，燃油，排气再循环，冷媒流量，二次空气等 |
| 压力传感器 | 进气歧管绝对压力，大气压力，发动机油压，混合器，制动液，各种泵压等 |
| 位置传感器 | 曲轴位置，节气门位置，排气再循环阀开量，混合气，制动液，各种泵压，胎压等 |
| 加速度传感器 | 发动机转速，车速，轮速，加速度，负加速度等 |
| 气体传感器 | $O_2$，CO，$NO_x$，HC 化合物，柴油机排气烟度等 |
| 其他传感器 | 爆震，湿度，电流，雨滴，制动片磨损，动力座椅，转向反射镜，加速踏板位置等 |

**表 8.3.2 汽车电子控制系统常用传感器**

| 电子控制系统类别 | 子系统名称 | 所采用的主要传感器 |
|---|---|---|
| 发动机 | 电子燃油喷射系统 | 温度，压力，位置，转速，流量，爆震，车速，旋转位移，液位，力矩，氧传感器等 |
| 底盘 | 电子自动变速控制系统 | 车速，位移，油温，节流阀传感器等 |
| | 电子控制悬架系统 | 车高，车速，航角，方位，加速度，方向盘转角传感器等 |
| | 电子控制动力转向系统 | 车速，转向，转速，油压，扭矩传感器等 |
| | 防抱死制动系统 | 轮速，压力，加速度，振动传感器等 |
| 车身 | 安全气囊系统 | 惯性加速度，碰撞（前后和侧向）传感器等 |
| | 防撞预警系统 | 接近，红外热成像，超声阵列，距离传感器等 |
| | 自动空调系统 | 低压开关，温度开关，压力，湿度传感器等 |
| | 环境监测系统 | 温度，气压，风量，风向，日照，雨量，气体（CO、NO、$CO_2$）传感器等 |
| | GPS/GIS 导航系统 | 罗盘传感器，陀螺仪，车速，方向盘转角传感器等 |

### 8.3.1 传感器在智能汽车发动机上的作用

发动机管理系统采用了多种多样的传感器，是整个智能汽车传感器的核心，包括压力传感器、温度传感器、位置和转速传感器、流量传感器、爆震传感器和气体浓度传感器等。

（1）压力传感器。压力传感器是汽车中用得最多的传感器，主要用于检测气囊储气压力、传动系统流体压力、注入燃料压力、发动机机油压力、进气管道压力、空气过滤系统的流体压力等。目前致力于汽车用压力传感器开发和生产的主要国内公司有博世、泰科电子、英飞凌和歌尔股份等。比较常用的汽车压力传感器有电容式、压阻式、差动变压器式、声表面波式。电容式压力传感器主要用于检测负压、液压、气压，测量范围为 20～100kPa；其特点是输入能量高、动态响应特征好、环境适应性好。压阻式压力传感器的性能受温度影响较大，需要另设温度补偿电路。

（2）温度传感器。温度传感器是用来测定发动机冷却液温度或进气温度。其原理是传感器内的 NTC 热敏电阻阻值随着温度上升而减小。冷却液或进气温度的变化引起电阻值的变化，然后通过一个分压电路转换为电压信号送往电子控制器。

（3）位置和转速传感器。位置和转速传感器主要用于检测发动机曲轴转角、发动机转速、节气门的开度、车速等。为点火时刻和喷油时刻提供参考点信号，同时提供发动机转速信号。目前，汽车中采用的位置和转速传感器主要有交流发电机式、磁阻式、霍尔效应式、簧片开关式、光学式、半导体磁性晶体管式等。转速传感器种类繁多，有敏感车轮旋转的，也有敏感动力传动轴转动的，还有敏感差速从动轴转动的；一般测量误差较大，需采用非接触式光电速度传感器。

（4）流量传感器。流量传感器主要用于发动机空气流量和燃料流量的测量。进气量是燃油喷射量计算的基本参数之一。空气流量传感器的功能是，感知空气流量的大小，并转换成电信号传输给发动机的电子控制单元。空气流量的测量用于发动机控制系统确定燃烧条件、控制空燃比、启动、点火等。空气流量传感器有旋转翼片式、卡门涡旋式、热线式、热膜式四种类型。

（5）爆震传感器。爆震传感器是检测发动机缸体振动情况，以供电子控制器识别发动机爆震工况。它是一种震动加速传感器，装在发动机气缸体上，可装一只或多只。传感器的敏感元件为一压电晶体，发动机爆震时，发动机震动通过传感器内的质块传递到晶体上。压电晶体由于受质块震动产生的压力在两个极面上产生电压，把振动转化为电压信号输出。

（6）气体浓度传感器。汽车上使用的发动机相关的气体浓度传感器包括氧传感器、稀薄混合气传感器和柴油机排烟传感器等。氧传感器通过检测发动机排放气体中氧气的含量，间接反映出混合气空燃比的高低，并以理论空燃比（14.7）为界产生突变；稀薄混合气传感器能连续检测混合气从浓到稀的整个范围的空燃比，因此也成为全范围空燃比传感器；柴油机排烟传感器可以连续检测柴油机排气中形成的碳烟或未燃碳粒的浓度。

其中，实用化的氧传感器有氧化锆传感器、氧化锆浓差电池型气体传感器、固体电解质式氧化锆气体传感器，另外还有二氧化钛氧传感器。与氧化锆传感器相比，二氧化钛氧传感器具有结构简单、轻巧、便宜，且抗铅污染能力强的特点。

### 8.3.2 传感器在底盘控制中的应用

底盘控制用传感器是指分布在变速器控制系统、悬架控制系统、动力转向系统、防抱制动系统中的传感器，在不同系统中作用不同，但工作原理与发动机中传感器是相同的，主要有以下几种形式传感器：

（1）变速器控制相关传感器。其多用于电控自动变速器的控制，是根据车速传感器、加速度传感器、发动机负荷传感器、发动机转速传感器、水温传感器、油温传感器检测所获得的信息经处理使电控装置控制换挡点和液力变矩器锁止，实现最大动力和最大燃油经济性。

（2）悬架系统控制传感器。其主要有车速传感器、节气门开度传感器、加速度传感器、车身高度传感器、转向盘转角传感器等。系统根据检测到的信息自动调整车高，抑制车辆姿势的变化等，实现对车辆舒适性、操纵稳定性和行车稳定性的控制。

（3）动力转向系统传感器。其根据车速传感器、发动机转速传感器、转矩传感器等控制动力转向电控系统，实现转向操纵轻便、响应特性提高、发动机损耗减少、输出功率增大、节省燃油等目的。

（4）防抱制动传感器。其根据车轮角速度传感器检测车轮转速，在各车轮的滑移率约为20%时，控制制动油压、改善制动性能，确保车辆的操纵性和稳定性。

### 8.3.3 传感器在车身控制系统中的应用

传感器用于汽车车身中，主要目的是提高汽车安全性、可靠性和舒适性等，其耐恶劣环境技术要求不如发动机和底盘所用传感器那么严格，一般用工业用传感器稍加改进即可应用。其主要有自动空调系统中的多种温度传感器、风量传感器、日照传感器等，制动门锁系统中的车速传感器，安全气囊系统中的加速度传感器，亮度自控中光传感器，死角报警等系统中的超声波传感器、图像传感器等。

### 8.3.4 传感器在汽车环境感知中的应用

目前汽车上用于环境感知的传感器技术包括雷达、光探测与测距、红外线、超声波、影像传感器及加速传感器等。这些技术各有其使用特性，分别适用于车体不同位置及不同的应用。

以跟随前车及防碰预警功能来说，在传感器上主要是采用毫米波雷达或激光雷达。其中激光雷达的波长比较短，所以在下雨天无法达到理想的感测要求，为了提高驾驶的安全性能，高端车型大多选择毫米波雷达。而在行人、道路、障碍物的辨别以及视野辅助方面，则以红外线及影像传感器为主要的监视器技术。红外线监视器又分远红外线及近红外线两种技术。远红外线的原理是检测出物体的热量再将温差影像化，适合检测具有体温的人体及动物。近红外线则具有夜视的能力，能够在视线不良的情况下辅助显示前方的路况，而且能显示比车灯距离更远的位置。

气体浓度传感器主要用于检测车体内气体和废气排放。烟尘浓度传感器与空气净化器配套使用，当烟尘浓度传感器感知烟尘的存在时，就会使空气净化器自动运转，没有烟尘时就会使空气净化器自动停止工作。

### 8.3.5 其他类型的传感器

上面介绍的是现代汽车上运用较多、较常见的传感器，随着社会的不断发展，人们对汽车的性能要求也越来越精细。因此传感器种类的要求也逐渐增多，比如空气质量流量传感器，线性加速度惯性传感器，角速率传感器，日照、微光和闪光检测器，湿度/雨量传感器和近距离障碍物检测传感器等不同复杂种类的出现。

同时还有一些难度更大、更复杂的汽车传感器正在研制过程中，比如汽车发动机燃烧传感器、检测燃油质量传感器、发动机传动和方向盘力矩传感器、多轴向微机械加工惯向传感器等。

### 8.3.6 传感器在智能汽车自动驾驶中的应用

汽车驾驶通常被认为是需要人类智能参与才能完成的一项工作，因此自主驾驶从一出现就被作为一个非常困难的人工智能问题来研究。汽车自主驾驶中有关环境感知、状态感知的一系列重要问题都是模式识别所要研究的问题。计算机视觉，作为汽车自主驾驶技术用来感知周围环境的一种最重要手段，是模式识别的一个重要分支。近年来，与自主驾驶相关的计算机视觉技术获得了巨大进步，已经能够较好地完成结构化道路环境下的道路标识线识别、车辆及障碍物的检测和定位等。将模式识别的有关研究成果应用到自主驾驶系统的视觉处理中，提高其识别和检测能力将会大大推动汽车自主驾驶技术的发展和应用。

### 8.3.7 汽车传感器的发展趋势

现代汽车的车用传感器发展趋势是朝多功能化、模块化、智能化、微型化和网络化方向发展。现在几乎所有汽车上的机械部件都受到电路单元的控制，但因为车体内空间狭小，控制组件系统在空间上受到很大限制，未来受控部件与电子控制单元将更紧密结合在一起，并逐渐形成一个整体。随着电子设备在汽车上越来越多的应用，各种电子设备间的数据通信变得更加频繁，以分布式控制系统为基础构造汽车车载电子网络系统是十分必要的。

**视野拓展**

在全社会的共同努力下，我国科技事业取得历史性成就，重大创新成果竞相涌现，一些前沿领域开始进入并跑、领跑阶段，科技实力正在从量的积累迈向质的飞跃，从点的突破迈向系统能力提升。加快科技创新是推动高质量发展的需要，是实现人民高品质生活的需要，是构建新发展格局的需要，是顺利开启全面建设社会主义现代化国家新征程的需要，传感器技术的创新、应用和发展更是如此。广大学生应该努力学习专业知识，未来应肩负起历史责任，坚持面向世界科技前沿、面向经济主战场、面向国家重大需求、面向人民生命健康，不断向科学技术的广度和深度进军。

## 习　题

1. 火灾发生时会伴随哪些物理或化学现象发生？又应该采用什么传感器来进行检测报警？

2. 要求利用超声波传感器来设计防盗报警器，请给出其原理框图，并说明工作原理与过程等。

3. 风靡一时的“机器狗”实际上是一台玩具机器人，当喊它名字的时候，它会发出叫声；当对它击掌时，它会向你跑来；当抚摸它的头时，它会翘起尾巴；当在它的前面一定距离放一个球时，它会走过去并抱住球……试回答：

（1）要实现上述这些功能，要用到哪些传感器？这些传感器分别安置在机器狗的什么部位？各自起什么样的作用？

（2）在机器狗上还可以开发哪些娱乐功能？相应的传感器是怎么样的？

4. 钻头进给量（线位移）和平均钻速是衡量钻头质量，划分岩石级别和判断孔内工况的重要依据。但在硬地层中瞬时钻速很小，分别说明用测速发电机和磁电脉冲原理测量时，可采取什么措施来提高硬地层钻进中的位移和瞬时钻速分辨率。

5. 一汽车司机座椅的振动较大，试设计测试方案寻找振源。

（1）给出可能的振源；

（2）列出测试方案框图，并作简要说明；

（3）给出判断方法及判断原则。

6. 习题6图为人体身高和体重测量装置，请根据所学知识描述其工作原理（组成结构，所用传感器及其作用、工作过程等）。

习题6图　身高和体重测量装置

# 附录1 热电偶分度表

**附表 1.1** **铂铑$_{10}$-铂（S）热电偶分度表**

分度号：S［参考端温度为0℃，电压20mV，热电势（mV）］

| t（℃） | 0 | −10 | −20 | −30 | −40 | −50 | | | | |
|---|---|---|---|---|---|---|---|---|---|---|
| 0 | −0.000 | −0.053 | −0.103 | −0.150 | −0.194 | −0.236 | —— | | | |
| t（℃） | 0 | +10 | +20 | +30 | +40 | +50 | +60 | +70 | +80 | +90 |
| 0 | 0.000 | 0.055 | 0.113 | 0.173 | 0.235 | 0.299 | 0.365 | 0.433 | 0.502 | 0.573 |
| 100 | 0.646 | 0.720 | 0.795 | 0.872 | 0.950 | 1.029 | 1.110 | 1.191 | 1.273 | 1.357 |
| 200 | 1.441 | 1.526 | 1.612 | 1.698 | 1.786 | 1.874 | 1.962 | 2.052 | 2.141 | 2.232 |
| 300 | 2.323 | 2.415 | 2.507 | 2.599 | 2.692 | 2.786 | 2.880 | 2.974 | 3.069 | 3.164 |
| 400 | 3.259 | 3.355 | 3.451 | 3.548 | 3.645 | 3.742 | 3.840 | 3.938 | 4.036 | 4.134 |
| 500 | 4.233 | 4.332 | 4.432 | 4.532 | 4.632 | 4.732 | 4.833 | 4.934 | 5.035 | 5.137 |
| 600 | 5.239 | 5.341 | 5.443 | 5.546 | 5.649 | 5.753 | 5.857 | 5.961 | 6.065 | 6.170 |
| 700 | 6.275 | 6.381 | 6.486 | 6.593 | 6.699 | 6.806 | 6.913 | 7.020 | 7.128 | 7.236 |
| 800 | 7.345 | 7.454 | 7.563 | 7.673 | 7.783 | 7.893 | 8.003 | 8.114 | 8.226 | 8.337 |
| 900 | 8.449 | 8.562 | 8.674 | 8.787 | 8.900 | 9.014 | 9.128 | 9.242 | 9.357 | 9.472 |
| 1000 | 9.587 | 9.703 | 9.819 | 9.935 | 10.051 | 10.168 | 10.285 | 10.403 | 10.520 | 10.638 |
| 1100 | 10.757 | 10.875 | 10.994 | 11.113 | 11.232 | 11.351 | 11.471 | 11.590 | 11.710 | 11.830 |
| 1200 | 11.951 | 12.071 | 12.191 | 12.312 | 12.433 | 12.554 | 12.675 | 12.796 | 12.917 | 13.038 |
| 1300 | 13.159 | 13.280 | 13.402 | 13.523 | 13.644 | 13.766 | 14.887 | 14.009 | 14.130 | 14.251 |
| 1400 | 14.373 | 14.494 | 14.615 | 14.736 | 14.857 | 14.978 | 15.099 | 15.220 | 15.341 | 15.461 |
| 1500 | 15.582 | 15.702 | 15.822 | 15.942 | 16.062 | 16.182 | 16.301 | 16.420 | 16.539 | 16.658 |
| 1600 | 16.777 | 16.895 | 17.013 | 13.131 | 17.249 | 17.366 | 17.483 | 17.600 | 17.717 | 17.832 |
| 1700 | 17.947 | 18.061 | 18.174 | 18.285 | 18.395 | 18.503 | 18.609 | — | — | — |

**附表 1.2** **铂铬-镍硅（K）热电偶分度表**

分度号：K（参考端温度为0℃）（100mV电压）［热电势（mV）］

| t（℃） | 0 | −10 | −20 | −30 | −40 | −50 | −60 | −70 | −80 | −90 |
|---|---|---|---|---|---|---|---|---|---|---|
| −200 | −5.891 | −6.035 | −6.158 | −6.262 | −6.344 | −6.404 | −6.441 | −6.458 | — | — |
| −100 | −3.554 | −3.852 | −4.138 | −4.411 | −4.669 | −4.913 | −5.141 | −5.354 | −5.550 | −5.730 |
| 0 | 0.000 | −0.392 | −0.778 | −1.156 | −1.527 | −1.889 | −2.243 | −2.587 | −2.920 | −3.243 |
| t（℃） | 0 | +10 | +20 | +30 | +40 | +50 | +60 | +70 | +80 | +90 |
| 0 | 0.000 | 0.397 | 0.798 | 1.203 | 1.612 | 2.023 | 2.436 | 2.851 | 3.267 | 3.682 |
| 100 | 4.096 | 4.509 | 4.920 | 5.328 | 5.735 | 6.138 | 6.540 | 6.941 | 7.340 | 7.739 |
| 200 | 8.138 | 8.539 | 8.940 | 9.343 | 9.747 | 10.153 | 10.561 | 10.971 | 11.382 | 11.795 |
| 300 | 12.209 | 12.624 | 13.040 | 13.457 | 13.874 | 14.293 | 14.713 | 15.133 | 15.554 | 15.975 |

续表

| t（℃） | 0 | +10 | +20 | +30 | +40 | +50 | +60 | +70 | +80 | +90 |
|---|---|---|---|---|---|---|---|---|---|---|
| 400 | 16.397 | 16.820 | 17.243 | 17.667 | 18.091 | 18.516 | 18.941 | 19.366 | 19.792 | 20.218 |
| 500 | 20.644 | 21.071 | 21.497 | 21.924 | 22.350 | 22.776 | 23.203 | 23.629 | 24.055 | 24.480 |
| 600 | 24.905 | 25.330 | 25.755 | 26.179 | 26.602 | 27.025 | 27.447 | 27.869 | 28.289 | 28.710 |
| 700 | 29.129 | 29.548 | 29.965 | 30.382 | 30.798 | 31.213 | 31.628 | 32.041 | 32.453 | 32.865 |
| 800 | 33.275 | 33.685 | 34.093 | 34.501 | 34.908 | 35.313 | 35.718 | 36.121 | 36.524 | 36.925 |
| 900 | 37.326 | 37.725 | 38.124 | 38.522 | 38.918 | 39.314 | 39.708 | 40.101 | 40.494 | 40.885 |
| 1000 | 41.276 | 41.665 | 42.053 | 42.440 | 42.826 | 43.211 | 43.595 | 43.978 | 44.359 | 44.740 |
| 1100 | 45.119 | 45.497 | 45.873 | 46.249 | 46.623 | 46.995 | 47.367 | 47.737 | 48.105 | 48.473 |
| 1200 | 48.838 | 49.202 | 49.565 | 49.926 | 50.286 | 50.644 | 51.000 | 51.355 | 51.708 | 52.060 |
| 1300 | 52.410 | 52.759 | 53.106 | 53.451 | 53.795 | 54.138 | 54.479 | 54.819 | — | — |

**附表 1.3　　镍铬-铜镍合金（康铜）（E）热电偶分度表**

分度号：E（参考端温度为 0℃）（100mV 电压）[热电势（mV）]

| t（℃） | 0 | −10 | −20 | −30 | −40 | |
|---|---|---|---|---|---|---|
| 0 | 0.000 | −0.582 | −1.152 | −1.709 | −2.255 | — |

| t（℃） | 0 | +10 | +20 | +30 | +40 | +50 | +60 | +70 | +80 | +90 |
|---|---|---|---|---|---|---|---|---|---|---|
| 0 | 0.000 | 0.591 | 1.192 | 1.801 | 2.420 | 3.048 | 3.685 | 4.330 | 4.985 | 5.648 |
| 100 | 6.319 | 6.998 | 7.685 | 8.379 | 9.081 | 9.789 | 10.503 | 11.224 | 11.951 | 12.684 |
| 200 | 13.421 | 14.164 | 14.912 | 15.664 | 16.420 | 17.181 | 17.945 | 18.713 | 19.484 | 20.259 |
| 300 | 21.036 | 21.817 | 22.600 | 23.386 | 24.174 | 24.964 | 25.757 | 26.552 | 27.348 | 28.146 |
| 400 | 28.946 | 29.747 | 30.550 | 31.354 | 32.159 | 32.965 | 33.772 | 34.579 | 35.387 | 36.196 |
| 500 | 37.005 | 37.815 | 38.624 | 39.434 | 40.243 | 41.053 | 41.862 | 42.671 | 43.479 | 44.286 |
| 600 | 45.093 | 45.900 | 46.705 | 47.509 | 48.313 | 49.116 | 49.917 | 50.718 | 51.517 | 52.315 |
| 700 | 53.112 | 53.908 | 54.703 | 55.497 | 56.289 | 57.080 | 57.870 | 58.659 | 59.446 | 60.232 |

**附表 1.4　　铁-铜镍合金（康铜）（J）热电偶分度表**

分度号：J（参考端温度为 0℃）（50mV 电压）[热电势（mV）]

| t（℃） | 0 | −10 | −20 | −30 | −40 | |
|---|---|---|---|---|---|---|
| 0 | 0.000 | −0.501 | −0.995 | −1.482 | −1.961 | — |

| t（℃） | 0 | +10 | +20 | +30 | +40 | +50 | +60 | +70 | +80 | +90 |
|---|---|---|---|---|---|---|---|---|---|---|
| 0 | 0.000 | 0.507 | 1.019 | 1.537 | 2.059 | 2.585 | 3.116 | 3.650 | 4.187 | 4.726 |
| 100 | 5.269 | 5.814 | 6.360 | 6.909 | 7.459 | 8.010 | 8.562 | 9.115 | 9.669 | 10.224 |
| 200 | 10.779 | 11.334 | 11.889 | 12.445 | 13.000 | 13.555 | 14.110 | 14.665 | 15.219 | 15.773 |
| 300 | 16.327 | 16.881 | 17.434 | 17.986 | 18.538 | 19.090 | 19.642 | 20.194 | 20.745 | 21.297 |
| 400 | 21.848 | 22.400 | 22.952 | 23.504 | 24.057 | 24.610 | 25.164 | 25.720 | 26.276 | 26.834 |
| 500 | 27.393 | 27.953 | 28.516 | 29.080 | 29.647 | 30.216 | 30.788 | 31.362 | 31.939 | 32.519 |
| 600 | 33.102 | 33.689 | 34.279 | 34.873 | 35.470 | 36.071 | 36.675 | 37.284 | 37.896 | 38.512 |
| 700 | 39.132 | 39.755 | 40.382 | 41.012 | 41.645 | 42.281 | 42.919 | 43.559 | 44.203 | 44.848 |

# 附录 2　工业热电阻分度表

**附表 2.1**　　**工业用铂热电阻分度表**

分度号：$Pt_{100}$（$R_0$=100.00，$\alpha$=0.003850）[热电阻值（Ω）]

| t（℃） | 0 | −10 | −20 | −30 | −40 | −50 | −60 | −70 | −80 | −90 |
|---|---|---|---|---|---|---|---|---|---|---|
| −200 | 18.49 | — | — | — | — | — | — | — | | — |
| −100 | 60.25 | 56.19 | 52.11 | 48.00 | 43.87 | 39.71 | 35.53 | 31.32 | 27.08 | 22.80 |
| 0 | 100.00 | 96.09 | 92.16 | 88.22 | 84.27 | 80.31 | 76.33 | 72.33 | 68.33 | 64.30 |
| t（℃） | 0 | +10 | +20 | +30 | +40 | +50 | +60 | +70 | +80 | +90 |
| 0 | 100.00 | 103.90 | 107.79 | 111.67 | 115.54 | 119.40 | 123.24 | 127.07 | 130.89 | 134.70 |
| 100 | 138.50 | 142.29 | 146.06 | 149.82 | 153.58 | 157.31 | 161.04 | 164.76 | 168.46 | 172.16 |
| 200 | 175.84 | 179.51 | 183.17 | 186.82 | 190.45 | 194.07 | 197.69 | 201.29 | 204.88 | 208.45 |
| 300 | 212.02 | 215.57 | 219.12 | 222.65 | 226.17 | 229.67 | 233.97 | 236.65 | 240.13 | 243.59 |
| 400 | 247.04 | 250.48 | 253.90 | 257.32 | 260.72 | 264.11 | 267.49 | 270.86 | 274.22 | 277.56 |
| 500 | 280.90 | 284.22 | 287.53 | 290.83 | 294.11 | 297.39 | 300.65 | 303.91 | 307.15 | 310.38 |
| 600 | 313.59 | 316.80 | 319.99 | 323.18 | 326.35 | 329.51 | 332.66 | 335.79 | 338.92 | 342.03 |
| 700 | 345.13 | 348.22 | 351.30 | 354.37 | 357.42 | 360.47 | 363.50 | 366.52 | 369.53 | 372.52 |
| 800 | 375.50 | 378.48 | 381.45 | 384.40 | 387.34 | 390.26 | — | — | — | — |

**附表 2.2**　　**工业用铜热电阻分度表（一）**

分度号：$Cu_{50}$（$R_0$=50.00，$\alpha$=0.004280）[热电阻值（Ω）]

| t（℃） | 0 | −10 | −20 | −30 | −40 | −50 | — | | | |
|---|---|---|---|---|---|---|---|---|---|---|
| 0 | 50.00 | 47.85 | 45.70 | 43.55 | 41.40 | 39.24 | | | | |
| t（℃） | 0 | +10 | +20 | +30 | +40 | +50 | +60 | +70 | +80 | +90 |
| 0 | 50.00 | 52.14 | 54.28 | 56.42 | 58.56 | 60.70 | 62.84 | 64.98 | 67.12 | 69.26 |
| 100 | 71.40 | 73.54 | 75.68 | 77.83 | 79.98 | 82.13 | — | — | — | — |

**附表 2.3**　　**工业用铜热电阻分度表（二）**

分度号：$Cu_{100}$（$R_0$=100.00）[热电阻值（Ω）]

| t（℃） | 0 | −10 | −20 | −30 | −40 | −50 | — | | | |
|---|---|---|---|---|---|---|---|---|---|---|
| 0 | 100.00 | 95.70 | 91.40 | 87.10 | 82.80 | 78.49 | | | | |
| t（℃） | 0 | +10 | +20 | +30 | +40 | +50 | +60 | +70 | +80 | +90 |
| 0 | 100.00 | 104.28 | 108.56 | 112.84 | 117.12 | 121.40 | 125.68 | 129.96 | 134.24 | 138.52 |
| 100 | 142.80 | 147.08 | 151.36 | 155.66 | 159.96 | 164.27 | — | — | — | — |

# 附录3 常用物理常数表

| 物理常数 | 符号 | 最佳实验值 | 供计算用值 |
|---|---|---|---|
| 真空中光速 | $c$ | 299792458±1.2m·$s^{-1}$ | 3.00×$10^8$ m·$s^{-1}$ |
| 引力常数 | $G_0$ | (6.6720±0.0041)×$10^{-11}$$m^3$·$s^{-2}$ | 6.67×$10^{-11}$ $m^3$·$s^{-2}$ |
| 阿伏伽德罗（Avogadro）常数 | $N_0$ | (6.022045±0.000031)×$10^{23}$$mol^{-1}$ | 6.02×$10^{23}$ $mol^{-1}$ |
| 普适气体常数 | $R$ | (8.31441±0.00026) J·$mol^{-1}$·$K^{-1}$ | 8.31J·$mol^{-1}$·$K^{-1}$ |
| 玻尔兹曼（Boltzmann）常数 | $k$ | (1.380662±0.000041)×$10^{-23}$J·$K^{-1}$ | 1.38×$10^{-23}$ J·$K^{-1}$ |
| 理想气体摩尔体积 | $V_m$ | (22.41383±0.00070)×$10^{-3}$ | 22.4×$10^{-3}$ $m^3$·$mol^{-1}$ |
| 基本电荷（元电荷） | $e$ | (1.6021892±0.0000046)×$10^{-19}$ C | 1.602×$10^{-19}$ C |
| 原子质量单位 | $u$ | (1.6605655±0.0000086)×$10^{-27}$ kg | 1.66×$10^{-27}$ kg |
| 电子静止质量 | $m_e$ | (9.109534±0.000047)×$10^{-31}$kg | 9.11×$10^{-31}$kg |
| 电子荷质比 | $e/m_e$ | (1.7588047±0.0000049)×$10^{-11}$ C· $kg^{-2}$ | 1.76×$10^{-11}$ C· $kg^{-2}$ |
| 质子静止质量 | $m_p$ | (1.6726485±0.0000086)×$10^{-27}$ kg | 1.673×$10^{-27}$ kg |
| 中子静止质量 | $m_n$ | (1.6749543±0.0000086)×$10^{-27}$ kg | 1.675×$10^{-27}$ kg |
| 法拉第常数 | $F$ | (9.648456±0.000027) C·$mol^{-1}$ | 96500C·$mol^{-1}$ |
| 真空电容率 | $\varepsilon_0$ | (8.854187818±0.000000071)×$10^{-12}$F·$m^{-2}$ | 8.85×$10^{-12}$F·$m^{-2}$ |
| 真空磁导率 | $\mu_0$ | 12.5663706144±$10^{-7}$H·$m^{-1}$ | $4\pi$H·$m^{-1}$ |
| 电子磁矩 | $\mu_e$ | (9.284832±0.000036)×$10^{-24}$ J·$T^{-1}$ | 9.28×$10^{-24}$ J·$T^{-1}$ |
| 质子磁矩 | $\mu_p$ | (1.4106171±0.0000055)×$10^{-23}$ J·$T^{-1}$ | 1.41×$10^{-23}$ J·$T^{-1}$ |
| 玻尔（Bohr）半径 | $\alpha_0$ | (5.2917706±0.0000044)×$10^{-11}$ m | 5.29×$10^{-11}$ m |
| 玻尔（Bohr）磁子 | $\mu_B$ | (9.274078±0.000036)×$10^{-24}$ J·$T^{-1}$ | 9.27×$10^{-24}$ J·$T^{-1}$ |
| 核磁子 | $\mu_N$ | (5.059824±0.000020)×$10^{-27}$ J·$T^{-1}$ | 5.05×$10^{-27}$ J·$T^{-1}$ |
| 普朗克（Planck）常数 | $h$ | (6.626176±0.000036)×$10^{-34}$ J·s | 6.63×$10^{-34}$ J·s |
| 精细结构常数 | $a$ | 7.2973506 (60)×$10^{-3}$ | 7.30×$10^{-3}$ |
| 里德伯（Rydberg）常数 | $R$ | 1.097373177 (83)×$10^7$$m^{-1}$ | 1.10×$10^7$$m^{-1}$ |
| 电子康普顿（Compton）波长 | $\lambda$ | 2.4263089 (40)×$10^{-12}$m | 2.43×$10^{-12}$m |
| 质子康普顿（Compton）波长 | $\lambda$ | 1.3214099 (22)×$10^{-15}$m | 1.32×$10^{-15}$m |
| 质子电子质量比 | $m_p/m_e$ | 1836.1515 | 1.84×$10^3$ |

# 参 考 文 献

[1] 梁森，王侃夫，黄杭美. 自动检测与转换技术 [M]. 4版. 北京：机械工业出版社，2018.
[2] 张根宝. 工业自动化仪表与过程控制 [M]. 4版. 西安：西北工业大学出版社，2008.
[3] 俞志根，于洪永. 传感器与检测技术 [M]. 3版. 北京：科学出版社，2015.
[4] 刘迎春，叶湘滨. 传感器原理、设计与应用 [M]. 5版. 北京：国防工业出版社，2015.
[5] 尤政. 智能传感器技术的研究进展及应用展望 [J]. 科技导报，2016，34 (17)：7.
[6] 任平. 热电偶的使用和选型探析 [J]. 仪器仪表标准化与计量，2019 (3)：3.
[7] 彭东林，付敏，陈锡侯，等. 典型位移传感器分类研究与时栅传感器特点分析 [J]. 机械工程学报，2018 (10)：7.
[8] 沙占友. 智能传感器系统设计与应用 [M]. 北京：中国水利电力出版社，2004.
[9] 赵凯岐，吴红星，倪风雷. 传感器技术及工程应用 [M]. 北京：中国电力出版社，2012.
[10] 常健生. 检测与转换技术 [M]. 北京：机械工业出版社，2011.
[11] 王化祥，张淑英. 传感器原理及应用 [M]. 4版. 天津：天津大学出版社，2014.
[12] 张国雄. 测控电路 [M]. 4版. 北京：机械工业出版社，2011.
[13] 万频，林德杰. 电气测试技术 [M]. 4版. 北京：机械工业出版社，2015.
[14] 王克华. 过程检测仪表 [M]. 2版. 北京：电子工业出版社，2014.
[15] 张琳娜，赵凤霞，刘武发. 传感检测技术及应用 [M]. 2版. 北京：中国计量出版社，2011.
[16] 樊尚春，周浩敏. 信号与测试技术 [M]. 2版. 北京：北京航空航天大学出版社，2011.
[17] 胡向东. 传感器与检测技术 [M]. 3版. 北京：机械工业出版社，2018.
[18] 徐科军. 传感器与检测技术 [M]. 5版. 北京：电子工业出版社，2018.